DIE

AUFSTELLUNG VON PROJEKTEN
UND KOSTENVORANSCHLÄGEN

FÜR

ELEKTRISCHE BELEUCHTUNGS-
UND KRAFTÜBERTRAGUNGS-ANLAGEN.

EIN LEITFADEN

FÜR STUDIERENDE DER ELEKTROTECHNIK, STÄDTISCHE
VERWALTUNGSBEAMTE, ARCHITEKTEN UND FABRIKDIREKTOREN
SOWIE ZUM SELBSTSTUDIUM

VON

JOHANN ŘIHA,
ELEKTROINGENIEUR.

MIT 198 FIGUREN IM TEXT.

LEIPZIG,
VERLAG VON VEIT & COMP.
1897.

Druck von Metzger & Wittig in Leipzig.

Vorwort.

Die Veranschlagung der Kosten und der Rentabilität ist eine der wichtigsten Vorfragen, wenn eine neue elektrische Anlage hergestellt werden soll. Trotzdem findet sich in der so reichen elektrotechnischen Litteratur kein Buch, welches Auskunft giebt, auf welche Art und Weise eine elektrische Anlage projektiert werden soll, welches System bei gegebenen Verhältnissen das vorteilhafteste ist, wie hoch sich die Anlagekosten belaufen, und wie die Rentabilität eines Elektrizitätswerkes zu ermitteln ist.

Mancher Stadtverwaltung dürfte daher das Erscheinen dieses Werkes nicht unwillkommen sein, obzwar dasselbe hauptsächlich bestimmt ist, sowohl als Leitfaden für den Unterricht beziehungsweise für das Selbststudium, als auch als Hilfsbuch für den praktisch thätigen Ingenieur zu dienen.

Auch denjenigen, welche sich nicht speziell mit der Herstellung von elektrischen Anlagen abgeben, aber durch ihren Beruf gezwungen sind, solche zu überwachen, wird das Buch gute Dienste leisten. Im weiteren finden darin Besitzer von elektrischen Beleuchtungsanlagen und alle jene, welche sich dafür interessieren, zuverlässige Belehrung.

In den ersten acht Abschnitten werden die Bestandteile, aus welchen eine moderne elektrische Centrale zusammengesetzt ist, in knapper Form besprochen. Es wird dabei vorausgesetzt, daß der Leser elementare Kenntnisse aus dem Gebiete der Elektrotechnik besitzt.

Im neunten bis vierzehnten Abschnitt wird das für die Aufstellung von Projekten und Kostenvoranschlägen Wissenswerte eingehend erörtert.

In dem letzten Abschnitte werden an der Hand ausgeführter Anlagen die Punkte besprochen, welche bei Einführung der Elektrizität in industrielle Anlagen zu berücksichtigen sind.

Als Anhang sind fünf Tabellen beigegeben, die den Zweck haben, das Nachschlagen in anderen Werken entbehrlich zu machen; dieselben genügen für die gewöhnlich vorkommenden Fälle des Projektierens vollständig.

In der Natur der Sache liegt es, daß ein Werk über diesen Gegenstand in seiner ersten Form nicht vollkommen sein kann. Obgleich der Verfasser sich an zahlreiche Fabriken mit der Bitte um ihre Unterstützung gewandt hatte, so ist es ihm doch nicht gelungen, von allen die gewünschten Angaben zu erhalten. Allen denen jedoch, welche in zuvorkommender Weise mich unterstützt haben, spreche ich auch an dieser Stelle meinen verbindlichsten Dank aus.

Zürich und Paris, im Dezember 1896.

Johann Řiha.

Inhalt.

Zehnter Abschnitt.

Elfter Abschnitt.

Zwölfter Abschnitt.

Dreizehnter Abschnitt.

Vierzehnter Abschnitt.

Beispiele zur Projektierung elektrischer Anlagen.

Praktische Punkte, welche bei Einführung der Elektricität in industrielle Etablissements zu berücksichtigen sind.

Anhang.

Einleitung.

Um ein Projekt oder einen Kostenvoranschlag für eine elektrische Beleuchtungs- oder Kraftübertragungsanlage aufstellen zu können, muß man nicht nur das ganze Gebiet der Elektrotechnik vollständig beherrschen, sondern auch über eine gewisse Summe von Erfahrungen verfügen. Nichtsdestoweniger lassen sich allgemeine Angaben machen, welche es dem denkenden Techniker ermöglichen, ein genaues Projekt auszuarbeiten, sofern er die in diesem Werke gegebenen Winke den jeweiligen Verhältnissen anpaßt. Es ist hierbei nicht notwendig, daß der mit der Ausarbeitung eines Projektes Beschäftigte ein Konstrukteur sei. Die Kenntnis der Beschaffenheit und Wirkungsweise der betreffenden Maschinen, Apparate u. s. w. sowie ihrer Vor- und Nachteile genügt vollständig.

Unterzieht man eine elektrische Beleuchtungs- oder Kraftübertragungsanlage im großen und ganzen einer Prüfung, sieht man also von manchen Besonderheiten, wie sie der Einzelfall mit sich zu bringen pflegt, ab, so finden sich gewisse Objekte, welche überall wiederkehren. Eine jede Anlage besteht aus: 1) einer Betriebsmaschine (entweder eine Dampfmaschine, ein Gasmotor oder eine Turbine), 2) einem Apparate zur Erzeugung des elektrischen Stromes (eine oder mehrere Dynamomaschinen), 3) aus denjenigen Teilen, in welchen die elektrische Energie in Licht, Wärme oder Bewegung umgewandelt wird (Bogen- oder Glühlampen und Elektromotoren), und endlich 4) aus den Leitungen, die den Strom nach dem Verbrauchsorte führen und dort verteilen. Die neueren Gleichstrom-Anlagen sind in der Regel mit Aufspeicherungseinrichtungen versehen, welche, wenn man ihnen elektrische Energie zuerst zugeführt hat, gestatten, dieselbe, bezw. den größten Teil derselben, zu einer andern Zeit zu entnehmen und dann erst nutzbar zu verbrauchen (Akkumulatoren, Sekundärelemente, elektrische Sammler). Hierzu kommen ferner noch eine Anzahl Nebenapparate zum Öffnen und Schließen des Stromes, für die Zuführung zu den Lampen und zur Sicherung der Leitungen, sowie Instrumente zum Messen der Spannung und der Stromintensität, zur Kontrolle der Isolation u. s. w.

Was die Verteilung der elektrischen Energie anlangt, so kann dieselbe entweder nach dem Gleichstrom-, dem Wechselstrom- oder dem Mehrphasenstromsystem erfolgen. Welches dieser Systeme für eine elektrische Anlage das vorteilhafteste ist, läßt sich nicht ohne weiteres sagen; es hängt dies von vielen Umständen ab. Für Einzelanlagen und kleinere Centralen wendet man im allgemeinen stets Gleichstrom an. Bei großen Entfernungen muß immer hochgespannter Strom zur Anwendung kommen, um den großen Energieverlust in den teuren Leitungen von den Elektrizitätswerken aus nach den verschiedenen Verbrauchsstellen zu vermeiden. Ob man hierzu Wechselstrom, Mehrphasenstrom oder Gleichstrom anwendet, wird sich nur je nach den Verhältnissen entscheiden lassen. Der Mehrphasenstrom bietet zwar in Bezug auf die Konstruktion der Elektromotoren und der Leitungsquerschnitte gewisse Vorteile, erfordert aber drei Leitungen; der Wechselstrom gebraucht nur zwei Leitungen, doch sind die Elektromotoren für denselben noch nicht allen Ansprüchen gerecht geworden, da ein Wechselstrommotor beim Angehen mit voller Belastung gewisse Schwierigkeiten bietet. Sollte es gelingen, dieselben zu überwinden, so wird er in manchen Fällen über den Mehrphasenstrom den Sieg davon tragen, da dieser wieder in der Beleuchtung gewisse Schwierigkeiten macht. Gleichstromanlagen richtet man jetzt stets in Verbindung mit Akkumulatoren ein, da dieselben so mannigfache Vorteile gegenüber dem reinen Maschinenbetrieb bieten. Der Gleichstrom ist in dieser Beziehung im Vorteil gegen den Wechselstrom, da er durch Mitbenutzung von Akkumulatoren die Überlastung zur Zeit des höchsten Lichtbedürfnisses vermeidet und am Tage durch Laden der Batterien eine volle Benutzung, Belastung und Ausnutzung der Maschinen und somit den vorteilhaftesten Betrieb gestattet. Ein System, welches alles leistet, ist nicht denkbar. Man wird zwischen den vorhandenen Systemen zu wählen oder dieselben miteinander zu kombinieren haben.

Bevor man zur Ausarbeitung eines Projektes schreiten kann, müssen gewisse Vorarbeiten erledigt werden. Es müssen zunächst die Dimensionen und die besonderen örtlichen Verhältnisse des Beleuchtungsobjektes genau ermittelt werden. Deswegen ist eine Besichtigung des letzteren durch einen Sachverständigen,

Vornahme von Ausmessungen und Skizzierung der wesentlichen Teile erforderlich, soweit nicht etwa vorhandene Grundriß- und Aufriß-Zeichnungen benutzt werden können. Aus der Art des zu beleuchtenden Objektes (ob Wohnraum, Saal, Halle, Bureau, Werkstätte, Fabriksraum, Platz) ergiebt sich in den meisten Fällen schon die Art der anzuwendenden Lampen (ob Bogen- oder Glühlampen), auch ungefähr die erforderliche Beleuchtungsstärke und häufig die Verteilung der Lampen. Indessen hängt dabei viel von den besonderen Wünschen des Bestellers der Anlage ab, mit welchem die Besichtigung am zweckmäßigsten gemeinschaftlich vorgenommen wird. Die Beantwortung der Frage, ob man lediglich Bogenlicht oder Glühlicht oder beides zugleich zur Anwendung bringen soll, hängt bei dem heutigen Stande der elektrischen Beleuchtungsindustrie nicht mehr von den Elektrotechnikern allein ab, sondern es existieren hierüber im Publikum bereits feste Ansichten, Antipathien und Sympathien für das eine oder das andere System, so daß man es besonders bei industriellen Anlagen zumeist dem Auftraggeber überlassen muß, ob er sich für einfache oder gemischte Beleuchtung entscheiden will.

Als Prinzip kann wohl festgestellt werden, daß zur Beleuchtung von freien Plätzen, Hallen (Konfektionsgeschäfte), Bahnhöfen u. s. w., mit einem Worte, überall dort, wo man allgemeine Beleuchtung wünscht, Bogenlicht zur Verwendung kommen kann, während das Glühlicht überall dort angewendet werden soll, wo das Auge angestrengt wird. So wenig es empfehlenswert ist, Bogenlicht für alle Zwecke zu verwenden, wie es in neuerer Zeit geschieht, ebensowenig können wir es gänzlich ausschließen, wie dies ebenfalls eine Zeit lang versucht wurde.

Die Ermittelung der Zahl und Lichtstärke der Lampen, ihrer Höhe über dem Boden und Verteilung erfolgt in der Regel nach Erfahrungssätzen, da die theoretischen Berechnungen keine praktischen Ergebnisse feststellen lassen. Bei Beleuchtung von Wohnräumen, Bureaux, sowie Werkstätten, in welchen es hauptsächlich auf genügende Erhellung einzelner Stellen ankommt, sind die Wünsche des Besitzers in erster Linie maßgebend.

Durch die Zahl und Größe der Lampen ist die zu erzeugende elektrische Arbeit gegeben, durch welche wiederum die erforderliche Betriebskraft bedingt wird. Die Art der Erzeugung der letztern (ob durch Dampf- oder Gasmaschine oder Turbine oder andere Motoren, ferner ob eine schon vorhandene Betriebskraft dazu benutzt werden soll u. s. w. u. s. w.) hängt vorwiegend von den besonderen Verhältnissen des Einzelfalles ab. Unter welchen

Umständen die eine oder die andere Gattung von Betriebsmaschinen die geeignetere ist, wird unten S. 9—10 behandelt. Ebenso, ob es vorteilhafter ist, nur eine einzige Dynamomaschine anzuwenden oder die Stromerzeugung auf mehrere Maschinen zu verteilen. Die Fälle, in welchen sich die Hinzufügung von Akkumulatoren empfiehlt, werden ebenfalls in den bezüglichen Abschnitten hervorgehoben werden. Nachdem der Stromverbrauch, für welchen die Anlage einzurichten ist, sowie die ungefähre Verteilung der Lampen feststeht, ist der mit der Ausarbeitung des Projektes Betraute in der Lage, die für den betreffenden Fall geeignetste Art der Stromerzeugung bezw. Betriebskraft, Dynamomaschine und eventuell Akkumulatoren festzustellen und dem Besteller der Anlage in dieser Hinsicht Vorschläge zu machen. Es ist nicht immer gesagt, daß gerade die vom technischen Standpunkte günstigste Betriebsart auch wirklich zur Anwendung kommt, da noch andere Gesichtspunkte, insbesondere der Kostenpunkt dabei mitsprechen.

Der Ort, an welchem die zur Stromerzeugung erforderlichen Teile der Anlage aufgestellt werden sollen, muß ebenfalls, gleich nachdem Zahl und Verteilung der Lampen im wesentlichen bekannt sind, festgestellt werden. Die Wahl desselben ist in vielen Fällen für Einzelheiten in der Art des Betriebes mit maßgebend. Wenn die zu speisenden Lampen in mehreren Gebäuden verteilt sind (Fabrikbeleuchtung, Blockanlagen), liegt das Maschinenhaus dann am günstigsten, wenn das für die Zuleitungen zu den einzelnen Gebäuden zu verwendende Kupfergewicht ein Minimum ist. Indessen kann nur in den seltensten Fällen der Ort für die Stromquelle nach Belieben gewählt werden. Gewöhnlich steht nur ein ganz bestimmter Teil des Grundstückes, oft sogar nur ein bereits vorhandener Raum zur Verfügung.

Erst nachdem über die im vorstehenden genannten Punkte alles Wesentliche feststeht, bezw. mit dem Besteller eine Einigung darüber erzielt worden ist, kann das definitive Projekt nebst Kostenvoranschlag ausgearbeitet werden.

Außer der Dynamomaschine ist der dieselbe antreibende Kraftmotor der wichtigste Teil einer elektrischen Anlage. Behufs Erzielung eines schönen ruhigen Lichtes muß die Betriebsmaschine eine ganz gleichmäßige Geschwindigkeit besitzen. Denn, da die Spannung des elektrischen Stromes mit von der Umlaufsgeschwindigkeit des Ankers abhängt, so hat jede Schwankung im Gange des Kraftmotors eine Änderung der Spannung und damit der Lichtstärke der Lampen zur Folge, die vom Auge unangenehm empfunden wird.

Die für den Betrieb von Dynamomaschinen wesentlich in Betracht kommenden Kräfte sind: Wasser, Dampf und Gas.

Betrieb durch Wasserkraft.

Die von alters her zu gute gemachte Wasserkraft ist in ihrer Benutzung und Unterhaltung im allgemeinen die billigste, nur muß hierbei die Voraussetzung gemacht werden, daß das ganze Jahr über, insbesondere auch im Winter bei anhaltendem Froste eine genügende Wassermenge vorhanden sei.

Zum Betriebe der Dynamomaschinen stehen uns zur Verfügung: Wasserräder, Turbinen und sogenannte Wassermotoren.

Die Wasserräder sind durch ihren langsamen Umlauf für den vorliegenden Zweck wenig geeignet. Besser sind stets Turbinen. Behufs Erzielung eines möglichst gleichförmigen Ganges müssen dieselben mit einem Geschwindigkeitsregulator versehen sein. Da jedoch auch in diesem Falle die Regulierung nicht so empfindlich sein kann, wie bei Dampfmaschinen, so ist es empfehlenswert noch besondere Schwungmassen anzuordnen.

Die sogenannten Wassermotoren sind ähnlich den Dampfmaschinen konstruiert. Sie arbeiten meist mit hohem Drucke, und ihre Anwendung ist deshalb nicht rätlich, weil ihr Betrieb zu teuer und zu wenig zuverlässig ist.

Betrieb durch Dampfkraft.

Die geeignetste Betriebskraft für Dynamomaschinen ist unstreitig die Dampfmaschine, falls die Forderungen der Billigkeit, des gleichförmigen Ganges und der Zuverlässigkeit gleichmäßig berücksichtigt werden sollen.

Man hat die Wahl zwischen liegenden und stehenden Dampfmaschinen und Lokomobilen. In der Regel werden liegende Dampfmaschinen dort angewandt, wo man mit dem zur Verfügung stehenden Platze nicht zu sehr sparen muß. Während stehende Dampfmaschinen meistens dort verwendet werden, wo der Platz knapp ist, so finden Lokomobilen da Verwendung, wo man eine eigene Dampfkesselanlage und zudem noch am Platze sparen will. Man unterscheidet noch langsam laufende Dampfmaschinen und sogenannte Schnellläufer: die ersteren (meist liegende Dampfmaschinen) verbrauchen am wenigsten Dampf und arbeiten mit verhältnismäßig niederer Dampfspannung, sind also im Betriebe am billigsten und gefahrlosesten. Dafür beanspruchen sie viel Raum, eine höchst empfindliche Regulierung und machen in vielen Fällen eine zweimalige, fast stets aber eine einmalige Riemenübertragung notwendig. Bei den sogenannten Schnellläufern kommt man stets mit einer einzigen Übertragung aus, kann auch vielfach die Dynamomaschinen direkt kuppeln. Dabei sind dieselben kleiner und lassen sich leichter regulieren. Dem gegenüber steht ein größerer Dampfverbrauch für gleiche Leistung, höherer Dampfdruck und meist auch größere Abnutzung, also ein kostspieligerer und vielleicht nicht ganz so zuverlässiger Betrieb.

Welche Art von Dampfmotoren unbedingt vorzuziehen ist, kann nicht allgemein entschieden werden, da örtliche Verhältnisse zu viel mitsprechen. Steht genug Raum zur Verfügung, so erhält man mit einer Dampfmaschine von mäßiger Umlaufszahl den billigsten Betrieb, zumal wenn genügend Wasser vorhanden ist, um Kondensation anwenden zu können. Im Innern größerer Städte, wo der Raum beschränkt ist, verwendet man am vorteilhaftesten Dampfmaschinen mittlerer oder höherer Geschwindigkeit.

In den zur Zeit bestehenden elektrischen Einzel- wie Centralanlagen findet man die normale Tourenzahl der Betriebsmaschinen weit häufiger über 100 pr. Min. als darunter. Überall da, wo schon eine Dampfkesselanlage besteht, insbesondere in Fabriken, verringern sich die Betriebskosten, falls eine besondere Betriebsmaschine für die Beleuchtung aufgestellt wird, noch weiter, wenn der erforderliche Dampf den vorhandenen Kesseln entnommen werden kann.

Auf einen eigenartigen Dampfmotor wurde die Aufmerksamkeit der Fachkreise in den letzten Jahren gelenkt, nämlich auf die Dampfturbine des schwedischen Ingenieurs de Laval in Stockholm.[1] Diese Dampfturbine ist eine rotierende Maschine von wesentlich einfacherer Konstruktion als die gewöhnlichen Kolbendampfmaschinen mit ihren zahlreichen hin und hergehenden Teilen. Der Dampfverbrauch hängt ab von der Höhe des zur Verfügung stehenden Druckes und von der Größe der Maschine. Die kleineren Maschinen gebrauchen, wenn der Auspuff ins Freie erfolgt, pro effektive Pferdekraft und Stunde etwa 20—22 kg Dampf.

Wendet man Kondensation an, so verringert sich der Dampfverbrauch ganz beträchtlich; es beträgt derselbe bei größeren Maschinen 9—10 kg für die effektive Stundenpferdekraft, also nicht mehr, als bei guten Compound-Dampfmaschinen.

Der Dampf zum Betriebe dieser Turbinen kann jedem beliebigen Kessel entnommen werden. Die Maschinen lassen sich

[1] Vgl. Z. d. Vereins D. Ing. 1894 S. 31, 796.

für jeden beliebigen Dampfdruck einrichten, vom niedrigsten bis zum höchsten praktisch erreichbaren. Je höher der Druck, desto geringer der Dampfverbrauch.

Die Vorzüge derselben sind: Billige und einfache Aufstellung, weil keine umfangreichen Fundamente erforderlich sind; geringster Raumbedarf, weil die Maschine sehr gedrungen gebaut und von außergewöhnlich kleinen Abmessungen ist; ruhiger, stoßfreier Gang; vollständig gleichförmige Geschwindigkeit, leichte Wartung und geringer Ölverbrauch.

Es ist uns bekannt, daß Dynamomaschinen, vornehmlich solche, die zur Erzeugung elektrischen Lichtes mittels Gleichstromes bestimmt sind, bei gleichbleibender Leistung um so kleiner, leichter und billiger werden, je schneller sie umlaufen. Auch steigt unter sonst gleichen Verhältnissen ihr elektrischer Nutzeffekt mit wachsender Umdrehungszahl. Da man ferner für hohe Geschwindigkeiten zweckmäßig zweipolige Maschinen wählt, so werden sie außerdem einfacher in elektrotechnischer wie auch in maschinentechnischer Hinsicht.

Weil nun die Dampfturbinen von de Laval mit außerordentlich hohen Umdrehungszahlen laufen, so eignen sich dieselben ganz besonders zum Betriebe von Dynamomaschinen, indem die letzteren direkt an die ersteren angekuppelt werden können, wodurch eine äußerst gedrängte, sehr wenig Raum erfordernde Anordnung geschaffen wird.

Betrieb durch Gaskraft.

Seitdem es gelungen ist, durch Einführung von Zwillingsmaschinen, sowie durch Vervollkommnung der Regulierung der eincylindrigen Motoren die erforderliche Gleichmäßigkeit der Umlaufsgeschwindigkeit zu erreichen, finden die Gasmotoren zum Betriebe elektrischer Beleuchtungsanlagen immer mehr Verwendung. Die durch den Gasmotor erzielten Vorteile sind: der durch Fortfall der Erzeugung der motorischen Substanz an Ort und Stelle erreichte geringe Raumbedarf, womit zugleich, insbesondere bei kleinen Anlagen, die Anschaffungs- und Wartungskosten verringert werden, die Möglichkeit, den Betrieb fast augenblicklich beginnen und ebenso rasch wieder beendigen zu können, sowie die an keine Konzession gebundene Aufstellung an beliebigen Orten. Ein Nachteil dieses Motors ist die Notwendigkeit, denselben „andrehen" zu müssen, was oft recht mühsam ist und in größeren Anlagen die Aufstellung eines besondern kleinen Motors zum Andrehen der größeren erfordert. Eine Ausnahme machen nur solche Gleichstrom-Anlagen, welche Akkumulatoreneinrichtung besitzen. Hier erfolgt der Antrieb des Gasmotors mit Hilfe eines Elektromotors, welcher seinerseits wieder durch die Akkumulatorenbatterie in Betrieb gesetzt wird.

Die Aufstellung von Gasmotoren zum Betriebe der Dynamomaschinen setzt immer das Vorhandensein einer Gasanstalt voraus.

Das zum Betriebe der Gasmotoren verwendete Gas kann sein entweder gewöhnliches Leuchtgas, Wassergas oder Dowsongas (Kraftgas).

Dort, wo Leuchtgas nicht vorhanden und wo man billige selbständig arbeitende Anlagen größern Umfanges verlangt, bildet das Kraftgas ein vorzügliches Mittel zur Erzeugung elektrischer Energie.

Auf der von der Royal Agricultural Society of England zu Chester veranstalteten landwirtschaftlichen Ausstellung nahmen Gas- und Erdölmaschinen einen hervorragenden Platz ein. Es waren deren 40, darunter größere Maschinen von 60 bis 100 HP ausgestellt, alle mit einer einzigen Ausnahme nach Otto'scher Bauart. Diese Ausstellung lieferte einen erneuerten Beweis, daß die Gasmaschine auch für größere Kraftleistungen in einen ernstlichen Wettbewerb mit der Dampfmaschine mehr und mehr eintritt. Dafür spricht weiter, daß nach Mitteilungen in The Engineer eine Midland-Firma, nicht einmal die bekannteste in ihrem Fache, über 1000 HP an Dampfmaschinenkesseln englischer Fabriken durch Gasmaschinen mit Gaserzeugern ersetzt hat. Die kleinste dieser Einrichtungen umfaßte 100 HP, die größte 400 HP. Einige von diesen mit Dowsongas betriebenen Maschinen sind schon lange genug unter befriedigenden Umständen gelaufen, um den Nachweis zu führen, daß sie imstande waren, die Garantiebedingungen zu erfüllen, nämlich 1 HP mit weniger als 0,68 kg Gaskohle zu erzeugen. Von einem mehrwertigen Brennmaterial brauchten sie selbstverständlich weniger.

Wenn sich diese bedeutenden Neuanlagen, welche den verschiedensten Zwecken dienen, weiterhin in derselben Weise bewähren, so ist anzunehmen, daß die stationären Dampfmaschinen den Gasmotoren gegenüber einen schweren Stand haben werden.

Der Hauptpunkt der hierbei ins Auge zu fassen, ist naturgemäß der relative Verbrauch an Brennstoff. Nun ist es nach der oben angeführten Quelle unbestreitbare Thatsache, daß es mit Dowsongas arbeitende Gasmaschinen giebt, die nur 0,45 kg Anthracit für 1 HP-Stunde verbrauchen; selbst bei minderwertiger Gaskohle wird der Verbrauch vermutlich nicht über 0,8 kg steigen. Es giebt keine stationäre Dampfmaschine, Verbund- oder sonstige, die dieses Resultat erreicht; man wird nicht weit fehlgehen, wenn man den Verbrauch einer Fabrikdampfmaschine unter Durchschnittsverhältnissen mindestens auf das $2^1/_2$ fache davon (also 1,2 kg besten oder 2,0 kg minderwertigen Brennstoff) beziffert. So wird also, auch wenn man den mechanischen Wirkungsgrad der Gasmaschinen um $10^0/_0$ geringer als den der Dampfmaschine annimmt und den höhern Preis von Anthracit und Kohle der Kesselkohle gegenüber in Rücksicht zieht, immer noch eine bedeutende Ersparnis erzielt werden.

Was die übrigen Vergleichspunkte anlangt, so wird sich ein nennenswerter Unterschied der Anlagekosten von Gasmaschinen mit zugehörigen Gaserzeugern gegen Dampfmaschinen und Kessel nicht herausstellen.

Auf dem bisher verfolgten Wege ist die Möglichkeit wohl ausgeschlossen, die stationäre Dampfmaschine noch sparsamer als die vollkommensten Schiffsmaschinen zu machen; bei der Gasmaschine dagegen sind nach verschiedenen Richtungen hin Vervollkommnungen möglich.

Im Anschluß an das Vorgesagte gilt eine neuerdings ausgeführte Gaskraftanlage als weitere Bestätigung dieser Anschauung. Es ist dies eine kleine elektrische Licht- und Kraftstation zu Carignan, die von Malter & Co. in Rouen ausgeführt ist. Ein einziger Mann bedient den Generator, die Gasmaschine von 60 HP und die Dynamos. Der Kohlenverbrauch der Gasmaschine, die von 4 Uhr morgens bis 11 Uhr abends läuft, beträgt weniger als 0,68 kg für 1 HP-Stunde.

Wahl der Betriebskraft.

An die Gleichmäßigkeit des Ganges der Betriebsmaschine werden durch den Betrieb von Dynamomaschinen für Beleuchtungszwecke höhere Anforderungen gestellt, als in den meisten sonstigen Betrieben. Hieraus ergiebt sich, daß man Dynamomaschinen am besten durch eine eigene Kraftmaschine betreibt, die außerdem keine andere Verwendung hat. Es gilt dies insbesondere für Fabriken, welche eine größere Betriebsmaschine besitzen. Trotzdem möchte man im letztern Falle, wenn, wie es häufig geschieht, überschüssige Kraft vorhanden ist, die Lichtmaschine an den gemeinsamen Motor mit anhängen und auf diese Weise den Strom verhältnismäßig billig erzeugen. Dies kann in manchen Fällen auch geschehen, wenn entweder keine sehr hohen Ansprüche an die Gleichmäßigkeit des Lichtes gestellt werden, oder wenn man Akkumulatoren mit zu Hilfe nimmt. Ist jedoch der Fabrikbetrieb derart, daß größere Arbeitsmaschinen häufig aus- und eingerückt werden, was größere vorübergehende Änderungen in der Geschwindigkeit der Betriebsmaschine zur Folge hat, so ist der gleichzeitige Antrieb von Dynamomaschinen so gut wie ausgeschlossen.

Die Frage, welche Art von Betriebsmaschine zu wählen sei, läßt sich wenigstens ganz allgemein zur Entscheidung bringen. Für größere Anlagen, etwa von 30 PS aufwärts, bildet die Dampfmaschine bis jetzt fast immer das geeignetste Betriebsmittel. Man findet zwar hier und da auch den Gasmotor als Betriebsmaschine verwandt, doch ist dies immer noch vereinzelt der Fall. Eine durch das ganze Jahr hindurch ausreichende Wasserkraft dürfte in wasserarmen Gegenden nur selten zur Verfügung stehen. In wasserreichen Gegenden liegen die Verhältnisse für den ausschließlichen Wasserbetrieb günstiger, und es kann das Vorhandensein der billigen Wasserkraft die Ursache sein, daß elektrische Beleuchtung überhaupt zur Anwendung kommt. Ist dagegen die Wasserkraft nicht zu allen Jahreszeiten in genügender Menge vorhanden oder reicht dieselbe überhaupt nicht aus, so daß Dampfbetrieb zu Hilfe genommen werden muß, so kann die Wasserkraft, insbesondere bei hohen Kohlenpreisen, die Dampfmaschine teilweise entlasten und den Betrieb billiger machen.

Für die Verwendung eines Gasmotors gestalten sich die Verhältnisse um so günstiger, je kleiner eine in Aussicht genommene Anlage werden soll. Für einen Kraftbedarf bis zu 10 PS ist der Gasmotor unbedingt der Dampfmaschine vorzuziehen, falls nicht eine Kesselanlage schon für andere Zwecke vorhanden ist. Hierbei ist aber vorausgesetzt, daß der Preis des Gases ein mäßiger sei. Ist eine Kesselanlage von genügender Größe schon vorhanden, so kann selbstverständlich die Verwendung einer Dampfmaschine auch für eine Beleuchtungsanlage von kleinerem Kraftbedarf vorteilhaft sein.

Übertragung der Betriebskraft auf die Dynamomaschine.

Die Übertragung der Betriebskraft auf die Dynamomaschine kann entweder direkt oder indirekt erfolgen. Die direkte Kuppelung besteht darin, daß die Betriebsmaschine unmittelbar mit der Dynamomaschine verbunden wird. Die indirekte Kuppelung setzt immer ein Zwischenglied voraus.

Für das gute Funktionieren eines Lichtbetriebes ist die Art und Weise, wie die von der Betriebsmaschine gelieferte mechanische Arbeit der Dynamomaschine zugeführt wird, sehr wesentlich. Je weniger Zwischenglieder dabei zu Hilfe genommen zu werden brauchen, umsomehr steigt, ganz abgesehen von Arbeitsverlusten, die Betriebssicherheit. Die direkte Kuppelung ist daher die beste Art der Übertragung. Leider ist dieselbe nur bei großen Dynamomaschinen anwendbar, da die Umdrehungszahl entsprechend klein sein muß. Aus letzterem Grunde sind mittelgroße Maschinen für direkte Kuppelung an sich schon teurer, als schneller laufende Maschinen für die gleiche Leistung, weil die ersteren größer gebaut sein müssen, um genügende Geschwindigkeit der Bewegung der Ankerdrähte zu erreichen. Die direkte Verbindung findet daher gewöhnlich erst bei Lichtmaschinen für einen Arbeitsbedarf von etwa 30 PS an aufwärts, und auch da noch nicht immer Anwendung.

Am häufigsten geschieht die Übertragung der Arbeit durch indirekte Kuppelung. Als Zwischenglieder bedient man sich hierbei der Riemen oder der Seile.[1] Diese Materialien machen im Kostenanschlage oft einen bedeutenden Posten aus, und man muß, um mit größter Ökonomie vorgehen zu können, die Riemen und Seile aufs genaueste berechnen.[2]

Bei Projektierung der Einrichtung des Maschinenraumes hat man ein Augenmerk darauf zu richten, daß die Riemengleitung auf ein möglichst geringes Maß beschränkt bleibe. Dieselbe kann bei der hohen Umdrehungszahl der Dynamomaschinen und der dadurch meist bedingten starken Geschwindigkeitsübersetzung vom Betriebsmotor bis zur ersteren einen erheblichen Betrag erreichen. Es darf deshalb die durch einen und denselben Riemen zu bewirkende Übersetzung nicht zu weit getrieben werden, damit die Fläche, mit welcher der Riemen auf der kleinen Riemenscheibe aufliegt, nicht zu gering wird. Je höher die Übersetzungszahl ist, desto größer muß aus diesem Grunde der Abstand der beiden Wellen werden. Da ferner die Riemengeschwindigkeit den Betrag von 25 m, allerhöchstens 30 m in 1 Sek. nicht überschreiten darf, man aber mit dem Durchmesser der auf der Welle der Dynamomaschine sitzenden Riemenscheibe schon bei kleinen Maschinen von 5—6 PS praktisch nicht gut unter 200 mm heruntergehen kann, so ergiebt sich die Notwendigkeit, zu große Übersetzungen mittels eines Riemens zu vermeiden. Letzteres um so mehr, als für den Abstand, in welchem die Wellen angeordnet werden können, selten ein größerer Spielraum möglich ist, sondern die Örtlichkeit meist enge Grenzen zieht. Wenn nur irgend möglich, so sollte man stärkere Übersetzungen als 1 : 6 thunlichst vermeiden. Ist der Geschwindig-

[1] Vgl. Engng. 1895 1. Nov. S. 53: „Betrieb durch Riemen und Seile."

[2] Über Berechnung von Riemen- und Seiltrieben vergleiche C. Bach, „Die Maschinenelemente."

keitsunterschied zwischen der Dynamo- und Betriebsmaschine ein größerer, so ordnet man ein Vorgelege an und verteilt die Übersetzung gleichmäßig auf beide Riemen.

In vielen Fällen soll die Riemenscheibe der Dampfmaschine gleichzeitig als Schwungrad dienen, so daß sie entsprechend groß und schwer ausgeführt werden muß. Man kann dann, falls ein Vorgelege vorhanden ist, die größere Übersetzung auf den vom Motor zum letzteren führenden Riemen verlegen und die getriebene Scheibe des Vorgeleges nach Bedarf vergrößern. Unter Umständen lassen sich mittels des Vorgeleges kleine Schwankungen, die bei jedem Umgange der Betriebsmaschine stattfinden, ausgleichen. Zu diesem Behufe wird die größere Scheibe des Vorgeleges entsprechend schwer ausgeführt. Ist die Tourenzahl der Dynamomaschine gegeben, hat man aber einen Raum zur Verfügung, welcher die Anordnung eines Vorgeleges nicht gestattet, so ist ein Betriebsmotor von entsprechend hoher Tourenzahl zu wählen, also entweder eine schnelllaufende Dampfmaschine oder ein Gasmotor, der bei gleicher Leistung eine größere Umdrehungszahl als eine langsam laufende Dampfmaschine besitzt. Man kommt dann mit einer Riemenübertragung aus.

In Beleuchtungsanlagen hat man es im allgemeinen meist mit starken Riemenübersetzungen und großer Riemengeschwindigkeit zu thun. Da außerdem eine äußerst gleichförmige Geschwindigkeit verlangt wird, so dürfen genähte Riemen nicht verwendet werden, sondern ausschließlich geleimte. Auch die Zusammenfügung der beiden Riemenenden darf weder genäht, noch viel weniger durch einen metallenen Riemenverschluß bewirkt sein. Bei Glühlampen würde sich jedesmal, wenn ein solches Schloß die Riemenscheibe der Dynamomaschine passiert, ein deutliches Zucken des Lichtes bemerklich machen. Aus demselben Grunde ist ein Spannschlitten für die Aufstellung der Dynamomaschine kaum zu entbehren und muß die Ausrichtung der zusammengehörigen Riemenscheiben mit der größten Sorgfalt erfolgen.

Die untere Hälfte des Riemens soll stets die ziehende sein, damit durch die Bogenform, welche die gezogene, weniger gespannte Hälfte durch die Wirkung der Schwere annimmt, die Fläche, mit welcher der Riemen auf den Scheiben aufliegt, vergrößert und nicht verkleinert wird.

Die Breite und die Dicke des Riemens richte sich nach dem Betrage der Zugkraft, welche im Maximum in demselben wirksam sein soll, da die Spannung, welche auf jedes mm^2 des Riemenquerschnittes kommt, ein gewisses Maximum nicht überschreiten darf.

Breite, dünne Riemen sind, gleichen Querschnitt vorausgesetzt, vorteilhafter als schmale und entsprechend dickere, weil im ersteren Falle die Fläche, in der der Riemen den Scheibenumfang berührt, größer ist. Die Radkranzfläche der Riemenscheibe sei möglichst glatt. Der Riemen wird am zweckmäßigsten mit der Haarseite aufgelegt. Riemenschmiere verwende man am besten nicht. Bei sehr starker Übersetzung kann man den Umfang der kleinern Riemenscheibe mit Leder überziehen.

Große Dynamomaschinen pflegt man häufig mittels mehrerer Seile, statt durch einen Riemen anzutreiben. Das Material der Seile, welche bei einem Dynamobetrieb Verwendung finden, ist Hanf oder Baumwolle. Die Seile bestehen meist aus drei Litzen, deren jede aus einer größern Anzahl schraubenförmig gewundener Hanf- oder Baumwollfäden zusammengesetzt wird.

In neuerer Zeit ist man bei größeren Anlagen davon abgekommen, sämtliche vorhandenen Dynamomaschinen durch Vermittelung einer größern Transmission von einer einzigen Dampfmaschine betreiben zu lassen. Man zieht es vor, die Zahl der Dynamomaschinen zu beschränken, die der Betriebsmaschinen auf mindestens zwei zu vermehren, schon um, wenn an einer derselben eine Störung eintreten sollte, wenigstens die andere im Gang erhalten zu können. Auf diese Art entfallen in den meisten Fällen nicht nur ausgedehnte Transmissionsanlagen, sondern man erreicht noch den Vorteil, je nach dem Lichtbedürfnis nur eine oder mehrere Dampf- und Dynamomaschinen laufen zu lassen.

Erster Abschnitt.

Dynamomaschinen.

Einteilung der Dynamomaschinen.

Zunächst ist zwischen Maschinen, welche Wechsel-Ströme, und Maschinen, welche gleichgerichtete Ströme liefern, zu unterscheiden. Danach hat man also Wechselstrom- und Gleichstrommaschinen.

In ihrem Bau unterscheiden sich dieselben nicht wesentlich voneinander, da man durch Fortlassung des Kommutators die meisten Gleichstrommaschinen, wenn auch gewöhnlich nicht in zweckmäßiger Weise, auch als Wechselstrommaschinen benutzen könnte.

Die Gleichstrommaschinen werden für elektrische Beleuchtung, elektrochemische und thermoelektrische Arbeiten, sowie für elektrische Kraftübertragung benutzt. Der Wechselstrommaschinen bedient man sich hauptsächlich für Beleuchtungszwecke, doch werden dieselben seit neuerer Zeit als sogenannte Mehrphasenstrommaschinen mit Vorliebe zur Kraftübertragung verwandt. Für elektrochemische Leistungen sind sie bisher nicht in Anspruch genommen worden; was die thermoelektrischen Arbeiten, wie die Gewinnung von Aluminiumlegierungen, anlangt, so können diese auch ohne Zweifel mit Erfolg durch Wechselstrom ausgeführt werden, obgleich man hierfür jetzt meistens Gleichstrom verwendet.

Nach der Art der Schaltungsweise unterscheidet man Hauptstrom-, Nebenschluß- und Compoundmaschinen.

Bei den Hauptstrommaschinen wird der ganze, aus dem Anker kommende Strom durch die Magnetwindungen geführt und fließt dann erst in den äußern Stromkreis. Diese Maschinen haben den Vorzug, billig zu sein, dagegen den Nachteil, nicht früher und nicht später als bei einer gewissen Geschwindigkeit in Aktion zu treten. Auch ist ihre Funktion von einer gewissen Grenze des Widerstandes des Stromkreises abhängig. Ihre Pole kehren sich leicht um; sie können daher zum Laden von Akkumulatoren oder zur Elektrolyse nicht verwendet werden. Je größer der Widerstand eines Stromkreises ist (je mehr Lampen z. B. auf Spannung geschaltet werden), desto schwächer wird die Leistungsfähigkeit der Dynamomaschine, hingegen wird letztere immer bedeutender, je mehr der Widerstand des Stromkreises (z. B. durch Parallelschalten der Lampen) abnimmt.

Bei der Nebenschlußmaschine verteilt sich der aus dem Anker kommende Hauptstrom in zwei Zweige; der bei weitem größere Teil speist den äußern Stromkreis, während eine kleine Strommenge die mit vielen Windungen eines dünnen Drahtes bewickelten Magnetspulen durchläuft. Die Verwendung dieser Maschinen erstreckt sich auf den Betrieb von Glühlichtanlagen und gemischten Anlagen, sowie auf das Laden von Akkumulatoren und die Erzeugung galvanischer Niederschläge. Die Nebenschlußmaschine ist der Umkehrung der Polarität nur schwer zugänglich. Ihr Leistungsvermögen wird stärker, je mehr der Widerstand des äußern Stromkreises zunimmt, doch ist sie für unregelmäßige Geschwindigkeit viel empfindlicher als die Hauptstrom-Dynamomaschine.

Für Maschinen, welche hohe Spannung liefern sollen, wird die Nebenschlußwickelung zu teuer.

Die beiden vorerwähnten Schaltungsweisen haben gewisse, einander entgegengesetzte Vorzüge; es läßt sich daher annehmen, daß eine passende Kombination beider noch besondere Eigenschaften haben wird. Das ist bei den „Compoundmaschinen“ in der That der Fall. Bei diesen Maschinen werden um die Elektromagnete zwei verschiedene Wickelungen herumgeführt.

Die Compound-Dynamomaschinen verlangen regelmäßige Umdrehungsgeschwindigkeit. Sie sind dort anzuwenden, wo eine konstante Spannung verlangt wird (bei parallel geschalteten Lampen), während für Anlagen, wo ein konstanter Strom notwendig ist (auf Spannung geschaltete Lampen), anders geschaltete Regulierung in Anwendung kommt.

Die Dynamomaschinen lassen sich gruppieren auch nach der Zahl ihrer Pole. Man unterscheidet zweipolige und mehrpolige Dynamomaschinen. Die einfachste Form einer Dynamomaschine zeigt uns einen Elektromagneten mit zwei Polen. Bei größeren Maschinen erweist es sich als vorteilhafter, vier, sechs und noch mehr Magnetpole auf den Anker wirken zu lassen, statt die

Elektromagnete und Polschuhe in demselben Verhältnisse wie den Anker zu vergrößern.

Die zweipoligen Maschinen eignen sich zur Erzeugung großer Leistungen nicht, weil sie nicht nur zu schwer ausfallen, sondern infolgedessen auch zu teuer würden.

Eine vielpolige Maschine ist nicht nur leichter, sondern verhältnismäßig auch billiger und läuft auch bedeutend langsamer. Eine vierpolige Maschine erfordert vier Bürsten, die je durch einen Bogen von 90° voneinander getrennt sind, die sechspolige Maschine sechs Bürsten u. s. w. Aus zusammengehörigen Bürstenpaaren kann man Strom entnehmen, so daß also eine vierpolige Maschine auch als eine Kombination von zwei, eine sechspolige als eine solche von drei Dynamomaschinen angesehen werden kann. Gewöhnlich schaltet man, durch Verbindung der bezüglichen Bürstenpaare, diese einzelnen Stromquellen parallel. Es herrscht also bei der vierpoligen Maschine in jedem, einem Bürstenpaare entsprechenden Ankerteile die gleiche Spannung, wie sie die Maschine nach außen abgiebt, jedoch nur die halbe Stärke des totalen Stromes. Dementsprechend liefert bei der sechspoligen Anordnung jeder der Ankerteile dieselbe Spannung, wie der totale Strom sie haben soll, dagegen nur je ein Drittel der totalen Stromstärke. Statt die einzelnen Bürstenpaare parallel zu schalten, nimmt man diese Verbindung häufig am Anker selbst vor. In diesem Falle ist am Kollektor nur ein einziges Paar Bürsten erforderlich, welche bei der vierpoligen Maschine nur um einen Bogen von 90°, bei der sechspoligen um einen solchen von 60° auseinanderstehen.

Schließlich kann man die Dynamomaschinen auch klassifizieren nach der Anordnung ihres Magnetfeldes. Hiernach erhält man Außenpol-Dynamomaschinen und Innenpol-Dynamomaschinen.

Die Außenpolmaschinen haben ein feststehendes Magnetfeld, innerhalb dessen der Anker rotiert. Die Innenpolmaschinen haben gleichfalls ein feststehendes Magnetfeld, jedoch rotiert der Anker außerhalb der Magnetschenkel.

Bei den ersteren Maschinen kann der Anker die Form eines Ringes, einer Trommel, einer Scheibe oder eines Sternes haben.

Die letzteren Maschinen haben stets einen Ringanker.

Die Anordnung der Innenpolmaschinen eignet sich besonders für Maschinen, welche eine möglichst geringe Umlaufszahl haben sollen, um dieselben direkt mit der Antriebsmaschine kuppeln zu können.

Die Wechselstrommaschinen haben entweder eigene oder

fremde Erregung. Die eigene Erregung besteht darin, daß ein Teil des Ankerstromes die Magnete erregt. Bei der fremden Erregung speist eine Gleichstrommaschine die Magnete der Wechselstrommaschine. Verwendet man ein und dieselbe Maschine mit einem Kommutator und nimmt Gleichstrom ab, so ist die Leistung und der Kraftbedarf bei einem bestimmten Widerstande größer, als wenn man dieselbe Maschine mit zwei oder mehr Schleifringen versieht und Wechselströme abnimmt. Das Gesamtgewicht der Wechselstrommaschinen und Motoren stellt sich, dasselbe Gesamtgüteverhältnis der Maschinen vorausgesetzt, höher, als das Gewicht gleich großer Gleichstrommaschinen und Motoren.

Die Gleichstrommaschinen erreichen daher einen höheren kommerziellen und elektrischen Nutzeffekt als die Wechselstrommaschinen. Die Parallelschaltung der letzteren ist umständlicher, als bei Gleichstrommaschinen.

Wechselstrommaschinen können nicht auf Spannung geschaltet werden, da dieselben gegenseitig suchen ihren Strom zu annullieren. Parallel geschaltet können Wechselstrommaschinen wohl werden, aber der Strom der beiden addiert sich und die Phasen der elektromotorischen Kraft der Maschinen werden gleich.

Wechselstrommaschinen auf Spannung zu schalten ist nicht nötig, da dieselben ohnedies für hohe Spannungen gebaut werden. Sie parallel zu schalten wird besonders in Centralstationen notwendig. Um dies zu bewerkstelligen, ist es Bedingung, daß die auf Quantität zu schaltenden Maschinen gleiche Umdrehungsgeschwindigkeit haben und nur dann zusammen gekoppelt werden, wenn ihre Phasen vollständig gleich sind. Um diesen günstigen Moment zu erkennen, bedient man sich eines Phasenindikators, welcher entweder durch Lampen oder durch ein Läutewerk oder durch einen andern Meldeapparat anzeigt, in welchem Momente die Stromproduktion der zu kuppelnden Maschinen eine identische ist. Automatische Apparate zur Kuppelung von Wechselstrommaschinen sind unnötige Komplikationen, da man bei diesem wichtigen Manöver der Aufsicht eines gewissenhaften Wärters ohnehin nicht entbehren kann.

Eine Wechselstrommaschine, bei welcher die Armatur feststeht, während sich das Magnetfeld dreht, ist anderen Typen vorzuziehen, da die sich drehenden schweren Magnete zugleich als Schwungrad dienen, was bei langsam gehenden Motoren wichtig ist.

Die Frage, welches System anzuwenden ist, ob Gleich- oder Wechselstrom, wird in einem späteren Abschnitte näher erörtert werden.

Das Wichtigste über die Konstruktion der Dynamomaschinen.

Die äußere Erscheinung einer Dynamomaschine ist wesentlich bedingt durch die Beschaffenheit des Eisengerüstes derselben. Die neueren Dynamomaschinen haben meistens eine andere Form als die früheren. Den unmittelbaren Anstoß zur Änderung des Eisengerüstes gab der Übergang von der ausschließlichen Hintereinanderschaltung zur Parallelschaltung der elektrischen Lampen, nach Erfindung und Einführung der Glühlampe. Die Parallelschaltung führte aber folgerichtig zu der Forderung, Maschinen herzustellen, welche bei verschiedenem Stromverbrauche im äußeren Leiterkreise gleichbleibende Spannung an den Klemmen der Maschine zeigen. Solche Gleichspannungsmaschinen (Kompoundmaschinen) können dadurch hergestellt werden, daß man die Magnetschenkel mit doppelter Bewickelung versieht, von welchen die eine aus wenigen Windungen dicken Drahtes besteht, welche von dem aus der Maschine austretenden Hauptstrome selbst durchflossen werden, während die andere Wickelung, aus vielen Windungen dünnen Drahtes bestehend, im Nebenschluß zum Anker liegt und von einem Teile des im Anker erzeugten Stromes durchlaufen wird. Die Erhaltung der ungeänderten Klemmenspannung bei gleichbleibender Umdrehungszahl, aber verschiedenem Stromverbrauch, beruht darauf, daß bei zunehmendem Stromverbrauch der Magnetismus durch die Steigerung des Hauptstromes derart wächst, daß dadurch der sonst bei Verminderung des äußeren Widerstandes durch Einschaltung neuer Lampen eintretende Abfall der Klemmenspannung gerade ausgeglichen wird. Eine solche der Änderung der Stromstärke angemessene Änderung des Magnetismus findet aber nur dann statt, wenn das Eisen noch ziemlich weit von seinem magnetischen Sättigungszustande entfernt ist, d. h., wenn die Eisenmaße verhältnismäßig groß im Vergleich zur magnetisierenden Kraft ist. Dies führte ganz von selbst für Gleichstrommaschinen auf eine beträchtliche Vergrößerung der Abmessungen der Magnetschenkel; dadurch wurden aber nicht nur die Teile der Dynamomaschine geändert, sondern vielfach ist man dadurch auf wesentlich andere Formen der Eisengestelle geführt worden.

Als innere Ursache der vollständigen Veränderung, welche die Dynamomaschinen erfahren haben, muß man somit den Übergang von Maschinen für Hintereinanderschaltung des Beleuchtungskörpers, also für hohe Spannung und geringe Stromstärke, zu Maschinen für Parallelschaltung, also für große Stromstärken und geringe Spannungen, ansehen.

Auch der andere Teil einer Dynamomaschine, der Anker, ist durch das fortgeschrittene Verständnis in mancher Hinsicht verbessert worden; heute weiß so ziemlich ein jeder, der mit elektrischen Maschinen zu thun hat, daß der Anker möglichst viel Eisen enthalten muß, daß dieses Eisen aber in der zur späteren Bewickelung des Ankers parallelen Richtung kein zusammenhängendes Ganzes bilden darf. Ebenso ist es aus den weiterhin mitgeteilten Betrachtungen ohne weiteres ersichtlich, daß man mit dem Ankereisen und seiner Bewickelung so nahe an das Eisen der Feldmagnete herangehen muß, als dies irgend möglich ist, ohne aus anderen praktischen Gründen bedenklich zu erscheinen.

Die Leistung einer elektrischen Maschine, wenn sie als Stromerzeuger thätig ist, kann immer durch das Produkt aus Stromstärke und elektromotorischer Kraft dargestellt werden.

Die Dynamomaschine verbraucht aber einen Teil der von ihr erzeugten elektrischen Energie in ihrem Innern selbst. Ein Teil wird in den Windungen des rotierenden Teiles, dem Anker, in Wärme umgesetzt. Dieser Teil ist um so geringer, je niedriger der Widerstand der Ankerwindungen und je kleiner die Stromstärke ist. Ein anderer Teil elektrischer Energie wird in den Windungen verbraucht, welche die Magnetschenkel umgeben, und wird dort in Wärme umgesetzt. Man muß sich daher bemühen, möglichst viel nützlichen Magnetismus mit einer möglichst geringen Aufwendung von elektrischer Energie zu erzeugen, d. h. man muß für hohe Magnetisierungsfähigkeit besorgt sein und die Anordnung so treffen, daß möglichst wenig Magnetismus unbewußt verloren geht.

Die Stärke des erzeugten Stromes hängt außer von der Höhe der elektromotorischen Kraft besonders von den Widerständen im Innern der Maschine und im äußeren Stromkreise ab. Die Höhe der erzeugten elektromotorischen Kraft aber ist nach den bekannten elementaren Induktionsgesetzen proportional der Stärke des magnetischen Feldes, in welchem sich die Ankerdrähte bewegen, proportional der Geschwindigkeit, mit welcher die Ankerdrähte durch das magnetische Feld hindurchgeführt werden, und proportional der Anzahl von Längeneinheiten Draht, welche durch das magnetische Feld geführt werden. Man kann jedoch diese in allergrößten Umrissen dargestellten Induktionsgesetze auch in der Weise ausdrücken, daß man sagt: Die in einer Drahtwindung durch elektrische Induktion erzeugte elektromotorische Kraft ist proportional der Änderung der Anzahl der Kraftlinien, welche in einer gegebenen Zeit durch die Windungen hindurchgehen. Aus dieser einfachen und allgemeinen Form des Satzes lassen sich so ziemlich alle für die Konstruktion dynamo-elektrischer Maschinen wichtigen Gesichtspunkte herauslesen.

Daß die Änderung in der Zahl der Kraftlinien auf einer gegebenen Strecke, sagen wir: bei einer vollen Umdrehung des Ankers, möglichst groß wird, läßt sich besonders einfach dadurch erreichen, daß man die Zahl der Kraftlinien möglichst groß, d. h. das Magnetfeld möglichst stark macht. Jedesmal, wenn die Ebene der Windung auf der Hauptrichtung der Kraftlinien senkrecht steht, geht die verhältnismäßig größte Anzahl derselben durch diese Windung hindurch; es geht keine Kraftlinie durch die Windung hindurch, wenn die Windungsebene der Richtung der Kraftlinien parallel ist. Je größer also die Anzahl der Kraftlinien innerhalb des von der Windung durchlaufenen Raumes ist, umso größer ist die Änderung, welche die Anzahl der Kraftlinien bei der Bewegung der Windung erfährt, wenn die Windung aus der zur Richtung der Kraftlinien senkrechten in die ihrem Verlaufe parallele Richtung übergeht.

Ebenso ist ohne weiteres einleuchtend, daß der Betrag der Änderung der durch die Windung hindurch gehenden Kraftlinien der Geschwindigkeit proportional sein muß, mit welcher die Windung durch die Kraftlinien hindurch geführt wird. Man erkennt aus diesem Satze sofort, daß für den Erfolg der elektrischen Induktionswirkung, die elektromotorische Kraft, nur die Geschwindigkeit maßgebend ist, mit welcher der Ankerdraht durch das Feld hindurch geht. Dieselbe Geschwindigkeit kann aber dadurch erreicht werden, daß ein in geringer Entfernung von der Drehungsachse befindliches Drahtstück in derselben Zeit sich oft um die Drehachse bewegt, oder dadurch, daß ein in größerer Entfernung von der Drehungsachse befindliches Drehstück mit einer entsprechend geringeren Tourenzahl umläuft.

Die nämliche Größe der Änderung der Anzahl der Kraftlinien in einer gegebenen Zeit läßt sich aber auch dadurch erreichen, daß man, anstatt nur eines, mehrere Polwechsel während eines vollen Umlaufes einer Ankerwindung um die Drehungsachse stattfinden läßt; dadurch wird man ganz von selbst auf die vielpoligen Dynamomaschinen geführt.

Wir kommen somit für die Konstruktion von Dynamomaschinen zu dem Ergebnisse:

1. Man muß dafür Sorge tragen, daß die magnetischen

Felder, durch welche die Ankerwindungen hindurch laufen, möglichst viele Kraftlinien enthalten.

2. Der Ankerdraht muß möglichst oft aus solchen Gegenden, in welchen viele Kraftlinien durch seine Windungen hindurch gehen, in Stellungen gelangen, in welchen wenige oder gar keine Kraftlinien durch die Windungen hindurch gehen.

Je nachdem die Konstrukteure mehr den einen oder den anderen Gesichtspunkt betont haben, sind sie, von den alten bekannten Formen der Dynamomaschinen ausgehend, zu sehr verschiedenartigen neuen gelangt.

Ehe wir jedoch zu deren Beschreibung übergehen können, ist es notwendig, auf eine Eigentümlichkeit der Kraftlinien hinzuweisen, welche beachtet werden muß, wenn man bestrebt ist, den in den vorstehenden Sätzen ausgesprochenen Forderungen möglichst gerecht zu werden. Die gleichsinnigen Kraftlinien stoßen sich nämlich gegenseitig gewissermaßen ab; diese Abstoßung ist aber in verschiedenen Stoffen sehr verschieden; sie ist am geringsten im weichen Eisen, etwas größer im Gußeisen, recht beträchtlich im Stahl, noch sehr viel größer in Luft bezw. im Vakuum und wiederum noch größer in denjenigen Stoffen: Wismut, Schwefel etc., welche gewöhnlich als diamagnetische bezeichnet werden. Schon vorhandene Kraftlinien bieten daher der Ausbreitung neu hinzukommender gewissermaßen einen Widerstand dar. Selbst das weichste Eisen ist daher nicht im stande, eine unbegrenzte Zahl von Kraftlinien aufzunehmen; sondern, je mehr Kraftlinien in ihm bereits vorhanden sind, umso schwieriger wird es, neue Kraftlinien in diesem Eisen zu entwickeln, zum Durchgang durch dasselbe zu bringen.

Hat ein gegebenes Eisenstück die höchste Zahl von Kraftlinien aufgenommen, welche es seiner Beschaffenheit (Weichheit), Größe und geometrischen Gestalt nach aufzunehmen im stande ist, so sagt man, es sei magnetisch gesättigt. Das Verhältnis der Anzahl in einem Eisenstück vorhandener Kraftlinien zu derjenigen, welche das Eisenstück höchstens aufzunehmen im stande ist, nennt man den magnetischen Sättigungsgrad, der gemeinlich in Prozent der höchsten Anzahl ausgedrückt wird.

Bekanntlich erzeugt man Magnetismus, Kraftlinien, dadurch, daß man den Raum, in welchem Kraftlinien entstehen sollen, mit vom elektrischen Strom durchflossenen Drahtwindungen umgiebt. Solange die Anzahl der Kraftlinien in dem von den Drahtwindungen umgebenen Raume noch nicht sehr groß ist, so daß sich die gegenseitige Abstoßung der Kraftlinien noch nicht sehr fühlbar macht, ist die entstehende Anzahl der Kraftlinien nahezu dem Produkte aus der Anzahl der Windungen und der Stärke des sie durchfließenden elektrischen Stromes proportional. Da wir bekanntlich die Stromstärke nach Ampère messen, so sagt man gewöhnlich: bei geringer Sättigung des zu magnetisierenden Stoffes ist die Anzahl der Kraftlinien der Anzahl der Ampèrewindungen angenähert proportional.

Schon bei mäßigen Sättigungsgraden aber macht sich die gegenseitige Abstoßung der Kraftlinien ähnlich wie ein Widerstand bemerkbar. Die Anzahl der erzeugten Kraftlinien wächst dann in viel geringerem Maße, als der Betrag der zu ihrer Erzeugung verbrauchten elektrischen Energie. Dieser scheinbare Widerstand, welcher sich der Ausbreitung neuer Kraftlinien entgegenstellt, wird um so größer, je mehr die Anzahl der in demselben Raum vorhandenen Kraftlinien, ihre Dichte zunimmt. Hierdurch ist es begreiflich, daß man die denkbar höchste Magnetisierungswirkung mit einer gegebenen Anzahl von Ampère-Windungen dann erreichen wird, wenn man einen in sich zurücklaufenden, aus weichstem Eisen hergestellten Ring mit diesen Ampère-Windungen umgiebt. Die Kraftlinien verlaufen dann parallel den Wandungen des Ringes durchaus im Eisen, also in einem Material, welches die größte Anzahl derselben aufzunehmen vermag, und jede Kraftlinie bildet einen in sich geschlossenen Kreis. Will man also eine möglichst große Anzahl von Kraftlinien durch eine gegebene Anzahl von Ampère-Windungen erzeugen, so muß man sich mit der Form des Eisens möglichst der geschlossenen Ringgestalt zu nähern suchen.

Bei der Konstruktion einer Dynamomaschine kann man nun eine ununterbrochene Ringgestalt nicht verwenden, da der rotierende Anker der Maschine mit den auf ihn aufgewickelten Drahtwindungen von möglichst vielen der erzeugten Kraftlinien durchdrungen werden soll. Es ist unvermeidlich, daß das umlaufende Ankereisen von der Eisenmasse, in welcher die Kraftlinien erzeugt werden, durch einen Luftraum und durch die Ankerdrähte getrennt ist. Die in den Magnetschenkeln einer Dynamomaschine durch die Schenkelwindungen erzeugten Kraftlinien müssen also durch einen Raum hindurch gehen, in welchem sie eine außerordentlich starke Abstoßung aufeinander ausüben. Die innerhalb der Schenkelwindungen im Schenkeleisen nahezu parallel verlaufenden Kraftlinien werden daher, sowie sie ihre gegenseitige Abstoßung zur Geltung bringen können, sich büschelartig ausbreiten und sich auf demjenigen Wege schließen, auf dem sich diese Abstoßung am wenigsten fühlbar macht. Eine teilweise Zerstreuung und ein teilweises Schließen der Kraftlinien durch den die Maschine umgebenden Luftraum ist daher niemals vollständig zu vermeiden. Es werden aber umsomehr von den in den Schenkeln erzeugten Kraftlinien sich durch das Ankereisen schließen, je geringer der Zwischenraum zwischen dem Ankereisen und Schenkeleisen, und je geringer die wechselseitige Abstoßung der Kraftlinien, d. h. je geringer der Sättigungsgrad des Anker- und Schenkeleisens ist.

Diesen Forderungen hat man bei den neueren Formen der Dynamomaschinen dadurch zu entsprechen gesucht, daß man sehr dicke, kurze Magnetschenkel gewählt hat, welche auf der einen Seite durch möglichst dicke, vollständig zusammenhängende Eisenmassen miteinander verbunden, ein einheitliches, zusammenhängendes Ganze bilden, daß man den Luftraum zwischen Schenkeleisen und Ankereisen thunlichst verringert, und daß man das Ankereisen möglichst dick und so gewählt hat, daß in ihm die Kraftlinien nur eine möglichst geringe Abstoßung aufeinander ausüben können.

Die Wechselstrommaschinen bestehen alle aus den induzierten Drahtspulen, die man zusammen als Induktor oder Anker oder Armatur bezeichnet, und den induzierenden Magneten. Als Magnete werden nur noch Elektromagnete benutzt. Und zwar werden bei den meisten Maschinen diese Elektromagnete durch einen besonderen Strom gespeist, der von einer Gleichstrommaschine erzeugt wird, die ganz getrennt von der Wechselstrommaschine ist. Manchmal haben aber auch diese Gleichstrommaschinen dieselbe Drehungsachse, wie die Hauptmaschine für Wechselstrom. Man kann es aber auch so einrichten, daß man den Gleichstrom für die Elektromagnete nicht von einer besonderen Maschine entnimmt, sondern einen Teil des Wechselstromes selbst durch einen Kommutator zu Gleichstrom macht und ihn so um die Magnete führt. Maschinen, die diese Einrichtung haben, nennt man selbsterregende Wechselstrommaschinen. Was die Drahtspulen des Induktors betrifft, so werden sie gewöhnlich mit Eisenkernen angewendet, wodurch viel kräftigere Induktionsströme erzeugt werden, als wenn man auf bloße Drahtrollen die Induktion wirken läßt. Die Eisenkerne werden dabei sehr rasch hintereinander positiv und negativ magnetisch werden und diese fortwährende Änderung des Magnetismus ist mit erheblicher Erhitzung der Eisenkerne verbunden, der man durch sorgfältige Zerteilung des Eisens und durch gute Ventilation begegnen muß. Man kann nun bei den Wechselstrommaschinen entweder die Magnete feststehen lassen und die Induktoren bewegen, oder umgekehrt die Induktoren feststellen und die Magnete bewegen. Im ersteren Falle muß man durch Schleifkontakte den Strom in den äußeren Stromkreis führen, im letzteren Falle dagegen, wo der Induktor fest bleibt, werden seine Enden direkt mit dem äußeren Stromkreise verbunden. Dies ist namentlich bei sehr hohen Stromspannungen vorteilhaft. Im übrigen ist die Form der Induktoren und ihre Lage in bezug auf die Magnete dasjenige, was bei den einzelnen Konstruktionen verschieden ist.

Man kann die Induktoren entweder so anordnen, daß sie eine Reihe von Rollen bilden, die zwischen den Polen zweier gegenüberliegender Systeme von Polen rotieren — solche Induktoren nennt man Scheibeninduktoren — oder so, daß ein Ring fortlaufend abwechselnd mit Draht umwickelt wird und einem System von abwechselnden Magnetpolen gegenübersteht. Solche Induktoren nennt man Ringinduktoren.

In neuerer Zeit werden Wechselstrommaschinen fast nur noch in sehr großen, zum Teil riesigen Dimensionen gebaut. Für kleine Betriebe nämlich bietet der Gleichstrom manche Vorzüge vor dem Wechselstrom, während gerade bei großen Zentralanlagen, die die Ströme oft auf weite Entfernung fortzuleiten haben, die hochgespannten Wechselströme besonders vorteilhaft sind.

Die Anwendung der Wechselstrommaschinen hat vielfache Schwankungen erfahren. Während man zuerst nur Wechselstrommaschinen bauen konnte und sie allein anwendete, schien mit der Erfindung der Gleichstrommaschinen das Feld für die Wechselstrommaschinen im allgemeinen verloren, außer etwa für spezielle Anwendungen, wie die Jablochkoff'schen Kerzen es waren. Jetzt sind die Wechselströme wieder zu hohen und ungeahnten Ehren gekommen, weil sie es ermöglichen, eine Fortleitung und Verteilung der elektrischen Energie in so einfacher und billiger Weise herzustellen, wie es mit Gleichströmen nicht möglich ist. Dies beruht auf folgendem Umstande. Die Fortleitung von elektrischer Energie auf große Entfernungen ist um so teurer, je stärker die Intensität der Ströme (bei geringer Spannung) ist, und um so billiger, je größer die Spannung (bei geringer Stromintensität) ist. Am vorteilhaftesten für die Fernleitung elektrischer Energie sind also Ströme mit möglichst hoher elektromotorischer Kraft (Spannung). Nun kann man zwar aus Maschinen aller Art prinzipiell Ströme von hoher elektromotorischer Kraft erhalten, indem man nur die Zahl der Umwindungen auf dem Induktor und die Geschwindigkeit der Umdrehungen groß zu machen braucht. Aber faktisch kann man bei Maschinen mit beweglichen Teilen keine zu hohe Spannung erzeugen, weil ein Überschlagen der Elektrizität namentlich am Kommutator zu leicht eintritt. Nun lassen sich aber gerade Wechselströme, wie wir im zweiten Abschnitt sehen werden, mit Leichtigkeit und Sicherheit durch die Transformatoren von geringer Spannung auf hohe Spannung und von hoher Spannung auf geringe Spannung zurückbringen und damit hat man nun ein vorzügliches Mittel zur Fortleitung von Elektrizität auf billigste Weise. Man erzeugt Wechselströme von beliebiger, mäßiger Spannung durch eine Wechselstrommaschine, transformiert sie auf hohe Spannung und leitet sie in die Ferne. Dort transformiert man sie wieder auf beliebige niedrige Spannung zurück. Mit gleichgerichteten Strömen läßt sich dieser Prozeß nicht in so einfacher Weise durchführen.

Die bisher betrachteten Maschinen lieferten entweder Gleichstrom, d. h. Strom von stets derselben Richtung und günstigen Falles nur wenig schwankender Intensität, oder Wechselstrom, d. h. Ströme von periodisch wechselnder Richtung und ganz bestimmter Periode, Amplitude und Phase. Der Maschine wurde durch Abnehmen von nur zwei Stellen ein einziger Strom von bestimmter Phase entnommen und durch zwei Drähte der Verwendungsstelle zugeführt. Man kann nun offenbar auch anders verfahren und der Maschine mehrere, z. B. zwei oder drei Ströme von verschiedener Phase entnehmen und durch vier resp. sechs Drähte fortleiten; dabei kann man nunmehr das Spulensystem des Ankers in dem einen Falle auffassen als zwei rechtwinkelig gekreuzte Spulen resp. (beim Ringanker) Spulenpaare, in dem anderen Falle als drei um 120^{0} gegeneinander geneigte Spulen resp. Spulenpaare. Die Gesamtheit des fortgeleiteten Stromes wird man im ersten Falle durch die Bezeichnung Zweiphasenstrom, im zweiten durch die Bezeichnung Dreiphasenstrom passend charakterisieren. Wenn man sie nebenbei auch Drehströme nennt, so hat das seinen Grund darin, daß das den Strömen entsprechende magnetische Feld sich, d. h. seine magnetische Axe, fortwährend dreht, daß also, wenn man die Fortleitungsdrähte zu einem analogen Spulringe führt und analog einschaltet, eine der Wirkung desselben ausgesetzte Magnetnadel nicht, wie durch Gleichstrom, zu einer Ablenkung, auch nicht, wie durch Wechselstrom, zu Hin- und Herschwingungen, sondern zu einer kontinuierlichen Drehung veranlaßt wird.

Die Drehstrommaschinen werden sowohl als stromerzeugende Maschinen als auch als Motoren (Drehstrommotoren) gebaut, meist für beide Zwecke in ganz gleicher, zuweilen aber auch in verschiedener Konstruktion. Einige der bisher konstruierten Drehstrommaschinen sind aus Gleichstrommaschinen mit Ersatz des Kommutators durch Schleifringe, andere aus Wechselstrommaschinen hervorgegangen. Wesentliche Änderungen haben sie dabei äußerlich nicht erfahren. Auch hier kann entweder das Feldsystem oder der Anker der stromerzeugenden Maschine rotieren, resp. das Feldsystem oder ler Anker des Motors zur Rotation gebracht werden, das erstere hat hier aus denselben Gründen, wie bei hochgespannten Wechselstrommaschinen, manche Vorteile. Die stromerzeugende Maschine kann durch eine äußere Maschine oder durch sich selbst erregt werden; beim Motor darf die Erregung der Feldströme nicht sofort, sondern erst, nachdem er angegangen ist, erfolgen, damit sich die Induktionen nicht gegenseitig stören.

Beschreibung einiger Dynamomaschinen und Motoren für Gleich- und Wechselstrom.

Um dem Leser einen allgemeinen Überblick in bezug auf die konstruktive Ausbildung der Dynamomaschinen zu geben, sind hier Illustrationen von einer Anzahl Typen beigefügt, wie sie gegenwärtig von den verschiedenen Firmen gebaut werden.

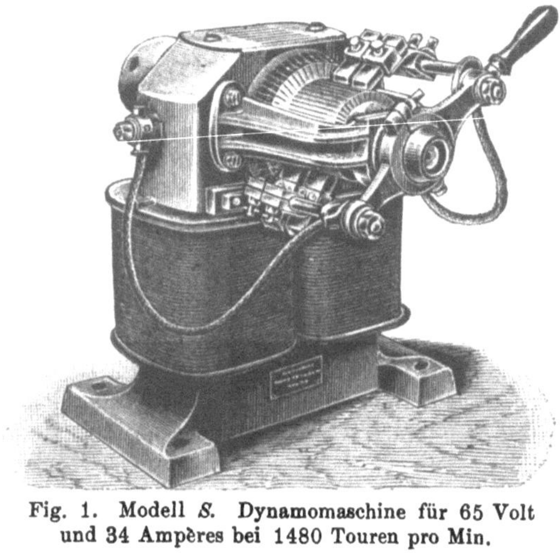

Fig. 1. Modell *S.* Dynamomaschine für 65 Volt und 34 Ampères bei 1480 Touren pro Min.

Ein näheres Eingehen auf Konstruktionsdetails ist bei dem Zwecke, welchen dieses Buch verfolgt, nicht erforderlich, und muß derjenige, der sich über den Bau und die Berechnung der Dynamomaschinen genau informieren will, auf Spezialwerke verwiesen werden.

Da heutzutage kein prinzipieller Unterschied mehr zwischen Dynamomaschinen und Elektromotoren besteht und eine gute Dynamomaschine im allgemeinen auch ein guter Motor ist, so wird hier, außer in einigen Fällen, von der Vorführung bestimmter Motorentypen abgesehen.

Allgemeine Elektrizitätsgesellschaft in Berlin.

Dieselbe baut Dynamomaschinen für Gleich-, Wechsel- und Drehstrom. Eine Spezialität der Firma ist der elektrische Bahnbau. Sie befaßt sich auch mit der Einrichtung elektrochemischer Anlagen.

Fig. 2.

Für kleine Anforderungen, besonders auch als Motor für Zwecke des Kleinbetriebes, wird Modell *S* (Fig. 1) in zehn verschiedenen Größen gebaut. Das Feld besteht hier aus einem einfachen, aufrechten (oder auch umgekehrten) Hufeisen, dessen Schenkel rechteckigen Querschnitt haben und nur auf einer kurzen Strecke bewickelt sind; die Polschuhe sind abgeschrägt und oben durch eine dünne Deckplatte verbunden.

Fig. 3. Modell *NG*. Dynamomaschine für 110 Volt und 15 Ampères bei 1640 Touren pro Min.

Bei den übrigen Maschinen hat das Feld die eisenumschlossene Form, d. h. es besteht aus einem auf der Grundplatte sitzenden ringförmigen und sehr kräftig gehaltenen Mantel, von dem aus die Elektromagnete sich nach innen erstrecken (vgl. Fig. 2). Bei dem Modell *NG* (Fig. 3) ist der Mantel ein Quadratring und es sind zwei Elektromagnete vorhanden, die links und rechts vom Anker mit vertikalen Windungsebenen stehen und ebenso kurz wie im Querschnitt stark sind.

Bei den größeren, vier- und mehrpoligen Maschinen ist der Mantel kreisrund, die Feldmagnete sind kranzförmig in seinem Innern angeordnet. Der größeren Bequemlichkeit halber wird als Matorial bei allen größeren Maschinen nicht Schmiede-, sondern

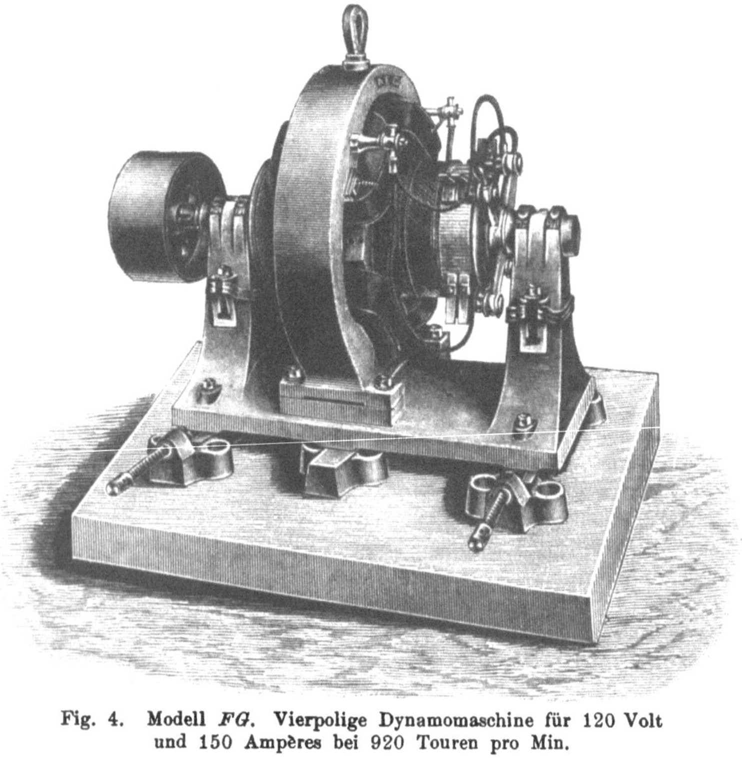

Fig. 4. Modell *FG*. Vierpolige Dynamomaschine für 120 Volt und 150 Ampères bei 920 Touren pro Min.

Gußeisen verwandt, dessen Nachteile bei fugenlosem Bau der Schließung und geringer Sättigung nicht erheblich ins Gewicht fallen. Eine Eigentümlichkeit des Feldes ist die Polbüchse; wie Fig. 2 zeigt, besteht dieselbe in einem starken gußeisernen Hohlcylinder, welcher die dem Anker zugekehrten Enden der Feldmagnete miteinander verbindet, dadurch einen schwachen Nebenschluß für die Kraftlinien herstellt und auf diese Weise die Funkenbildung vollständig aufhebt. In Fig. 4 ist eine vierpolige

Mantelmaschine dargestellt.[1] Die größeren sind ohne besonderen Kollektor gearbeitet, sie werden überdies mit der Dampfmaschine direkt gekuppelt und zeigt Fig. 5 eine derartige Anordnung.

In bezug auf den Anker aller Maschinen ist noch zu erwähnen, daß er durch eine gußeiserne Hohltrommel sehr sicher befestigt ist und daß die flügelförmigen Speichen der Gußtrommel

Fig. 5. Dampfdynamomaschine für 120 Volt und 200 Ampères bei 330 Touren pro Min.

durch den durchbrochenen Mantel hindurch als kräftige Ventilatoren des eigentlichen Ankers funktionieren. Die Ankerwickelung besteht meist aus einer einzigen Lage rechteckiger Kupferstäbe, die Isolierung im Anker und Kommutator erfolgt durch Luftzwischenräume, die diese Teile sehr übersichtlich gestalten und Reparaturen erleichtern.

[1] Vgl. Elektrotechnische Zeitschrift. 1890, S. 370.

Was die Drehstrommaschinen anlangt, so rühren die Konstruktionen derselben von dem Oberingenieur der Gesellschaft Dolivo von Dobrowolsky her und stellen wohl die bis jetzt

Fig. 6. Drehstrommaschine für eine Leistung von 300 PS.

äußerste Konsequenz in der Durchbildung des Prinzipes dar. Die erzeugten Ströme sind vielphasig, meist drei- oder sechsphasig; sie verlassen die Maschinen zunächst unverkettet und werden erst nachträglich in verkettete transformiert, so daß schließlich nur drei Fortleitungsdrähte nötig sind. Der Vorteil dieser indirekten Verkettung ist der, daß die sonst unvermeidlichen Verluste durch gegenseitige Schädigung der Ströme fast völlig vermieden werden. Die Maschinen werden verschieden gebaut, je nachdem sie als Generatoren (stromerzeugend) oder als Motoren fungieren sollen; beide Typen kamen gelegentlich der großen Kraftübertragung von Lauffen am Neckar nach Frankfurt a. M.[1] zum erstenmal an die Öffentlichkeit; der Generator war von der Maschinenfabrik Örlikon bei Zürich, die Motoren waren von der Allgemeinen Elektrizitätsgesellschaft selbst geliefert. Die Dynamomaschine erzeugt drei um 120° gegeneinander verschobene Ströme, erregt wird sie durch eine kleine Gleichstrommaschine. Der Anker der Drehstrommaschine (Fig. 6) steht fest, läßt sich aber, wie aus der Figur ersichtlich, schlittenartig beiseite schieben; er besteht aus einem gußeisernen Rahmen, dem aus Eisenblechscheiben zusammengesetzten ringförmigen Kern und der durch dicke Kupferstäbe repräsentierten, mittelst Asbest isolierten und in Höhlungen der Kernscheiben untergebrachten Wickelung; solcher Kupferbarren sind für jeden Stromkreis 32, durch Querstücke hintereinander geschaltete, vorhanden, im ganzen also 96. Sehr eigentümlich ist der um die Axe drehbare Feldkranz gebaut. Er besteht nämlich aus einer mit einer Nute versehenen eisernen Scheibe, von deren beiden, hierdurch entstehenden Rändern abwechselnd Polschuhe — im ganzen 32 — in der Richtung nach dem anderen Rande hin vortreten (Fig. 7). Die Wickelung befindet sich in der Nute, die beiden Scheibenränder erhalten dadurch entgegengesetzte Magnetisierung und die Polarität der Polschuhe ist folglich eine abwechselnde. Der Erregungsstrom wird dem Felde durch zwei in der Figur 6 sichtbare, auf isolierten Ringen laufende Metallbänder zugeführt.

Fig. 7.

Was andererseits die Drehstrommotoren anlangt, so werden sie von der Allgemeinen Elektrizitätsgesellschaft je nach Größe und Zweck verschieden gebaut. Bei ganz kleinen Motoren wird der Strom zu dem feststehenden, nach innen gezahnten und mit Draht bewickelten Eisenringe geführt, während der aus einem Eisencylinder mit eingelegten Kupferstäben bestehende, zur Rotation zu veranlassende Teil in sich geschlossen ist. Bei größeren Motoren wird des höheren Wirkungsgrades halber die

[1] Vgl. Elektrotechnische Zeitschrift, 1892, S. 378 f.

umgekehrte Anordnung getroffen; bei einer dritten Gattung wird auch bei dem Magnetfelde jede Wickelung unterlassen und dafür die Mitwirkung eines Transformators in Anspruch genommen, sodaß der Feldmagnet lediglich aus Eisenscheiben besteht. Ein Drehstrommotor des großen Typus ist in Fig. 8 dargestellt.

Die Lager sind neuerdings durchweg mit selbstthätiger Ringschmierung versehen. Das Prinzip der Lager mit Ringschmierung besteht darin, daß über den Lagerhals der Welle, je nach der Größe der Maschine, ein oder mehrere Ringe *r* aus

Fig. 8. Drehstrommotor.

Bronze, deren Durchmesser bedeutend größer ist als der Lagerhals, aufgehängt sind. Diese Ringe befinden sich in entsprechenden Aussparungen *a* der Lagerschale oder Lagerbüchse, während die untere Hälfte des Umfanges derselben in eine Ölschicht taucht. Bei einer Drehung des Lagerhalses wird jeder Ring durch seine Auflagereibung ebenfalls in drehende Bewegung versetzt und eine Ölschicht mit sich führen, die er zum großen Teile beim Laufen über den Wellenrücken abgiebt und diesen dadurch reichlich schmiert. Der Lagerständer ist hohl und bei größeren Maschinen zum Teile mit Wasser gefüllt, auf welches Öl gegossen wird. Das von der Welle ablaufende Öl gelangt wieder in den Hohlraum des Lagerständers zurück und dient von neuem zur Schmierung. Etwaige Unreinigkeiten setzen sich am Boden des Lagerständers ab, dadurch bleibt die Ölschicht immer rein. Durch eine am unteren Ende des Lagerständers angebrachte Öffnung kann die Flüssigkeit leicht abgelassen werden. Durch Fig. 9 ist eine derartige Ringschmierung zur Anschauung gebracht.

Die Ringschmierung bietet folgende Vorteile:

1. Das Lager schmiert sich vollständig selbstthätig und sehr ausgiebig.
2. Die Wartung des Lagers beschränkt sich auf eine Reinigung und Neufüllung des Ölbehälters nach monatelangem Betriebe.
3. Der Ölverbrauch ist trotz reichlicher Schmierung ein ganz geringer, da dasselbe Öl immer wieder zur Verwendung kommt.

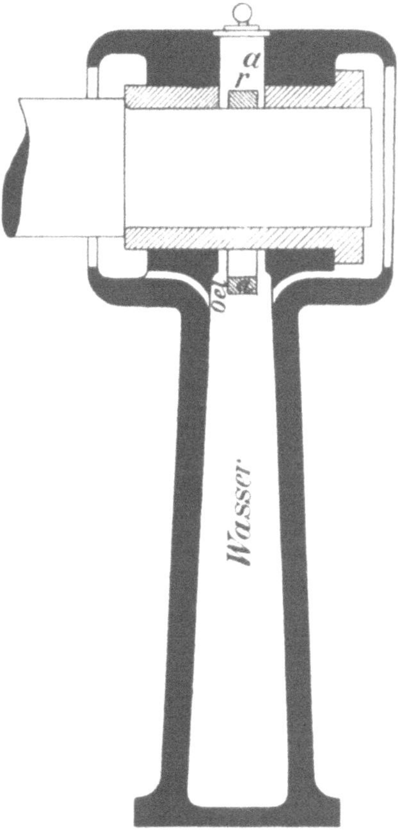

Fig. 9. **Lager mit selbstthätiger Ringschmierung.**

Deutsche Elektrizitätswerke, Garbe, Lahmeyer & Co., zu Aachen.

Die Firma baut Dynamomaschinen und Motoren für Gleich-, Wechsel- und Drehstrom. Ferner Fernleitung-Dynamos System Lahmeyer, und Doppelspannungsmaschinen. Seit neuerer Zeit befaßt sich die Firma auch mit dem Bau von Dynamomaschinen, welche zur direkten Kuppelung mit den de Laval'schen Dampfturbinen dienen.

Die Form, welche die Firma ihren zweipoligen Maschinen giebt, ist aus Fig. 10 ersichtlich. Die Figur läßt erkennen, daß dem Trommelanker der Maschinen zwei koaxiale, kurze, kräftige

Elektromagnetkerne in horizontaler Lage gegenüberstehen, welche nicht mit besonderen Polschuhen armiert sind. Die dem Anker abgekehrten Enden dieser Kerne sind durch um die Spulen herumgeführte starke eiserne Platten verbunden. Die untere dieser Platten bildet eine Leiste in der Fundamentplatte der Maschine. Dieses ganze Gestell, einschließlich der Fundamentplatte, bildet ein einziges Gußstück. Durch ein Schutzblech sind die Maschinen gegen äußere Einflüsse genügend geschützt.

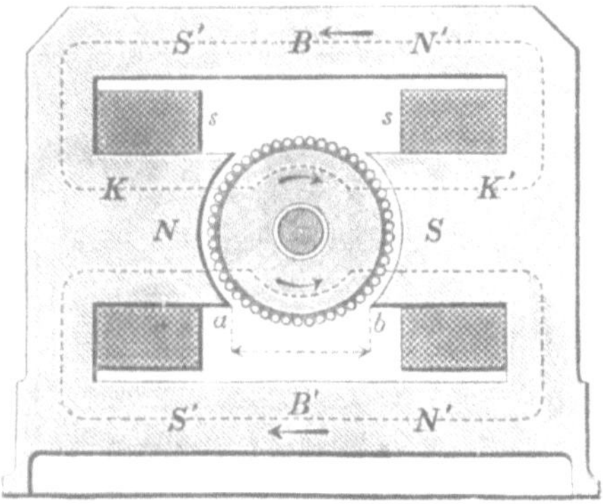

Fig. 10. Typus der zweipoligen LAHMEYER-Dynamomaschine.

Die Elektromotoren erhalten ganz dieselbe Form.

Fig. 11. Dynamomaschine System LAHMEYER, direkt gekuppelt mit einer Dampfturbine, System DE LAVAL.

Fig. 11 zeigt eine mit einer Dampfturbine, System DE LAVAL, direkt gekuppelte Dynamomaschine. Die Turbinendynamos von 5, 10 und 15 PS arbeiten mit 110 Volt Spannung, die größeren haben zwei Armaturen, welche parallel oder hintereinander geschaltet werden, so daß diese mit Spannungen von 110 oder 220 Volt benutzt werden können. Die Turbinendynamos werden auch für höhere Spannungen geliefert und in anderen Größen, für Leistungen bis 200 000 Watt hergestellt.

In Deutschland werden die Dampfturbinen von der Maschinenbauanstalt Humboldt in Kalk bei Köln gebaut.

Ganz & Co. in Budapest.

Nach Aufgabe früherer Konstruktionen baut die Firma zwei Arten von Gleichstrommaschinen, nämlich mehrpolige Außenpolmaschinen, die keine wesentlichen Besonderheiten zeigen, und

Fig. 12. Zweipolige △-Gleichstrom Dynamomaschine.

eine als △-Maschine bezeichnete zweipolige Trommelmaschine mit einfachen Hufeisen und abgeschrägten Polschuhen, die in Fig. 12 dargestellt ist und auch von der Firma „Helios" in Ehrenfeld-Köln (Vertreter der Budapester Firma für Deutschland) gebaut wird. Der Schwerpunkt der Thätigkeit der beiden eng liierten Firmen liegt jedoch nicht auf diesem, sondern auf dem Gebiete der Wechselstrommaschinen, zu deren Betriebe ursprünglich auch die △-Maschine hauptsächlich diente.

Ganz & Co. bauen Wechselstrommaschinen, von denen die

kleinste 16 PS braucht, während die größte 550 PS aufnimmt. Bei diesen Maschinen (Fig. 13) rotieren die Magnete, während die Armatur feststeht. Die Magnete sind auf der Achse befestigt und gehen sternförmig auseinander. Die Zahl der Pole variiert bei den einzelnen Typen von 6 bis 30. Die Eisenkerne der Magnete sind aus einzelnen Blechstücken zusammengesetzt. Über diese werden dann die Magnetisierungsspiralen geschoben. Die Achse mit den Magneten läßt sich im ganzen aus der

Fig. 13. Wechselstrommaschine von Ganz & Co.

Maschine herausnehmen (wie aus der Abbildung Fig. 13 ersichtlich). Die Induktionsspulen befinden sich auf dem Umfange einer Trommel und enthalten ebenfalls Eisenkerne, die sorgfältig zerteilt sind. Die Spulen sind alle von dem Maschinengestell und voneinander sorgfältig isoliert. Da innerhalb jeder einzelnen Spule nur geringe Spannungsdifferenzen vorkommen, so läßt sich die gesamte Isolation leicht und sorgfältig in solcher Güte herstellen, daß Klemmenspannungen bis zu 5000 Volt mit der Maschine sicher erzeugt werden. Die Tourenzahl wird bei allen Maschinen von Ganz so in Zusammenhang mit der Anzahl der Pole gebracht, daß die Zahl der Stromwechsel in der Minute 5000 beträgt.

Der Wechselstrommotor von GANZ & Co.,[1] eine Konstruktion von ZIPERNOWSKY, DÉRI & BLATHY, muß eine genau bestimmte, konstante Tourenzahl haben, die auch bei der Arbeitsleistung sich nicht ändert. Der Motor leistet erst Arbeit, wenn diese Tourenzahl erreicht ist, und zwar hängt diese notwendige Tourenzahl davon ab, wie viel Stromwechsel der hineingeleitete Wechselstrom pro Sekunde hat. Man nennt aus diesem Grunde Motoren dieser Art synchrone Wechselstrommotoren. Bei einer Wechsel-

Fig. 14. Wechselstrommotor von GANZ & Co.

strommaschine haben ja die aufeinanderfolgenden Magnetpole, die durch einen besonderen Strom erregt sind, abwechselnd entgegengesetzten Magnetismus. Sendet man nun durch die Spulen der Armatur einen Wechselstrom und ist die ganze Armatur beweglich, so würden die Armaturspulen bei einer bestimmten Richtung des ankommenden Stromes von den Magnetpolen zwar angezogen werden und sich etwas drehen, bei dem nächsten entgegengesetzt gerichteten Stromimpuls aber im allgemeinen wieder zurückgetrieben werden. Nur wenn die Geschwindigkeit des

[1] Vgl. Elektrotechnische Zeitschrift, 1890 S. 158.

Ankers so groß ist, daß nach dem ersten Stromimpuls jede Spule der Armatur in dieselbe Lage zu dem folgenden Magnetpole kommt, wie sie vorher zu dem ersten war, wird er sich weiterdrehen.

Ist nun einmal der Synchronismus erreicht, so bleibt er von selbst weiter bestehen und die Maschine kann dann mit konstanter Tourenzahl Arbeit leisten. Bei dem GANZ'schen Wechselstrommotor, den Fig. 14 zeigt, dreht sich nicht die Armatur, sondern es drehen sich die Magnete, die, wie bei den GANZ'schen Wechselstrommaschinen, speichenförmig auf der Achse sitzen. Der Strom für die Magnete, der gleichgerichtet bleiben muß, nicht seine Richtung wechseln darf, wird nun aus dem in den Motor hineinkommenden Wechselstrom durch einen Kommutator erzeugt.

Gebrüder KÖRTING in Körtingsdorf bei Hannover.

Die Besonderheit dieser Firma besteht darin, daß ein Gasmotor und eine Dynamomaschine als ein Ganzes (Gasdynamo) konstruiert werden; der Anker der letzteren ist nämlich mit dem Schwungrade der ersteren fest zusammengeschraubt und diesem das magnetische Feld so nahe gebracht, daß die magnetische Strömung so gut wie ausgeschlossen ist.

Fig. 15. Gasdynamomaschine.

Die Dynamomaschine selbst besteht aus einem Magnetringe mit sechs nach innen gehenden kurzen Elektromagneten, einem Ringanker aus schwedischem Holzkohlendraht und einem Kollektor aus Phosphorbronze; die beiden Bürsten liegen um 45—60° auseinander. Die Maschinen werden in Größen von 1050—79 200 Watt gebaut. In Fig. 15 ist die Gasdynamo abgebildet.

Die Gasmotoren besitzen eine Präzisionssteuerung, durch

Fig. 16. Tandem-Gasdynamomaschine.

welche zur Beibehaltung der Gleichförmigkeit des Ganges die Stärke der einzelnen Ladungen nach Bedarf vergrößert oder verkleinert wird. Außerdem besitzen sie ein besonders schweres Schwungrad, welches bei den Maschinen von 8 PS aufwärts noch durch ein besonderes Außenlager gestützt ist.

Die Firma baut auch Dynamomaschinen für Riemenbetrieb bis zu Leistungen von 44 000 Watt.

Fig. 16 zeigt einen zweicylindrigen Gasmotor, mit einer achtpoligen Dynamo direkt gekuppelt. Die beiden Cylinder sind jedoch nicht neben-, sondern hintereinander angeordnet (sogen. Tandem-System). Diese Maschinen werden gegenwärtig bis zu einer Leistung von 79 200 Watt gebaut und eignen sich besonders gut für sogenannte Blockcentralen.

Siemens & Halske in Berlin.

Sowohl Gleichstrom- als auch Wechselstrom- und Drehstrommaschinen werden von der Firma zur Ausführung gebracht.

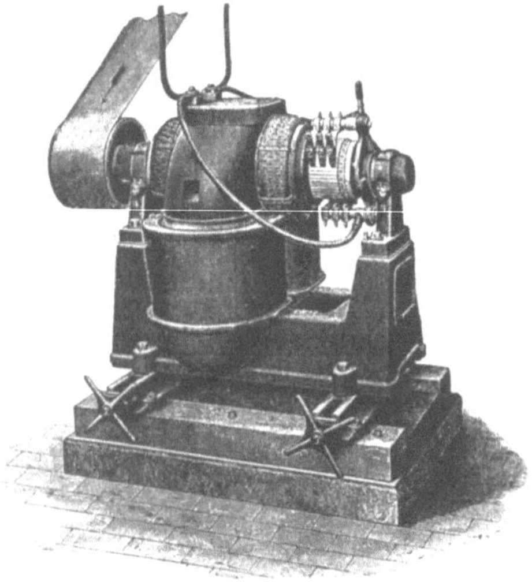

Fig. 17. Zweipolige Dynamomaschine, Modell *H*.

Für Leistungen bis zu 80 000 Watt werden meistens die sog. H-Maschinen gebaut. Das Magnetsystem wird hier aus einem einfachen, aufrecht stehenden Hufeisenmagnet gebildet und ist mit der Grundplatte und den Lagerböcken aus einem Stück gegossen. Der Querschnitt der Magnetschenkel ist unten kreisförmig, an den Polen sind jedoch die Schenkel durch Flächen, die in schräger Richtung von außen nach innen zur oberen Kante der Pole verlaufen, abgeflacht. Der Anker ist in üblicher Weise aus Scheiben weichen Eisens zusammengesetzt, die auf der Achse senkrecht stehen, und mit einer Trommelwickelung versehen. Bei den neueren Siemens'schen Maschinen wird der Kollektor vielfach aus gußeisernen Segmenten zusammengesetzt, welche bei völlig ausreichender Leistungsfähigkeit eine größere Haltbarkeit besitzen. Mit ihrem einen Ende sind die einzelnen Segmente isoliert auf der einen Stirnfläche des Ankers befestigt, mit dem andern ragen sie frei in die Luft hinein und bilden so einen Kranz um die Achse der Maschine. Die Isolation zwischen den einzelnen Segmenten wird durch die Luft gebildet. Da das Gußeisen eine größere Festigkeit als das sonst gebräuchliche Kupfer besitzt, so ist diese Anordnung dadurch eben möglich geworden. Dieselbe hat außerdem den Vorteil, daß etwa von den Bürsten sich loslösende Kupferteilchen keinen Kurzschluß zwischen benachbarten Segmenten bilden können, sondern durch die Centrifugalkraft aus den Luftzwischenräumen herausgeschleudert werden.

Fig. 18. Innenpol-Dynamomaschine.

Oben auf den Polflächen ist ein kleines Holzbrett für die Polklemmen befestigt. Zum Schutz des Ankers ist dieser da, wo er aus den Feldmagneten herausragt, von vielfach gelochten Schutzblechen, die an den Polstücken befestigt sind, umgeben.

Die Maschinen dieses Modelles werden als Nebenschluß- und als Compoundmaschinen, sowie auch als Serienmaschinen ausgeführt.

Diese Maschinen sind von einem neueren Modell übertroffen, bei welchem die Polschuhe nicht abgeflacht sind. Ein weiterer Unterschied besteht darin, daß der Querschnitt der Magnetschenkel nicht rund, sondern fast halbkreisförmig ist, wobei die ebene Fläche jedes Schenkels nach innen, die gewölbte nach außen liegt. Dieses letztere Modell zeigt Fig. 17. Für direkte Kupplung mit der Betriebsmaschine und für große Leistungen baut die Firma schon seit dem Jahre 1887 Innenpolmaschinen. Aus Fig. 18 ersieht man die Anordnung der Maschine, welche hier speziell für den Riemenantrieb ausgeführt worden ist. Dieselben werden normal für eine Spannung von 110—120 Volt gebaut. Für besondere Zwecke werden sie jedoch auch für höhere Spannungsbeträge angefertigt, deren obere Grenze mit der Modellgröße steigt. Diese Grenze beträgt für die Maschinen mit Kollektor 300—1000 Volt, je nach der Größe der Maschine, für die Type ohne Kollektor 150—900 Volt.

Elektrizitäts-Aktiengesellschaft vorm. Schuckert & Co. in Nürnberg.

Das Magnetgestell sämtlicher Gleichstrommaschinen besteht aus Flußeisen, welches die Vorteile größerer Magnetisierungsfähigkeit und leichteren Gewichtes gegenüber dem Gußeisen in sich vereinigt. Um den magnetischen Widerstand der Luft zu verringern, sind die Magnete mit Pollappen versehen, welche den Anker auf dem größten Teil seines Umfanges umfassen und so nicht unwesentlich zu dessen Schutz beitragen. Der Magnetdraht besteht aus elektrolytischem Kupfer, mit Baumwolle oder Seide besponnen, und ist auf eine Zinkhülse aufgewickelt, welche bequem über die Magnete geschoben werden kann. Der Anker ist aus weichen Eisenblechscheiben hergestellt, die durch Papierlagen einzeln voneinander isoliert, auf einer Metallnabe sitzen, welche widerum solide auf der Welle befestigt ist. Die Wickelung des Ankers besteht gleichfalls aus elektrolytischem Kupfer und wird entweder als Ringwickelung oder als Trommelwickelung, je nach der Größe und Leistung der Maschine ausgeführt. Die Ableitungen der Wickelung sind zur sicheren Befestigung in die einzelnen Lamellen des Stromabgebers eingelötet. Die Lamellen, einzeln voneinander isoliert, sind aus harter Bronze hergestellt. Die Welle läuft in soliden Lagerarmen oder Lagerböcken, welche entweder am Magnetgestell selbst, oder in der Grundplatte angeschraubt sind. Die Lager sind bis zur Type *AF* 53 Kugellager, welche den Vorteil haben, daß sie sich von selbst in der Richtung der Welle einstellen können. Dieselben sind entweder aus Bronze angefertigt, oder aus Gußeisen, das mit bestem Weißmetall ausgegossen ist; außerdem sind die Lager mit einer automatischen Schmierung (Ringschmierung) versehen, welche, wie auch schon auf Seite 33 erwähnt, geringsten Ölverbrauch und einfachste Bedienung bedingt, sowie infolge der reichlichen Ölmenge, die die Ringe auf die Welle befördern, ein Heißlaufen des Lagers vollkommen ausschließt. Die Bürsten, welche aus feingesponnenen Kupferdrähten in Form von Drahtgeweben bestehen, und zur Abnahme des Stromes dienen, sind von großer Weichheit und Elastizität und greifen, bei dem diesen Maschinen eigenen funkenlosen Gang, den Stromabgeber nicht an. In vielen Fällen, wenn es die Stromstärke der Maschine und andere Umstände gestatten, gelangen Kohlenbürsten zur Verwendung, welche die für diese Dynamos an sich schon geringe Bedienung noch mehr vereinfachen.

Die Wechselstrommaschinen von 30 Kilowatt bis zu den höchsten Leistungen werden nach dem *WJ* (Innenpol)-Modell gebaut. Die Feldmagnete rotieren im Innern der feststehenden Armatur; das Modell eignet sich sowohl für niedrige als für hohe Spannungen. Im ersten Fall besteht die Armaturwickelung aus einer gleichmäßig auf dem Umfang verteilten Anzahl von Kupferstäben, welche vollständig in Eisen eingebettet sind; im letzteren Fall, bei Hochspannung, treten an Stelle der massiven Stäbe gut isolierte Drahtspulen, ebenfalls vollständig von Eisen umschlossen. Das System der Feldmagnete besitzt nur eine konzentrisch zur Achse liegende Erregerspule, wodurch es möglich wird, mit Anwendung eines kleinen Drahtgewichtes bei sehr geringem Energieaufwand die notwendige Feldstärke zu erzeugen. Der Erregerstrom wird durch zwei Schleifringe in der üblichen Weise zugeführt. Der außerordentlich geringe Kupferaufwand dieser Maschine zeigt sich in der pro 1 kg des gesamten Kupfergewichtes geleisteten Energie, welche 400—500 Watt beträgt. Die Anordnung der feststehenden Armaturspulen gestattet, die kleineren Typen bis zu 3000, die größeren bis zu 5000 Volt zu bauen. Mit Bezug auf Betriebssicherheit sowohl in mechanischer als elektrischer Hinsicht wird dieses System von keinem andern übertroffen.

Die Wechselstrommaschinen für kleinere Leistungen von 30 Kilowatt abwärts werden nach dem Außenpolmodell *WA* gebaut. Die Anordnung ist die umgekehrte vom vorigen Typus, d. h. die Feldmagnete liegen fest um den rotierenden Anker. Der letztere ist glatt und die Spulen werden durch eine Anzahl von Drahtbinden auf dessen Umfang festgehalten. Der Wechselstrom wird je nach der Phasenzahl durch 2, 3 oder 4 Bürsten in üblicher Weise von den Schleifringen abgenommen.

Die Typen *Wa* 10, *Wa* 8, *Wa* 7 werden auch als Wechselstrom-Gleichstrom-Transformatoren ausgeführt und erhalten dann eine Gleichstromwickelung mit Stromabgeber und 6 Schleifringen, wodurch es möglich wird, den eingeleiteten Gleichstrom in Ein- Zwei- oder Drei-Phasenstrom zu transformieren und umgekehrt.

Brown, Boveri & Co. in Baden (Schweiz).

Die Firma befaßt sich hauptsächlich mit der Ausführung von Kraftübertragungsanlagen und hat sich dieselbe in kurzer Zeit in derartigen Anlagen einen Namen gemacht.

Die ersten Kraftübertragungen und Verteilungen wurden in der Schweiz gemacht, welche so sehr durch ihre Wasserkräfte begünstigt ist. Seit der Kraftübertragungsanlage von Schaffhausen hat die Benutzung der Wasserkräfte auf große Entfernungen schnelle Fortschritte gemacht.

Seit einigen Jahren sucht die Elektrizität auch die durch Dampf betriebenen Etablissements zu reformieren: Die Kraft des Hauptmotors wird mit einfachen Leitungsdrähten, und wenigstens mit demselben Nutzeffekt wie bei den besten Transmissionen, an jeden beliebigen Ort hin verteilt und ermöglicht so eine einfachere, leichtere und rationellere Disposition der Fabrikanlagen.

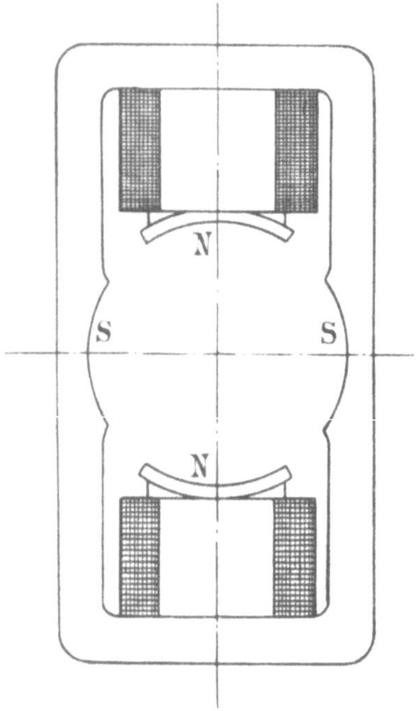

Fig. 19. Typus einer vierpoligen Panzerdynamo von Brown, Boveri & Co.

Die kleineren Gleichstrommaschinen von Brown, Boveri & Co. zerfallen in zwei, durch ihre magnetischen Systeme charakterisierte Typen: eine vierpolige, Panzerdynamo genannt, welche vollständig von Eisen umgeben ist und häufig zum Erregen benutzt wird, sowie eine zweipolige Maschine mit doppeltem magnetischen Kreislaufe nach dem bekannten Manchestertypus, welche zahlreiche Anwendungen für Beleuchtungs- und Kraftübertragungszwecke findet.

Die erste Art der Maschine ist von sehr einfacher und wohlfeiler Bauart: die äußere Umhüllung der Magnete dient zugleich als Gestell, an welchem die Lager für die Ankerachse auf zwei Traversen angebracht sind. Wird diese Maschine nur zum Erregen gebraucht, so wird sie direkt an die große Maschine gekuppelt, wodurch Traversen und Lager wegfallen, der Anker wird dann auf der Hauptachse befestigt, so daß der Kollektor an das Lager zu liegen kommt, wodurch alles Zittern vermieden wird. Die Bauart ist überhaupt von möglichst einfacher Form: der Bürstenhalter ist direkt auf das Lager montiert, so daß ein dritter Support wegfällt und dann sind die feineren Teile, da sie nach innen zu liegen, besser gegen Verletzungen geschützt.

Das magnetische System dieser Maschine (Fig. 19) besteht aus einem vierkantigen Rahmen, welcher in der Mitte der Längsseiten die Polflächen *S S* hat. Die schmalen Seiten tragen runde Eisenkerne, welche in die Polschuhe *N N* auslaufen und von den Erregerspulen umgeben sind; die letzteren (nämlich die Erreger-

Fig. 20. Wechselstromdynamomaschine.

spulen) sind also ganz von Eisen umgeben, wodurch die magnetischen Derrivationen sehr reduziert werden. Diese Maschinen werden bis zu einer 50 PS entsprechenden Stärke gebaut. Die größeren Gleichstromdynamos werden nach dem vielpoligen System mit äußeren Polen konstruiert.

Die großen Wechselstromdynamos, deren Typus durch Fig. 20 dargestellt wird, und die synchronen Elektromotoren bestehen im allgemeinen aus einem an dem Maschinengestell befestigten und den sich drehenden Induktor vollständig umgebenden Anker. Dieser Induktor wird von einer Reihe abwechselnd positiver und negativer Pole gebildet, deren magnetische Ströme durch die Bleche des äußeren Ringes unter sich selbst abgeschlossen sind.

Die Konstruktion dieser Induktoren ist sehr verschieden, da die Spulen an der Rotation der Magnete teilnehmen, wird ihnen der Strom durch Vermittlung von Bürsten und Ringen zugeführt. Bei anderen Maschinen sind alle Teile, welche von irgend einem Strome durchflossen werden, fest und eignen sich diese besonders für anormale Geschwindigkeiten, mögen dieselben

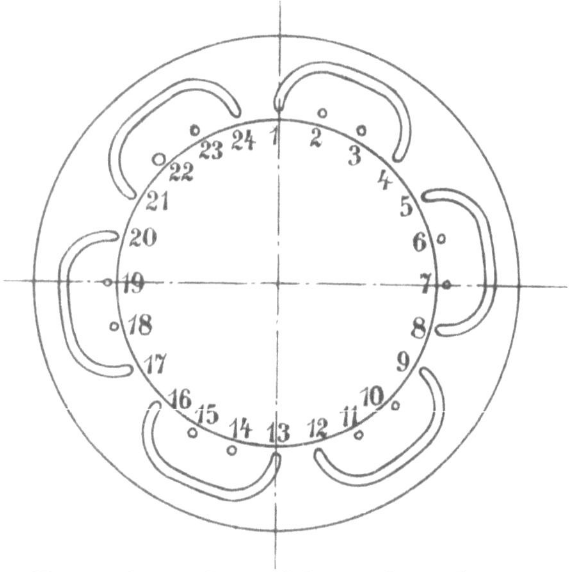

Fig. 21. Schema der Verbindungen einer sechspoligen Maschine für Einphasenstrom.

nun sehr groß oder sehr klein sein. Eine Versuchsmaschine ist so konstruiert, resp. die Wickelung ihrer Spulen so zusammengesetzt, daß sie nach Bedürfnis ein-, zwei- und dreiphasige Ströme liefern kann.

Die Bleche welche den Ring bilden, der die induzierten Spiralen dieser Maschine trägt, sind stückweise ausgestanzt und so verbunden, daß eines das andere deckt, um den magnetischen Widerstand so viel als möglich zu vermeiden, da die Dimensionen der Ringe im allgemeinen zu groß sind, um sie aus einem Stücke machen zu können. Die äußeren Scheiben sind von stärkerem Bleche und dienen mit dem gußeisernen Gestelle dazu, durch Schrauben, welche durch den äußeren Umfang gehen, diese Bleche zusammenzuhalten; letztere sind durch Papier voneinander isoliert, und bildet das Ganze den Eisenkern des Ankers.

Die Blechscheiben der Armatur sind nahe dem inneren Umfange mit einer Reihe von Löchern versehen, von welchen jedes ein Rohr von einem isolierenden Stoffe erhält, durch welches die Drähte der induzierten Spulen laufen. Durch diese Konstruktion erhält man, je nach der Gruppierung der Spulen und der Polzahl des Induktors, ein-, zwei- oder dreiphasige Ströme.

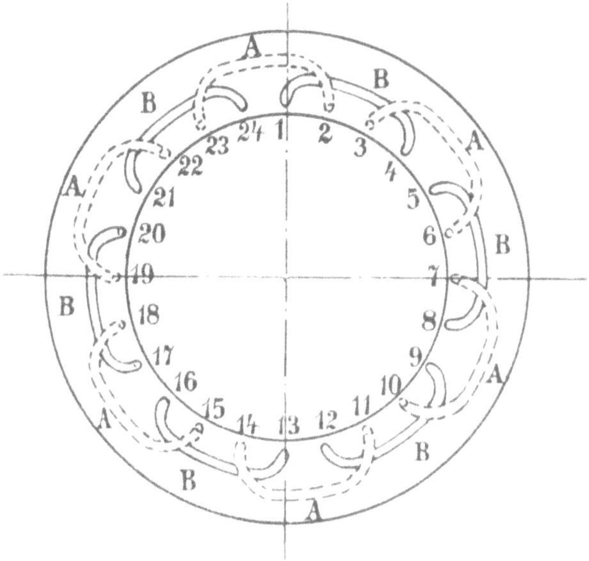

Fig. 22. Schema der Verbindungen einer sechspoligen Maschine für Zweiphasenstrom.

Fig. 21 stellt die Verbindungen einer sechspoligen Maschine für Einphasenstrom, Fig. 22 die einer ebenfalls sechspoligen Maschine für Zweiphasenstrom, und endlich Fig. 23 die einer achtpoligen für Dreiphasenstrom dar.

Die Wickelung macht sich folgendermaßen: der durch die Öffnung *1* kommende Draht wird auf der Hinterseite der Armatur nach dem Loche *4* geführt, kommt durch dieses auf die Vorderseite, um wieder in das Loch *1* zurückzugehen, er bildet so eine Schleife, welche man so oft wiederholt, als die Spule Spiralen enthält; das Gleiche gilt für jede der folgenden Spulen. Diejenigen, welche mit denselben Buchstaben bezeichnet sind, gehören demselben Stromkreise an und werden unter sich parallel oder in Serie geschaltet, je nachdem man eine größere oder geringere Spannung erhalten will.

Bei den dreiphasigen Maschinen werden die Enden der Stromkreise im neutralen Punkte vereinigt und die Anfänge an den Grenzen der Maschine; man erhält so die „Stern" genannte Verbindung. Man kann gleichfalls das Ende von *A* mit dem Anfange von *B*, das Ende von *B* mit dem Anfange von *C* und das Ende von *C* mit dem Anfange von *A* vereinigen, und diese Verbin-

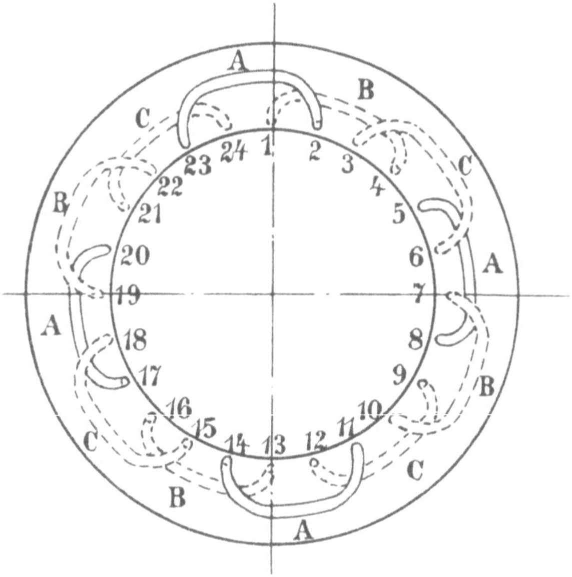

Fig. 23. **Schema der Verbindungen einer achtpoligen Maschine für Dreiphasenstrom.**

dungspunkte mit den Grenzen der Maschine, welche Disposition unter dem Namen der Dreiecksverbindung bekannt ist. Die Drähte werden durch Keile von Holz oder Isoliermaterial festgehalten.

Wie sich schon aus der Konstruktion voraussetzen läßt, nähert sich die Form der periodischen Änderungen der elektromotorischen Kraft dieser Maschinen so ziemlich einem Sinusoïd. Die Spannungsabnahme zwischen Leerlauf und voller Belastung beträgt, wenn die Maschine in einem Stromkreise arbeitet, welcher nur wenig Selbstinduktion hat, kaum 5 %. Für eine induktive Belastung ist diese Abnahme natürlich größer, und erreicht beinahe das vierfache des angegebenen Wertes. Die Bauart dieser Maschine ist einfach, stark und dauerhaft; sie erreichen einen ebenso großen Nutzeffekt (93 %) wie die besten Gleichstrommaschinen, auch erhitzen sie sich beinahe gar nicht.

Die asynchronen Elektromotoren sind im Vergleich mit denen für Gleichstrom von großer Einfachheit; ihre Erfindung enthob den Wechselstrom erst seiner untergeordneten Stellung bei Umwandlung von elektrischer in mechanische Energie. Dank seiner leichten Transformation, der leichten Unterhaltung seiner Maschinen und der Leichtigkeit seiner Herstellung und Verwendung unter großer Spannung, ist dieser Strom jetzt der einzige, welcher noch bei Übertragung und Verteilung von elektrischer Energie auf große Entfernungen in Frage kommen kann.

Die bedeutende Entwickelung genannter Motoren in den letzten Jahren verdankt man hauptsächlich den Arbeiten von Tesla, Bradley, M. von Dolivo-Dobrowolsky und Brown. Letzterer hat zweifellos das Verdienst, zuerst einen derartigen Motor hergestellt zu haben, welcher in der Praxis zu verwenden war.

Der Bau dieser Motoren hat rasche Fortschritte gemacht, sie besitzen heute, gegenüber denen für Gleichstrom, Eigenschaften, welche sie für gewisse industrielle Anwendungen sehr geeignet machen. Die Konstruktion ihrer äußeren Induktoren ist in allen Stücken gleich der der Anker der vielphasigen Dynamomaschinen. Es entsteht in dem äußeren Ringe unter dem Einfluß der Rotation der Magnete ein sich drehendes Feld, welches durch Induktion Ströme erzeugt, die an den Grenzen der Armatur gesammelt werden. Diese Ströme erzeugen, wenn sie in eine ähnliche Armatur geleitet werden, dort ein gleiches sich drehendes Feld, das im stande ist, einen Magneten, wie oben beschrieben, mitzunehmen, oder aber eine Armatur und zwar auf folgende Art.

Denkt man sich in dieses vorhandene Feld eine Armatur eingeführt, deren Spulung der des äußeren Ringes analog und die in sich geschlossen ist, so ist es evident, daß infolge der Veränderungen des magnetischen Stromes, welcher sie durchströmen wird, ihre Spulen der Sitz induzierter Ströme sein werden, unter deren Einfluß sich die Armatur in demselben Sinne zu drehen strebt, wie das magnetische Feld, ohne indessen die Geschwindigkeit des letzteren erreichen zu können.

Würde die Geschwindigkeit diejenige des Induktionsfeldes erreichen können, so würden die Veränderungen des magnetischen Stromes aufhören und verschwänden mit ihnen gleichzeitig die induzierten Ströme, so daß der Motor stille stehen würde. Diese

Ströme entstehen infolge des relativen Gleitens zwischen dem sich drehenden Felde und der Armatur, welches der vom Motor gelieferten Arbeit proportional ist und durch Induktion auch die zum Hervorbringen der Anziehungskraft nötigen Ströme erzeugt.

Fig. 24. Wechselstrom-Motor.

Diese Motoren haben folglich eine begrenzte Geschwindigkeit, welche sie nicht überschreiten dürfen, aber sie entwickeln beim Anlaufen eine bedeutende Anziehung und vereinigen so die Vorteile der Serien- und Nebenschluß-Gleichstrommotoren, welches ihre Anwendung sehr erleichtert.

Bei einer derartigen Armatur ist der induzierte Strom nur begrenzt durch den Widerstand und die Selbstinduktion, und da seine Mengen für jeden Stromkreis denselben Wert haben, ist es klar, daß alle Punkte der verschiedenen Stromkreise sich stets auf demselben Stärkegrad befinden werden, welches die Konstruktion der Armatur sehr erleichtert.

Fig. 24 bringt einen derartigen Motor zur Abbildung.

Verschiedene Spannungen und Stromstärken bei Gleichstromdynamomaschinen.

Die maximale elektrische Arbeit, welche eine Dynamomaschine zu leisten vermag, ist so ziemlich festgestellt, wenn das Eisengerippe der Dynamomaschine, sowie deren Umdrehungszahl gegeben sind. Man kann jedoch die Bewickelung der Maschine nach Belieben so einrichten, daß man hohe Spannung und geringe Stromstärke oder mäßige Spannung bei hohem Strome erhält. Nur das Produkt dieser beiden Größen bleibt nahezu das gleiche. Hat man z. B. eine Dynamomaschine, welche für eine maximale Arbeitsleistung von 15 000 Watt gebaut ist, so liefert dieselbe bei einer Spannung von 500 Volt einen Strom von 30 Ampères. Ist die Wickelung jedoch für eine Spannung von 100 Volt berechnet, so kann man im Maximum etwa einen

Strom von 150 Ampères erhalten. Die auf den Anker zu wickelnde Drahtlänge wird bedingt durch die Spannung, welche der Anker bei gegebenem magnetischen Felde und feststehender Tourenzahl liefern soll; durch die maximale Stromstärke hingegen ist der Kupferquerschnitt der Drähte gegeben. Dynamomaschinen für verschiedene Spannung werden besonders für solche Anlagen gebaut, welche Akkumulatoreneinrichtung erhalten sollen.

Bestimmung der Wirkungsgrade.

Bei jeder elektrischen Maschine unterscheiden wir den elektrischen und den mechanischen Wirkungsgrad. Die Ziffer des elektrischen Wirkungsgrades ist für den Praktiker wertlos.

Bezeichnen wir die elektromotorische Kraft im Anker mit E, die Klemmenspannung mit e und die Stromstärke, welche sowohl im Anker als auch im äußeren Stromkreise denselben Wert hat, mit J, so ist der elektrische Wirkungsgrad der Dynamomaschine

$$\eta_e = \frac{e \,.\, J}{E \,.\, J},$$

hierbei stellt das Produkt $e \,.\, J$ den elektrischen Effekt in Watt im äußeren Stromkreise, $E \,.\, J$ im Anker der Dynamomaschine, also den Gesamteffekt dar.

Der mechanische Wirkungsgrad (kommerzielles Güteverhältnis) ist durch das Verhältnis der Leistung einer Maschine im äußeren Stromkreise zu der gesamten erforderlichen mechanischen Arbeit bestimmt, d. h.

$$\eta_m = \frac{e \,.\, J}{736} \,.\, \frac{1}{N},$$

wobei N die Anzahl der mechanischen Pferdestärken vorstellt, welche der Dynamomaschine zugeführt werden.

Durch den Quotienten $\frac{e \,.\, J}{736}$ wird die äußere elektrische Arbeit in Pferdestärken angegeben und wir wollen denselben mit Ne bezeichnen, alsdann ist

$$\eta_m = Ne \,.\, \frac{1}{N} = \frac{Ne}{N},$$

d. h. das mechanische Güteverhältnis:

$$\eta_m = \frac{\text{Anzahl der elektrischen PS im äußeren Stromkreise}}{\text{Anzahl der zum Antrieb d. Dynamo erforderlichen PS}}$$

Für den Fall, daß die Dynamomaschinen mit der Maximalleistung, für welche sie gebaut werden, beansprucht sind, gelten für dieselben nachstehende Wirkungsgrade:

für Dynamomaschinen von 6—10 PS ca. 75—80 %,
„ „ „ 15—50 „ „ 80—90 %,
bei noch größeren Modellen bis 92 % und darüber.

Entnimmt man geringere Mengen elektrischer Arbeit, so sinkt das Güteverhältnis mit der Beanspruchung etwas, da sich gewisse Verluste in der Maschine bei jeder Beanspruchung gleich bleiben.

Das elektrische Güteverhältnis einer vollbeanspruchten Maschine ist erheblich größer, als das mechanische; es beträgt schon bei kleineren 6—10 PS Maschinen guter Konstruktion nicht unter ca. 90 % und erreicht bei Großmaschinen ca. 96—97 %.

Abhängigkeit des Güteverhältnisses.

Das Güteverhältnis einer Dynamomaschine hängt ab:

1. Von der Größe der Dynamomaschine. Je größer die Maschine ist, desto größer kann der Wirkungsgrad sein. Die Grenzen für das elektrische Güteverhältnis liegen bei gut gebauten Maschinen zu rund 5—100 PS zwischen 85—97 %.

Die Grenzen für das mechanische Güteverhältnis liegen zwischen 80—94 %. In beiden Fällen wurde die normale Leistung der Maschinen vorausgesetzt.

2. Von der jeweiligen Belastung der Maschine. Während bei einer höheren als der normalen Leistung die Güteverhältnisse der Dynamomaschine die letzten Werte überschreiten, sinken dieselben bis unter die Hälfte der zuletzt angegebenen Werte bei niederer Belastung. Die volle Beanspruchung von Gleichstrommaschinen kann leicht mit Hilfe von Akkumulatoren dadurch erfolgen, daß die letzteren bei geringerem Stromverbrauche geladen werden.

Die Ursache der Strom- und Kraftverluste in Dynamomaschinen.

a) Verlust an elektrischer Arbeit durch den innern Widerstand des Ankers, sowie zur Magnetisierung der Elektromagnete.

b) Verluste durch Wirbelströme im Ankereisen, im Ankergerüste und in den Ankerwindungen.

c) Verluste durch Hysteresis.

d) Gegenseitige Induktion zwischen den einzelnen Abteilungen der Ankerwickelung und Selbstinduktion in denselben.

e) Magnetisierung im Querschnitt des Ankers.

f) Verluste, welche infolge von zeitweisen Schwankungen des induzierten Stromes in den Magnetkernen entstehen.

g) Verluste, bedingt durch die Übergangswiderstände zwischen den Bürsten und dem Kollektor.

h) Mechanische Verluste oder Leerlaufarbeit, als Reibungswiderstand des Ankers in der Luft, der Welle in den Lagern der Maschine, zwischen Bürsten und Kollektor u. s. w.

Unter Leerlaufarbeit wird diejenige Arbeit verstanden, welche der Betrieb des Ankers in der Sekunde im stromlosen Zustande erfordert. Auf mechanische Verluste, welche z. B. durch das zu straffe Spannen der Riemen eintreten können, macht die Bestimmung der Leerlaufarbeit aufmerksam.[1]

Zweiter Abschnitt.

Transformatoren.

Wesen, Zweck und Einteilung der Transformatoren.

Bekanntlich besitzt ein jeder elektrische Strom einen gewissen Effekt, er kann in jeder Sekunde eine gewisse Arbeit leisten. Die Arbeitsmenge welche der elektrische Strom in jeder Sekunde abgeben kann, also der Effekt, welchen er enthält, wird gemessen durch das Produkt aus seiner elektromotorischen Kraft und seiner Intensität. Ist die erstere in Volt angegeben, die letztere in Ampères, so ist der **Effekt** des Stromkreises in Voltampères oder Watt ausgedrückt. Die Arbeit, welche der Strom in einer gewissen Zeit leisten kann, ist also das Produkt aus der Zahl seiner Watts und dieser Zeit.

Nun läßt sich zwar die gesamte Energie eines bestimmten Stromes, oder auch die Energie in jeder Sekunde (das ist der Effekt des Stromes) nicht verändern, da sie allein dadurch bestimmt ist, wie viel Arbeit man zum Treiben der Dynamomaschine aufwendet. Wohl aber kann man die beiden Teile, aus welchen sich der Effekt zusammensetzt, nämlich die Spannung und die Intensität, so ändern, daß ihr Produkt dasselbe bleibt. Es besitzt ja ein Strom, der 1000 Volt Spannung und 5 Ampères

[1] Zum Studium über den Bau, die Berechnung und Konstruktion von Dynamomaschinen seien die Werke von SILV. P. THOMPSON, GISBERT KAPP, CORSEPIUS, ARNOLD, FRÖHLICH und KITTLER bestens empfohlen.

Stärke hat, denselben Effekt, wie ein anderer, der 20 Volt Spannung, aber 250 Ampères Stärke besitzt. Das Produkt ist beidemal 5000 Watt.

Man sieht daraus, daß es prinzipiell möglich ist, ohne Aufwendung von besonders zu leistender Arbeit, die Spannung eines Stromes auf Kosten seiner Intensität oder die Intensität eines Stromes auf Kosten seiner Spannung zu erhöhen. Es fragt sich nur erstens, ob und wie das ausgeführt werden kann, und zweitens, ob diese Umwandlung, diese Transformation, eine praktische Verwendbarkeit besitzt.

Um die zweite Frage, die Frage nach dem Nutzen, zunächst zu beantworten, so besteht dieser hauptsächlich darin, daß die Fortleitung der Elektrizität auf größere Entfernungen bei hochgespannten Strömen von geringer Intensität ganz wesentlich billiger wird und daß man daher durch solche Transformationen von Strömen leichter, ja oft allein im stande ist, einen der Hauptvorzüge der Elektrizität auszunutzen, nämlich ihre Fortleitungsfähigkeit auf beliebig weite Entfernungen.

Wenn ein elektrischer Strom an einer Stelle A erzeugt wird, etwa durch eine Dynamomaschine, und an einer zweiten Stelle B, die weit von der ersten entfernt sein möge, gebraucht werden soll, etwa um eine Bogenlampe zu speisen, so müssen A und B je durch eine Leitung und zwar im allgemeinen durch eine doppelte Leitung — eine für den Hingang und die andere für den Rückgang des Stromes — verbunden sein. Durch diese Leitung fließt der Strom, aber dabei muß er in der ganzen Leitung selbst Wärme entwickeln, und zwar nach dem JOULE'schen Gesetz. Für diese gänzlich unbrauchbare, unproduktive Wärmeentwickelung verbraucht er fortdauernd Energie, welche natürlich von der Dampfmaschine, welche die Dynamomaschine treibt, geliefert werden muß. Diese Wärmemenge, die in jeder Sekunde abgegeben wird, ist gleich dem Widerstand W der Leitung multipliziert mit dem Quadrat der Stromstärke J. Man sieht daraus: je größer bei einer bestimmten Leitung die Stromstärke ist, die man benutzt, umso größer und zwar im quadratischen Verhältnis ist die nutzlos erzeugte Wärmemenge, ist also die nutzlos aufzuwendende Arbeit. Man kann und muß nun aber verlangen, daß diese in der Leitung verlorene Energie einen bestimmten Betrag, einen bestimmten Prozentsatz der ganzen Energie nicht übersteige. Dann hat man zwei Mittel, diese Forderung zu erfüllen. Das erste Mittel besteht darin, daß man den Widerstand der Leitung verringert. Da die JOULE'sche Wärme umso geringer wird, je geringer der Widerstand ist, so kann man — theoretisch —

natürlich diese nutzlos verschwendete Energie auf jeden beliebig geringen Betrag herabdrücken, wenn man den Widerstand der Leitung verringert. Aber praktisch ist da bald eine Grenze vorhanden. Die Verringerung des Widerstandes der Leitung bei gleicher Länge kann nur dadurch geschehen, daß man den Querschnitt der Leitung vergrößert. Man muß also bei einer Kupferleitung je nach der Stromstärke dickere und dickere Kupferdrähte, Kupferstangen nehmen, um den Verlust an Energie klein zu halten. Dadurch verteuert sich aber die Anlage ganz erheblich und es tritt bald der Punkt ein, wo man an dem für die Kupferleitung aufgewendeten Kapital ebenso viel an Zinsen verliert, als der Preis der Energie ist, welche durch geringeren Querschnitt des Kupfers verloren gehen würde. Dann hat natürlich wirtschaftlich diese Vergrößerung des Leitungsquerschnittes gar keine Bedeutung mehr. Diese Grenze tritt gewöhnlich schon bei einer Entfernung der beiden Stationen von 1000 bis 1500 m ein.

Es bleibt ein zweites Mittel übrig, um den Wärmeverlust nicht über eine bestimmte Grenze gehen zu lassen, nämlich die Verringerung der Stromstärke. In der That, wenn man die Stromstärke kleiner machen kann, so läßt sich dadurch die Joule'sche Wärme beliebig verringern.

Aber an der Ankunftsstelle braucht man ja eine bestimmte Stärke des Stromes, kann also, wie es scheint, mit der Stromstärke nicht beliebig herunter gehen. Hier ist nun das Moment, in welchem der Nutzen der Transformatoren eintritt. Man kann wohl die Stromstärke in der Leitung von A nach B beliebig klein machen, und in der Ankunftsstation dennoch eine bedeutende Stomstärke erhalten, wenn man den ankommenden Strom dort transformiert. Natürlicherweise kann man durch den Transformator nichts an Energie gewinnen, vielmehr muß der in B ankommende Strom mindestens so viel Effekt besitzen als man in B braucht. Da nun der ankommende Strom geringe Intensität haben soll, so heißt das, daß er große Spannung besitzen muß, denn das Produkt aus Intensität und Spannung giebt den Effekt.

Ein Beispiel soll das soeben Gesagte besser veranschaulichen.

Es sind bei 100 Volt Spannung 1000 Ampères auf eine Entfernung von 10 km bei 10 $^0/_0$ Spannungsverlust zu übertragen; wie groß ist das erforderliche Kupfergewicht der Leitung und wie hoch stellt sich hierbei der Preis der Kupferleitung. (Spezifisches Gewicht des Kupferdrahtes $s = 8{,}9$).

Der Spannungsverlust in der Leitung beträgt $\frac{100.10}{100} = 10$ Volt;

danach läßt sich der Gesamtwiderstand in der Leitung berechnen zu $\frac{10}{1000} = 0{,}01$ Ohm; der Querschnitt des Kupferleiters ist nun $q = \frac{c\,.\,20\,000}{0{,}01}$. Nehmen wir den spezifischen Widerstand des Kupferdrahtes an $c = 0{,}02$, so erhalten wir $q = \frac{0{,}02\,.\,20\,000}{0{,}01}$ $= 40\,000\,\mathrm{mm}^2 = 4\,\mathrm{dm}^2$; somit beträgt das Gewicht $= 4\,.\,20\,000\,.\,8{,}9$ $= 712\,000$ kg.

Nehmen wir an 1 kg Rohkupfer koste ca. 70 Pfennige, so würden sich die Kupferkosten der Leitung allein in diesem Falle auf etwa 498 400 Mark belaufen.

Verringert man hingegen die Stromstärke auf 10 Ampères, so muß man, um dieselbe Leistung übertragen zu können, die Spannung auf 10 000 Volt erhöhen. Der Spannungsverlust ist dann $= \frac{10\,000\,.\,10}{100} = 1000$ Volt; der Gesamtwiderstand der Leitung $= \frac{1000}{10} = 100$ Ohm. Der Querschnitt des Kupferleiters ist $q = \frac{0{,}02\,.\,20\,000}{100} = 4\,\mathrm{mm}^2 = 0{,}0004\,\mathrm{dm}^2$ und das Gewicht desselben ist nur $= 0{,}0004\,.\,20\,000\,.\,8{,}9 = 71{,}2$ kg und somit der Preis der ganzen Leitung $= 71{,}2 \times 0{,}7 = 49{,}84$ Mark.

Man erkennt aus diesen etwas drastischen Betrachtungen leicht, daß man, um durch einen elektrischen Strom Energie auf weite Entfernungen übertragen zu können, ohne zu großen Verlusten ausgesetzt zu sein, und ohne zu starke Leitungen anwenden zu müssen. dem Strom hohe Spannung (hohe elektromotorische Kraft) und geringe Intensität geben muß.

Wären wir mit der Höhe der Spannung an keine praktische Grenze gebunden, so könnten wir ungeheure Arbeitsmengen in ganz dünnen Drähten mit verschwindendem Verlust und auf die weitesten Entfernungen übertragen.

Allein auch hier werden uns, wie auf allen andern Gebieten, praktische Grenzen gezogen, welche uns ein gebieterisches Halt zurufen.

Diese Grenzen bestimmen sich für uns durch folgende Gesichtspunkte:

Welche höchsten Spannungen können wir in einem für einen industriellen Betrieb hinreichend sicheren Apparat überhaupt erzeugen?

Welche höchsten Spannungen sind wir mit den uns zu Gebote stehenden Mitteln im stande, auf weite Entfernungen fortzuleiten und bis zu welchem Grade können wir uns gegen die gefährlichen Wirkungen eines hochgespannten elektrischen Stromes schützen?

C. E. L. Brown richtet sein Bestreben nun schon seit Jahren darauf, immer höhere Stromspannungen in den praktischen Betrieb einzuführen, und tritt hierbei die Frage, wie können dieselben am rationellsten erzeugt werden, naturgemäß in den Vordergrund. Sehen wir uns zunächst unsere gewöhnliche Gleichstrommaschine etwas näher auf diese Frage hin an, so kommen wir hier sehr bald an die Grenze der praktischen Möglichkeit. Die naturgemäße Anordnung ihrer Armaturwickelung, die Notwendigkeit eines Kollektors erschweren hier die Konstruktion von Maschinen für ganz hohe Spannungen ungemein, wenigstens mit den uns bis zum heutigen Tage zur Verfügung stehenden Isolationsmaterialien.

Brown hat Gleichstrommaschinen gebaut bis zu 2000 und 2500 Volt, welche einen ununterbrochenen Tag- und Nachtbetrieb ohne irgend welche Schwierigkeit ermöglichen, allein ihre Konstruktion hat ihm gezeigt, daß höhere Spannungen mit solchen Maschinen, wenn auch nicht unerreichbar sind, so doch auf Verhältnisse, besonders zwischen Isolationsmaterial und arbeitendem Armaturkupfer führen, welche der Maschine eine unökonomische Größe geben.

Wesentlich günstiger gestalten sich diese Verhältnisse bereits bei der Wechselstrommaschine, welche direkt einen hochgespannten Strom liefern soll. Die einzelnen vollständig trennbaren Abteilungen ihrer Armaturwickelung, welche je nur einen Bruchteil der Gesamtspannung erzeugen, der Fortfall des Kollektors und die eventuelle Möglichkeit, die Armatur vollständig ruhen zu lassen und das Magnetfeld in Rotation zu versetzen, machen die Wechselstrommaschine zur direkten Erzeugung hoher Spannungen wesentlich geeigneter.

Bei allen Maschinen für direkte Erzeugung hochgespannter Ströme, mögen dieselben noch so vollkommen konstruiert sein, kommt doch als Nachteil in Betracht, daß an einer laufenden Maschine immer Manipulationen vorzunehmen sind, bei denen sich eine gewisse Gefahr sowohl der Zerstörung, wie für die bedienenden Persönlichkeiten nicht ganz vermeiden läßt.

Der idealste Apparat für unseren Zweck dürfte also ohne Frage erst dann erreicht sein, wenn sich derselbe in absoluter Ruhe befindet, eine fortgesetzte Bedienung somit überhaupt nicht erheischt und schließlich so konstruiert ist, daß er ohne irgend welche äußere Berührung vielleicht Jahre lang ungestört seinen Dienst versehen kann; und hiermit sind wir bei der Betrachtung des Transformators angelangt.

Die Transformatoren (Umformer, Umsetzer, Sekundärgeneratoren) beruhen wesentlich gerade so wie die dynamo-elektrische Maschine auf der Induktion durch Magnete.

Der einfachste Transformator besteht aus einer primären Drahtrolle und einer sekundären. Die Anordnung der beiden Drahtrollen zeigt Fig. 25. Gewöhnlich sind die Drahtrollen auf einem Kern von weichem Eisen aufgerollt und zwar wird der Kern gebildet aus oxydierten Eisendrähten, um die FOUCAULT'schen Ströme in ihm zu verhindern. Läßt man durch die primäre Rolle eines solchen Apparates Wechselströme hindurchgehen, die man außerhalb derselben irgendwie erzeugt, etwa durch eine Wechselstrommaschine, so erregt jeder Wechsel, jede Veränderung in der Intensität des primären Stromes Induktionsströme in der sekundären Rolle, und diese mit ihrer äußeren Leitung wird nun ebenfalls von Wechselströmen durchflossen. Der weiche Eisenkern verstärkt diese Induktionsströme, denn durch die Wechsel im primären Strom wird der Eisenkern selbst abwechselnd nach der einen und nach der andern Richtung magnetisiert und diese Veränderungen in seinem Magnetismus erzeugen ebenfalls in der sekundären Rolle die entsprechenden Induktionsstöße und verstärken die von den primären Stromschwankungen erzeugten.

Halb Schnitt, halb Ansicht.

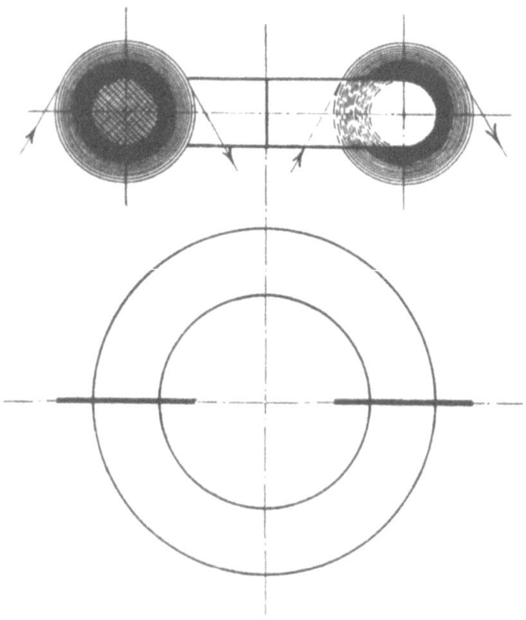

Fig. 25. Schematische Darstellung eines Transformators.

Die Transformatoren unterscheiden sich in solche für Wechselströme, für Drehströme und für Gleichströme. Nach GISBERT KAPP werden die Wechselstromumsetzer noch eingeteilt in Kern- und Manteltransformatoren.

Grundlehren.

Für jeden Induktionsapparat findet man in einfachster Weise durch Versuche folgendes Gesetz:

Die elektromotorische Kraft wächst mit der Stärke des primären Stromes, der Zahl der Windungen auf der sekundären Spule und der Geschwindigkeit der primären Stromänderungen. Daraus folgt, daß man es bei jedem gegebenen primären Wechselstrome in der Hand hat, einfach durch die Zahl der Windungen in der sekundären Rolle der Spannung des sekundären Stromes einen beliebigen Wert zu geben. Man kann es leicht erreichen, daß der sekundäre Strom höhere Spannung hat, als der primäre. Dann muß man die Zahl der sekundären Windungen größer machen als die Zahl der primären Windungen. Man kann es auch umgekehrt leicht erreichen, daß der sekundäre Strom geringere Spannung hat als der primäre. Dann muß man der sekundären Rolle wenig, der primären Rolle viel Windungen geben. Endlich kann man auch bewirken, daß der sekundäre Strom dieselbe Spannung hat wie der primäre; dann muß man, wenn die Windungen sonst symmetrisch angeordnet sind, der primären und der sekundären Rolle die gleiche Zahl von Windungen geben.

Es kommt also wesentlich auf das Verhältnis der Zahl der primären und der sekundären Windungen an. Man nennt nun das Verhältnis der Anzahl der primären Windungen zu der Anzahl der sekundären Windungen das Umsetzungsverhältnis (Koëffizient der Umsetzung oder Transformationskoëffizient) des Transformators, d. h.

$$\text{Umsetzungsverhältnis } \varphi = \frac{\text{Zahl der primären Windungen } W}{\text{Zahl der sekundären Windungen } W_1}.$$

Sei die primäre Spannung E, die sekundäre E_1, so erhalten wir, da das Verhältnis der Windungen gleich ist dem Verhältnis der Spannungen, die Gleichung

$$\varphi = \frac{W}{W_1} = \frac{E}{E_1}.$$

Ist dieser Koëffizient größer als 1, so sind mehr primäre als sekundäre Windungen vorhanden, folglich wird ein Strom von höherer Spannung in einen solchen von niederer Spannung transformiert. Ist dieser Koëffizient kleiner als 1, so sind weniger primäre als sekundäre Windungen vorhanden, dann wird aus einem Strome von geringer Spannung ein solcher von höherer Spannung erzeugt.

Endlich drittens, wenn dieser Koëffizient gleich 1 ist, dann haben der primäre und der sekundäre Strom gleiche Spannung. In diesem letzteren Falle findet also gar keine eigentliche Verwandelung von elektrischer Energie statt. Der primäre und der sekundäre Strom sind gleich gespannt.

Es scheint daher, daß diese letzteren Apparate eigentlich keine Vorteile bieten. Sie bieten sie aber in folgender Hinsicht: Wenn man einen Transformator, d. h. seine primäre Wickelung, in einen Stromkreis einschaltet, so kann man seine sekundäre Wickelung benutzen, um irgendwelche elektrische Arbeiten leisten zu lassen, also Glühlampen und Bogenlampen zu betreiben, Motoren in Bewegung zu setzen etc. Ist in demselben Stromkreise noch ein zweiter, dritter etc. Transformator, so sind die sekundären Stromkreise aller dieser Transformatoren voneinander unabhängig.

Was in dem sekundären Stromkreise des zweiten Transformators vor sich geht, beeinflußt den sekundären Stromkreis des ersten gar nicht, falls nur der Hauptstromkreis unverändert bleibt. Man hat also in den Transformatoren auch ein Mittel, um aus einem primären Stromkreise eine Reihe voneinander unabhängiger sekundärer Stromkreise abzuzweigen. Jeder Transformator entspricht dann gewissermaßen einer eigenen Dynamomaschine, die den sekundären Stromkreis speist. Gerade zu diesem Zweck wurden zuerst Transformatoren angewendet, und zwar solche mit dem Transformationskoëffizienten 1, welche man auch deshalb Sekundärgeneratoren nennt. Es ist das Verdienst von Gaulard & Gibbs, zum erstenmal durch solche Sekundärgeneratoren im großen die Verteilung der Elektrizität und die Vorteile hochgespannter Ströme für die Fortleitung der Elektrizität gezeigt zu haben. Sie zeigten ihre Apparate im Jahre 1884 auf der Ausstellung in Turin. Die Apparate wurden von Gaulard & Gibbs in folgender Weise angewendet, um in einem weit ausgedehnten Bezirke an einzelnen Stellen elektrische Energie abzugeben, etwa Glühlampen und Bogenlampen an verschiedenen Orten zu betreiben. Die Sekundärgeneratoren wurden in der Nähe der einzelnen Verbrauchsstellen aufgestellt, und zwar war je ein solcher aufgestellt in den Bahnhöfen von Turin, von Venaria und von Lanzo. Die Wechselstrommaschine, welche den primären Strom abgab, stand in der Ausstellung in Turin, und dort stand ebenfalls ein Sekundärgenerator, welcher eine Reihe von Lampen in der Ausstellung speiste. Es wurden nun die primären Spiralen sämtlicher Sekundärgeneratoren hintereinandergeschaltet. Die Leitung war im ganzen etwa 80 km lang und durch diese ganze Leitung und durch die primären Spulen wurde ein hochgespannter Wechselstrom geschickt, der 250 Stromwechsel in der Sekunde machte. Die Leitungsdrähte waren nur 3,7 mm stark. Von jedem Sekundärgenerator ging nun von den Polklemmen seiner sekundären Wickelung eine Leitung aus, welche die in der betreffenden Station aufgestellten Lampen mit Strom versorgte.

Durch diese Anordnung war eine erste Methode gegeben, um in gewisser Hinsicht die Vorteile des hochgespannten Stromes für die Fortleitung auszunutzen, wenn auch nur in indirekter Weise. In der Hauptleitung mußte eine hohe Spannung herrschen, weil alle Sekundärgeneratoren mit ihren primären Wickelungen hintereinander geschaltet waren. In jedem einzelnen Apparate war natürlich die Spannungsdifferenz an den Enden der primären Spule viel geringer. Waren z. B. 50 Sekundärgeneratoren aufgestellt und arbeitete die Wechselstrommaschine, die sie hintereinander betrieb, mit einer Klemmenspannung von 5000 Volt, so kam auf jeden Sekundärgenerator eine primäre Klemmenspannung von 100 Volt. Die in der sekundären Spirale erzeugte Klemmenspannung war, da die Zahl der Windungen in beiden Spiralen dieselbe war, ebenfalls 100 Volt, und mit dieser Spannung wurde der sekundäre Stromkreis betrieben, in den z. B. Lampen eingeschaltet waren, die gerade 100 Volt Spannung brauchen. Es war durch diese Methode thatsächlich schon ein großer Vorteil in bezug auf die Fernleitung der Elektrizität erreicht.

Dieses System hatte aber einen großen Mangel; es arbeitete nur ökonomisch, wenn die sekundären Stromkreise voll ausgenutzt wurden, wenn sie ihren Maximaleffekt bekamen. Man kann das leicht an einem Beispiele sehen. Nehmen wir an, daß wir 20 Sekundärgeneratoren haben und daß diese an den sekundären Klemmen je 100 Volt Spannung haben müssen, um die von ihnen gespeisten Lampen stets in normalem Betrieb zu halten. Dann muß an den primären Klemmen jedes Apparates ebenfalls eine Spannung von 100 Volt vorhanden sein. Die Wechselstrommaschine, die den Strom liefert, muß daher, wenn man von allen Verlusten absieht, eine Spannung von 2000 Volt an ihren Klemmen haben. Nun möge bei vollem Betriebe in jedem sekundären Stromkreise eine Stromstärke von 12 Ampères nötig sein. Damit mögen alle, in jedem sekundären Stromkreise parallel geschalteten Glühlampen normal brennen. Man hat daher in allen sekundären Kreisen zusammen einen Effekt von 20 . 100 . 12 = 24 000 Watt. Mindestens soviel Effekt muß auch der primäre Stromkreis haben. Da er nun eine Spannung von 2000 Volt hat, so muß in ihm beim normalen Betriebe aller Lampen eine Stromstärke von 12 Ampères herrschen.

Nun möge aber in einem der sekundären Stromkreise nur die Hälfte aller Lampen gebraucht werden. Dann braucht dieser Stromkreis nur 6 Ampères Stärke und daher braucht auch die primäre Wickelung für ihn nur 6 Ampères. Sie muß aber trotzdem ihre 12 Ampères wegen des übrigen Stromkreises behalten. Man sieht daraus, daß eine Verminderung der brennenden Lampen nicht mit einer Verminderung des aufgewendeten Effektes verbunden ist, sondern daß der Aufwand an Arbeit derselbe bleibt, trotzdem weniger Arbeit geleistet werden soll. Das System ist also nicht ökonomisch, wenn es sich um eine Verteilung der elektrischen Energie handelt. Dagegen war die Frage der bloßen billigen Fernleitung elektrischer Energie durch die Apparate von Gaulard & Gibbs gelöst und auch praktisch erprobt.

Ein wesentlicher Fortschritt über die Leistungen von Gaulard & Gibbs hinaus wurde darauf von Zipernowsky, Déri & Blathy zusammen erzielt durch eine andere Methode der Benutzung von Transformatoren, durch ein Transformatorensystem, welches von der Firma Ganz & Co. in die Praxis eingeführt wurde und welches jetzt von allen Fabriken benutzt wird, die Wechselströme mit Transformatoren anwenden.

Die Grundlage dieses Systems ist die, daß die Transformatoren (d. h. ihre primären Wickelungen) nicht mehr hintereinander, sondern parallel geschaltet werden. Die weitere Ausführung dieses Prinzips und ihre praktischen Vorzüge werden im Abschnitt VII auseinandergesetzt werden. Hier soll nur von der Konstruktion der Transformatoren selbst, nicht von ihrer Verbindung die Rede sein.

Verluste in Transformatoren.

Eine Hauptforderung, die man an jeden Transformator stellen muß, ist die, daß er die Umwandelung der elektrischen Energie ohne große Verluste bewirkt. Mit andern Worten: die an den Klemmen der sekundären Wickelung in den äußern Stromkreis abzugebende elektrische Energie soll nicht viel kleiner sein, wie die in die primäre Wickelung von deren Klemmen aus hineingeleitete Energie.

Die gesamte verlorene elektrische Arbeit setzt sich aus folgenden Verlusten zusammen:

1. Verluste durch den Widerstand der Wickelungen. Diese Verluste betragen etwa 2 % und sind um so größer, je kleiner der Transformator ist.

2. Magnetisierungsverluste. Für praktische Zwecke kann man diese Verluste rund mit 2 % annehmen. Die Magnetisierungsarbeit steigt mit zunehmender Polwechselzahl und ist nach CHAS. PROT. STEINMETZ[1] der 1,6 Potenz der Magnetisierung proportional.

3. Verluste infolge der Wirbelströme im Kupfer und Eisen des Transformators. Der Verlust durch Wirbelströme im Eisen ist kleiner als 1 %; der Verlust, verursacht durch Wirbelströme im Kupfer kann dagegen praktisch vernachlässigt werden. Der Verlust durch Wirbelströme wächst im quadratischen Verhältnisse mit der Polwechselzahl und ist der Feldstärke verkehrt proportional.

Durch alle diese Verluste wird also der an den Klemmen der sekundären Wickelung zur Verfügung stehende Effekt notwendig kleiner sein als der in die primäre Wickelung eingeleitete Effekt. Man bezeichnet das Verhältnis dieser Effekte als den Wirkungsgrad des Transformators und drückt ihn in Prozenten aus.

Bei den Transformatoren von GANZ & Co., von SIEMENS & HALSKE etc. steigt der Wirkungsgrad bis zu 96 % (d. h. 96 % von dem in die primäre Wickelung eingeleiteten Effektes kann man an den Klemmen der sekundären Windungen wieder erhalten und nutzbar verwenden), sodaß man durch die Transformation der elektrischen Energie nur 4 % derselben verliert.

Konstruktion der Transformatoren.

Die ersten Transformatoren von GANZ & Co. bestanden aus einem Eisenringe. Dieser wurde von den beiden Wickelungen vollkommen umgeben. Ein solcher Ring hat keine freien Pole, wenn er magnetisch geworden ist, aber er wirkt genau ebenso induzierend, wenn sich sein Magnetismus ändert, wie jeder mit Polen versehene Magnet. Deswegen nennt man die Transformatoren dieser Art, in welchen also das angewandte Eisen in sich geschlossen ist, pollose Transformatoren.

Ein solcher Eisenring wird aber nicht aus einem Stück Eisen gebildet, sondern aus Drähten oder Bändern oder Blechen zusammengesetzt, welche den FOUCAULT'schen Strömen keine Bahn bieten. Um den Ring wird nun entweder zunächst die primäre Wickelung und auf diese die sekundäre Wickelung gebracht,

---

[1] Vgl. Elektrotechnische Zeitschrift, 1892 S. 43 u. 55.

oder es werden besser die beiden Wickelungen getrennt in einzelnen Sektoren um den Draht gelegt.

Die Transformatoren dieser Art werden Kerntransformatoren genannt, weil sie einen Eisenkern haben, auf welchen die beiden Windungssysteme aufgewickelt sind.

Dasselbe Ziel eines pollosen Transformators kann man aber auch dadurch erreichen, daß man die beiden Windungssysteme außen mit einem Mantel von Eisen umgiebt. Auch dadurch wird das Eisen so magnetisiert, daß nirgends ein freier Pol entsteht, auch dadurch wird also ein polloser Transformator erzeugt. Damit im Eisen die FOUCAULT'schen Ströme nicht auftreten können, wird es wieder in Form von oxydierten Drähten angewendet, die senkrecht zu den Kupferdrähten aufgewickelt werden. Einen solchen Transformator nennt man Manteltransformator. Diese Transformatoren werden jedoch weniger häufig benutzt als Kerntransformatoren.

Ein besonderer Fall dieser Transformatoren sind die Drehstromtransformatoren. Unter Drehstrom versteht man ja ein System mehrerer — gewöhnlich dreier — Wechselströme, welche gegeneinander Phasenunterschiede haben. Man kann daher die drei Wechselströme transformieren, indem man jeden durch einen besonderen Transformator gehen läßt. Die transformierten Ströme haben dann dieselbe Phasendifferenz, wie die eingeleiteten primären Ströme. Man kann jedoch auch die drei Transformatoren in einem Apparate vereinigen, wie es z. B. bei dem Drehstromtransformator von SIEMENS & HALSKE der Fall ist. In diesem sind drei parallele Kerne aus zerteiltem Eisen mit den beiden Windungssystemen umwickelt. Unten und oben sind die Eisenkerne durch Eisen miteinander verbunden, so daß jeder Kern durch die beiden andern geschlossen ist, also pollose Magnete bildet.

Ein wesentliches Erfordernis bei allen Transformatoren ist das, daß die Isolation zwischen den primären und den sekundären Wickelungen und zwischen dem Eisenkern eine vorzügliche sei, da sonst bei den hohen Spannungen Funken überspringen und Elektrizitätsverluste und Gefahren entstehen können. Auf die Isolation wird daher besondere Sorgfalt verwendet. In der Regel werden die Transformatoren so ausgeführt, daß man an den Endklemmen der sekundären Leitung 105 Volt Spannung erhält. Die primäre Leitung, die aus dünnen Drähten besteht, hat dann irgend eine höhere Spannung, die man eben gerade zur Fernleitung anwendet. Gewöhnlich macht man an den Klemmen der primären Leitung die Spannung entweder zu 900 oder 1800 oder 2700 oder 3600 Volt.

Es sind aber seit der Frankfurter elektrischen Ausstellung (1891) die Transformatoren auch dazu benutzt worden, um Spannungen bis zu 30 000, ja 40 000 Volt auszuhalten, sei es in der primären oder der sekundären Wickelung.

Wenn es auch möglich ist, einen nach der gewöhnlichen Art hergestellten Transformator für ganz hohe Spannungen frisch aus der Werkstätte heraus funktionieren zu lassen, so wird seine Betriebssicherung vor allem infolge der Einflüsse der Atmosphäre, aus welcher fast alle gebräuchlichen Isolationsmaterialien mehr oder weniger Wasser ansaugen, sehr rasch gestört sein. Hiergegen muß nun ein neuer Faktor einspringen, das Öl als Isolationsmaterial.

Die Öle zählen bekanntlich zu den vollkommensten Nichtleitern, welche wir besitzen und ihre Fähigkeit, alle Poren der zur Isolierung verwendeten Stoffe, wie Baumwolle, Leinwand, Papier etc. vollkommen auszufüllen und den Zutritt der Luft und des Wassers zu verschließen, läßt uns dieselben gegen den Einfluß der Atmosphäre unempfindlich machen.

Die erste Anwendung von Öl zu diesem Zwecke wurde wahrscheinlich von Brooks bei seinen unterirdischen Leitungen gemacht, indem er gewöhnliche isolierte Drähte durch Röhren zog und diese mit Öl füllte. Von C. E. L. Brown wurde das Öl als Isolationsmittel der Transformatoren für hohe Spannungen eingeführt, indem er zunächst den ganzen Apparat in einen gußeisernen Kasten setzte, welcher dann mit Öl gefüllt und längere Zeit bis zu über 150° C. erhitzt wird. Diese Apparate werden als Öltransformatoren bezeichnet und wurden von Brown bei den Oerlikoner Versuchen benutzt. Er konnte sie sofort nach ihrer Fertigstellung bis auf 40 000 Volt arbeiten lassen, ohne die geringste Schwierigkeit zu erfahren.

Die Transformatoren werden in verschiedenen Größen gebaut, und es wird immer die Zahl der Watt angegeben, für welche sie konstruiert sind.

Jeden Transformator kann man als eine Dynamomaschine ansehen, in welcher Anker und Magnete feststehen. Die primäre Wickelung des Transformators stellt die Wickelung der Elektromagnetschenkel, die sekundäre dagegen die Wickelung des Ankers einer Dynamomaschine vor. Die Induktionsströme werden im Transformator nicht durch Bewegung, sondern dadurch erzeugt, daß der Strom in den primären Windungen seine Richtung wechselt.

Für den Bau der Transformatoren gelten viele Regeln, welche beim Bau der Dynamomaschinen, beziehungsweise der Elektromotoren, Anwendung finden. Der Eisenkern der Transformatoren wird so aufgebaut, wie jener der Dynamomaschinen. Die Eisenbleche sind nach J. A. Ewing[1] 0,25 bis 0,35 mm stark zu wählen. Sowie bei den Dynamomaschinen, verwendet man bei den Transformatoren als Isolator zwischen den Blechen zumeist Seidenpapier. Für die Isolation der Transformatoren überhaupt und die Beanspruchung der Wickelungen gelten ähnliche Regeln, wie bei den Dynamomaschinen.

Für die Berechnung des Eisenkörpers ist die zulässige Induktion maßgebend. Die Anzahl der Kraftlinien für 1 cm^2 beträgt bei den meisten Transformatoren 4000 bis 8000 C.G.S. Einheiten, oder weiters etwa 100 Watt für 1 cm^2. Bei mehr als 10 000 C. G. S. Einheiten singt der Transformator und wird heiß.

Da ein Teil des Gesamtquerschnittes des Transformators durch die Isolation (Seidenpapier etc.) verloren geht, rechnet man in der Regel, sowie bei den Dynamomaschinen, mit 0,9 des Gesamtquerschnittes als dem wirksamen Querschnitte.

Als Beanspruchung der primären und sekundären Wickelung (Stromdichte) wählt man für Kupferdrähte 1,6 Ampères für 1 mm^2.

Das Verhältnis der Spannungen ist, wie auf Seite 58 angegeben, durch das Verhältnis der Anzahl der primären und sekundären Windungen bestimmt.

Z. B.: Ein Transformator soll im Verhältnisse 40 : 1 umsetzen. Wie groß ist die Anzahl der sekundären Windungen, wenn die Anzahl der primären 1200 beträgt?

Die Anzahl der sekundären Windungen muß dann 1200 : 40 = 30 Windungen sein.

Bei den Transformatoren von Ganz & Co. in Budapest kann der primäre Spannungsverlust mit 0,6 bis 1 $^0/_0$, der sekundäre mit 1 bis 1,1 $^0/_0$ angenommen werden.

Die Abkühlungsfläche muß mindestens 20 cm^2 für 1 Watt betragen.

Für ein bestimmtes Kupfergewicht wächst die Leistungsfähigkeit eines Transformators mit der Anzahl der Polwechsel; dabei ist jedoch zu berücksichtigen, daß eine größere Polwechselzahl eine Vermehrung des Eisens erfordert, so, daß rund 8000 Polwechsel in der Minute bisher als am zweckentsprechendsten angesehen werden.

Die folgende Zusammenstellung giebt die Polwechselzahl in der Sekunde bei einigen praktisch ausgeführten Transformatoren an:

---

[1] J. A. Ewing, Magnetoinduction in iron and other metals, 1892.

Brusch	220	Lowrie Parker	176	Westinghouse (Bogenlicht)	120
Ferratti	134	Thomson-Houston	250	Zipernowsky	84
Kapp	160	Westinghouse (Glühlicht)	266		
Mordey	200				

Sollen Transformatoren nur sehr geringe Spannungsdifferenzen abgeben, so müssen dieselben mit möglichst geringem Verluste im Kupfer, dafür aber mit um so größerem Verluste im Eisen arbeiten.

Da in der sekundären Spirale die Joule'sche Wärme sehr gering ist, etwa nur 1 $^0/_0$, so ergiebt sich, daß der Spannungsverlust in dieser Spirale gleichfalls sehr gering ausfällt. Daher ist die Klemmenspannung dieser Spule nahezu gleich der elektromotorischen Kraft des sekundären Stromes. Bleibt daher diese letztere konstant, so bleibt auch, bei allen äußern Widerständen, d. h. bei jeder Arbeitsleistung, die sekundäre Klemmenspannung dieselbe. Um nun die sekundäre elektromotorische Kraft konstant zu erhalten, genügt es, die primäre Klemmenspannung und die Stromwechselzahl unverändert zu lassen. Daraus folgt, daß ein solcher gut gebauter Transformator immer konstante Klemmenspannung an den sekundären Klemmen hat, wenn nur die primäre Klemmenspannung dauernd gleicherhalten wird. Das ist aber ganz besonders wichtig, weil die Verteilung der Energie in rationeller Weise nur dadurch ausgeführt werden kann, daß die Klemmenspannung an dem stromliefernden Apparate (hier dem Transformator) dieselbe bleibt, wie groß oder klein auch der äußere Widerstand sei. Daher eignen sich Transformatoren sehr gut zur Verteilung der Energie.

Durch die Transformatoren hat man es also bei Wechselströmen in der Hand, die beiden Faktoren, von denen der Effekt eines Stromes abhängt, nämlich Spannung und Stromstärke, beliebig zu ändern, den einen auf Kosten des andern zu- oder zu Nutzen des andern abnehmen zu lassen. Und dabei haben die Wechselstromtransformatoren den großen Vorzug, daß sie keine Bedienung brauchen. Sie enthalten keine beweglichen Teile, sondern nur feste Drahtwindungen. Aus diesem Grunde kann man durch solche Apparate leicht Wechselströme von hoher Spannung erhalten und sie zurücktransformieren, und daher auch alle Vorteile ausnutzen, welche die hohe Spannung eines Stromes bei geringer Stärke für die ökonomische Fortleitung bietet.

Beschreibung der von einigen Firmen gebauten Transformatoren.

Allgemeine Elektrizitätsgesellschaft in Berlin.

Von der „Allgemeinen Elektrizitätsgesellschaft“ werden Transformatoren für Einphasen- als auch für Mehrphasenstrom nach der Kerntype gebaut. In Fig. 26 ist ein Drehstromtransformator abgebildet, welcher anläßlich der elektrischen Ausstellung in Frankfurt a. M. (1891) bei der Übertragung von 300 PS von Lauffen a. N. nach dem Ausstellungsplatze in Frankfurt a. M. auf eine Entfernung von 175,5 km Verwendung fand. Dieser Transformator war für eine Leistung von 100 Kilowatt bei einem Übersetzungsverhältnisse von 1 : 60 gebaut.[1]

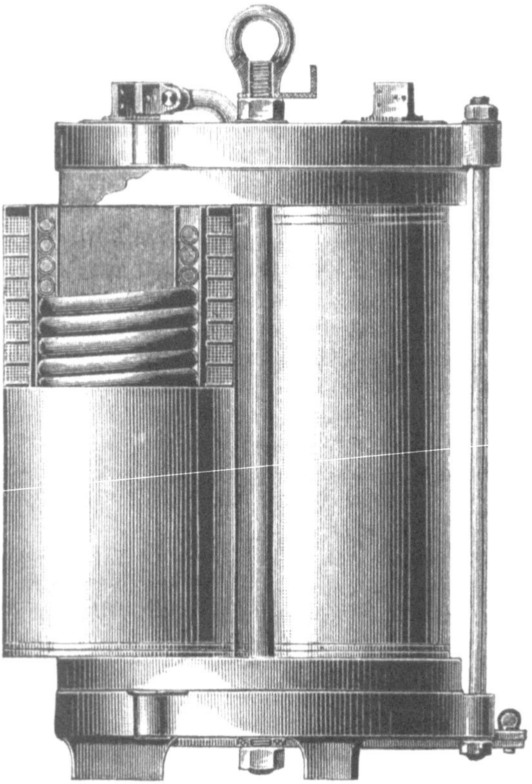

Fig. 26. Drehstromtransformator.

Sein Eisenkörper bestand aus drei Eisenkernen. Die drei Eisenkerne waren aus dünnen Eisenblechen aufgebaut und oben wie unten durch aus Eisenbändern hergestellte Ringe verbunden. Die inneren Bewickelungen der Kerne bildeten die dicken, die äußern die dünnen Windungen. Jeden Kern durchfloß ein Strom von bestimmter Phase. Die Phasen der drei primären Ströme in den drei primären Wickelungen waren um 120° gegeneinander verschoben. Zur Fernhaltung der Feuchtigkeit wurden sämtliche Isoliermittel in schwerem Harzöl gekocht und nach Füllung des Transformators mit Öl nochmals erwärmt. Behufs Aufnahme des Öles stand der Transformator

[1] Vgl. Elektrotechnische Zeitschrift, 1892 S. 379 u. f.

in einem schmiedeeisernen Cylinder. Gegenwärtig baut die Firma Transformatoren nach der Type, wie Fig. 27 sie zeigt.

Die Primärspulen werden auf Cylinder aus Mikanit gewickelt. Die Sekundärspulen sind bei den kleineren Transformatoren nicht auf Papiercylinder, sondern ohne solche Unterlage gewickelt und auf die stark isolierten Kerne einfach aufgeschoben. Die Kerne selbst haben nahezu kreisförmigen Querschnitt. Durch die seitlich angelegten und zur Verbindung der Bleche dienenden Metallplatten wird der Querschnitt teilweise zu einem magnetischen Kreis ergänzt. An den Enden sind die Kerne eingeschnitten, um die Breite der Stoßfuge gleich der vollen Dicke des Kernes zu machen. Die Jochstücke sind in gleicher Weise durch Seitenplatten und Bolzen zusammengehalten und von rechteckigem oder quadratischem Querschnitte.

Fig. 27. **Wechselstrom-Transformator.**

Die Primärspulen sind mit möglichst wenig Spielraum über die Sekundärspulen geschoben. Die Entfernung zwischen dem äußeren Radius der Sekundär- und dem inneren Radius der Primärspule beträgt nur etwa 5 mm. Aus diesem Grunde ist auch die Streuung und der Spannungsabfall sehr gering.

Bei den Drehstromtransformatoren sind, um den Spannungsabfall noch kleiner zu machen, die Spulen nicht ineinander, sondern in der Form von flachen Scheiben nebeneinander angebracht, und zwar ziemlich viele von jeder Art. Die Spulen beider Stromkreise sind in Träger von Mikanit gewickelt, wodurch eine vorzügliche Isolation erzielt wird. Die Transformatoren werden durch perforierte Schutzbleche abgedeckt.

Siemens & Halske in Berlin.

Siemens & Halske bauen Kerntransformatoren, sowohl für Einphasen-, als auch Mehrphasenstrom. Der Eisenkern des in Fig. 28 perspektivisch dargestellten Drehstromtransformators besteht aus drei senkrecht aufgestellten Eisenkernen, welche durch zwei Gußplatten, die ein kräftiger Bolzen zusammenpreßt, zusammengehalten werden. Auf den isolierten Eisenkernen sind zunächst die sekundären und auf diese die primären Spulen aufgesetzt. Um den Transformator gegen Witterungseinflüsse zu schützen, ist derselbe in ein Blechgehäuse eingeschlossen, dessen kegelförmiges Dach eine, durch ein Regendach abgeschlossene Ventilationsöffnung besitzt. Die untere Gußplatte enthält eine Anzahl von Öffnungen, durch welche die Leitungen führen, sie dienen gleichzeitig zur Durchlüftung des Apparates. Zwischen den beiden Gußplatten ist ein Brett verschraubt, auf welchem die Leitungsklemmen und Bleisicherungen aufmontiert sind. Eine Thür macht dieses Brett leicht zugänglich. Das Blechgehäuse steht auf der Grundplatte des Transformators und kann nach Lösung einiger Schrauben abgehoben werden. Transformatoren dieses Modelles wurden zuerst für das Elektrizitätswerk zu Erding [1] praktisch verwendet.

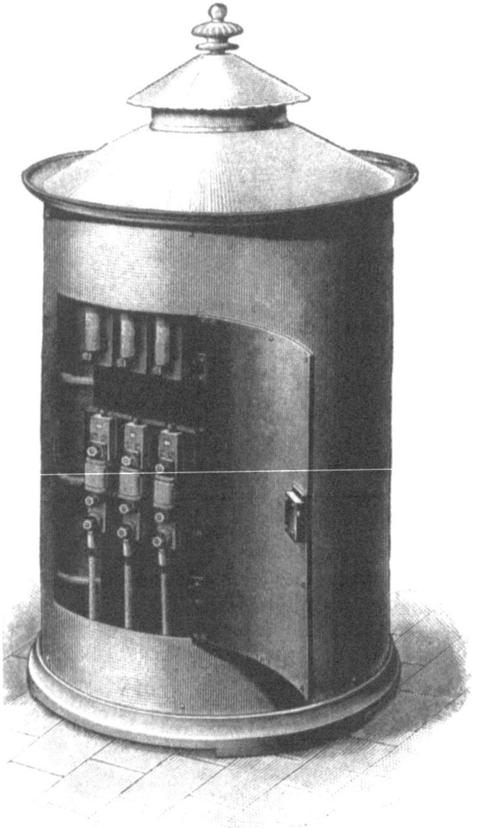

Fig. 28. Drehstromtransformator.

Transformatoren, welche in trockenen Räumen zur Aufstellung gelangen, erhalten ein Gehäuse aus perforiertem Blech, welches der Luft überall Zutritt gestattet.

Für Einphasenstrom werden die Umformer ähnlich gebaut; es kommen dann jedoch nur zwei anstatt drei Kerne zur Anwendung.

[1] Vgl. Elektrotechnische Zeitschrift, 1893 S. 558 u. f.

Elektrizitäts-Aktiengesellschaft vorm. W. Lahmeyer & Co. in Frankfurt a. M.

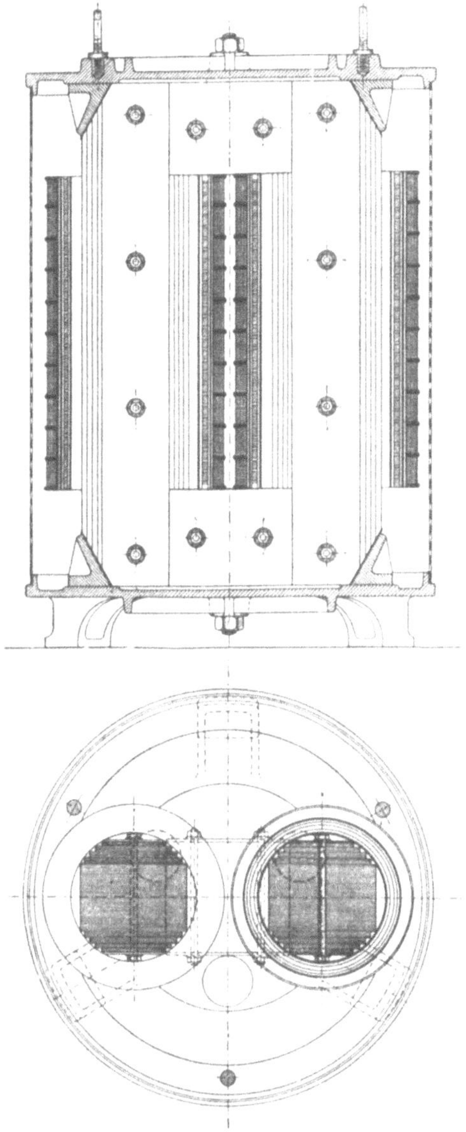

Fig. 29. Wechselstromtransformator.

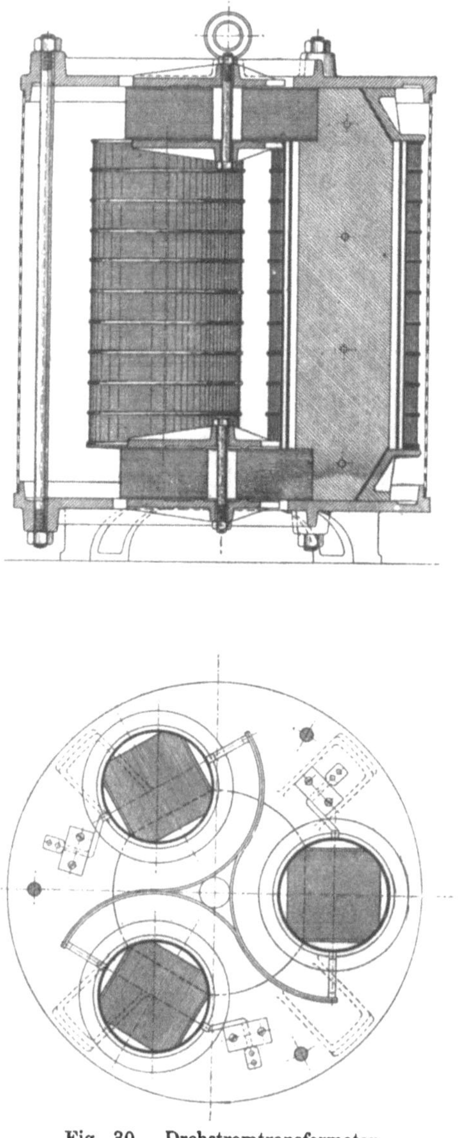

Fig. 30. Drehstromtransformator.

Dieselbe baut Kerntransformatoren, sowohl für Ein-, als auch Mehrphasenstrom.

Behufs Ersparnis an Draht sind die Kerne quadratisch und mit abgeschrägten Kanten versehen. Die Spulen sind unabhängig voneinander gewickelt und ineinander geschoben. Die Fig. 29 zeigt die Konstruktion eines Einphasenstromtransformators und in Fig. 30 ist ein Drehstromtransformator zur Abbildung gebracht.

Deutsche Elektrizitätswerke zu Aachen vorm. Garbe, Lahmeyer & Co. in Aachen.

Der Bau der Transformatoren erfolgt sowohl für einphasigen, als auch mehrphasigen Wechselstrom. Von den ersteren bringt Fig. 31 eine Darstellung. Nach Angabe der Firma besitzen dieselben einen geringen Magnetisierungsstrom, daher unmerkliche

Fig. 31. Wechselstromtransformator.

Phasenverschiebung, geringe Hysteresis und Foucault-Verluste sowie geringsten Spannungsabfall. Auf Wunsch werden die Modelle bezüglich des Spannungsabfalles für 1 bis 2 % eingerichtet. Die Transformatoren erwärmen sich unmerklich, meistens nur um 20°. Sie werden für jedes beliebige Übersetzungsverhältnis bis zur Maximalspannung von 2000, resp. 3000 Volt gebaut.

Elektrizitäts-Aktiengesellschaft vorm. Schuckert & Co. in Nürnberg.

Von dieser Firma werden einphasige Transformatoren nach der Manteltype und Drehstromtransformatoren nach der Kerntype zur Ausführung gebracht. Die ersteren sind durch Fig. 32 und die letzteren durch Fig. 33 veranschaulicht.

Bei den Wechselstromtransformatoren (Einphasenstrom) sind die Spulen vollständig in Eisen eingebettet und auch oben und unten durch besondere Gehäuse geschützt. Die Gehäuse sind durch starke Schraubenbolzen verbunden, wobei letztere gleichzeitig die Bleche gegeneinander pressen. Die seitliche Sicherung der Bleche erfolgt durch Eckschienen und Schraubenbolzen. Behufs Verminderung der Streuung ist bei den Drehstromtransformatoren die Wickelung auf jedem Kerne in eine Anzahl flacher Spulen unterteilt. Die Einführung der Leitungen erfolgt durch Stopfbüchsen im obern Deckel. Durch einen cylindrischen äußern Mantel sind die Spulen genügend geschützt.

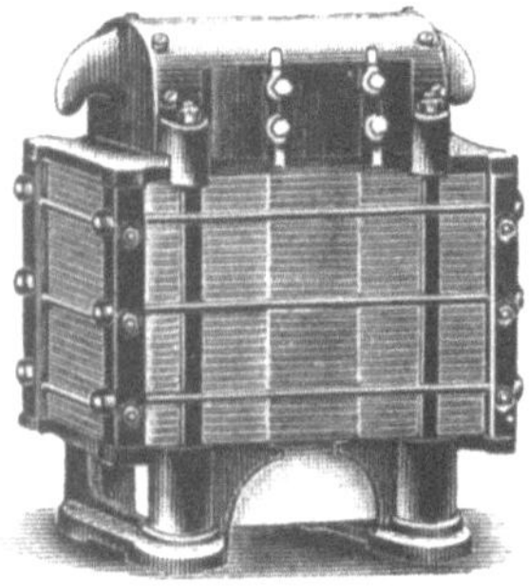

Fig. 32. Wechselstrom-Transformator.

Maschinenfabrik „Oerlikon“ in Oerlikon bei Zürich (Schweiz).

Die Firma befaßt sich mit dem Bau von Einphasenstrom- und Mehrphasenstromtransformatoren. Die ersteren sind nach der Manteltype mit langem Kern, die letzteren nach der Kerntype ausgeführt. In Fig. 34 ist ein Wechselstromtransformator abgebildet. Der Kern besteht aus Blechen von verschiedener Breite, welche so abgestuft sind, daß der Querschnitt des Kernes einem Kreise möglichst nahe kommt. Die Spulen sind unabhängig voneinander auf Papiercylinder gewickelt, wobei die Dimensionen so gewählt sind, daß das Aufschieben der Spulen bequem erfolgen kann.

Drehstromtransformatoren werden von der Firma in zwei Typen gebaut, und zeigt Fig. 35 die eine mit kreisförmigen und Fig. 36 die andere mit geraden Jochen.

Ganz & Co. in Budapest.

Diese Firma bringt Manteltransformatoren mit kurzem Kern

und Kerntransformatoren zur Ausführung. Fig. 37 zeigt einen Manteltransformator und Fig. 38 einen Kerntransformator.

Der Eisenkörper besteht aus шförmigen Schmiedeeisenblechen. Die Bleche liegen, durch Seidenpapier isoliert, abwechselnd in der Lage ш und der Lage m aufeinander. Sie

Fig. 33. Kerntransformator.

werden zusammengehalten durch ein Holzgestell, wodurch die magnetischen Vorgänge völlig auf die Eisenbleche beschränkt werden. Die Klemmen sind auf Porzellanunterlagen montiert, und jene für die Hochspannungswickelung sind mit Abschmelzsicherungen versehen. Die Drähte sind auf besonderen, aus

Fig. 34. Wechselstromtransformator.

Preßspahn hergestellten Spulenträgern gewickelt, wodurch eine vorzügliche Isolation erzielt wird. Behufs Verminderung der

Fig. 35. Drehstromtransformator mit kreisförmigen Jochen.

Streuung sind die Wickelungen unterteilt, wodurch die einzelnen Spulen die Form von flachen und breiten Scheiben erhalten.

Gleichstromtransformatoren.

Für Gleichströme ist eine solche Transformation durch feste Apparate, ohne bewegliche Teile, und namentlich eine Transformation auf sehr hohe Spannungen noch nicht gelungen.

Fig. 36. Drehstromtransformator mit geraden Jochen.

Dagegen sind für Gleichströme Transformatoren zu anderen Zwecken gebaut worden. Es kommt zuweilen vor, daß in einer elektrischen Anlage, welche mit Gleichströmen von etwa 110 Volt betrieben wird (wie in den meisten Centralen), daß in dieser für einige Zwecke etwas höhere Spannungen gebraucht werden. Wenn z. B. eine Akkumulatorenbatterie von 100 Zellen von diesem Leitungsnetz geladen werden soll und man nicht die Zellen in zwei Abteilungen teilen will, so braucht man dazu eine Spannung von etwa 250 Volt. Oder wenn eine Tramway elektrisch von diesem Netz zu betreiben ist, so braucht man für diese gewöhnlich etwas höhere Spannungen 200—500 Volt. Zu diesem Zwecke werden Gleichstromtransformatoren gebaut, welche also einen Gleichstrom von einer bestimmten Spannung in einen andern Gleichstrom von etwas höherer oder niederer Spannung transformieren sollen.

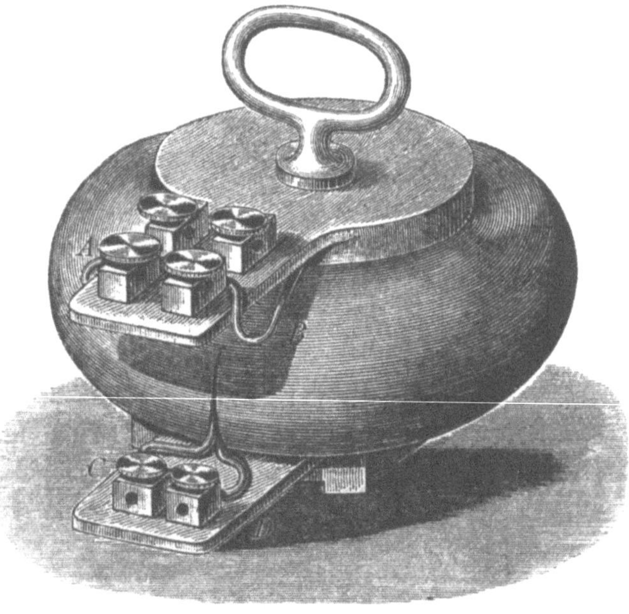

Fig. 37. Wechselstromtransformator.

Die Umsetzung von Gleichstrom kann durch folgende Anordnungen erfolgen:

1. durch zwei Dynamo, welche miteinander mechanisch verbunden sind;
2. durch zwei Dynamo, deren Magnetgestelle ein Ganzes bilden und deren Induktoren auf derselben Welle sitzen (Motordynamo);
3. durch eine Dynamo mit zwei verschiedenen Wickelungen auf dem Anker;
4. durch eine Dynamo in Verbindung mit einem Sammler;

5. durch einen Wechselstromtransformator mit Nebenvorrichtungen.

Eine praktische Bedeutung haben bisher nur die Anordnungen 2 und 4 erlangt und sollen daher auch nur diese hier näher besprochen werden.

Zu 2. Konstruktionen, welche zu dieser Art von Gleichstromtransformatoren gehören, wurden praktisch ausgeführt von Marcel Deprez, Schuckert & Co. und Siemens & Halske etc. In Fig. 39 ist ein Gleichstromumsetzer der Firma Siemens & Halske zur Abbildung gebracht. Die Magnetgestelle zweier

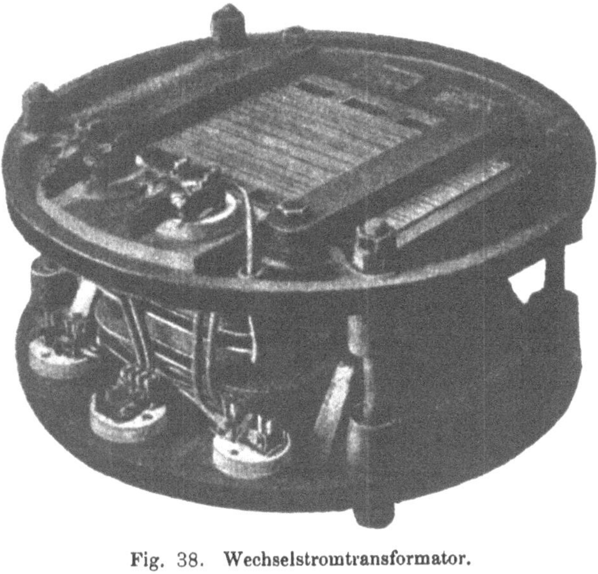

Fig. 38. Wechselstromtransformator.

Maschinen der Type S H bestehen aus einem gemeinsamen Gußkörper. Auf der Welle des Umsetzers sind, den beiden Magnetgestellen zugehörig, zwei Trommeln aufgebaut. Der zu umsetzende Strom tritt in die eine Trommel ein und setzt so beide Trommeln in Bewegung. Beide Trommeln laufen demnach mit derselben Umdrehungszahl. Die zweite Trommel giebt nun, wenn sie anders gewickelt ist, wie die erste, einen Strom von anderer Spannung und Stromstärke, als der in die erste Trommel eintretende Strom besitzt. Das Verhältnis der Windungszahlen der beiden Anker giebt zugleich das Verhältnis der primären und sekundären Spannungen an. Hat der zweite Anker mehr Windungen als der erste, so wird der in die erste Maschine (den Motor) eintretende Strom in der zweiten Maschine (der Dynamo) in einen solchen von hoher Spannung umgesetzt; hat der zweite Anker weniger Windungen als der erste, dann ist die Spannung des aus der zweiten Maschine austretenden Stromes niedriger, als die des in die erste Maschine eintretenden Stromes.

Zu 3. Das Wesen dieser Umsetzer wurde zuerst von Thomas Alva Edison aufgestellt. Der Eisenkern des Induktors bildet den Träger für zwei verschiedene, voneinander wohl isolierte Wickelungen. An jeder Stirnfläche der Wickelung sitzt je ein Kollektor auf der Welle. Der zu transformierende Strom tritt in die eine Wickelung ein, der transformierte Strom aus der

Fig. 39. Gleichstromumsetzer.

andern Wickelung aus. Das Verhältnis der primären und sekundären Windungen bestimmt, sowie bei jedem Transformator, das Verhältnis der primären und sekundären Spannung. Die Wickelungen füllen entweder abwechselnd Nuten im Anker aus oder sie sind übereinander gewickelt. Durch letztere Anordnungen hebt die Selbstinduktion des einen Stromkreises diejenige des andern auf, wodurch die Stromabnahme an den Kollektoren bei jeder beliebigen Belastung ohne die geringste Funkenbildung und das Verstellen der Bürsten vor sich geht.

W. Lahmeyer,[1] früher in Firma Elektrizitätsaktiengesellschaft

[1] Vgl. Deutsches Reichspatent Nr. 52 201.

vormals W. LAHMEYER & Co. in Frankfurt a. M., hat zuerst Transformatoren mit zwei verschiedenen Wickelungen auf demselben Anker in die Praxis eingeführt.

Der wesentliche Nachteil dieser Umsetzer bestand früher darin, daß bei gleichbleibender primärer Spannung die sekundäre Spannung mit wechselnder Belastung veränderliche Werte annahm. Der obige Konstrukteur hat diesen Übelstand durch eine eigene Regulierung (Compoundierung) beseitigt. Diese Regulierung läßt sich durch eine direkte Wickelung oder eine anderweitige Veränderung des Magnetismus nicht erreichen. Sowie jeder Motor mit Nebeneinanderschaltung verlangt die motorische Ankerwickelung des Umsetzers bei zunehmender Belastung eine geringe Abnahme des Magnetismus, um auf gleicher Umlaufszahl erhalten zu werden, die stromgebende Wickelung des Umsetzers dagegen, sowie jene der Gleichspannungsdynamo, eine entsprechende Zunahme des Magnetismus, um den größeren Spannungsverlust in der Ankerwickelung auszugleichen. Primäre und sekundäre Ankerwickelung verlangen demnach für die Regulierung zu gleicher Zeit eine entgegengesetzte Veränderung des Magnetismus. Eine Regulierung des Umsetzers durch Veränderung des Magnetismus erscheint demnach ausgeschlossen. Die Unabhängigkeit der Regulierung vom Magnetismus folgt weiter aus dem Umstande, daß das Verhältnis der in beiden Wickelungen wirkenden elektromotorischen Kräfte nur von dem Verhältnisse der Windungszahlen abhängig, d. h. unveränderlich ist.

Zu 4. Die Durchführung dieses Systems besteht darin, daß der Strom einer hochgespannten Gleichstrommaschine durch eine Fernleitung in einen Sammler mit einer großen Zellenzahl geschickt wird.

Die zur Ladung einer Zelle erforderliche Spannung beträgt rund 2,8 Volt. Sind demnach 500 Zellen hintereinander geschaltet, so ergeben sich für die Spannung der Dynamomaschine außer dem Spannungsverluste in der Leitung $2{,}8 \, . \, 500 = 1400$ Volt Ladespannung.

Von beliebigen Zellen des Sammlers aus kann man mit beliebigen Spannungen arbeiten.

Bei dieser Methode ist es möglich, die Dynamomaschine immer mit voller Leistung (größtem Güteverhältnis) zu beanspruchen, wenn auch die Nutzbelastungen verschieden sind. Der Sammler regelt in diesem Falle den Stromverbrauch, indem er bei geringeren Belastungen der Dynamomaschine den Strom aufspeichert.

Die Nachteile der Gleichstromtransformatoren im Vergleiche zu den entsprechenden Apparaten für Wechselstrom sind folgende:

1. hohe Anschaffungskosten,
2. die Beweglichkeit der Teile,
3. die Anwendung beschränkter hoher Spannungen.

Infolge der bisher niedrigen Spannungen der Gleichstromtransformatoren sind dieselben für die Übertragung der Elektrizität auf sehr große Entfernungen nicht geeignet, während Wechselstromtransformatoren die Elektrizität bis jetzt auf Entfernungen bis zu 175 km wirtschaftlich übertragen haben.

Bei der Fortleitung der Elektrizität auf geringe Entfernungen, zu Kraftübertragungs-, elektrochemischen und Meßzwecken dagegen wird fast allgemein nur Gleichstrom angewendet.

Wechselstrom-, Gleichstrom-Transformatoren.

Es ist leicht einzusehen, daß dasselbe Prinzip auch anwendbar ist, um Gleichströme in Wechselströme zu verwandeln und umgekehrt.

Verbindet man eine Gleichstrommaschine durch irgend eine mechanische Übersetzung, so kann man mit Hilfe dieser Anordnung:

1. Wechselstrom in Gleichstrom und
2. Gleichstrom in Wechselstrom umsetzen.

Die mechanische Verbindung beider Maschinen kann, sowie bei Gleichstromumsetzern, welche aus zwei Maschinen bestehen, entweder durch eine einfache Riemenverbindung beider Maschinen oder durch das Aufbauen des Gleichstrom- und Wechselstrominduktors auf derselben Welle erfolgen.

Schickt man in die Wechselstrommaschine einen Wechselstrom, so läuft dieselbe an, und die mit ihr verbundene Gleichstrommaschine giebt Gleichstrom ab und umgekehrt. Sowie einphasige kann man mehrphasige Wechselströme in Gleichströme und umgekehrt umsetzen.

Der im Jahre 1891 von der Firma Siemens & Halske in Frankfurt a. M. ausgestellte Umsetzer bestand aus einer Wechselstrommaschine und einer Innenpolmaschine der bekannten eigenen Konstruktion. Der Umsetzer hatte in Frankfurt a. M. die Aufgabe, Wechselströme von 2000 Volt in Gleichströme von 150 Volt, zum Zweck der Ladung eines Sammlers, zu transformieren.[1]

[1] Empfehlenswerte Werke über Transformatoren sind von Kapp, Feldmann etc. geschrieben worden.

Dritter Abschnitt.

Akkumulatoren.

Wesen der Akkumulatoren.

Unter einem Akkumulator versteht man im allgemeinen jeden Apparat, der elektrische Energie in irgend einer Form aufspeichern und später nach Bedarf wieder abgeben kann. So ist z. B. eine Leydener Flasche als ein elektrischer Akkumulator zu bezeichnen. Wenn man trotzdem in der Praxis ausschließlich diejenigen Apparate als elektrische Akkumulatoren bezeichnet, in welchen elektrische Energie dazu benutzt wird, chemische Veränderungen an gewissen Körpern hervorzubringen, welche bei ihrer Rückwandlung in den Anfangszustand wieder elektrische Energie erzeugen, so liegt dies daran, daß nur diese Apparate sich als fähig erwiesen haben, größere Mengen elektrischer Energie aufzunehmen, eine längere Zeit mit geringem Verlust festzuhalten und später wieder abzugeben.

Es ist bekannt, daß ein elektrischer Strom, welcher durch angesäuertes Wasser geleitet wird, letzteres in seine Bestandteile, Wasserstoff (H) und Sauerstoff (O), zerlegt, nach der Formel:

$$H_2O = H_2 + O.$$

Werden diese beiden Gase getrennt aufgefangen, so haben wir den elektrischen Akkumulator in seiner ursprünglichen Form, die Bunsens'che Gasbatterie. Ebenso nämlich, wie zwei verschiedene Metalle, in Säure getaucht, das Bestreben haben, unter Erzeugung eines elektrischen Stromes chemische Verbindungen einzugehen, so versuchen auch diese Gase durch die Säure hindurch sich unter Abgabe eines elektrischen Stromes, welchen man im Gegensatz zu dem primären oder Ladestrom den sekundären oder Entladestrom nennt, wieder zu vereinigen.

Diese Wirkung läßt sich nun wesentlich verstärken, wenn man nicht die Gase als solche auffängt, sondern sie mit dem hierzu zweckmäßig zu wählenden Material der stromzuführenden Platten, Elektroden genannt, chemische Verbindungen eingehen läßt. Die bezüglichen Versuche, namentlich diejenigen von Sinsteden[1] wiesen darauf hin, daß sich als Material für diese

[1] Vgl. Pogg. Annal. 1854, I. p. 92.

Elektroden besonders diejenigen Metalle eignen, welche hohe Verbindungsstufen mit dem Sauerstoff eingehen können, sogenannte Superoxyde, und hierdurch bei verhältnismäßig kleinen Volumen große Sauerstoffmengen binden können. Unter diesen Metallen erwies sich ferner Blei (Pb) als das geeignetste, da:

1. es eine sehr sauerstoffreiche Verbindung, das Bleisuperoxyd (PbO_2), eingehen kann;
2. dieses an der Sauerstoffelektrode (die positive genannt) erzeugte Bleisuperoxyd eine sehr hohe elektrische Spannung gegen den an der Wasserstoff-Elektrode (—) erzeugten Bleischwamm, d. i. metallisches Blei in feinster Verteilung, besitzt, eine Spannung, welche noch höher ist als die in dem kräftigsten Primärelement, dem BUNSEN'schen, entstehende;
3. weder das Blei noch die aus ihm erzeugten Verbindungen in der als Flüssigkeit (Elektrolyt) verwendeten verdünnten Schwefelsäure löslich sind, demnach die einmal aufgespeicherte elektrische Energie sehr lange in dem Akkumulator zurückgehalten wird, und schließlich
4. der Preis des Bleies ein verhältnismäßig niedriger ist.

Von dem Franzosen GASTON PLANTÉ wurden diese vier Vorzüge des Bleies in ihrem vollen Umfange erkannt und von demselben in den Jahren 1859—60 die ersten wirklich brauchbaren Akkumulatoren hergestellt.

G. PLANTÉ nahm in seinem ersten Akkumulator zwei Bleiplatten, rollte sie, durch Gummibänder voneinander getrennt, zu Spiralen auf und stellte sie in Schwefelsäure. Alsdann verband er die eine mit dem +, die andere mit dem — Pol einer Primärbatterie, so daß der Strom in die eine Platte trat, dann durch die äußere Säure hindurch zur andern Platte mußte und von hier zur Primärbatterie zurückging. Der Sauerstoff des Wassers setzte sich an die erste (+) Platte und erzeugte hier eine dünne Schichte Bleisuperoxyd, während der Wasserstoff an der andern Platte die stets auf Blei vorhandene Oxydhaut zu metallischem Blei in feinster Verteilung reduzierte. Nach kurzer Zeit waren jedoch die Platten nicht mehr im stande, die erzeugten Gase zu binden, da die auf der + Platte erzeugte Superoxydschicht das darunter liegende metallische Blei vor weiteren Angriffen des Sauerstoffs schützte, während auf der — Platte der Wasserstoff nach Reduktion der dünnen Oxydschicht auch kein Angriffsobjekt mehr fand und daher gleichfalls in Form von Gasblasen entwich.

Sobald dies eingetreten, kehrte PLANTÉ die Richtung des Stromes um, so daß nun auf der frühern + Platte der Wasserstoff eine dickere Schicht lockern Bleischwammes erzeugte, während der Sauerstoff an der frühern — Platte zuerst den Bleischwamm und dann eine darunter liegende dünne Schicht Blei superoxydierte. Sobald auch jetzt wieder sich die ersten Gasblasen zeigten, stellte PLANTÉ wieder die frühere Stromrichtung her. Beide erzeugten Gase konnten nun durch die aufgelockerten obersten Schichten hindurch neues metallisches Blei angreifen, und so drang bei jeder ferneren Stromumkehr die chemische Wirkung und damit die Stromaufspeicherungsfähigkeit tiefer in die Platten hinein, bis die Schichtenbildung genügend weit in das massive Blei hineingedrungen war, um die gewünschte Leistung zu erzielen. Der Akkumulator wurde dann nur noch in einer Richtung geladen und das Hineingeladene nach Bedarf entnommen — er war gebrauchsfertig. Diesen Prozeß der Erzeugung genügend dicker, lockerer Bleisalzschichten nannte PLANTÉ das Formieren des Akkumulators.

Konstruktion der Akkumulatoren im allgemeinen.

Die Elektroden werden zumeist aus reinem Blei oder aus Hartblei (Legierung von Blei mit etwas Antimon) in Messing- oder Eisenformen gegossen. Die Form der Platten ist vorwiegend rechteckig oder quadratisch. Die Oberfläche der Platten enthält Öffnungen, Vertiefungen, Rinnen und dergleichen, welche zur Aufnahme der Füllmasse geeignet erscheinen. Nachdem in diese Platten die mit Schwefelsäure angefeuchtete Füllmasse eingetragen worden ist, erfolgt die Formierung derselben. Die formierten Platten werden sodann in der Regel in senkrechter Stellung in ein prismatisches Gefäß aus Glas, Steingut, Hartgummi, präpariertem Papier, Blei, getränktem oder mit Blei ausgekleidetem Holze in verdünnte Schwefelsäure gestellt. Die Pole der nebeneinander stehenden Platten wechseln ihre Zeichen. Die Endplatten einer Zelle sind gewöhnlich negativ, so daß die Zelle in der Regel eine negative Platte mehr enthält als positive Platten. Sämtliche negative und positive Elektroden sind miteinander durch einen Leiter zu einem gemeinsamen positiven und einem gemeinsamen negativen Pole verbunden. Die einzelnen positiven und negativen Elektroden sind voneinander durch Kautschuk, Hartgummi, Ebonit, Glas, Holz u. s. w. isoliert. Von besonderer Wichtigkeit ist es, daß die aus den Platten herausfallende Füllmasse keinen Kurzschluß zwischen den positiven und negativen Platten bildet. Diesen Zweck erreicht man vornehmlich durch eine geeignete Konstruktion der Platten, durch Aufstellung derselben auf die scharfen Kanten prismatischer Isolatoren oder durch ihre Aufhängung. Das Aufstellen beider Elektroden auf den Boden des Gefäßes ist unzulässig, da bei dieser Anordnung Schlüsse durch die herabfallende Füllmasse unvermeidlich sind. Für die Ausdehnung der aktiven Masse muß Raum vorhanden sein. Das Verziehen und Werfen der Elektroden weist auf eine unrichtige Konstruktion derselben hin. Die Verbindung der einzelnen Elektroden, Elektrodensätze und Zellen untereinander geschieht am zweckmäßigsten durch Lötung mit reinem Blei bei Benutzung eines Wasserstoffgebläses. Sobald die Elektrodensätze in den Gefäßen aufgebaut sind, wird dasselbe mit verdünnter Schwefelsäure von 19° Beaumé bei 20° C. (1,147 Dichte, 20,3 % reine Schwefelsäure) soweit ausgefüllt, daß die Elektroden vollständig in die Säure eingetaucht erscheinen. Das Nachfüllen der Zellen geschieht mit einer Säure von höchstens 4° Beaumé. Die Schwefelsäure muß rein sein. Besonders schädlich sind Beimengungen von Arsen, Salpeter oder Salzsäure. Das Wasser muß kalkfrei sein. Brunnenwasser ist vorher abzukochen. Am besten geeignet erscheint destilliertes oder Regenwasser. Man gießt die Säure zum Wasser und nicht umgekehrt das Wasser zur Säure, weil sonst ein heftiges Aufspritzen der Mischung erfolgt. Beim Mischen des Wassers mit Schwefelsäure wird Wärme erzeugt.

Stromstärke, Stromdichte.

Die Stromstärke ist abhängig von der Größe der wirksamen Oberfläche der Elektroden. Soll in einem Akkumulator die ganze Bleisalzschicht, die sogenannte aktive Schicht, zur Wirkung kommen, so darf die Stromdichte, d. h. die Stromstärke auf den Quadratdecimeter Plattenoberfläche, nicht über ein gewisses Maß hinausgehen, da der Entladungsprozeß, also die Rückbildung des Bleisuperoxydes resp. Bleischwamms in das Bleisulphat, erst allmählich von außen nach innen vordringt. In der Praxis nun verzichtet man in der Regel auf die vollständige Ausnutzung des aktiven Materials, da sonst für größere Stromstärken zu große Oberflächen und damit zu große und teure Akkumulatoren erforderlich wären. Es geben die deutschen Akkumulatoren-Fabrikanten sämtlich eine Entladung in drei Stunden zu. Bei der hierzu erforderlichen Stromdichte entladet sich in Wirklichkeit die aktive Masse nur in ihren oberen Schichten, d. h. es schreitet die Bleisulphatbildung durch die obersten Schichten der Platten schnell hinweg, bis beide, positive und negative, Platten oberflächlich nur Bleisulphat haben, und die Spannung demnach gesunken ist, während sich die aktive Masse im Innern der Platte noch in geladenem Zustande befindet. Schaltet man einen so entladenen Akkumulator aus, so regeneriert sich die schon entladene obere Schicht auf Kosten der innern noch geladenen Masse, und es steigt demnach allmählich wieder die Spannung und die Stromabgabefähigkeit des Akkumulators. Man nennt diesen Vorgang das Erholen der Zellen. Zu hoher Entladestrom bringt für die Elektroden Gefahr.

Die größte bisher angewendete Entladestromstärke beträgt 500 Ampère.

C. Heim nimmt für 1 dm^2 Elektrodenoberfläche der positiven Platten 0,4 bis 0,6 Ampère Ladestrom und 0,3 bis 0,5 Ampère Entladestrom an. (Bei Anwendung der Sammler in stationären Beleuchtungsanlagen).

Kapazität.

Unter Kapazität (Aufspeicherungsvermögen) eines Sammlers versteht man die Anzahl der Ampèrestunden, die man aus demselben bis zu einem Spannungsabfall von ca. 10 % entnehmen kann. Giebt ein Sammler 200 Ampères 5 Stunden lang, so ist seine Kapazität 1000 Ampèrestunden. Multipliziert man die Entladestromstärke mit der Spannung an den Klemmen des Sammlers und mit der Zeit, so erhält man die elektrische Arbeit in Wattstunden.

Als Spannung des Sammlers hat man einen mittlern Wert desselben einzuführen. Beträgt die Spannung zu Anfang der Entladung 1,9, zu Ende der Entladung 1,8 Volt, so ist die mittlere Spannung $= \frac{1{,}9 + 1{,}8}{2} = 1{,}85$ Volt. Bei genauen Bestimmungen sind, da sich die Spannung nicht gleichmäßig ändert, mehrere Werte der Wattstunden in gewissen Zeitabschnitten zu ermitteln. Addiert man diese Werte und dividiert diese Summe durch die Anzahl der Werte, so erhält man einen genauen Mittelwert.

Z. B. Wie groß ist die elektrische Arbeit eines Akkumulators in Wattstunden, wenn die Entladestromstärke andauernd 25 Ampères, die Zeit der Entladung 4 Stunden und die mittlere Spannung während der Entladung 1,8 Volt betragen?

$$25 \,.\, 4 \,.\, 1{,}8 = 180 \text{ Wattstunden.}$$

Je geringer man die Stromdichte bei einem Akkumulator wählt, desto tiefer dringt der Entladeprozeß in das Innere der aktiven Masse ein, hiermit wächst auch die Menge des umwandlungsfähigen Materials und damit die Stromabgabefähigkeit, je langsamer man den Akkumulator entladet.

Dementsprechend findet man auch in den Preislisten aller Akkumulatorenfabriken für jede Type, d. h. Zellengröße, eine um so größere Kapazität (Stromabgabefähigkeit in Ampèrestunden) garantiert, je langsamer die Entladung ist. Diese Zunahme der Kapazität hängt, wie schon bemerkt, von der Dicke der aktiven Schicht ab und schwankt zwischen drei- und zehnstündiger Entladung bei den deutschen Akkumulatoren zwischen 25 und 48%.

Theorie der Entladung und Ladung.

Betrachten wir einen geladenen Akkumulator, so haben wir an der positiven Platte Bleisuperoxyd (PbO_2), als Flüssigkeit Schwefelsäure (H_2SO_4) und Wasser (H_2O), und als negative Platte Bleischwamm (Pb). Sobald wir nun durch einen Draht außerhalb der Flüssigkeit die beiden Platten verbinden, geht durch diesen infolge der zwischen beiden Platten herrschenden elektrischen Spannung ein Strom, der die Flüssigkeit so zersetzt, daß an die positive Platte der durch die Zersetzung des Wassers entstehende Wasserstoff (H) tritt. Dieser H holt sich aus dem PbO_2 einen O heraus, so daß sich PbO (Bleioxyd) bildet; zu diesem tritt dann 1 Molekül der Schwefelsäure (H_2SO_4), und es bildet sich schwefelsaures Blei und Wasser nach der Formel:

Entladung positive Platte:

$$PbO_2 + H_2 + H_2SO_4 = PbSO_4 + 2\,H_2O.$$

An die negative Platte dagegen tritt der O des zersetzten Wassers und bildet mit dem Bleischwamm gleichfalls Bleioxyd (PbO). Auch hier tritt dann die Schwefelsäure hinzu und bildet schwefelsaures Blei und Wasser nach der Formel:

Entladung negative Platte:

$$Pb + O + H_2SO_4 = PbSO_4 + H_2O.$$

Es wird demnach bei der Entladung Schwefelsäure von den Platten gebunden, während Wasser frei wird. Die Folge davon ist, daß der Stärkegrad resp. das spezifische Gewicht der Säure bei der Entladung sinkt.

Sobald die Entladung, d. h. die Bildung des $PbSO_4$, in eine gewisse Tiefe der Platten eingedrungen, läßt die elektrische Spannung zwischen denselben allmählich nach, da sich nun nicht mehr PbO_2 und Pb, sondern PbO_2 und $PbSO_4$ in der einen und Pb und $PbSO_4$ in der andern Platte gegenüberstehen, bis die obersten Schichten beider Platten vollständig in $PbSO_4$ übergeführt, d. h. chemisch gleich sind, womit die elektrische Spannung zwischen den beiden Platten aufhört — der Akkumulator ist entladen.

Wir laden nun den Akkumulator mittels eines durch eine Dynamo oder durch Primärelemente erzeugten Stromes auf.

Da dieser Strom in dem Akkumulator die umgekehrte Richtung hat als der Entladestrom, so treten nun die Zersetzungsprodukte des angesäuerten Wassers an den entgegengesetzten Platten auf als bei der Entladung. Zu der positiven Platte tritt der O, welcher mit dem $PbSO_4$ der entladenen positiven und 1 Molekül Wasser wieder Bleisuperoxyd und Schwefelsäure erzeugt, nach der Formel:

Ladung positive Platte:

$$PbSO_4 + O + H_2O = PbO_2 + H_2SO_4,$$

während an der negativen Platte der Wasserstoff das negative Bleisulphat zu metallischem Bleischwamm unter Freiwerden von Schwefelsäure reduziert, nach der Formel:

Ladung negative Platte:

$$PbSO_4 + H_2 = Pb + H_2SO_4.$$

Es erzeugt somit der Ladestrom allmählich aus dem aktiven Material der Platten unter Bindung von Wasser und Freiwerden von Schwefelsäure diejenigen chemischen Verbindungen, von denen wir im geladenen Akkumulator ausgegangen waren, nämlich Bleisuperoxyd in der positiven, Bleischwamm in der negativen Platte. Ist die ganze aktive Masse wieder in den Anfangszustand zurückgewandelt, so können die O- und H-Gase nicht mehr gebunden werden und entweichen in Blasenform — der Akkumulator ist geladen.

Auch bei der Ladung ist eine gewisse Zeit dazu erforderlich, bis die von der Oberfläche nach innen fortschreitende chemische Veränderung die ganze aktive Masse durchsetzt hat. Es darf daher auch hier eine gewisse Stromdichte nicht überschritten werden, wenn man haben will, daß möglichst alle den Platten zugeführte elektrische Energie in chemische umgewandelt und aufgespeichert wird und nicht gleich von Beginn der Ladung an ein Teil der Energie unnütz als Gasblasen verloren geht. Es schreiben daher auch die Akkumulatorenfabrikanten vor, mit welchem Strome im Maximum geladen werden darf, und empfehlen, diese Stromstärke bis auf die Hälfte herabzusetzen, sobald eine lebhaftere Gasblasenbildung beginnt.

Dichte der Säure.

Während des Ladens und Entladens verursacht der chemische Vorgang im Akkumulator eine verschiedene Dichte der Säure.

Der Ladestrom zerlegt das schwefelsaure Blei. Es bildet sich hierbei Schwefelsäure, während Wasser verbraucht wird, so daß die Dichte der Säure ansteigt. Beim Entladen tritt der umgekehrte chemische Vorgang ein, und die Dichte der Säure fällt. Ein in die Flüssigkeit eingesenktes Aräometer giebt die Dichte der Säure an. Hat z. B. die Dichte der Säure beim Laden den Wert 1,147, so beträgt dieselbe nach Beendigung der Ladung 1,18. Steigt die Dichte der Säure an, so fällt die verbrauchte Strommenge ab. Die Dichte ist innerhalb der Säure selbst eine verschiedene, und zwar nimmt sie von den untern nach den obern Schichten derselben ab. Den Messungen legt man in der Regel eine mittlere Säuredichte zu Grunde, d. i. die Dichte der Säure in halber Höhe der Platten. Saugt man aus dieser mittlern Schicht Säure heraus, so kann man dieselbe mit Hilfe einer aräometrischen Wage messen.

Die in Deutschland gegenwärtig am häufigsten vorkommenden Akkumulatorensysteme.

Der Planté'sche Akkumulator, obschon im Prinzip richtig, zeigte bald in der Praxis einige bedeutende Übelstände; es war vor allem die Herstellung desselben infolge der langwierigen und umständlichen Formierung eine so teure, daß seine Verwendung für die technische Praxis ausgeschlossen war.

Planté versuchte daher die Bildung der aktiven Schicht dadurch zu beschleunigen, daß er die Platten vorher mit Salpetersäure behandelte und hierdurch an der Oberfläche aufrauhte. Da jedoch die so erzeugten aktiven Schichten wenig Halt am Blei besaßen, kehrte Planté, nachdem auch Versuche, die Schichten durch vorhergehendes Auftragen von komprimiertem Bleischwamm und Bleiglätte zu erzeugen, an dem geringen Zusammenhalt dieser Schichten an den Bleiplatten gescheitert, zu seiner ersten Formierungsart zurück.

Erst seinem Assistenten Camille Faure gelang es, einen haltbaren Akkumulator dadurch schnell herzustellen, daß er die Bleiplatten mit Bleioxyd (Mennige, Glätte etc.) bedeckte und diese Schichten durch Filz, Leinwand oder andere poröse Scheidewände gegen die Platten preßte und so festhielt.

Volkmar gelang es, diese Filzwände dadurch entbehrlich zu machen, daß er als Träger der aktiven Masse nicht ebene Platten, sondern Bleigitter benutzte, in deren Öffnungen er seine aus fein zerteiltem metallischen Blei bestehende aktive Masse eintrug.

Aus der Vereinigung der Patente von Faure und Volkmar,

zu denen für die meisten Staaten noch einige Patente von Sellon hinzukamen, entstand der seinerzeit viel benutzte Akkumulator der „Electric Power Storage Co.“, der sogenannte E. P. S.-Akkumulator, von welchem in Fig. 40 das Gitter und die Platte dargestellt sind.

Es erwies sich jedoch die nach außen dünner werdende Form der Rippen dieses Akkumulators für die positiven Platten insofern wenig geeignet, als dieselben der Füllmasse bei der bei der Ladung stattfindenden Ausdehnung derselben keinen Widerstand entgegensetzten, während die Rippen sich der bei der Entladung stattfindenden Zusammenziehung der Füllmasse wie Keile

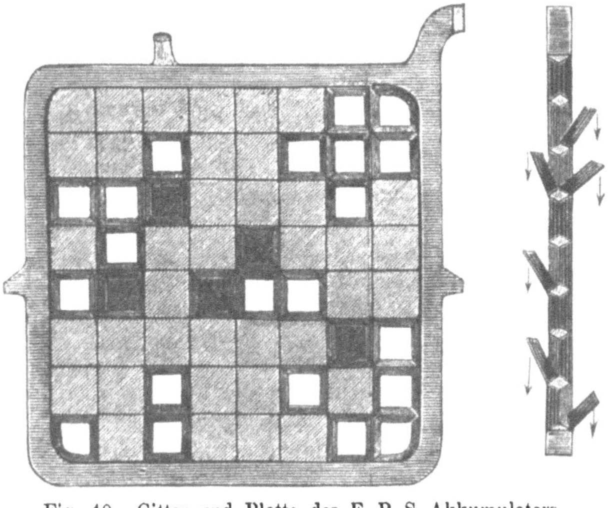

Fig. 40. Gitter und Platte des E. P. S.-Akkumulators.

entgegensetzten und so im Laufe der Zeit ein Reißen der einzelnen Füllmassenkerne in ihrer Mittellinie bewirkten. Da hiermit die einzelnen Kernhälften ihren Halt im Gitter verloren hatten, fielen sie bei späteren Ladungen heraus; die Platten verloren dadurch immer mehr und mehr von ihrer aktiven Masse und damit Kapazität, und der Akkumulator ging so langsam zu Grunde.

E. P. S.-Gitter werden daher zur Zeit von keiner deutschen Fabrik mehr für positive Platten verwandt, während für die negativen Platten diese Gitterform noch vereinzelt benutzt wird, da an diesen die Volumveränderungen an der Füllmasse bei Ladung und Entladung nur geringfügige sind und damit ein Reißen der Füllmassenkerne nicht zu befürchten ist.

Die späteren Gitterkonstruktionen hatten daher alle den Zweck, der aktiven Masse einen verstärkten Halt zu geben, bezw. ein Ausfallen derselben unmöglich zu machen.

Es ist nicht der Zweck dieses Buches, von all den vielen patentierten und nicht patentierten Konstruktionen eine Beschreibung zu bringen oder gar die Vorteile und Nachteile derselben gegeneinander abzuwägen. Es sollen daher im folgenden die noch heute in Deutschland hergestellten Akkumulatorentypen an der Hand von Abbildungen kurz klargestellt werden.

de Khotinsky preßt Streifen, deren hervorstehende Rippen oben nasenförmige Vorsprünge haben und so ein Hinausfallen größerer Füllmassenstücke unmöglich machen sollen. Diese Rippen werden für positive Platten enger, für negative Platten weiter angeordnet. Die Streifen werden in bestimmten Längen abgeschnitten und, einzeln oder zu mehreren vereinigt, mit Abführungen versehen, gefüllt und formiert (vgl. Fig. 41).

Correns gießt ein Gitter, dessen beide netzförmigen Hälften versetzt aufeinanderliegen, so daß die Kreuzungen der einen Gitterhälfte sich in der Mitte der Öffnungen der andern befinden. Die einzelnen Rippen haben einen dreieckigen Querschnitt mit der Basis nach außen, so daß alle Öffnungen des Gitters nach außen enger als innen sind und so ein Hinausfallen von Füllmasse in größeren Stücken unmöglich gemacht sein soll.

Fig. 41. Streifen von de Khotinsky.

In ähnlicher Weise gießt Gottf. Hagen in Kalk bei Köln ein Gitter, welches aus zwei Hälften mit nach außen stärker werdenden Rippen besteht, nur decken sich hier die beiden Gitterhälften völlig und liegen außerdem nicht dicht aufeinander, sondern sind durch einen freien Raum voneinander getrennt und nur durch kleine Stege an den Kreuzungspunkten der Rippen und durch einen festen Rahmen miteinander verbunden. Es wird hierdurch außer dem festen Halt der Füllmasse erreicht, daß letztere ein einziges Stück bildet und hierdurch der Halt verstärkt und ungleiches Arbeiten der einzelnen Teile und damit ein Werfen der Platten ausgeschlossen ist (vgl. Fig. 42).

Pollack drückt durch gezahnte Walzen in etwa 6 mm starkes Blei Vertiefungen ein, so daß eine Reihe einzelner Zähne, ähnlich einer kurzhaarigen Bürste, stehen bleibt. Die Platten werden dann von beiden Seiten mit aktivem Material eigener Zusammensetzung bedeckt, zunächst alle negativ formiert und dann der

Fig. 42. Gitter von GOTTF. HAGEN.

entsprechende Bleischwamm zwischen glatten Walzen fest in die Zwischenräume zwischen den Zähnen gepreßt und die Spitzen der letzteren etwas übergebogen. Es soll hierdurch das aktive Material einen festen Halt und eine sehr innige Berührung mit der Trägerplatte bekommen (vgl. Fig. 43).

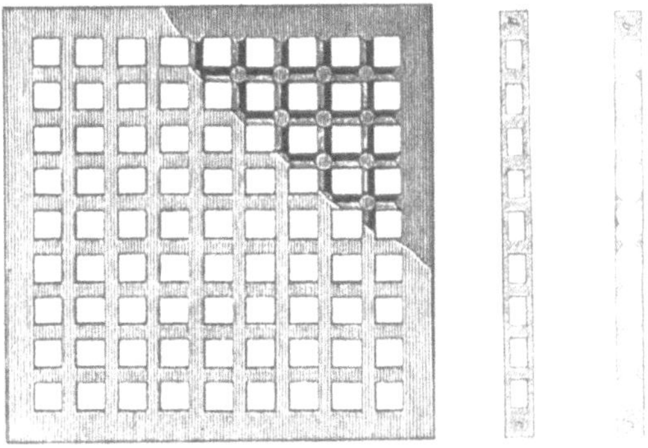

Fig. 43. Gitter von POLLACK.

Während in diesen Systemen der Hauptwert auf einen möglichst festen Halt der eingebrachten aktiven Masse gelegt wird, verzichtet TUDOR in seinem Akkumulator auf denselben und benutzt die eingebrachte Masse nur, um die Formierung abzukürzen. TUDOR gießt eine mit Rillen, die nach außen weiter werden, versehene Platte, formiert dieselbe nach PLANTÉ und füllt dann die Rillen mit Mennigbrei aus. Nachdem auch dieser, jedoch nur in den Positiven, durchformiert, sind die Platten versandbereit. Im Betrieb soll die aufgebrachte aktive Masse allmählich ausfallen, als Ersatz für diese jedoch der Planté-prozeß tiefer in das Blei dringen, bis zuletzt, nach Ausfallen aller eingebrachten Masse, der Akkumulator als reiner Planté-Akkumulator arbeitet. Die eigentliche Formierung der Akkumulatoren wird daher erst im Betrieb auf Kosten der Käufer derselben vollzogen.

Neuerdings ist die die Tudor-Akkumulatoren in Deutschland vertretende Akkumulatorenfabrik Akt.-Ges. zu Hagen i. W. für die Negativen zu Gitterplatten übergegangen, während den Positiven durch höhere, senkrecht zu ihrer Länge nochmals durchfurchte Querrippen eine größere Oberfläche und damit größere Kapazität bei gleichem Gewichte gegeben wird.

Zusammensetzung der Zellen.

Jede der Platten eines Akkumulators hat nun eine gewisse Kapazität pro Plattenpaar. Da jedoch in den seltensten Fällen die Kapazität eines Plattenpaares für den vollen Bedarf genügt, werden meistens mehrere solcher Plattenpaare zu einer Zelle in der Weise vereinigt, daß die erste, dritte, fünfte etc. Platte verbunden werden und die negative Elektrode bilden, während die zweite, vierte etc. Platte verbunden die positive Elektrode darstellen. Bei dieser Zusammenstellung ist in erster Linie darauf Rücksicht zu nehmen, daß sich nirgends die Platten der beiden Systeme berühren oder metallisch leitend verbunden sind, da nur dann, wenn der Ladestrom gezwungen ist, die Säure zu passieren und zu zersetzen, eine Aufspeicherung des Stromes möglich ist. Es muß ferner zwischen den Elektroden und dem Boden der Zelle ein freier Raum sein, der etwa abfallende aktive Masse oder hineinfallende fremde Körper, Staub etc. aufzunehmen vermag, und schließlich sollen sich zwischen den Platten nur senkrechte Flächen befinden, damit aktive Masse, Staub etc. keine Auflageflächen zwischen den Platten finden, auf welchen sie allmählich den Übergang des Stromes von einem Plattensysteme zum andern bilden könnten.

Ist es möglich, daß in einer Akkumulatorenzelle der Strom oder ein Teil desselben von einem Plattensysteme zum andern gelangen kann, ohne die Säure zu passieren, so sagt man, die betreffende Zelle hat Kurzschluß; eine solche Zelle macht sich bei der Ladung der Akkumulatoren dadurch leicht kenntlich, daß sie keine oder nur wenige Gase entwickelt, wenn alle anderen

Zellen am Schlusse der Ladung schon heftig gasen. Es ist dann die Pflicht des Wärters der Akkumulatorenanlage, die Ursache des Kurzschlusses aufzusuchen, zu beseitigen und die Zelle durch längeres Laden wieder in den gleichen Zustand mit den anderen zu bringen, da eine solche Zelle zwar elektrische Energie verbraucht, aber nicht, oder doch nur in ungenügendem Maße, wieder abzugeben vermag.

Nutzeffekt.

Der Nutzeffekt, das Güteverhältnis oder der Wirkungsgrad eines Akkumulators wird entweder auf die Elektrizitätsmenge in Ampèrestunden oder auf die elektrische Arbeit in Wattstunden bezogen. Unter dem Nutzeffekt in Bezug auf die Ampèrestunden versteht man das Verhältnis der Ampèrestunden während der Ladung zu den Ampèrestunden während der Entladung.

z. B.: Wie groß ist der Nutzeffekt eines Sammlers, bezogen auf Ampèrestunden, wenn derselbe 450 Ampèrestunden geladen, 405 Ampèrestunden Entladestrom giebt?

Lösung: $\frac{405}{450} = 0{,}9$, d. h. 90%.

Unter dem Nutzeffekt in Bezug auf Wattstunden versteht man das Verhältnis der Wattstunden während der Ladung zu den Wattstunden während der Entladung.

z. B.: Ein Sammler werde mit 650 Wattstunden geladen, mit 560 Wattstunden entladen; es ist der Wirkungsgrad bezüglich der elektrischen Arbeit zu berechnen:

Lösung: $\frac{560}{650} = 0{,}86$, d. h. 86%.

Als Durchschnittszahlen für Güteverhältnisse von Akkumulatoren kann man annehmen:

Güteverhältnis bezüglich Ampèrestunden: 94—97,5%,
" " Wattstunden: 83—87,5%.

Bei Sammlern erhält man günstigere Güteverhältnisse, wenn man mit schwächeren Strömen, als den höchsten zulässigen, ladet und entladet. Dies hat jedoch zur Folge, daß man bei gleicher elektrischer Arbeitsleistung größerer Akkumulatoren benötigt, wodurch die Anschaffungskosten erhöht werden. Von den meisten Fabriken werden Akkumulatoren gebaut für rasche und für langsame Entladung: die ersteren beanspruchen größerer Stromdichte, und man konstruiert die Platten derselben so, daß die Berührungsfläche zwischen Bleikern und aktiver Masse so groß als irgend möglich wird. Die normale Entladung daraus beträgt in diesem Falle $3^1/_4$ bis $3^1/_2$ Stunden; bei den Sammlern für langsamere Entladung 5 bis 10 Stunden. Der Wirkungsgrad der letzteren ist im allgemeinen der höhere.

Bei Kostenberechnungen kann man das auf die elektrische Arbeitsleistung bezügliche Güteverhältnis zu nicht mehr als etwa 75 $^0/_0$ annehmen.

Bei Berechnung der Betriebskosten kommt nur das Güteverhältnis bezüglich der Wattstunden in Betracht, da die der ladenden Dynamomaschine zuzuführende mechanische Arbeit nur durch die bei der Ladung aufzuwendende elektrische Arbeit bedingt ist.

Wird der Wirkungsgrad auf das kg Plattengewicht bezogen und nicht auf den cm^2 Oberfläche, so bildet derselbe gewissermaßen einen Gegensatz zur Haltbarkeit, und zwar deshalb, je massiver die Bleiplatte gestaltet, je mehr aktive Masse auf dieselbe angebracht wird, desto mehr wird die Platte vertragen können, aber um so größer wird auch ihr Gewicht sein und um so größer auch ihre Haltbarkeit, und insofern stehen Haltbarkeit und Nutzeffekt im Widerspruch. Macht man eine Platte sehr leicht, indem man wenig Blei und viel aktive Masse nimmt, so wird der Nutzeffekt im Verhältnis zu dem Gewichte sehr groß, die Haltbarkeit aber um so geringer werden, als die Konstruktion wenig widerstandsfähig ist. Eine Platte von sehr hoher Widerstandsfähigkeit läßt sich eben nur dadurch erzeugen, daß man der aktiven Masse eine stabile Basis giebt. Nach den bisherigen Erfahrungen, die wir über Akkumulatoren besitzen, ist es nicht denkbar, daß eine dünne Bleiplatte, deren aktive Masse nur durch den elektrischen Prozeß auf der Platte selbst erzeugt ist, eine große Haltbarkeit aufweisen kann, da die Schicht von Bleisuperoxyd, sobald sie eine Dicke von $^1/_4$ mm erreicht hat, zum Abblättern sehr geneigt ist.

Macht man also die Bleiplatte möglichst dünn, so verringert man wohl das Gewicht, vermindert aber auch die Haltbarkeit; infolgedessen ist man gezwungen, für jedes Bedürfnis eine besondere Konstruktion zu wählen; also Platten zur Bewegung oder zur Beleuchtung von Fahrzeugen, die nicht allzu schwer wiegen sollen, kann man zwar mit mäßigem Gewicht herstellen, jedoch nur auf Kosten der Haltbarkeit.

Ladung und Entladung der Akkumulatoren.

Nachdem die Batterie sorgfältig aufgestellt worden ist, schreitet man zur Ladung derselben. Bei der Ladung muß der positive Pol der Maschine mit dem positiven Pol des Akkumulators verbunden sein. Die Ladung ist so lange fortzusetzen, bis von allen Platten Gasblasen aufsteigen; man sagt dann: „die Zellen kochen". Die positiven Platten sehen dann dunkelbraun, die negativen hellgrau aus. Was das Laden anbetrifft, so ist unbedingt auf die Erhaltung eines gleichmäßig starken Stromes die größte Sorgfalt zu verwenden. Würde nämlich die Stromstärke der Dynamomaschine durch Änderung der elektromotorischen Kraft infolge ungleichmäßiger Umdrehungsgeschwindigkeit Schwankungen unterliegen, oder würde sogar die Dynamomaschine still stehen, ohne daß die Verbindungen mit dem zu ladenden Akkumulator gelöst wären, so fände der Strom des letzteren einen geschlossenen Weg durch die Umwindungen der Maschine und würde unter Umständen sogar eine Umpolarisierung der Maschine herbeiführen, abgesehen von der damit verbundenen teilweisen und nutzlosen Entladung des Akkumulators. Zum Laden der Akkumulatoren sind Nebenschlußmaschinen am geeignetsten; Serien- oder Compoundmaschinen werden für mit Sammlerbetrieb vorgesehenen Anlagen nie in Vorschlag gebracht.

Als erforderliche Klemmenspannung an der Dynamomaschine rechnet man für jede zu ladende Zelle etwa 2,8 Volt; die Spannung des Sammlers kann durch Zellenschalter, welche Zellen zu- und abschalten, oder durch Widerstände reguliert werden. Die durch Widerstände vernichtete Spannung berechnet man auch hier nach dem Ohm'schen Gesetze.

Z. B.: Welche Spannung vernichtet ein Widerstand von 0,5 Ohm in einem Sammlerstromkreise, welchen 150 Ampères durchfließen?

Lösung: $150 \,.\, 0{,}5 = 75$ Volt.

Wie hoch stellt sich in dem letzten Beispiele die Anzahl der durch den Widerstand verlorenen PS?

Lösung: $150 \,.\, 75 = 11\,250$ Watt $= \sim 15{,}3$ PS.

Im folgenden soll die Verwendbarkeit der verschieden geschalteten Dynamomaschinen zum Laden der Akkumulatoren besprochen werden.

Reihenmaschine. Dieselbe muß zunächst auf einen Widerstand geschaltet werden. Hat die Maschine die erforderliche Spannung erreicht, so schaltet man vorerst den Widerstand und den Akkumulator parallel und hierauf den Widerstand aus. Überwiegt die Spannung des Sammlers jene der Dynamomaschine, dann wird letztere von einem Rückstrom umflossen, man sagt: „der Strom schlägt um". Die Stärke des Rückstromes berechnet man bei gegebenem Widerstande des Stromkreises nach dem Ohm'schen Gesetze, indem man in demselben anstatt der elektromotorischen Kraft die Differenz der Klemmenspannungen von Sammler und Dynamomaschine einführt.

Da der Rückstrom die Magnetschenkel in entgegengesetzter Richtung umfließt, werden dieselben umpolarisiert. Soll diese Maschine weiter zum Laden des Sammlers benutzt werden, so muß man dieselbe mittels einer eigenen Stromquelle rückpolarisieren oder die Anschlüsse des Sammlers an die Maschine wechseln. Auch der Anker wird von dem Rückstrom in entgegengesetzter Richtung umflossen, so zwar, daß Maschine und Akkumulator nicht mehr gegeneinander, sondern hintereinander geschaltet erscheinen. Infolge der so entstehenden hohen elektromotorischen Kräfte wächst die Stromstärke plötzlich an, so daß sofort das Abschmelzen der Sicherungen oder das Heißwerden der Maschinenwickelung eintritt. Nur wenn die Sicherungen nicht vorhanden oder unrichtig bemessen sind, können die Maschinen oder der Sammler einzeln oder zusammen Schaden leiden.

Nebenschlußmaschine. Die Nebenschlußmaschine wird, falls dieselbe zum Laden eines Akkumulators benutzt werden soll, auf die erforderliche Spannung gebracht und erst dann an den Akkumulator angeschlossen. Eine vorhergehende Schaltung der Maschine auf Widerstände erscheint überflüssig. Nimmt weiter die Spannung der Maschine, z. B. durch langsameres Laufen derselben, durch Kurzschlüsse im Anker etc., plötzlich so stark ab, daß sie geringer wird, als die Spannung an dem Sammler, so umfließt dieselbe, ebenso wie die Reihenmaschine, ein Rückstrom. Der letztere Strom polarisiert jedoch die Nebenschlußmaschine nicht um, weil Maschinen- und Rückstrom die Magnete in derselben Richtung umfließen. Bei der Nebenschlußmaschine ändert sich durch den Rückstrom bloß die Stromrichtung im Anker. Das Laden erfolgt dann, wenn die Spannung der Dynamomaschine die Sammlerspannung überwiegt, was man in der Regel durch das raschere Laufen der Maschine oder das Ausschalten von Regulierwiderständen im Hauptstromkreise erreicht. Bei neu einzurichtenden Anlagen werden zum Laden des Sammlers immer Nebenschlußmaschinen verwendet.

Compoundmaschine. Da diese Maschine sowohl eine Reihen- als auch eine Nebenschlußwickelung auf den Magneten besitzt, gelten für dieselbe die bei der Reihen- und Nebenschlußmaschine gemachten Angaben gleichzeitig. Das Umpolarisieren der gemischt geschalteten Maschine wird nur dann eintreten können, wenn die dicken (Reihenwindungen) die dünnen (Nebenschlußwindungen) überwiegen, d. h. wenn das Produkt aus Ampères mal Windungen der dicken Wickelung kleiner ist, als das Produkt aus Ampères mal Windungen der dünnen Wickelung. Häufig verwendet man gemischt geschaltete Maschinen nur als Nebenschlußmaschinen, indem man die dicken Windungen abschaltet; dann sinkt jedoch die Spannung der Maschine. In diesem Falle hilft man sich gewöhnlich durch Erhöhung der Umdrehungszahl der Maschine. Das Umpolarisieren der gemischt geschalteten Maschine kann auch dadurch vermieden werden, daß man den Sammler nicht an die Klemmen der Maschine, sondern direkt an die Bürsten der Maschine anschließt.

Die im folgenden angegebenen Klemmenspannungen stellen Mittelwerte dar. Genaue Angaben über die Klemmenspannungen, Lade- und Entladestromstärke etc. können sich nur auf eine bestimmte Konstruktion beziehen und werden daher von den betreffenden Firmen angegeben.

Für je eine Zelle ist zu Anfang der Ladung eine Klemmenspannung von 2, später 2,5 und schließlich 2,7 Volt erforderlich. Die Klemmenspannung eines Sammlers wächst mit der Säuredichte desselben.

Die Klemmenspannung der Nebenschlußmaschine muß dem Produkte aus der Anzahl der Zellen in die mittlere Spannung der einzelnen Zelle (hier 2,4 Volt) gleich sein. Die Maschine darf erst dann an den Sammler angeschlossen werden, wenn ihre Klemmenspannung größer ist, als die Spannung des anzuschließenden Sammlers. Von einer Spannung der Zellen von 2,4 Volt angefangen, erscheint es vorteilhaft, mit niederer, als der normalen Stromstärke zu laden. Während des Entladens giebt die Zelle in den ersten Minuten zunächst 2,3 Volt, sinkt rasch auf 1,9 und ganz langsam auf 1,8 Volt. Die Grenze der Entladung ist erreicht, wenn die Spannung rasch unter 1,8 Volt zu fallen beginnt.

Geladene Akkumulatoren sollten nicht länger als einen Tag unbenutzt stehen gelassen werden, da infolge gewisser chemischer Prozesse, die zwischen der aktiven Masse der Platten und der Säure sich abspielen, ein Teil der Ladung verloren geht, der mit der Zeit immer größer wird. Ein mehrtägiges Stehen in vollgeladenem Zustande schadet im übrigen den Akkumulatoren nicht; dagegen muß, wenn die Zellen normal entladen sind, möglichst sofort eine neue Ladung vorgenommen werden, da ein längeres Stehen der Akkumulatoren im entladenen Zustande denselben Schaden bringt, aber auch im teilweise entladenen Zustande darf man die Akkumulatoren nicht stehen lassen. Man wird eine Batterie jedesmal, bevor dieselbe voraussichtlich länger nicht gebraucht werden wird, vollladen und sogar, wenn die

Pause mehrere Wochen dauern sollte, alle 14 Tage bis zur normalen Grenze aufladen.

Beim Laden eines Akkumulators von Leitungen aus, die von einer Dynamomaschine mit Strom versorgt werden, muß man vor allem die richtigen Pole suchen, wenn dies nicht unzweifelhaft feststeht. Man kann sich für diesen Zweck einer der verschiedenen Sorten von Polreagenspapier bedienen, welche man im Handel findet; auch ein Stück mit Jodkaliumlösung befeuchtetes Filtrierpapier läßt sich als solches gebrauchen. Drückt man die beiden Drahtenden so, daß sie sich nicht berühren, auf das Papier, dann entsteht in der Umgebung des positiven Poles ein brauner Fleck von ausgeschiedenem Jod. Dieses Drahtende ist also mit dem positiven Pole der Batterie, das andere mit dem negativen zu verbinden. Durch geeignete Stromverzweigung, oder auch vorgeschalteten Drahtwiderstand, muß man den Ladestrom auf die zweckmäßige Stärke abschwächen.

In Bezug auf die Haltbarkeit der Akkumulatoren hat man zu unterscheiden die Haltbarkeit der positiven und diejenige der negativen Platten und diejenige der Zellen. Über die Lebensdauer der Sammler lassen sich allgemein giltige Angaben nicht machen. Man kann als untere Grenze für die Dauer der positiven Platten von guter Konstruktion mit genügend starkem Bleikern z. Z. 5 bis 10 Jahre annehmen, gute Behandlung der Batterie vorausgesetzt. Die Lebensdauer der negativen Platten ist weit größer.

Verwendung der Akkumulatoren.

Nach dem heutigen Stande der Elektrotechnik wäre es verfehlt, eine elektrische Gleichstrom-Beleuchtungsanlage ohne Akkumulatoren auszuführen. Der Akkumulator hat hauptsächlich den Zweck, die Erzeugung der Elektrizität wirtschaftlich und sicher zu gestalten.

Die Schwankungen im Stromverbrauche treten insbesondere bei elektrischen Beleuchtungscentralen hervor, welche, wie die statistischen Nachweisungen ergeben haben, die bei weitem größte Strommenge im Winter in der Zeit von fünf bis sieben Uhr abends abgeben müssen. Für die Vormittagsstunden, beziehungsweise während der Nacht und im Sommer ist dagegen der Stromverbrauch verhältnismäßig gering, unter Umständen gleich Null. Da aber eine elektrische Centrale stets dienstbereit sein muß, so würden durch den beständigen Betrieb einer oder mehrerer Dynamomaschinen, welche bekanntlich meistens von Dampfmaschinen getrieben werden, ganz erhebliche Betriebskosten erwachsen, welche so hoch werden können, daß gegenüber anderen Beleuchtungsarten die elektrische Anlage in Frage gestellt werden könnte.

Außer den erheblichen Ausgaben für Unterhaltung und Betrieb, wodurch auf die Rentabilität sehr ungünstig eingewirkt wird, kommt noch vom technischen Standpunkte der Nachteil hinzu, daß eine Dynamomaschine ungleich arbeitet, wenn sie nicht dauernd voll auf diejenige Leistung in Anspruch genommen wird, für welche sie gebaut ist.

Bei einer elektrischen Beleuchtungsanlage wird daher eine ungenügende Ausnutzung der Maschine eine bedeutende Ausgabe für den erheblich größern Kohlenbedarf, sowie die Möglichkeit unkonstanter Ströme gegenüber einer gleichmäßigen, vollen Belastung, im Gefolge haben.

Diese Übelstände kann man zwar dadurch etwas mildern, daß an Stelle einer oder mehrerer großen Maschinen eine Anzahl kleinerer Maschinen vorgesehen wird, sodaß z. B. die Gesamtleistung in $^1/_2$, $^1/_4$ und zweimal $^1/_8$ geteilt wird und vier Maschinen von der der Einteilung entsprechenden Größe aufgestellt werden.

Wenngleich durch eine derartige Einrichtung einer Centrale der Betrieb gewiß sehr vorteilhaft durchgeführt werden kann, weil die Maschinen stets vollbelastet arbeiten, so darf eine solche Anordnung trotzdem nicht als rationell bezeichnet werden. Zunächst ist nämlich in Betracht zu ziehen, daß mit der erwähnten Teilung des direkten Betriebes mittels einer oder mehrerer großen Dynamos, sofern dieselbe Erfolg haben soll, auch die Dampfkessel in entsprechender Anzahl und Größe vorgesehen werden müssen, weil nur dadurch, dem Stromverbrauche entsprechend, die Dampferzeugung geregelt und die Kessel nach Bedarf aus- und eingeschaltet werden. Dann aber kommt zweitens in Betracht, daß bekanntlich die großen Dampfmaschinen vorteilhafter in Bezug auf Dampf-, beziehungsweise Kohlenverbrauch arbeiten, als kleine Maschinen. Es ist demnach an und für sich weder technisch noch ökonomisch richtig, eine Anzahl großer Maschinen durch eine größere Anzahl kleinerer Maschinen zu ersetzen.

Die Ungleichmäßigkeiten in der Dampferzeugung und damit die Unregelmäßigkeiten im Gange der Dampf- und Dynamomaschinen treten namentlich recht nachteilig auf, wenn der die Dynamo treibende Motor seinen Dampf von einer Arbeitsmaschine erhält, welche im Fabriks-, Druckerei- etc. Betriebe oft sehr unregelmäßig belastet ist, weil dadurch recht erhebliche Stromschwankungen entstehen und diese wiederum Zuckungen der Lampen im Gefolge haben, unter Umständen ein Versagen der Lampen herbeiführen.

Sodann wird in einer Anlage mit direktem Maschinenbetrieb eine Reserve in der Kraftanlage, also in den meisten Fällen in der Dampfkessel- und Dampfmaschinenanlage vorhanden sein müssen, um Betriebssicherheit zu garantieren. So wird, wenn derartige Zufälligkeiten auch nur selten eintreten, das Abfallen eines Riemens, das Heißlaufen eines Lagers, der Bruch eines Maschinenteiles an der Dampf- oder Dynamomaschine, eine sofortige Betriebsstörung hervorrufen, so daß die zu beleuchtenden Räume dunkel bleiben.

Man kann diesem Übelstande allerdings dadurch begegnen, daß die Reserveanlage stets zum sofortigen Betriebe bereit gehalten wird, infolgedessen eine sofortige Umschaltung stattfinden kann. Ob aber die stete Dienstbereitschaft einer Reservekraftanlage vom ökonomischen Standpunkte angezeigt ist, dürfte sehr fraglich sein.

Ist nun die Größe einer aufzustellenden Akkumulatorenbatterie als auch deren Schaltung richtig gewählt worden, so bietet die Verwendung derselben die nachstehenden Vorteile:

1. Die Eigenschaft, als Stromregulator verwendet werden zu können, hat im Gefolge, daß der Einfluß von Ungleichmäßigkeiten im Gange der Maschinenanlage vollständig aufgehoben wird.
2. Der Betrieb ist unter allen Umständen gesichert, da im Falle, wo aus irgend einem Grunde die Maschinenanlage versagt, die Akkumulatorenbatterie die Beleuchtung ohne bemerkbaren Einfluß auf das Brennen der Lampen übernimmt.
3. Bei direktem Maschinenbetrieb muß, ganz gleichgiltig, ob viel oder wenig Lampen brennen, die Maschinenanlage im Betrieb erhalten werden, was im Gefolge hat, daß die Ausnutzung der ganzen Maschinenanlage höchst ungünstig ist.

   Unter Verwendung einer Akkumulatorenbatterie sammelt diese während der Zeit des geringen Stromverbrauches den Überschuß der durch die nunmehr vollbelasteten Maschinen erzeugten elektrischen Energie auf und übernimmt, sobald der Betrieb es zuläßt, die Lieferung des geringen Stromverbrauches allein, so daß die Maschinenanlage nicht mehr beständig in Thätigkeit zu sein braucht.
4. Mit Hilfe der Batterie vermag die Maschinenanlage einen

etwa erforderlich werdenden größern Stromverbrauch zu leisten, da infolge der Aufsammlung eines genügenden Vorrates von elektrischer Energie die Akkumulatorenbatterie dasjenige hergiebt, was die Maschinen nicht mehr herzugeben vermögen. Es kann ferner zu jeder beliebigen Zeit bis zu einer gewissen Grenze jede beliebige Lichtmenge, erforderlichen Falls unabhängig vom Maschinenbetrieb, von der Batterie hergegeben werden, weil sie dieselbe Rolle spielt, wie die Gasreservoirs bei einer Gasanstalt und die Hochwasserreservoirs bei einer Wasserversorgungsanlage, so daß also eine Reservebeleuchtung irgend welcher Art als ausgeschlossen betrachtet werden muß.

5. Die Verwendung von Akkumulatorenbatterien in Centralanlagen hat ferner eine erhebliche Verkleinerung der Maschinenanlage im Gefolge, weil die überschüssige Energie von einer Akkumulatorenbatterie aufgesammelt wird.

Ferner wird mit der Verkleinerung der Maschinenanlagen mittels der Akkumulatorenbatterien gleichzeitig auch die Bedienung nicht unerheblich vereinfacht, weil die Kessel unter gleicher Spannung gehalten, die Dynamomaschinen unter gleicher Stellung des Nebenschlußregulators arbeiten und die Dampfmaschine stets gleich belastet bleibt. Daß ein solcher Betrieb wesentlich besser ist und dem Wärter eine sorgfältigere Überwachung der ganzen Anlage gestattet, sowie eine wesentliche Verminderung der Betriebskosten herbeiführt, als beim direkten Maschinenbetrieb, bedarf wohl keiner weitern Erläuterung.

6. Die Erweiterung von Centralanlagen mit direktem Maschinenbetrieb ist mit vielen Schwierigkeiten und nicht unerheblichen Ausgaben verbunden, weil neue Betriebskräfte aufgestellt oder die vorhandenen durch größere ersetzt werden müssen. Es kommt dabei nicht selten vor, daß in Ermangelung geeigneter Räume eine Ausdehnung überhaupt nicht ausführbar ist.

Wird nun einer vorhandenen Anlage eine Akkumulatorenbatterie hinzugefügt, so kann eine beabsichtigte Erweiterung in einfacher, bequemer und wenig kostspieliger Weise durchgeführt werden. Es können ferner bei örtlich sehr ausgedehnten Anlagen die Akkumulatorenbatterien auf mehrere Stellen verteilt werden, so daß beliebig weite Beleuchtungsgebiete von einer einzigen Beleuchtungscentrale, welche zudem noch außerhalb der Stadt liegen kann, unter

Benutzung von Leitungen mit verhältnismäßig kleinem Querschnitt mit Strom versorgt werden (Akkumulatoren-Unterstationen).

7. Es wird ein vollkommen ruhiges und gleichmäßiges Licht erzielt.
8. Eine hohe Leitungsspannung kann unter Zuhilfenahme einer Akkumulatorenbatterie in Gebrauchsspannung transformiert werden. Es werden hierzu verschiedene Batterien für die Ladung hintereinander geschaltet, während jede von ihnen bei der Entladung auf ihr eigenes Leitungsnetz arbeitet.
9. Die Erhöhung der Lebensdauer der Glühlampen. Bei Anlagen mit Sammlern sind starke Schwankungen in der Spannung, welche für die Lebensdauer der Glühlampe schädlich sind, ausgeschlossen.
10. Wo Wasserkraft zur Verfügung steht und schon für andere Zwecke eine Turbine oder ein Wasserrad vorhanden ist, kann schon mittels einer verhältnismäßig kleinen Dynamomaschine eine größere Batterie geladen werden, da die Maschine ohne erhebliche Betriebs- oder Bedienungskosten zu allen Zeiten, in denen kein Licht gebraucht wird, die Ladung mit einer geringeren, als der normalen, besorgen kann.

Den genannten Vorteilen stehen als Nachteile gegenüber:

1. Die hohen Anschaffungs- und Amortisationskosten der Akkumulatoren.
2. Der Verlust an elektrischer Arbeit, der durch die zweimalige Umsetzung derselben beim Laden und Entladen bedingt ist.
3. Die Umständlichkeit des Betriebes.

In welcher Weise man Maschinen und Akkumulatoren zu schalten hat, um die vorgenannten Vorteile zu erzielen, und welche Apparate hierbei ferner noch Verwendung finden, soll im Nachstehenden dargelegt werden.

Schaltungen.

Bei der Aufstellung einer Akkumulatorenbatterie ist, wie dies auch bei anderen Maschinenanlagen zutrifft, eine Anzahl von Punkten zu berücksichtigen. Die Erfahrung lehrt, mit der Batterie zugleich solche Apparate aufzustellen, welche die denkbar beste Vorkehrung gegen Überanstrengung der ersteren gewähren.

Eine Beleuchtungsanlage, welche nur mit Dynamomaschinen betrieben wird, enthält stets folgende Apparate:

1. zur Anzeige der Spannung an den Klemmen der Dynamomaschine, ein Voltmeter;
2. zur Anzeige der Stromstärke, welche die Dynamomaschine liefert, ein Ampèremeter;
3. einen Ausschalter, welcher gestattet, die Dynamomaschine von dem Leitungsnetze aus-, bezw. einzuschalten;
4. zwei Bleisicherungen, in jeder Leitung eine, welche bei eintretendem Kurzschluß oder starkem Erdschluß den Stromkreis unterbrechen;
5. behufs Variierung der Stärke des Magnetisierungsstromes, einen Nebenschlußregulator;

Wird nun der Anlage eine Akkumulatorenbatterie hinzugefügt, dann kommen zu den eben aufgezählten noch folgende Apparate:

1. ein Zellenschalter,
2. ein automatischer Ein- und Ausschalter,
3. ein Umschalter,
4. ein Stromrichtungsanzeiger,
5. zwei Bleisicherungen.

Soll der Beleuchtungsbetrieb ein **kombinierter** sein, so werden noch hinzugenommen:

a) ein Ampèremeter, welches den von der Batterie gelieferten, beziehungsweise absorbierten Strom anzeigt,
b) ein Alarmapparat.

Alle diese Apparate sollen an geeigneter Stelle besprochen werden.

Wichtig ist die Art und Weise der Schaltung der Batterie, d. h. die Verbindung derselben mit den Apparaten, der Dynamomaschine und dem Leitungsnetz. In gewissem Sinne hängt dieselbe ab von dem Größenverhältnis, das zwischen der Leistung der Dynamomaschine und derjenigen der Batterie besteht. Ferner noch von der Anzahl der überhaupt installierten Lampen, der Anzahl und Natur der Dynamomaschinen, falls mehrere vorhanden sind und Nebenschluß-, Compound- oder Serienmaschinen zum Laden der Batterie zur Anwendung kommen.

Für Beleuchtungszwecke haben sich immer mehr die Nebenschlußmaschinen eingebürgert, selbst da, wo Akkumulatoren nicht gebraucht werden. Sind jedoch für Anlagen Akkumulatoren von vornherein vorgesehen, so kommen überhaupt nur Nebenschlußmaschinen in Betracht. Bei größeren elektrischen Anlagen wählt man lieber zwei Dynamomaschinen anstatt einer großen, da, wenn irgend etwas an der Dynamomaschine zu reparieren ist, die andere im Verein mit der Batterie aushelfen kann.

Beim Laden werden die Sammlerzellen hintereinander, seltener nebeneinander geschaltet. Bei der letzteren Schaltung teilt man die Zellen in der Regel in zwei Hälften. Jeder Hälfte der Zellen wird dann ein Widerstand vorgeschaltet. Der Zweck dieser Widerstände ist der, zu verhindern, daß die eine Hälfte der Zellen Strom in die andere Hälfte sendet. Die Parallelschaltung von Zellen wird zumeist nur in solchen schon bestehenden Anlagen angewendet, in welchen Sammler zur Aufstellung kommen.

Bei hintereinander geschalteten Zellen (Fig. 44) verbindet man den positiven Pol der Maschine mit dem positiven Pol der ersten Zelle, schaltet sämtliche Zellen nach dem Schema + — + — etc. hintereinander und verbindet den negativen Pol der letzten Zelle mit dem negativen Pol der Dynamomaschine. Hierbei hat man die Richtigkeit der Schaltung wohl zu beachten.

Beim Entladen tritt der Strom bei der positiven Klemme aus der Zelle. Zur Messung des von der Dynamomaschine gelieferten Stromes dient ein Ampèremeter; ein Voltmeter zeigt die Spannung des Dynamostromes an; ein Nebenschlußregulator, welcher in die Bewickelung der Feldmagnete eingeschaltet ist, erlaubt die Spannung der Dynamomaschine (bei gleichbleibender Tourenzahl in der Armatur) zu regulieren.

Zur Regulierung des Lade- und Entladestromes dienen sogenannte Zellenschalter. Die Spannung der Zellen steigt während der Ladung z. B. von 2,09 Volt allmählich bis auf 2,7 Volt. Sollten während des Ladens der Akkumulatoren Lampen mitbrennen, so ist es erforderlich, daß an die Lichtleitung nur soviel Zellen angeschlossen sind, als notwendig sind, um die für die Lampen erforderliche Spannung zu erzeugen. Damit diese Spannung hervorgebracht wird, sind, da die Spannung während der Ladung steigt, je weiter die Ladung fortschreitet, immer weniger Zellen erforderlich. Das hierdurch bedingte Abschalten der Zellen erfolgt mittels des Zellenschalters.

Bei der Entladung fällt z. B. die Spannung der Zelle von 1,9 Volt bis 1,83 Volt. Dadurch wird es notwendig, mittels des Zellenschalters nach und nach Zellen hinzuzuschalten, um bei fortschreitender Entladung die Spannung in der Lichtleitung auf der erforderlichen Höhe zu erhalten. Es sind mithin die ersten am Zellenschalter liegenden Zellen, von der Klemme *K* des Maschinenumschalters beginnend, diejenigen Zellen, welche erst später zur Stromlieferung beitragen; und sie werden daher weniger entladen, als die anderen Zellen. Zum Zweck der Ladung stellt man den Hebel des Maschinenumschalters auf *K*. Hieraus folgt, daß bei der Schaltung (Fig. 44), bei welcher Einfach-Zellen-

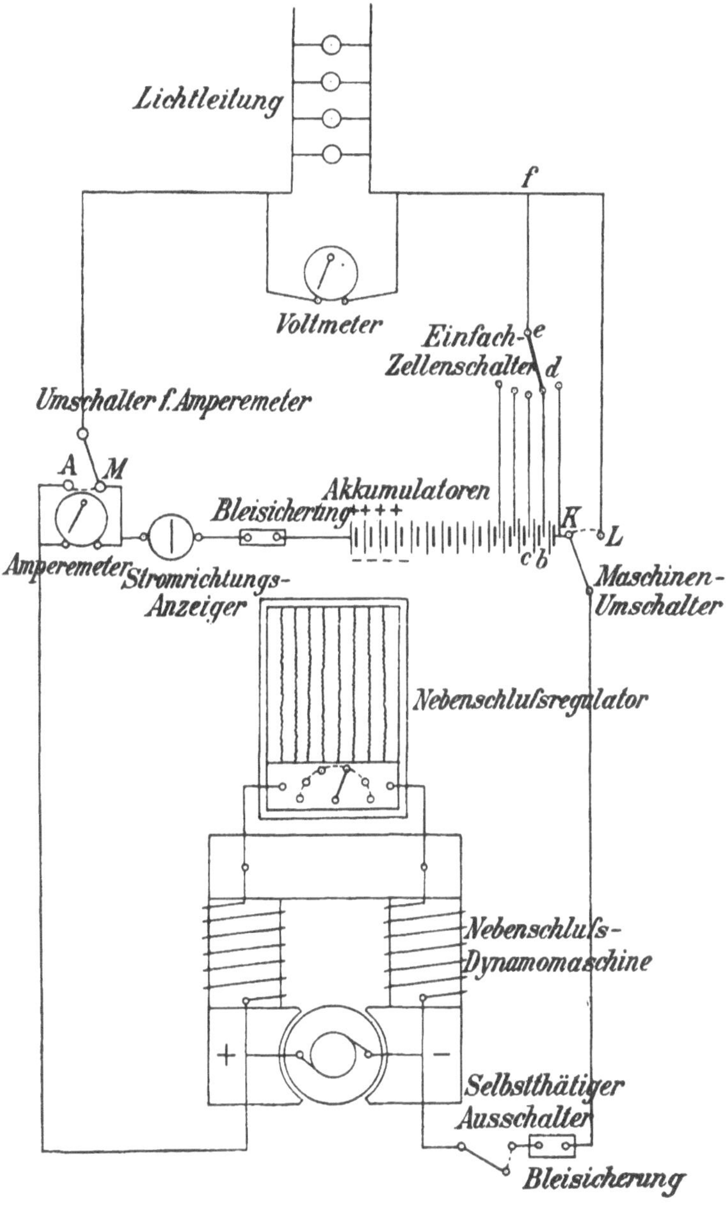
Lichtleitung
f
Voltmeter
Einfach-
Zellenschalter
e
d
Umschalter f. Amperemeter
A
M
Akkumulatoren
Bleisicherung
K
L
c
b
Amperemeter
Stromrichtungs-
Anzeiger
Maschinen-
Umschalter
Nebenschlufsregulator
Nebenschlufs-
Dynamomaschine
+
−
Selbstthätiger
Ausschalter
Bleisicherung

Fig. 44.

schalter zur Anwendung kommen, der Ladestrom immer durch sämtliche Zellen führt. Da nun die ersten am Zellenschalter liegenden Zellen, wie eben erklärt, weniger entladen sind, wie die anderen Zellen, so werden dieselben auch früher geladen sein, wie die anderen. Das Weiterladen derselben ist daher zwecklos und immer mit Kraftverlust verbunden. Dieser Verlust hat bei kleinen Anlagen einen geringen Wert. Bei größeren Anlagen ist derselbe jedoch wohl zu berücksichtigen. Nehmen wir z. B. eine Zelle an, bei welcher der Ladestrom 240 Ampères beträgt, so ergiebt sich nach erfolgter Ladung bei einer Spannung von 2,7 Volt für jede Zelle ein Verlust von $240 \times 2{,}7 = 648$ Watt, welcher Wert rund 1 PS entspricht.

Die Aufgabe, die geladenen Zellen abschalten zu können, löst in einfacher Weise die Anwendung von Doppelzellenschaltern (siehe Schaltung, Fig. 45). Ein Blick auf diese Schaltung zeigt, daß man durch das Drehen des Hebels *a b* am Zellenschalter jederzeit in der Lage ist, die geladenen Zellen abzuschalten, wodurch jeder überflüssige Verlust beim Laden des Sammlers vermieden wird. Ein eng hiermit zusammenhängender Vorteil der Anwendung des Doppelzellenschalters ist der, daß, da gegen Ende der Ladung in der Regel bereits die Zellen von der Ladung ausgeschlossen sind, die Spannung der Maschine in dieser Zeit nicht so hoch zu sein braucht, als dies bei Anwendung eines Einfach-Zellenschalters nötig sein würde.

Brennen während der Ladung der Akkumulatoren Lampen (siehe Schaltung, Fig. 44), so geht durch diejenigen Zellen, welche zwischen dem Maschinenumschalter und dem Punkt, an welchem der Hebel *e d* des Zellenschalters Kontakt hat, liegen, also diejenigen, welche zwischen *K* und *b* ihren Platz haben, der Ladestrom der Akkumulatoren, zuzüglich des Stromes, welcher in der Leitung verbraucht wird. Von *b* ab trennt sich der Strom, indem der Ladestrom durch den Sammler weitergeht, während der Strom zur Speisung der Lampen den Weg *b d e f* in die Lichtleitung nimmt. Die am Zellenschalter liegenden Zellen erhalten demnach unter Umständen einen stärkern Strom, als ihn der für die betreffende Größe als höchst zulässige Ladestrom angiebt. Für diese Zellen gestatten die Tudorsammler eine Überschreitung des als höchst zulässig angegebenen Ladestromes um 20 %. Brennen so viel Lampen in der Leitung, daß der Ladestrom, zuzüglich des Stromes in der Leitung, diese Grenze überschreitet, so muß entweder der Ladestrom oder die Anzahl der während der Ladung brennenden Lampen, bis zur Einhaltung der vorgeschriebenen Grenze für den Gesamtstrom, verringert werden, oder aber es müssen die am Zellenschalter liegenden Zellen entsprechend vergrößert werden. Für diese größeren Zellenschalterzellen ist ebenfalls eine Überschreitung des Ladestromes um 20% gestattet. Selbstverständlich muß in einem solchen Falle der Zellenschalter dieser größern Beanspruchung entsprechend stärker bemessen werden. Wenn die Maschinenleistung an und für sich nicht den als höchst zulässig angegebenen Ladestrom des betreffenden Sammlers, zuzüglich 20%, überschreitet, wie dies bei neu projektierten Gesamtanlagen der Fall sein sollte, so ist schon durch diese natürliche Grenze selbstverständlich einer Überanstrengung der Zellenschalterzellen vorgebeugt. Wenn viele Lampen während der Ladung mitbrennen, so ist selbst bei kleinen Anlagen ein Doppelzellenschalter, der lebhaften Gasentwickelung in den Zellenschalterzellen wegen, empfehlenswert.

Geht man vom Ladebetrieb zum Parallelbetrieb der Maschine und des Sammlers über, so wird der Hebel des Maschinenumschalters (siehe Fig. 44) von *K* auf *L* gestellt. Der Strom der Maschine nimmt dann seinen Weg über *Lf* in die Lichtleitung, während der Strom des Sammlers über *def* in die Lichtleitung fließt. Die Vereinigung des Maschinenstromes mit dem Akkumulatorstrome findet somit bei *f* statt. Könnte der Hebel des Maschinenumschalters bei Anwendung von Einfachzellenschaltern (siehe Schaltung Fig. 44), beide Kontakte *K* und *L* gleichzeitig berühren, so würden in dem Augenblicke gleichzeitiger Berührung die Zellen zwischen *K* und *b* über den Weg *LfedbK* kurz geschlossen sein, was dadurch vermieden wird, daß man den Maschinenumschalter mit Unterbrechung ausführt, d. h. daß man zwischen *K* und *L* einen für das Ausschalten genügend großen Zwischenraum schafft. Infolge dieses Ausschaltens wird alsdann die Maschine stromlos, und der selbstthätige Ausschalter schaltet aus, so daß für den Augenblick des Überganges der Akkumulator den Strom für die Lichtleitung allein liefern muß. Der Übergang vom Ladebetrieb zum Parallelbetrieb muß daher zu einer Zeit vorgenommen werden, während welcher der Verbrauch in der Lichtleitung die als höchst zulässig angegebene Entladungsstromstärke des Sammlers nicht übersteigt. Sobald der Hebel des Maschinenumschalters auf *L* gestellt worden ist, bringt man die Spannung der Maschine auf eine um 5 Volt höhere, als diejenige ist, welche in der Lichtleitung herrscht, und schaltet den selbstthätigen Ausschalter wieder ein, wodurch der Parallelbetrieb hergestellt wird. Dieses Stromloswerden der Maschine und das darauffolgende Ausschalten des selbstthätigen Ausschalters tritt bei Anwendung von Doppelzellenschaltern (Schaltung, Fig. 45),

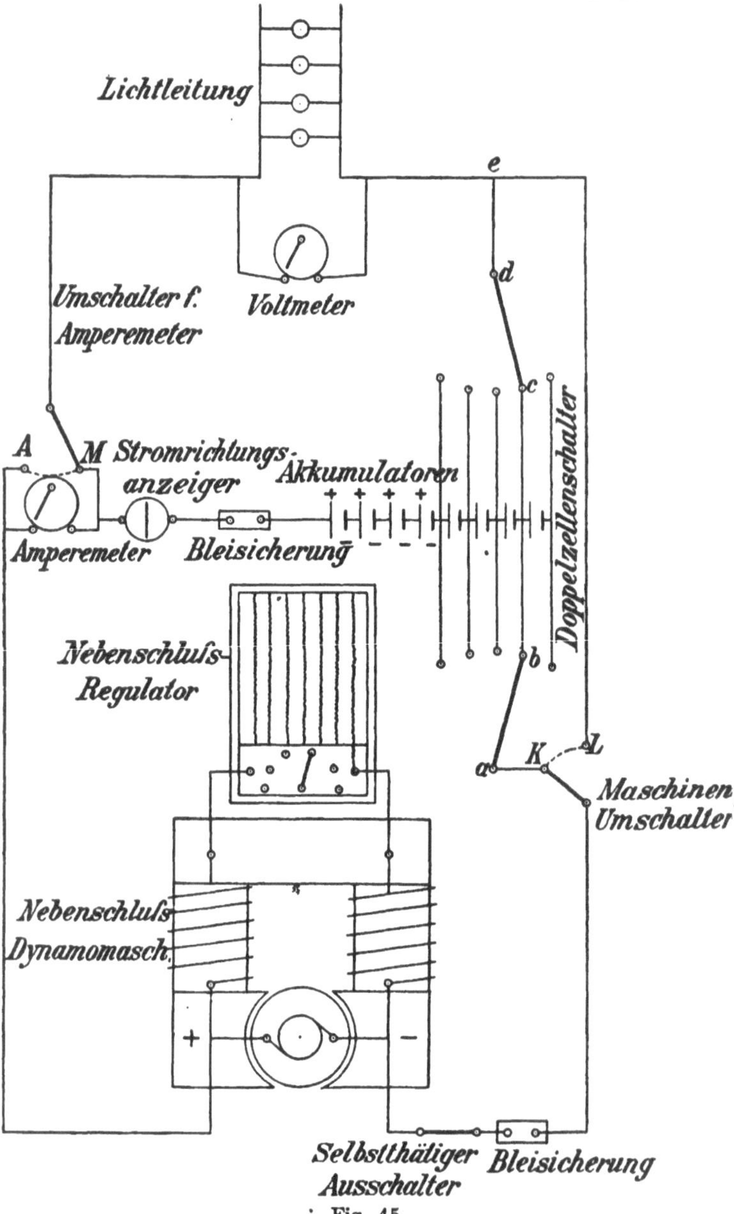

Lichtleitung
e
d
Umschalter f. Amperemeter
Voltmeter
c
Doppelzellenschalter
A
M
Stromrichtungs-anzeiger
Akkumulatoren
Amperemeter
Bleisicherung
Nebenschluſs-Regulator
b
K
L
a
Maschinen Umschalter
Nebenschluſs Dynamomasch.
+
−
Selbstthätiger Ausschalter
Bleisicherung

Fig. 45.

nicht ein. Will man vom Ladebetrieb zum Parallelbetrieb übergehen, dann stellt man die Hebel *a b* und *c d* des Doppelzellenschalters so ein, daß dieselben einander gegenüberstehen und mit der gleichen Klemme Kontakt haben. Fig. 45 zeigt, daß bei dieser Stellung des Maschinenumschalters von *K* nach *L* kein Kurzschluß entstehen kann. Der Maschinenumschalter wird daher bei Anwendung von Doppelzellenschaltern ohne Unterbrechung ausgeführt, d. h. die Anordnung wird so getroffen, daß der Hebel desselben beim Umschalten des Maschinenumschalters beide Kontakte *K* und *L* gleichzeitig berührt, wodurch das Ausschalten des selbstthätigen Ausschalters vermieden wird. Es empfiehlt sich, die Ladung so vorzunehmen, daß dieselbe kurz vor Beginn des Hauptlichtbedarfes vollendet ist, so daß man von der Ladung unmittelbar zum Parallelbetrieb übergehen kann.

Beim Parallelbetrieb soll die Maschine immer möglichst voll ausgenutzt werden und der Sammler nur so viel Strom abgeben, als der Bedarf in der Lichtleitung die Leistung der Maschine übersteigt. Diese Beschränkung der Entnahme aus dem Sammler hat den Zweck, die darauf folgende Ladezeit möglichst zu verkürzen und den Sammler zu befähigen, für den Fall eines plötzlichen Unbrauchbarwerdens der Dynamomaschine die Stromlieferung für die Leitung möglichst lange allein übernehmen zu können. Für einen solchen Notfall ist die dreifache höchste Entladestromstärke zulässig. Eine solche starke Inanspruchnahme für den Ausnahmefall schadet dem Sammler nicht. Es ist jedoch die Wiederladung bald vorzunehmen und bei den nächsten beiden Ladungen je eine Stunde zu überladen.

Bei Anlagen für 150 Ampères und höher wird sowohl in die Maschinenleitung, als auch in die Sammlerleitung je ein Ampèremesser eingeschaltet. Bei kleineren Anlagen für 30 bis 100 Ampères dagegen kann einer dieser Ampèremeter durch einen Ampèremeter-Umschalter (Schaltung, Fig. 45) erspart werden. Stellt man den Hebel des Ampèremeter-Umschalters auf *M*, so liest man am Ampèremeter die Stromstärke der Maschine ab, während der Ampèremeter-Umschalter auf *A* die Stromstärke des Sammlers angiebt.

Eine Beleuchtungsanlage muß so eingerichtet sein, daß man augenblicklich Licht haben kann. Es muß daher auch die Möglichkeit vorgesehen sein, während der Ladung Lampen einschalten zu können.

Bei Beleuchtungsanlagen mit Sammlern tritt häufiger als bei Anlagen ohne dieselben die Notwendigkeit ein, während der Tagesstunden zu beleuchten. Der Grund liegt darin, daß bei letzteren Anlagen die Dynamomaschine in der Regel am Tage stillsteht und einiger Lampen wegen, z. B. in Kellern, dunklen Arbeitsplätzen u. s. w., nicht in Thätigkeit gesetzt wird.

Dagegen ist fast überall, wo die Dynamomaschine am Tage behufs Ladung der Sammler, während längerer oder kürzerer Zeit in Betrieb steht, dafür gesorgt, dieselbe zur Abgabe von Licht zu benutzen.

Es entspricht demnach zumeist, die Anordnung so zu treffen, daß während der Ladung Lampen mitbrennen können. Eine Ausnahme hiervon findet bei der Anwendung von Compoundmaschinen statt; bei diesen hängt die Möglichkeit des Mitbrennens von Lampen von einem Vorversuch ab.

Diese beiden vorbeschriebenen Schaltungsarten sind die günstigsten für den Akkumulatorenbetrieb und werden dieselben bei ganz neu auszuführenden Anlagen stets zur Ausführung gebracht.

Weitere Schaltungsarten welche bei Akkumulatorenbetrieb vorkommen, z. B. solche, wenn eine schon bestehende Beleuchtungsanlage mit Akkumulatorenbetrieb ausgerüstet werden soll, oder solche, welche durch die Benutzung vorhandener Compoundmaschinen notwendig gemacht werden, sollen hier nicht erörtert werden, da dies über den beabsichtigten Umfang dieses Werkes hinausgehen würde. Wer sich eine ausführliche Belehrung hierüber holen will, dem sei die Schrift „Beschreibung, Aufstellung, Behandlung und Schaltung von Akkumulatoren der Akkumulatorenfabrik Hagen i. W.“ bestens empfohlen.

Einrichtung der Zellenschalter.

Zellenschalter dienen dazu, die letzten Zellen einer Akkumulatorenbatterie nach Bedarf ab- oder zuschalten zu können, sei es um die Lampenspannung konstant zu halten, sei es um ein schädliches Überladen bereits aufgeladener Zellen zu vermeiden. Man unterscheidet solche für den Handbetrieb und solche für den automatischen Betrieb.

Die Zellenschalter lassen sich noch einteilen in Einfachzellenschalter und Doppelzellenschalter.

Wie schon erwähnt, steigt die Spannung am Ende der Ladung auf 2,7 Volt. Unter Berücksichtigung des Verlustes in der Ladeleitung und der Sicherheit halber wird bei der Bestimmung der abzuschaltenden Zellen eine Spannung von 2,75 Volt zu Grunde gelegt. Für 110 Volt Spannung sind 60 Elemente erforderlich. Von diesen 60 Elementen genügen demnach $110 : 2{,}75 = 40$ Stück, um am Ende der Ladung die nötige Spannung in der Lichtleitung hervorzubringen, so daß, wenn während der Ladung Lampen brennen sollen, mittels des Zellenschalters 60 — 40 = 20 Zellen abgeschaltet werden müssen. Hieraus ergiebt sich die Regel, daß, wenn während der Ladung Lampen brennen sollen, der Zellenschalter für das Abschalten von 20 : 60 = $^1/_3$ sämtlicher für das regelrechte Brennen der Lampen erforderlichen Zellen eingerichtet werden muß.

Es müssen daher

bei 65 Volt 12 Zellen,
„ 100 „ 19 „
„ 110 „ 20 „
„ 120 „ 22 „ an den Zellenschalter angeschlossen werden (Einfachzellenschalter).

Wenn für Verluste in der Lichtleitung noch eine entsprechende Anzahl Zellen mehr angelegt wird, so müssen diese Zellen ebenfalls sämtlich mittels des Zellenschalters abschaltbar sein, da, wenn ein geringer Stromverbrauch in der Lichtleitung während der Ladung vorhanden ist, der Spannungsverlust nicht in Betracht kommt. Erfordern z. B. die Lampen eine Spannung von 110 Volt und ist ein Spannungsverlust in den Leitungen von 10 Volt vorvorhanden, so muß der Sammler für 110 + 10 = 120 Volt berechnet sein und somit 120 : 1,83 = 66 Zellen erhalten. Von diesen 66 Zellen entsprechen 60 der Anzahl, welche für das regelrechte Brennen der Lampen mit 110 Volt genügen, während 6 Zellen den Leitungsverlust ausgleichen. Wenn während der Ladung Lampen brennen sollen, müssen somit (60 : 3) + 6 = 26 Zellen mittels des Zellenschalters abgeschaltet werden können.

Für 110 Volt und 10 Volt Spannungsverlust in den Leitungen, also zusammen 120 Volt, sind jedoch nur bei Privatanlagen, bei welchen häufig der volle Strombedarf bis zum Ende der Entladung stattfindet, 66 Elemente erforderlich. In Centralen dagegen findet die stärkste Beanspruchung lange vor Ende der Entladung statt, also zu einer Zeit, wo die Spannung des Sammlers noch mindestens 1,87 Volt beträgt, so daß hier 65 Zellen für den oben angegebenen Fall genügen. Am Ende der Entladung, also bei einer Spannung von 1,83 Volt für 1 Zelle ist in Elektrizitätswerken der Leitungsverlust bedeutend geringer als 10 Volt. Wenn man nach beendigter Ladung den Sammler 2 Minuten lang mit der vollen Stromstärke entladet, so sinkt die Spannung bis auf 1,9 Volt. Den Übergang von der hohen Spannung zu der niedrigeren kann man ohne Beeinflussung der Gleichmäßigkeit des Lichtes, allmählich stattfinden lassen, wenn man langsam unter Beobachtung des Voltmeters mittels des Nebenschlußregulators die Maschine so reguliert, daß ihr nach und nach weniger Strom entnommen wird, während man den Sammler unter Zuhilfenahme des Zellenschalters mehr und mehr bis zur vollen Entladestromstärke belastet. Häufig ist jedoch infolgedessen, daß erst einige Lampen beim Beginn der Entladung brennen, die volle Entladestromstärke nicht vorhanden und die Spannung deshalb im Anfang der Entladung etwas höher. Wenn während der Ladung keine Lampen brennen sollen, so rechnet man daher der Sicherheit halber die Anfangs-Entladespannung mit 2,1 Volt. Bei 110 Volt Lampenspannung ergeben somit die 60 erforderlichen Elemente bei der Entladung eine Anfangsspannung von $60 \times 2{,}1 = 126$ Volt, so daß $126 - 110 = 16$ Volt Spannung zuviel am Sammler vorhanden sind, woraus folgt, daß $16 : 2{,}1 = 8$ Zellen mittels des Zellenschalters abgeschaltet werden müssen, wenn während der Ladung keine Lampen brennen sollen, oder wenn der Zellenschalter nur bei der Entladung gebraucht wird, während die Ladung in 2 Reihen erfolgt.

Da eine bedeutende Anzahl von Drähten zwischen dem Zellenschalter und dem Sammler gezogen werden muß, so ist aus Billigkeitsrücksichten zu empfehlen, den Sammlerraum so nahe als möglich an den Maschinenraum zu legen; dadurch erleichtert sich gleichzeitig die Wartung des Sammlers. Die Drähte für diejenigen Zellen, welche beim Parallelbetrieb in Betracht kommen, berechnet man bis zu 30 m erforderlicher Länge mit $^1/_2$ mm^2 für 1 Ampère des höchst zulässigen Entladestromes, während man die übrigen Drähte, welche nur beim Ladebetrieb in Verwendung sind, mit $^1/_4$ mm^2 für 1 Ampère des höchst zulässigen Entladestromes berechnet. Für Drahtlängen von mehr als 30 m muß man den Spannungsverlust in den Leitungen berücksichtigen, und dann ist es empfehlenswert die Querschnitte so zu bemessen, daß für die erstgenannten Drähte der Verlust in denselben nie mehr als ein Volt beträgt, während für die letztgenannten der Verlust 2 Volt betragen darf. Abweichend hiervon hat jedoch der Verlust in den beiden Enddrähten des Sammlers höchstens 0,5 Volt zu betragen. Im vorher angeführten Fall, wobei ein Zellenschalter für 20 Zellen zur Anwendung kommt, wirken 8 Zellen beim Parallelbetrieb mit und sind folglich 9 Drähte stark zu wählen, während die übrigen 12 Drähte schwächer sein können. Bei großen Elektrizitätswerken erweist es sich als vorteilhaft, sämtliche Drähte stark zu bemessen.

Die Zellenschalter müssen so eingerichtet sein, daß ein Kurzschließen der beteiligten Zellen durch dieselben ausgeschlossen ist. Wäre in Fig. 46 der Hebel *cd* so breit, daß er die beiden

Kontakte gleichzeitig berühren könnte, dann erschiene das zwischen beiden liegende Element e_1 über den Weg a_1 p_1 e_1 p_2 a_2 kurzgeschlossen. Um diesen Kurzschluß zu vermeiden und doch beim Übergang von einem Kontakte zum andern den Strom nicht zu unterbrechen, werden die Zellenschalter, wie es in Fig. 46 schematisch angegeben ist, ausgeführt. Zwischen den Kontakten a_1, a_2 etc. befinden sich die blinden Klemmen b_1, b_2 etc. An dem breiten Schleifhebel cd ist der schmale Schleifhebel fg befestigt. Beide Hebel sind durch das nichtleitende Stück i voneinander isoliert, dagegen durch den Widerstand w miteinander leitend verbunden. Dieser Widerstand w ist so groß bemessen, daß er bei der für die betreffende Elementgröße höchst zulässigen Entladestromstärke 2 Volt vernichtet.

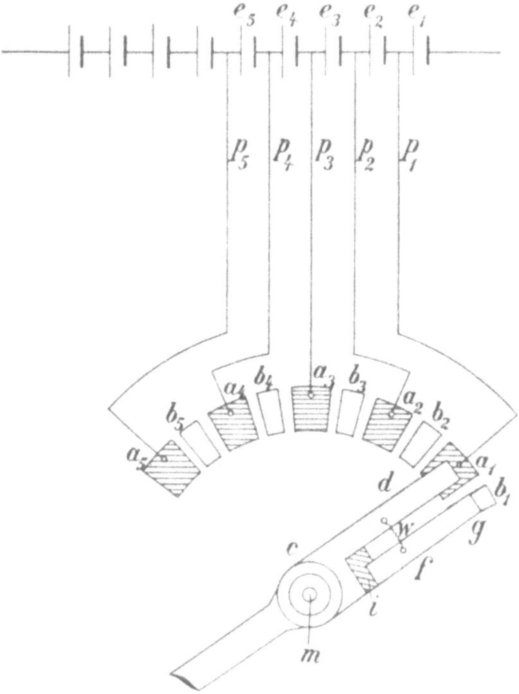

Fig. 46. Schema eines Einfachzellenschalters für Handbetrieb.

Tritt nun der Hebel cd zum Zwecke des Abschaltens einer Zelle auf die blinde Klemme b_2, so befindet sich der Hebel fg auf dem Kontakt a_1, und somit wird der Strom auf dem Wege p_1, a_1, g f, w, d, c, m abgeleitet. Bei der weiteren Verschiebung des Hebels tritt cd auf a_2, während fg sich noch auf a_1 befindet, so daß die Zelle e_1 auf dem Wege p_1, a_1, g f, w, cd, a_2, p_2 eingeschaltet ist. Ein Kurzschluß erscheint aber durch die Einführung des Widerstandes w verhindert, so daß der Entladestrom der Zelle e_1 die als höchst zulässig angegebene Entladestromstärke nicht überschreitet.

Bei der am Ende der Bewegung einzuhaltenden normalen Stellung, bei welcher cd voll auf a_2 und fg voll auf b_2 aufliegt, ist fg und der Widerstand w außer Thätigkeit, so daß der Strom den Weg über p_2, a_2, dc, m findet. Es ist streng darauf zu achten, daß der Hebel in der Ruhe immer die normale Stellung einnimmt und nie dauernd auf irgend einer Zwischenstellung stehen bleibt.

Ein anderes jedoch nicht so empfehlenswertes Aushilfsmittel, um den Kurzschluß von Zellen beim Ab- und Zuschalten derselben zu vermeiden, ist das, daß man in die Leitungen zwischen dem Zellenschalter und Sammler, also in p_1, a_1, p_2, a_2 etc., je einen Widerstand legt, welcher so groß ist, daß er bei der für den Sammler als höchst zulässig angegebenen Stromstärke 1 Volt vernichtet, so daß durch beide in Betracht kommende Drähte 2 Volt vernichtet werden. Zu diesem Zwecke kann statt des sonst für elektrische Leitungen gebräuchlichen Kupfers ein anderes schlechter leitendes Metall, z. B. Eisen, für die Verbindungsleitungen gewählt werden. Bei dieser Anordnung ist jedoch ein beständiger Verlust von 1 Volt vorhanden, und es erweist sich deshalb die erstgenannte Einrichtung mit dem im Zellenschalterhebel selbst liegenden Widerstand als am einwurffreiesten.

Fig. 47. Einfachzellenschalter.

Fig. 47 zeigt das Bild eines von der Firma Schuckert & Co. in Nürnberg ausgeführten einfachen Zellenschalters.

Auf Seite 109 wurde angegeben, daß durch Anwendung eines Doppelzellenschalters die Möglichkeit vorhanden ist, die geladenen Zellen abschalten zu können. Um nun den Wärter der Aufgabe zu entheben, jedesmal in den Sammlerraum zu gehen, um nachzusehen, ob die betreffende Zelle bereits geladen ist, rüstet die Akkumulatorenfabrik in Hagen i. W. ihre Doppelzellenschalter mit der Vorrichtung aus, welche Fig. 48 schematisch angiebt. Hierdurch erscheint es möglich, im Maschinenraum selbst zu erkennen, ob die Ladung der betreffenden Zelle so weit vorgeschritten ist, daß dieselbe abgeschaltet werden kann.

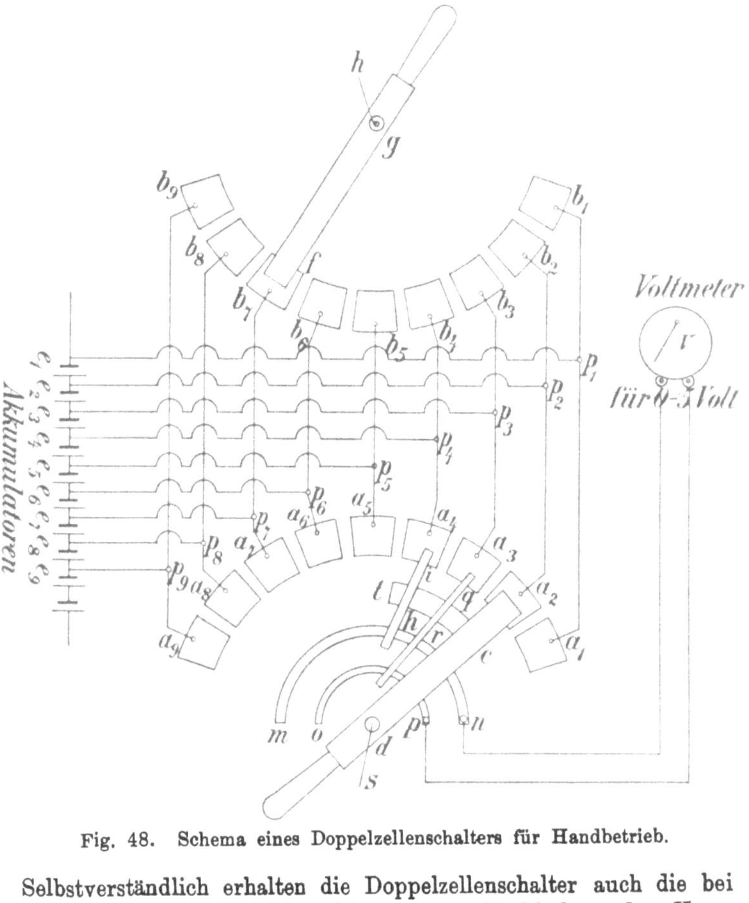

Fig. 48. Schema eines Doppelzellenschalters für Handbetrieb.

Selbstverständlich erhalten die Doppelzellenschalter auch die bei Fig. 46 angegebene Vorrichtung zum Verhindern des Kurzschließens der Zellen, welche hier, als nicht in Betracht kommend, der Übersichtlichkeit halber fortgelassen wurde. Die Lage des Doppelzellenschalters entspricht genau der bei der Schaltung angegebenen Lage, so daß die Leitung *ds* (Fig. 48) nach der Klemme *K* (Fig. 46) des Maschinenumschalters führt. An dem

Hebel cd, mittels dessen man die geladenen Zellen abschaltet, befindet sich die seitliche Verlängerung tc. Auf dieser Verlängerung sind 2 Kontaktfedern isoliert befestigt, deren eine qr eine leitende Verbindung von der Klemme a_3 mit dem Schleifring op herstellt, während die andere Feder hi von der Klemme a_4 nach dem Schleifring mn führt. An die beiden Schleifringe ist der Voltmeter v angeschlossen, so daß man von dem letzteren die Spannung der Zelle e_3 ablesen kann. Zur Abschaltung liegt zunächst die Zelle e_2. Da aber die Zelle e_2 allgemein weniger entladen sein wird als e_3, so wird e_2 sicher geladen sein, wenn e_3 diejenige Spannung besitzt, welche die vollständige Ladung bedingt. Man kann alsdann den Hebel cd um einen Kontakt weiter rücken, so daß derselbe auf a_3 zu stehen kommt, wobei die Kontaktfedern gleichzeitig je einen Kontakt weiter rücken und auf a_4 beziehungsweise a_5 zu stehen kommen.

Daß man nicht die Spannung der zunächst zur Abschaltung gelegenen Zelle e_2, sondern diejenige ihrer weiter vom Ende entfernt liegenden Nachbarzelle e_3 mißt, ist durch folgende Betrachtung begründet. Um bei der in Fig. 48 wiedergegebenen Stellung des Hebels die Spannung der Zelle e_2 ablesen zu können, müßte man das Voltmeter v mit Klemme a_2 und a_3 verbinden, so daß die Übermittelung der Spannung der Zelle e_2 durch die Leitungsdrähte e_2, p_2, a_2 und e_3, p_3, a_3 erfolgen würde. Durch den einen dieser Drähte, nämlich e_2, p_2, a_2, geht jedoch der Ladestrom, so daß man am Voltmeter nicht allein die Spannung der Zelle e_2, sondern diese zuzüglich des Spannungsverlustes in dem bezeichneten Leitungsdraht abliest. Dieser Spannungsverlust hat bei verschiedenen Ladestromstärken verschiedene Werte, so daß die genaue Spannungsbestimmung ohne Zuhilfenahme einer Tabelle nicht durchführbar ist; deshalb wurde von dieser Anordnung abgesehen.

Ein anderes Aushilfsmittel wäre die Anordnung von Prüfdrähten, parallel zu den in der Fig. 48 angegebenen Leitungsdrähten.

Es dürften alsdann die Kontaktfedern qr und op jedoch nicht mehr auf a_3, a_4 etc. schleifen, sondern es müßte für diese ein besonderer kleiner Zellenschalter ausgeführt und zu dessen Klemmen die Prüfdrähte geführt werden. Die Umständlichkeit dieser Anordnung wurde jedoch durch das oben angeführte Aushilfsmittel umgangen.

Außer dem Einwand, daß man bei der Ausführung nach Fig. 48 nicht die Spannung der zur Zeit der Abschaltung vorliegenden Zelle, sondern diejenige ihrer Nachbarzelle abliest, ist noch folgender Einwand gegen diese Anordnung zu erheben: Steht

z. B. der Hebel *fg* nicht, wie in der Zeichnung angegeben, auf Klemme b_7, sondern auf b_4, so erscheint, wenn in der Lichtleitung während des Ladens Strom verbraucht wird, der eine nach der Kontaktfeder *ih* die Spannung vermittelnde Leitungsdraht e_4, p_4, a_4 vom Strom durchflossen, wodurch ebenfalls der Spannungsmesser nicht allein die Spannung der Zelle, sondern diese, vermehrt um den, durch den Strom in dem betreffenden Leitungsdraht hervorgerufenen Spannungsverlust, anzeigt. Dieser Fall tritt immer ein, wenn der Hebel *fg* dem Hebel *cd* um einen oder zwei Kontakte voreilt.

Es läßt sich jedoch alsdann, entweder durch Verschiebung des Hebels *fg* nach der Mitte der Zellen oder Zurückschiebung des Hebels *cd* nach dem Ende der Zellen, die wahre Spannung des Elementes leicht ermitteln.

Die Spannung, bei welcher die betreffenden Zellen die vollzogene Ladung anzeigen, wird am besten durch genaue Beobachtung an Ort und Stelle festgestellt und von Zeit zu Zeit wieder auf ihre Richtigkeit geprüft, da es vorkommen kann, daß im Laufe der Zeit Veränderungen in der Angabe des Voltmeters eintreten.

Der Hebel *cd* darf nur, wenn dies beim Abschalten der geladenen Zellen erforderlich erscheint, nach und nach so weit vorgeschoben werden, bis er dem Hebel *gf* gegenübersteht; ein Voreilen des Hebels *cd* über *gf*, in der Richtung nach der Mitte der Zellen hinaus, ist nicht gestattet, weil sich sonst die zwischen *cd* und *fg* liegenden Zellen schon mit dem, für die Lichtleitung zur Zeit erforderlichen, Strom entladen.

Falls bei der Ladung nie Lampen brennen, ist ein Einfachzellenschalter für $^1/_6$ der Zellen genügend, der bei der Ladung der Batterie zum Abschalten schon geladener Zellen bei der Entladung zum Zuschalten von Zellen behufs Konstanthaltung der Spannung dient. Falls bei der Ladung nur ausnahmsweise Lampen brennen, kann man einen Einfachzellenschalter mit einem Umschalter anwenden, der es ermöglicht, die Dynamo auf die ganze Batterie zu schalten, während der Zellenschalter nur zur Konstanthaltung der Spannung benutzt wird.

Falls bei der Ladung der Strom für das Licht durch eine Hauptdynamo geliefert, die Mehrspannung für die Ladung dagegen durch eine besondere Zusatzdynamo erzeugt wird, genügt gleichfalls ein Einfachzellenschalter, an dem in diesem Falle nur $^1/_6$ der Zellen anzuschließen sind, da er nur bei der Entladung den Spannungsabfall der Zellen auszugleichen hat.

Will man in diesem Falle jedoch bei der Ladung die Batterie

der Hauptdynamo parallel geschaltet haben, so muß man einen Doppelzellenschalter für $^1/_3$ der Zellenzahl nehmen.

Zellen, welche nur zum Ausgleich von Spannungsverlust in Leitungen bei Vollbelastung derselben dienen, müssen gleichfalls an den Zellenschalter angeschlossen werden, damit sie bei schwacher Belastung der Leitungen ausgeschaltet werden können.

Aufspeichern elektrischer Energie bei Wechselstrombetrieb.[1]

Für die Aufspeicherung der elektrischen Energie bei Wechselstromanlagen sind die verschiedensten Vorschläge gemacht worden, da es bekanntlich bis jetzt noch nicht gelungen ist, den Wechselstrom zum Laden von Akkumulatoren direkt verwenden zu können. Ein für die Praxis in vieler Beziehung besonders vorteilhaftes Verfahren ist von Franz Wilking[2] in Berlin eingeschlagen worden. Die Maschine, welche den elektrischen Strom erzeugt, treibt außer der Wechselstrommaschine noch eine Gleichstromdynamomaschine, welche die über den Wechselstrombedarf hinausgehende Energie der Betriebsmaschine aufnimmt und im Akkumulator aufspeichert. Das Prinzip, nach welchem hier die Vorteile der Aufspeicherung bei Verteilung des elektrischen Stromes benutzt sind, beruht darauf, daß die während des Betriebes geladenen Akkumulatoren nach Stillsetzen der Betriebsmaschine ihren Strom an die Gleichstromdynamomaschine abgeben, diese als Elektromotor treiben, welcher wiederum die Wechselstrommaschine durch eine direkte Kuppelung in Bewegung setzt, so daß nach den Lampen zu stets Wechselstrom gelangt, während der Überschuß an Energie in den Akkumulatoren als Gleichstrom aufgespeichert wurde. Auf diese Weise ist es möglich, die Leistungsfähigkeit der Betriebsmaschine während aller Betriebsstunden im Jahre voll auszunutzen. Ebenso wird eine direkte Umwandelung des Wechselstromes in Gleichstrom und die damit verbundenen Übelstände vermieden, und der Betrieb kann einfach und sicher durchgeführt werden. Natürlich wird die Voraussetzung gemacht, daß die Gleichstromdynamomaschine so gebaut sei, daß sie auch als Elektromotor mit Vorteil arbeiten kann.

Bei Elektrizitätswerken, wo man wegen des geringen Bedarfes in späten Nachtstunden und am hellen Tage ungern eine

---

[1] Vgl. Zeitschr. f. Elektrotechnik, 1895, Seite 133. Pollak „Über das Laden der Akkumulatoren durch Wechselstrom“.

[2] Vgl. Elektrotechnische Zeitschrift 1891, Seite 545, „Vortrag des Herrn Franz Wilking“.

größere Dampfmaschine im Betrieb erhält, ist es vorteilhaft, von dieser Anordnung Gebrauch zu machen.

Ein zweiter Fall ist gegeben bei einer Wasserkraft, welche für den maximalen Bedarf nicht ausreicht. Angenommen, daß eine Wasserkraft von nur 100 PS zur Verfügung steht, dagegen in den Abendstunden 2000 Lampen brennen würden, wenn man dieselben speisen könnte. In solchem Falle wird die Wasserkraft am Tage zum Laden des Akkumulators ausgenutzt, welcher abends geladen die Gleichstromdynamomaschine als Motor speist und damit zur Unterstützung der ungenügenden Wasserkraft befähigt.

Der dritte Fall wäre derjenige eines Gleichstromelektrizitätswerkes, bei welchem an einer sehr entfernten Stelle noch Anschlüsse erwünscht sind, die Stromart dagegen gleichgültig oder nicht von großer Bedeutung ist. In diesem Falle brauchen auf die verlängerte Achse der Gleichstromdynamo nur einige Schleifringe zur Abnahme eines Mehrphasenwechselstromes aufgesetzt zu werden, welcher Wechselstrom, durch einen Transformator auf hohe Spannung gebracht, die großen Entfernungen ohne Schwierigkeit überwindet.

Fragen wir nun nach dem Nutzeffekt dieser Anordnung, so ergiebt sich gegenüber der Akkumulierung bei Gleichstrom ein Mehrverlust, repräsentiert durch die Arbeit, welche die im Akkumulator aufgespeicherte Stromenergie zum Antrieb des Rotationstransformators leisten muß. Dieser Verlust ist je nach der Konstruktion derselben (ob zwei getrennte elektrische Maschinen, oder die beiden Wickelungen auf einem Anker vereinigt, oder an eine einzige Ankerwickelung der Kommutator für Gleichstrom und die Schleifringe für Wechselstrom angeschlossen sind) verschieden, überschreitet jedoch in keinem Falle 20 %. In Ausdehnung dieses Verlustes wird man aber zweckmäßigerweise der Akkumulierung bei Wechselstrom einen entsprechend geringeren Umfang geben, wie bei Gleichstrom.

Aufstellung der Akkumulatoren.

Die Lokalitäten, in welchen Sammler zur Aufstellung gelangen, sind abzusondern und gut zu lüften, da beim Laden große Mengen von Gasen, welche Säuren mit sich führen, entwickelt werden. Diese Gase sind für den Organismus des menschlichen Körpers schädlich.

Tritt man in einen nicht durchlüfteten Sammlerraum mit einem offenen Lichte ein, dann ist die Gefahr einer Explosion vorhanden.

Zumeist werden die Sammler auf eine gemauerte Bank, auf

ein Holz- oder Eisengestell in mehreren neben- und übereinander befindlichen Abteilungen aufgestellt, jedoch so, daß dieselben behufs Prüfung und Untersuchung bequem zugänglich sind.

Ganz besondere Sorgfalt erfordert die Isolation des Sammlers von der Erde. Die bei der Gasentwickelung mitgerissene Säure bedeckt auch die Außenfläche der Gefäßwände. Die so entstehende Flüssigkeitsschicht bildet, infolge der großen Oberfläche der sämtlichen Zellen, eine erhebliche Fehlerquelle der Isolation. Man beseitigt diesen Fehler durch das Aufstellen der Gefäße auf Porzellan und andere Isolatoren

Schaltapparate und Meßinstrumente sollen außerhalb des Sammlerraumes aufmontiert werden, da die Säure auf die Metallbestandteile derselben oxydierend wirkt. Die blanken Kupferleitungen sind aus demselben Grunde mit Ölfarbe anzustreichen.[1]

Thermodynamische Aufspeicherung von Arbeit.[2]

Der Grundgedanke dieses Systems ist die dauernde und gleichmäßige Beanspruchung der Kessel bei Einschaltung von Dampfspeichern zwischen Kessel und Dampfmaschinen. Dieses System ist besonders vorteilhaft für große Centralstationen, in welchen die Maschinensätze meist von mittlerer Leistung sind und die gesamte maschinelle Einrichtung der Centrale in eine ziemliche Anzahl von Sätzen verschiedener Größe verteilt ist. Die Anzahl und Größe der Maschinensätze wird allerdings bei dieser Art von Aufspeicherung nicht beeinflußt, dagegen können die Kessel bedeutend kleiner angelegt werden, weil dieselben fortwährend mit voller Leistung arbeiten, und die Ausnutzung des Heizmaterials ist auch aus diesem Grunde eine weit günstigere, als bei der bisher gebräuchlichen Anordnung, bei welcher einzelne Kessel viele Stunden lang entweder mit nur kleiner Belastung arbeiten oder angeheizt und unter Dampfdruck müßig stehen müssen. Die Verwendung der Wärmespeicher hat auch noch den Vorteil, daß sie als Reiniger für das Speisewasser dienen und so die Abnutzung der Kessel vermindern. Auch

---

[1] Wer sich eingehend mit dem Studium von Akkumulatoren befassen will, dem seien nachstehende Werke empfohlen: Johannes Zacharias, „Die Akkumulatoren"; Paul Schoop, „Die Sekundärelemente"; Schenek, „Konstruktion und Wirkungsweise der Akkumulatoren"; Salomon, „Handbuch über die Behandlung der Akkumulatoren", deutsch von J. L. Huber; C. Heim, „Die Akkumulatoren für stationäre elektrische Beleuchtungsanlagen"; Edmund Hoppe, „Die Akkumulatoren für Elektrizität".

[2] Vgl. Elektrotechnische Zeitschrift 1896.

ist das thermodynamische System der Aufspeicherung für Wechselstrom ebenso gut anwendbar wie für Gleichstrom.

Je nach dem Grad, auf welchen man die Aufspeicherung treiben will, ist die praktische Ausführung dieses Systems eine sehr verschiedene. Man kann sich entweder begnügen, nur so viel Wärme aufzuspeichern, als zur Vorwärmung des gesamten täglichen Bedarfes an Speisewasser auf die Temperatur des Kesselwassers erforderlich ist, oder man kann auch die zur wirklichen Verdampfung eines Teils dieses Speisewassers gebrauchte Wärme aufspeichern. Eine Anlage mit Aufspeicherung von heißem Speisewasser ist seit mehr als einem Jahre im Gordon Hotel in Margate (England) mit gutem Erfolg in Betrieb. Die Speicher bestehen aus senkrechten Cylindern aus Stahlblech mit sphärischen Enden, in welche das Speisewasser eingeleitet wird. Der Kesseldampf wird zu jenen Zeiten, während welcher die Kessel für die Dampfmaschinen keinen oder nur wenig Dampf zu liefern haben, in die Speicher geleitet und erwärmt so den ganzen Vorrat von Speisewasser. Dabei setzen sich die Ablagerungen aus dem Speisewasser natürlich nicht in den Kesseln, sondern in den Speichern ab, und zwar, da die letzteren keine feuerberührten Flächen haben, in der Form eines losen Schlammes, der von Zeit zu Zeit abgeblasen wird. Der Kessel erhält immer Speisewasser, dessen Temperatur dem Dampfdruck entspricht, und braucht daher selbst zur Zeit des stärksten Maschinenbetriebes in den Abendstunden nicht so stark angestrengt zu werden, als das bei der doch immer unvollkommenen Vorwärmung des Speisewassers nach einer der bisher üblichen Methoden nötig wäre. Die Folgen davon sind Schonung der Kessel und eine bessere Ausnutzung des Heizmaterials. In letzterer Beziehung würde man allerdings aus theoretischen Gründen nur eine sehr geringe Verbesserung erwarten. Die Praxis hat jedoch hier wie auf so manchen anderen Gebieten gezeigt, daß theoretische Berechnungen nicht immer zutreffen, denn nach den von Prof. Unwin in Margate gemachten Messungen ist die Kohlenersparnis beträchtlich höher, als sich aus theoretischen Gründen erwarten ließ. Auch hat sich gezeigt, daß die Kesselanlage mit Heißwasserspeicherung 20—25 % mehr Dampf liefern kann, als ohne diese Zuthat möglich wäre.

Vierter Abschnitt.

Kraftübertragung.

Allgemeines.

Das Wesen der elektrischen Kraftübertragung besteht darin, daß man die Elektrizität an einem bestimmten Orte erzeugt, sie von diesem Orte aus auf beliebig weite Entfernungen leitet und dort entweder direkt oder indirekt für die verschiedensten Zwecke des praktischen Lebens verwertet. Direkt kann die Elektrizität zur elektrischen Beleuchtung, zu elektrochemischen Zwecken, zur elektrischen Heizung, Schweißung, Schmelzung, Zündung, in der Telegraphie, Telephonie, im Signalwesen etc., indirekt zum Antriebe von Elektromotoren Verwendung finden. Der Elektromotor besorgt dann, sowie jeder Motor überhaupt, den Antrieb von Dynamomaschinen, Werkzeugmaschinen, Hämmern, Hebemaschinen, Schiebebühnen, Pumpen, Feuerspritzen, landwirtschaftlichen Maschinen, Gesteinsbohrern, Minirmaschinen, Blasebälgen, Ventilatoren, Exhaustoren, Nähmaschinen, Fächern, Kaffeemühlen und jeder Maschine überhaupt, elektrischen Straßenbahnen, Grubenlokomotiven, Schiffen etc.

Nach dem derzeitigen Stand der Elektrotechnik unterscheiden wir vier Systeme der Kraftübertragung:

1. Gleichstrom,
2. Wechselstrom,
3. zweiphasiger Wechselstrom und
4. dreiphasiger Wechselstrom (Drehstrom).

Eine jede Übertragung von motorischer Kraft nach entfernten Orten mit Hilfe der Elektrizität (wobei es keine Rolle spielt, ob Gleich-, Wechsel- oder Drehstrom zur Verwendung kommt) umfaßt nun im wesentlichen folgendes:

a) die Kraftquelle, (Dampf-, Wasser-, Luft-, Gasmotoren etc.),
b) die Stromquelle der Elektrizität, (Dynamomaschine) welche von der Kraftquelle angetrieben wird,
c) die Leitung der Elektrizität von der Stromquelle zum Elektromotor,
d) den Elektromotor zur Wiederumwandlung der Elektrizität in motorische Kraft zur Verwendung am Verbrauchsorte.

Figur 49 zeigt die schematische Anordnung einer Kraftübertragung. Den Stromkreis einer Dynamomaschine *D* schließt ein in der Ferne befindlicher Elektromotor *M*. Die elektrische Energie versetzt die Armatur des Motors in Rotation, und diese kann ebenso wie die Rotation eines Dampf- oder Gasmotors mittels Riemenantriebes oder auch zu direktem Antrieb ausgenutzt werden. An Hilfsapparaten kommen gewöhnlich zur Verwendung ein Ampèremeter *A*, natürlich mindestens eine Bleisicherung *B*, in der Motorenstation der Schalthebel *S* und in der Primärstation der Kurzschließer *K*, welcher bei einer Überschreitung der zulässigen Stromstärke die Magnetbewickelung der Dynamomaschine kurz-

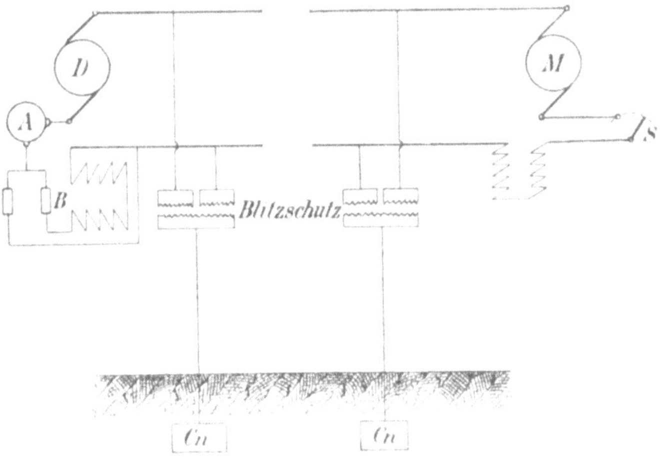

Fig. 49. Schema einer Kraftübertragung.

und daher ausschließt, so daß ein Stillstehen des Motors eintritt, damit Beschädigungen der Anlage verhindert werden. Blitzschutzvorrichtungen schützen die Anlage vor Blitzschlägen.

Aus dem Schema ist ersichtlich, daß dies eine Anordnung mit Hauptstromschaltung ist, bei welcher der Motor in entgegengesetzter Richtung wie die Dynamo läuft, und die nur gebraucht werden soll, wenn der Motor vollbelastet anlaufen muß und dauernd gleichmäßig belastet bleibt.

So geschaltete Motoren verwendet man fast nur bei Einzelschaltungen und fast nie bei elektrischen Systemen mit konstanter Klemmenspannung.

Elektromotoren bei Kraftübertragung mittels Gleichstroms.

Der Elektromotor ist eine elektrische Maschine, der nicht, wie der gewöhnlichen stromgebenden Dynamomaschine, mechanische Kraft zur Erzeugung von elektrischer Energie zugeführt wird, vermöge welcher vielmehr zugeführte elektrische Energie in mechanische Kraft umgesetzt wird. Es läßt sich daher im Grunde jede Dynamomaschine — allerdings ohne besondere Nutzleistung, weil nicht speziell als Elektromotor gebaut — als Motor, unter Beobachtung gewisser Sicherheitsmaßregeln, verwenden.

Die Wirkung des Elektromotors ergiebt sich durch das Produkt aus Spannung (Volt) mal Stromstärke (Ampère). Man bezeichnet dieses Produkt Volt mal Ampère mit Watt und entspricht theoretisch eine Pferdekraft dem Verhältnis $= \frac{\text{Wattzahl}}{736}$.

Das Maß der Spannung, für welche die Motoren gebaut werden, ist verschieden und schwankt zwischen den Grenzen von 110 bis 2500 Volt. Es wird sich empfehlen — vorausgesetzt, daß nicht bereits eine Stromquelle bestimmter Spannung vorhanden oder an die Stromquelle auch elektrische Beleuchtung angeschlossen werden soll — für kleinere Motoren niedrige, für größere dagegen hohe Spannung zu wählen, weil für größere Motoren mit geringer Spannung hohe Stromstärken und infolgedessen auch größere Leitungsquerschnitte notwendig werden. Ebenso wird man bei langen Leitungen gern höhere Spannungen wählen, weil die geringeren Stromstärken dünnere Leitungen, resp. bei gewähltem Querschnitt geringere Spannungsverluste ermöglichen. Hohe Spannungen bedingen jedoch aufmerksamere Wartung und besonders sorgfältige Vermeidung von Isolationsfehlern in den Leitungen.

Wir sahen im obigen, daß die Kraftleistung eines Elektromotors von der zugeführten elektrischen Energie, und zwar von dem Produkte Volt × Ampère abhängt. Die Kraft des Elektromotors erhöht oder vermindert sich also, je nachdem die Spannung oder die Stromstärke oder beide im zugeführten elektrischen Strome vergrößert oder vermindert werden. In der Praxis benutzt man von diesen drei Fällen nur zwei, und zwar

1. den wechselnder Stromstärke und
2. den wechselnder Stromstärke und Spannung.

Danach ergeben sich zwei verschiedene Arten der Schaltung und somit zwei verschiedene Elektromotorensysteme:

a) Nebenschlußmotor,
b) Serienmotor.

Zu a) Bei Belastung bleibt die Spannung konstant, die Stromstärke variiert. Der Nebenschlußmotor muß überall da angewendet werden, wo eine Stromquelle mit konstanter Spannung vorhanden ist, wie in städtischen Centralen, oder wo dieselbe wegen anderer Ursachen — gleichzeitiger Beleuchtung — verwendet werden muß. Der Hauptvorteil des Nebenschlußmotors liegt in dem Umstande, daß von einer Stromquelle gleichzeitig mehrere Motore ohne gegenseitige Beeinflussung ihrer Tourenzahl und Wirkungsweise betrieben werden können, seine Anwendung ist durch die Höhe der Spannung beschränkt, man wird vorteilhaft kleine Nebenschlußmotoren nur bis 200 Volt, größere bis 500 Volt, wenn die Beleuchtungsspannung überhaupt nicht geringere Volt bedingt, gebrauchen können.

Zu b) Bei Belastung fallen oder steigen sowohl Stromstärke als Spannung. Da hier die Stromquelle mit der Belastung des Motors nicht nur in Stromstärke, sondern auch in Spannung variieren muß, folgt, daß jeder Serienmotor, soll nicht für zwei oder mehrere Motore gegenseitige Beeinflussung stattfinden, eine eigene Stromquelle — Primärdynamo — haben muß. Die elektrischen Übertragungen mittels Serienmotoren wendet man vorteilhaft da an, wo die Kraft von einem Orte nach nur einer Verbrauchsstelle übertragen werden soll und die Kraft dort konzentriert, z. B. an eine Haupttransmission abgegeben werden kann. Der Hauptvorteil der Übertragung durch Serienmotoren gegenüber Nebenschlußmotoren liegt in der Möglichkeit der Anwendung höherer Spannungen — bei sehr großen sogar bis 2500 Volt — und damit der Überwindung größerer Entfernungen bei geringem Leitungsquerschnitt. — Bei Serienübertragung ist es wegen der wechselnden Spannung jedoch nicht möglich, die Stromquelle (Primärdynamo) oder den an die Verbrauchsstelle geleiteten elektrischen Strom gleichzeitig zu motorischen und Beleuchtungszwecken zu verwenden.

Während Hauptstrommotoren belastet mit gleichbleibender Tourenzahl laufen, kann man bei Nebenschlußmotoren die Tourenzahl auf verschiedene Weise ändern:

a) durch Einschalten von Widerstand in den Nebenschluß und
b) durch Einschalten von Widerstand in den Ankerstromkreis.

Allerdings erzielt man den besten Wirkungsgrad nur bei den normalen Watts, für welche der Motor gebaut ist. Unter Umständen aber kann die Möglichkeit der Tourenveränderung mehr wert sein als der beste Wirkungsgrad, besonders auch dann, wenn wir Vergleichungen mit mechanischer Transmission unter gleichen Anforderungen anstellen.

Bei Nebenschlußmotoren sind Anlaßwiderstände, eventuell sogar Umkehr-Anlaßwiderstände erforderlich.

Wir unterscheiden noch eine dritte Schaltungsart, nämlich die gemischte oder Compoundschaltung. Dieselbe gewährt die Vorteile beider vorbesprochenen Schaltungsarten. Es wäre aber unrichtig, infolgedessen immer und unter allen Verhältnissen Compoundschaltung zu wählen, denn nicht in allen Fällen ist das kräftige Angehen der Motoren erwünscht. Bei Spinn-, Wirk- und Webstühlen für feine zarte Fäden würde z. B. ein allzu kräftiges Angehen der Motoren wohl viel Fadenbruch verursachen.

Es ergeben sich also folgende allgemeine Gesichtspunkte zur Wahl der Schaltungsart für Gleichstrommotoren:

1. für langsames Angehen und wechselnde Beanspruchung: „Nebenschluß“;
2. für starkes Angehen und gleichbleibende Leistungen: „Hauptstrom“;
3. für kräftiges Angehen, aber wechselnde Beanspruchung: „Compound“.

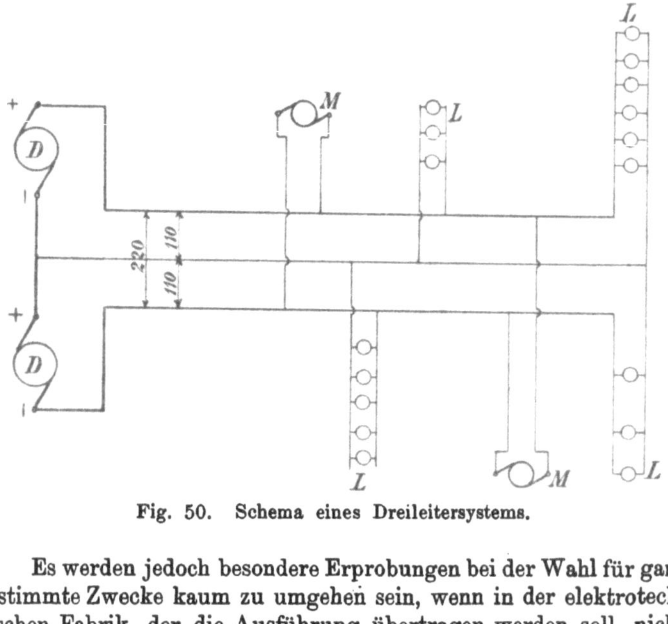

Fig. 50. Schema eines Dreileitersystems.

Es werden jedoch besondere Erprobungen bei der Wahl für ganz bestimmte Zwecke kaum zu umgehen sein, wenn in der elektrotechnischen Fabrik, der die Ausführung übertragen werden soll, nicht schon Erfahrungen für den betreffenden Industriezweig vorliegen.

Das Schema in der Figur 50 zeigt die Einschaltung von

Nebenschlußmotoren in die Leitung eines Dreileitersystems, wobei jedoch bemerkt wird, daß es in vielen Fällen vorteilhaft ist, den Anker mit der höheren, die Elektromagnete mit der niedrigeren Spannung zu betreiben, was natürlich nur bei einem Mehrleitersystem ohne Kraftverluste möglich ist.

Nachdem wir schon im ersten Abschnitt auf S. 51 über die verschiedenen Wirkungsgrade im allgemeinen gesprochen haben, handelt es sich nun um die Berechnung des Wirkungsgrades. Der mechanische Wirkungsgrad eines „Elektromotors" ist das Verhältnis der an der Welle geleisteten Arbeit zu der vom Elektromotor an den Klemmen aufgenommenen Energie.

Bezeichnen wir mit

e die Klemmenspannung,
J die Stromstärke,
w_a den Widerstand des Ankers an den Bürsten gemessen,
w_m den Widerstand der Elektromagnete,
K die Leerlaufarbeit in Watt,
L den totalen elektrischen Effekt, und mit
l den Nutzeffekt.

Dann ist:

der Kraftbedarf einer Nebenschlußdynamo:

$$A = eJ + \left[\left(J - \frac{e}{w_m}\right)^2 w_a + e\frac{e}{w_m} + K\right] \text{ in Watt}$$

$$\text{oder} = \frac{A}{9{,}81} \text{ in mkg oder} = \frac{A}{736} \text{ in PS;}$$

die Leistung eines Nebenschlußmotors:

$$A_1 = eJ - \left[\left(J - \frac{e}{w_m}\right)^2 w_a + e\frac{e}{w_m} + K\right] \text{ in Watt}$$

$$\text{oder} = \frac{A_1}{9{,}81} \text{ in mkg oder} = \frac{A_1}{736} \text{ in PS;}$$

der Kraftbedarf einer Hauptstromdynamo:

$$A = eJ + (J^2 w_a + J^2 w_m + K) \text{ in Watt;}$$

die Leistung eines Hauptstrommotors:

$$A_1 = eJ - (J^2 w_a + J^2 w_m + K) \text{ in Watt}$$

und man erhält folgende mechanische Wirkungsgrade:

für die Nebenschlußdynamo ist:

$$\eta = \frac{l}{L} = \frac{e.J}{eJ + \left[\left(J + \frac{e}{w_m}\right)^2 w_a + e\frac{e}{w_m} + K\right]}, \text{ d. h.}$$

$$\eta = \frac{\text{gesamte aufgenommene elektrische Arbeit}}{\text{die an den Klemmen abgegebene Arbeit + der im Anker aufgewendeten elektr. Arbeit + der in den Elektromagnetspulen aufgewendeten elektr. Arbeit + der Leerlaufarbeit}};$$

für den Nebenschlußmotor ist:

$$\eta = \frac{l}{L} = \frac{eJ - \left[\left(J + \frac{e}{w_m}\right)^2 w_a + e\frac{e}{w_m} + K\right]}{eJ}, \text{ d. h.}$$

$$\eta = \frac{\text{der aufgenommenen elektrischen Arbeit − (der im Anker aufgewendeten elektr. Arbeit + der in den Elektromagnetspulen aufgewendeten elektr. Arbeit + der Leerlaufarbeit)}}{\text{gesamte aufgenommene elektrische Arbeit}};$$

für ein Hauptstromdynamo ist:

$$\eta = \frac{l}{L} = \frac{e\,.\,J}{eJ + (J^2 w_a + J^2 w_w + K)}, \text{ d. h.}$$

$$\eta = \frac{\text{gesamte aufgenommene elektrische Arbeit}}{\text{die an den Klemmen abgegebene elektr. Arbeit + der im Anker aufgew. elektr. Arbeit + der in den Elektromagnetspulen aufgewendeten elektr. Arbeit + der Leerlaufarbeit}};$$

für einen Hauptstrommotor ist:

$$\eta = \frac{l}{L} = \frac{eJ - (J^2 w_a + J^2 w_m + K)}{e\,.\,J}, \text{ d. h.}$$

$$\eta = \frac{\text{der gesamten aufgenommenen elektr. Arbeit − (der im Anker aufgew. elektr. Arbeit + der in den Elektromagnetspulen aufgewendeten elektr. Arbeit + der Leerlaufarbeit)}}{\text{gesamte aufgenommene elektrische Arbeit}}.$$

Kommen wir nun in die Lage z. B. an einem Nebenschlußmotor die verbrauchte Arbeit zu messen, so genügt ein Voltmeter und ein Ampèremeter. Normalinstrumente müssen dies gerade nicht sein; es genügen die gewöhnlichen technischen Meßinstrumente, wie sie auf den Schaltbrettern zur Verwendung gelangen, wenn sie nur für den in Frage kommenden Meßbereich auf der Skala ausreichen.

Man verbindet die Klemmen des Voltmeters mit den Klemmen des funktionierenden Motors und notiert die an diesen Stellen herrschende Spannung in Volt; gleichzeitig schaltet man den Strommesser in die zum Motor direkt führende Leitung und notiert die in diesem Schließungskreis herrschende Stromstärke in Ampères.

Das Produkt aus den so erhaltenen Faktoren:

Volt × Ampères = der zugeführten Energie in Watt.

Kennt man nun den Wirkungsgrad des Elektromotors, so ist die Leistung desselben:

Leistung des Motors = Volt × Ampères × Wirkungsgrad.

Allerdings ist der Wirkungsgrad bei verschiedener Belastung, wie schon bemerkt, verschieden.

Aber auch eine genaue Ermittelung der Leistung verursacht unter Anwendung der obigen Formeln keine besonderen Schwierigkeiten. Man muß nach denselben nur noch die im Anker und in den Elektromagneten verbrauchte elektrische Energie, sowie die Leerlaufarbeit messen. Dazu ist nur nötig, die zugeführte Stromstärke beim Leerlauf zu ermitteln, und wir können die obige Gleichung in handlicherer Form wiedergeben:

$$A_1 = \frac{e.J - (eJ_0 + w_a J_1^2)}{736} \text{ in PS},$$

wobei J_0 die Stromstärke beim Leerlauf und

J_1 die Stromstärke im Anker $= J - \frac{e}{w_m}$ bedeuten.

Sind uns also die Widerstände des Ankers und der Elektromagnetspulen bekannt, so brauchen wir nur zu messen:

1. e die Klemmenspannung,
2. J_0 die Stromstärke beim Leerlauf und
3. J die Stromstärke bei der Arbeit;

dann können wir unter Anwendung der letzten Formel die Leistung des Motors leicht und sicher bestimmen.

Gleichstrommotoren bedürfen wegen der Kollektoren und der Stromabnehmer einer bestimmten, wenn auch nur zeitweisen Bedienung und Regulierung zur Erhaltung des ungestörten Ganges. Ferner treten an den schleifenden Kontaktteilen (Bürsten) manchmal Funken auf, welche eventuell nicht ungefährlich sind. In Lokalen, wo sich freie Gase entwickeln, in denen Holz- oder Kohlen- oder Mehlstaub etc. massenhaft entsteht, ist die Anwendung solcher Motoren ohne ganz besondere Schutzvorrichtungen nicht anzuraten.

In Fachkreisen hat man sich darum bemüht, Elektromotoren ohne lose und schleifende Kontaktteile zu konstruieren, und dies ist bekanntlich bei den Drehstrommotoren vollständig gelungen, welche später zur Besprechung gelangen sollen.

Nebenteile.

Bei Aufstellung eines Elektromotors ist es empfehlenswert, folgende Zubehörteile anzuwenden:

a) Riemenspannvorrichtung. Dieselbe besteht aus zwei Schlitten, auf welchen der Motor durch Druckschrauben bewegt werden kann. Sowohl der Motor wie auch der Riemen werden durch die dadurch gegebene Möglichkeit einer stets gleichmäßigen Spannung des letztern sehr geschont.

b) 1 Voltmeter. Dasselbe zeigt die jeweilige Spannung des Stromes an.

c) 1 Amperemeter. Dieses dient zur Kontrolle der Stromstärke und damit in gewissen Grenzen zugleich als Kontrolle des jeweiligen Kraftverbrauches.

d) 1 Hauptausschalter.

Ferner sind nötig:

für Nebenschlußmotoren:

1 Anlaß- resp. Regulierwiderstand,

1 automatischer Ausschalter oder eine Bleisicherung als Sicherung gegen Überlastung;

für Serienmotoren:

1 Regulator, parallel zu den Spulen geschaltet, zur Einstellung der gewünschten Tourenzahl,

1 automatischer Kurzschließer als Sicherung gegen Überlastung.

Weitere Bemerkungen bezüglich der Gleichstrom-Elektromotoren.

Für die zwei erstbesprochenen Systeme von Gleichstrom-Elektromotoren ist folgendes zu bemerken:

a) Nebenschlußmotoren.

Das einfachste Mittel zur Erzielung einer gleichmäßigen Spannung ist Übercompoundierung der Primärmaschine (d. h. die stromgebende Dynamo arbeitet automatisch mit einer, dem jeweiligen Spannungsverlust in der Leitung entsprechend höheren Spannung im Vergleiche zu derjenigen des Motors), und zwar ist eine solche Übercompoundierung bis ungefähr 15 % der Gesamtspannung zulässig.

Ein weiteres Mittel des Spannungsausgleiches bietet ferner die Einfügung einer kleinen Spannungs-Regulierdynamo in die Leitung an der Primärstation, und zwar namentlich bei Zulassung eines Verlustes an Spannung, welcher größer als 15 % ist. Beide Mittel wirken selbstthätig mit größter Genauigkeit.

b) Serienmotoren.

Bei diesen läßt sich die Primärmaschine derart compoundieren, daß dem Elektromotor solche Spannungen zugeführt werden, welche ihm eine fast absolut genaue Toureneinhaltung selbst bei wechselndster Belastung ermöglichen. Man kann die Maschinen sogar so bauen, daß die Motoren, um Riemengleiten auszugleichen, bei stärkeren Belastungen selbstthätig einige Prozente schneller laufen.

Die stromgebende Dynamo ist nie zu knapp zu bemessen, weil die daraus zu speisenden Motoren häufig infolge Ingangsetzung schwerer Schwungmassen, Transmissionen etc. für kurze Zeit eine namhaft größere Strommenge gebrauchen.

Dasselbe gilt von der Primärkraft. Da die stromgebende Dynamo bei abnehmender Tourenzahl an Spannung verliert, so treten durch Geschwindigkeitsänderungen leicht schädliche Störungen in der Funktion des Elektromotors ein. Namentlich gilt dies für Nebenschlußelektromotoren.

Kraftbetrieb bei gleichzeitiger Beleuchtung.

In vielen Fällen wird es erwünscht sein, bei Kraftübertragungsanlagen elektrische Beleuchtung an der Primärstation, an der Motorstation oder an beiden Stationen gleichzeitig zu haben, ohne eine besondere Beleuchtungsdynamo aufzustellen. Das ist, wie wir bereits oben ausführten, jedoch nur bei Anwendung von Nebenschlußmotoren möglich. Da die Lampen mehr wie die Motoren eine gleichbleibende Spannung erfordern, so ist die Beleuchtung nicht ohne weiteres in beiden Stationen anwendbar.

Es sind folgende Fälle zu unterscheiden:

a) Beleuchtung an der Primärstation.

Im Falle nur diese gewünscht wird, hat die Primärmaschine mit gleichbleibender Klemmenspannung als Compoundmaschine zu arbeiten. Es folgt daraus, daß der ganze Leitungsverlust auf den Motor wirkt, und, um den Gang desselben möglichst wenig zu beeinflussen, ist die Anwendung stärkerer Leitungen erforderlich. Es würden diese eventuell durch Anwendung der unter c) erwähnten Dynamo zu vermeiden sein.

b) Beleuchtung an der Motorstation.

Hierbei empfiehlt sich die Übercompoundierung der Primärmaschine in der Art, daß der Motorstation stets gleichbleibende Spannung zugeführt wird, indem erstere Maschine vermöge ihrer Übercompoundierung selbstthätig immer den jeweiligen Spannungsunterschied, entsprechend der verschiedenen Belastung des Motors, ausgleicht. Dieser Fall ist für den Kraftbetrieb mit gleichzeitiger Beleuchtung am günstigsten, weil am einfachsten.

c) Beleuchtung der Primär- und Motorstation.

Um gleichzeitige Beleuchtung beider Stationen zu ermöglichen, ist es empfehlenswert, bei sehr großen Entfernungen eine besondere kleine Spannungs-Regulierdynamo in Anwendung zu bringen. Es brennen hierbei die Lampen an der Primärstation, von der stromgebenden Dynamo gespeist, mit normaler Spannung, der Spannungsverlust in der Leitung bis zur Motorstation wird selbstthätig durch die Zusatzdynamo ausgeglichen, so daß den Lampen der Motorstation, sowie dem Elektromotor selbst ebenfalls Strom gleichbleibender Spannung zugeführt wird.

Im allgemeinen wird man Kraftbetrieb und Beleuchtung aus gleicher Stromquelle nur bei niedrig gespannten Strömen bis 150 Volt, bis zu welcher Spannung dauernd gut funktionierende Glühlampen von den Fabriken zu erhalten sind, anwenden. Höher gespannte Ströme bedingen ein Hintereinanderschalten der Glühlampen. Man vermeide möglichst, Motoren aus dem Beleuchtungsnetze mit zu speisen. Bei wechselnden Belastungen des Motors treten in solchem Falle leicht Zuckungen im Licht ein.

Elektromotoren bei Kraftübertragung mittels Wechselstroms.

Zu Beleuchtungszwecken haben sich Wechselströme vielfach bewährt; zum Motorenbetrieb aber sind die Bemühungen der Konstrukteure noch nicht so weit von Erfolg begleitet gewesen, daß die Behauptung: „die Wechselstrommotoren seien gleichwertig mit den Gleichstrommotoren“ berechtigt wäre. Im Gegenteil, die Wechselstrommotoren befriedigen derzeit noch nicht.

Man erhebt gegen die Wechselstrommotoren folgende Einwände:

1. Sie gehen belastet nicht an und
2. sie bleiben schon bei der geringsten Überlastung stehen.

Nun hat man allerdings vielfache Einrichtungen getroffen, um wenigstens den ersten Einwand zu entkräften, und es kann zugestanden werden, daß es technisch möglich ist, voll belastete Wechselstrommotoren angehen zu lassen; als ökonomisch und praktisch verwertbar aber können solche Einrichtungen wohl nicht bezeichnet werden.

Eine sehr sinnreiche Anordnung hat die Maschinenfabrik Oerlikon in letzter Zeit an Wechselstrommotoren getroffen; diese Anordnung ist aus der Figur 51 ersichtlich. Oerlikon geht von dem Standpunkte aus, den Motor immer leer anlaufen zu lassen;

die Firma versieht letzteren mit einer doppelt breiten Riemenscheibe, und auf dem Vorgelege ist eine Voll- und Leerrolle angebracht. Es ist nun vorgekommen, daß bei etwas zu straff gespanntem Riemen der Motor gar nicht angelaufen ist und mit der Hand nachgeholfen werden mußte. Um dies zu verhüten, werden jetzt die Motoren von $^3/_4$ PS und darüber mit je einem dritten Lager und mit Voll- und Leerscheibe ausgestattet, wie aus untenstehender Figur zu ersehen ist. Im dritten Lager ist ein Stift eingesteckt, auf welchem die Leerscheibe sitzt. Bei der

Fig. 51. Wechselstrommotor.

Inbetriebsetzung kann nun der Motor leer anlaufen; hat er seine normale Geschwindigkeit und regelmäßigen Gang erreicht, so wird die Leerscheibe mittels des Handrades außerhalb des dritten Lagers an die Vollscheibe angedrückt und von der letzteren mitgenommen. Läuft sie nun ebenfalls mit der normalen Tourenzahl, so wird der Riemen auf die Vollscheibe geschoben und die Leerscheibe wieder zurückgedreht.

Die Geschwindigkeit variiert nach Angabe der Firma höchstens um 3 % zwischen Leerlauf und Vollbelastung. Die Motoren können niemals durchbrennen. Der Wirkungsgrad ist mindestens ebenso groß, wie derjenige von guten Gleichstrommotoren von derselben Größe.

Die Maschinenfabrik Oerlikon baut diese Motoren normal von

$^1/_{20}$ bis 60 PS in 19 verschiedenen Modellen, und zwar für Periodenzahlen von 42, 50, 65, 85 und 100 in der Sekunde.

Wird der Motor an einer Zweileiter-Verteilung angeschlossen, so erhält er einen Anlaufsapparat. Bei Dreileiter-Verteilung wird der Motor an die zwei Außenleiter geschaltet, während der Mittelleiter nur bei der Ingangsetzung gebraucht wird.

Elektromotoren bei Kraftübertragung mittels Drehstroms.

Das Verdienst der praktischen Lösung der Drehstromkonstruktionen ist unbestritten dem Chef-Elektriker der A. E. G., M. von Dolivo-Dobrowolsky in Berlin, zuzuschreiben. Nachdem die Drehstrommotoren die gleichen Aufgaben lösen wie Gleichstrommotoren, also auch bei voller Belastung kräftig angehen und bei Überlastung nicht stehen bleiben, dabei aber keine schleifenden und überhaupt keine losen Kontakte besitzen, die Funkenbildung also vollkommen ausgeschlossen ist, so bedeuten dieselben einen wesentlichen Fortschritt in der Entwickelung unserer technischen Hilfsmittel, und sie sind wohl berufen, in vielen Fällen auch die Gleichstrommotoren mit Vorteil zu ersetzen. Sie werden letztere nicht verdrängen, müssen aber bei jeder Neuanlage mit in Berücksichtigung gezogen werden.

Dazu kommt, daß die Drehstrommotoren außer dem Ölen der Achslager gar keiner Wartung und dann besonders gar keiner Regulierung bedürfen, was beim Betriebe von Tausenden solcher Motoren an einer Stelle als nicht zu unterschätzender Vorteil bezeichnet werden muß. Ferner ist es wohl ein Vorzug der Drehstrommotoren, daß sie gegen äußere Beeinflussung sehr unempfindlich sind. Ein solcher Motor wird, vollkommen durchnäßt, ja sogar ganz unter Wasser gesetzt, lange Zeit anstandslos weiterfunktionieren, ist daher beim Bergwerksbetrieb und auf den Decks der Schiffe vortrefflich verwendbar.

Das Drehstromsystem von Dobrowolsky sei in folgendem kurz skizziert. Dasselbe besteht:

1. aus einer Drehstromdynamo,
2. aus einer dreifachen Leitung und
3. aus den Drehstrommotoren.

Hierbei sei schon jetzt bemerkt, daß bei diesem System, genau so wie bei Gleichstromanlagen, Glühlampen und Bogenlampen aus den gleichen Leitungen gleichzeitig betrieben werden können. Die Figur 52 zeigt ein bezügliches Schaltungsschema. *d* ist die kleine Dynamo zur Erregung der Elektromagnete in der Drehstromdynamo *D*. Die Drehstrommotoren *M* sind direkt in die Leitung angeschlossen, während die Lampen L hinter die Transformatoren T geschaltet sind, weil man Drehstrom für längere Leitungen zumeist in höheren Spannungen erzeugt, die dann auf die für unsere gewöhnlichen Leuchtkörper nötigen Spannungen umgeformt werden müssen, was nach den gewöhnlichen Transformationsgesetzen geschieht und nicht den geringsten Schwierigkeiten unterliegt.

Was die Drehstrommotoren selbst anlangt, so können dieselben ohne die geringste Schwierigkeit für beliebige Spannungen gebaut werden.

Auch die Ankerrückwirkung und die Streuung sind bei Drehstromanlagen zu berücksichtigen; doch beträgt der Wert dieser, den Effekt beeinträchtigenden Größen nur etwa die Hälfte jener Werte, die man beim einfachen Wechselstrom zu konstatieren Gelegenheit hat.

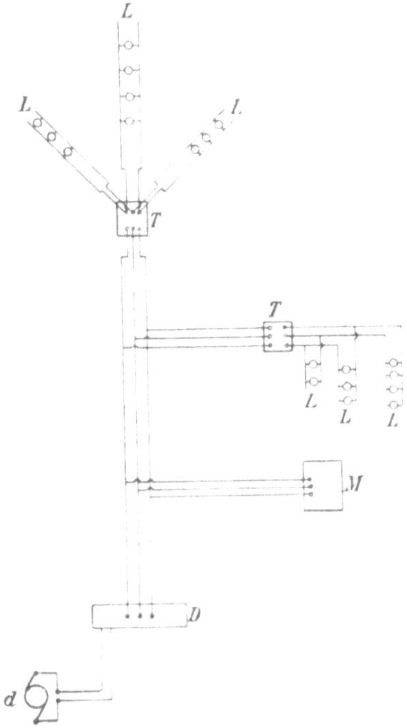

Fig. 52. Schaltungsschema einer Drehstromanlage.

Natürlich sind die Dreiphasenströme als Wechselströme zum Laden von Akkumulatoren nicht geeignet. Man braucht aber bei diesem System auf den Vorteil, den Akkumulatoren bieten, durchaus nicht zu verzichten, und es sind zum Laden der letzteren auch keine besonderen Vorrichtungen nötig, indem man die Größe der ohnehin notwendigen Erregerdynamo derart wählt, daß sie zum Laden der Akkumulatoren mit benutzt werden kann.

Es giebt übrigens auch konstruktive, allerdings noch nicht erprobte Anordnungen, um Dreiphasenstrom in Gleichstrom zu verwandeln.

Zu Gunsten der Drehstromanlagen sprechen folgende erwähnenswerte Vorzüge:

1. die Drehstrommotoren haben keine losen, schleifenden Kontakte, arbeiten also vollkommen funkenlos;

2. wenn dieselben weder Kollektoren noch Schleifringe noch Stromabnehmer, sondern nur feste Klemmen haben, so bedürfen solche Motoren keiner Regulierung, keiner Bedienung, und die elektrischen und magnetischen Vorgänge bewirken daher auch keinen Verschleiß;
3. es sind deshalb auch aus elektrischen und magnetischen Wirkungen keine Störungen zu befürchten, und ferner werden diese Motoren viel länger keiner Reparatur unterliegen als Gleichstrommotoren;
4. die Materialausnutzung ist beim Drehstromsystem viel günstiger bei den Maschinen wie auch besonders bei den Leitungen.
5. der Spannungsabfall beträgt beim Drehstrom nur $^1/_3$ des Abfalles bei einfachem und zweiphasigem Wechselstrom;
6. Dreiphasenstrom kann ebenso und nach den gleichen Gesetzen wie einfacher Wechselstrom transformiert werden, was demselben einen hervorragenden Vorzug gegenüber Gleichstrom gewährt;
7. der Wirkungsgrad von Drehstromanlagen ist gleich dem Wirkungsgrad der Gleichstromanlagen;
8. die Regulierung des Drehstroms bietet keine Schwierigkeiten;
9. Drehstrommotoren sind billiger in der Anschaffung und verursacht der Betrieb weniger Kosten;
10. aus Drehstromanlagen kann man gleichzeitig Licht und Kraft zu mechanischer Arbeit entnehmen und man kann dabei auch auf die einfachste Art Akkumulatoren laden.

Berechnung der Kraftübertragung.

Die Berechnung der Kraftübertragung umfaßt die Berechnungen der Leistung des Elektromotors, des Spannungsverlustes in der Leitung, der Leistung der Dynamo und der Leistung des die Dynamomaschine antreibenden Kraftmotors.

Die Leitung.

Bei jeder Leitung zur Übertragung elektrischer Energie muß mit einem gewissen Verluste von Spannung gerechnet werden, welcher mit der Länge dieser Leitung, der Stromstärke und der Verringerung des Leitungsquerschnittes wächst. Der Querschnitt einer Kupferleitung berechnet sich nach folgender auch für Wechselstrom gültigen Formel:

$$Q = c \,.\, \frac{2\,L\,.\,J}{V} = \frac{2\,.\,L}{58\,.\,W} = \frac{2\,.\,L}{58\,.\,W}\ \mathrm{mm}^2.$$

Hierbei bedeuten:

V = zugelassener Spannungsverlust in Volt (= $J.\ W$, wobei W der Widerstand der Leitung ist).

L = Einfache Entfernung von Stromquelle bis Motor in Meter.

J = Stromstärke in Ampère in der Leitung

$$= \frac{\text{Spannung in Volt}}{\text{Widerstand in Ohm}}.$$

Q = Leitungsquerschnitt in mm^2.

c = specifischer Leitungswiderstand.

Im allgemeinen wird für den Betrieb eines Motors auch eine besonders aufzustellende stromgebende Dynamomaschine (Primärdynamo) zu veranschlagen sein, und bei vorheriger Wahl der Spannung an den Klemmen des Motors ein solcher Spannungsverlust in Prozenten der Spannung für die Maximalstromstärke zugelassen werden müssen, daß einerseits der Gang des Motors bei zunehmender Stromstärke infolge steigender Beanspruchung nicht zu sehr beeinflußt werden kann, andererseits der Leitungsquerschnitt nicht zu hohe Anlagekosten erforderlich macht. Ein Spannungsverlust von $7^1/_2$ bis $10^0/_0$ in der Leitung hat sich für die Praxis als zweckmäßig herausgestellt.

Entnimmt man dagegen die Energie einem bereits vorhandenen Leitungsnetze, wie z. B. einer städtischen Centralanlage, so ist in den meisten Fällen die Entfernung von der Stromquelle bis zum Motor eine so geringe, daß der Spannungsabfall nicht in Rücksicht gezogen zu werden braucht.

Die Berechnung des Leitungsquerschnittes wird dann wesentlich durch den Umstand bestimmt, daß der durchfließende Strom keine Erwärmung im Gefolge hat. Praktische Erfahrungen haben ergeben, daß man auf jedes Quadratmillimeter einer Kupferleitung ca. 2,0 Ampères hindurchzuleiten vermag.

Hiernach würde der Drahtquerschnitt bei einer Stromstärke = J Ampère

$$Q = \frac{J}{2{,}0}\ mm^2$$

zu wählen sein.

Hinsichtlich der Art der Leitungen sei bemerkt, daß oberirdische Leitungen Kabelleitungen in der Erde vorzuziehen sind, da erstere leichter in guter Isolation gehalten werden können und hinsichtlich der Anlagekosten erheblich billiger zu stehen kommen als letztere.

Zur Berechnung der Kupferdimensionen für Drehstromleitungen kann man jene Regeln verwenden, nach welchen Gleichstromleitungen berechnet werden. Der durch diese Formeln erhaltene Querschnitt wird dann auf 3 Leitungen verteilt.

Der Spannungsabfall in der Leitung beträgt nur $^1/_3$ des Abfalles bei Ein- und Zweiphasenstrom.

Die speziellen Formeln zur Berechnung der Leitungen beim Drehstromsystem werden wir später kennen lernen.

Gebaut werden die Leitungen für Drehstromanlagen nach den gleichen Normen, die für andere elektrische Systeme gelten; es sind zu solchen Drehstromanlagen drei gleich starke Leitungsdrähte nötig.

Auch beim Drehstrom ist die Erwärmung der Drähte bei der Elektrizitätsleitung nicht zu umgehen. Um diese Erwärmung auf ein passendes Maß zu bringen, benutzt man am besten die nachstehende Tabelle:[1]

Man beanspruche den Draht pro 1 mm² Querschnitt bei

1 bis 5 mm²	mit	höchstens	4 Ampères,
5 „ 15 mm²	„	„	3 „
über 15 mm²	„	„	2 „

denn, wie uns das JOULE'sche Gesetz sagt, hängt die Drahterwärmung hauptsächlich von der Stromstärke ab.

Berechnung der Stromquelle.

Wie aus dem oben Gesagten ersichtlich, bedarf bei längeren Leitungen, bei denen mit einem wesentlichen Spannungsverluste (V) gerechnet werden muß, der Motor zum Betriebe eine höhere Energie in Voltampère aus der Stromquelle, als dieses unmittelbar an seinen Klemmen der Fall ist. Das Maß dieser erforderlichen Energie ergiebt sich aus folgendem Verhältnis:

$$= (\text{Spannung} + \text{Spannungsverlust}) \times \text{Stromstärke}.$$

Hiernach ist die Größe der stromgebenden Dynamo, resp. die erforderliche Energiemenge aus einem vorhandenen Leitungsnetze zu bestimmen.

Am besten dürfte ein Beispiel diese Verhältnisse klarlegen:

Ein Elektromotor von 10 PS soll von einer 100 m entfernten, neu aufzustellenden stromgebenden Dynamomaschine am Tage die nötige elektrische Energie erhalten. Hiernach hat der Elektromotor einen Bedarf von 8500 Watt. Die stromgebende Dynamo soll in der Nacht zur Beleuchtung an der Primärstation dienen und erhält daher die gewöhnliche Lampenspannung von 110 Volt. — In der Leitung wird ein Verlust von 5 Volt zugelassen, der Querschnitt ist zu wählen:

[1] Vgl. Hilfsbuch der „Allgemeinen Elektrizitätgesellschaft, Berlin“.

$$Q = \frac{2 \,.\, L \,.\, J}{58 \,.\, 5}, \text{ oder da } J = \frac{8500}{(110 + 5)} = \frac{8500}{115} = 80 \text{ Ampères.}$$

Es ist nun $L = 100$ m, $V = 5$ Volt, somit

$$Q = \frac{2 \,.\, 100 \,.\, 80}{58 \,.\, 5} = \text{ca. } 55 \text{ mm}^2 - \text{ca. } 8{,}5 \text{ mm Durchmesser.}$$

Die stromgebende Dynamomaschine hat zu leisten eine Energie von

$$= 115 \,.\, 80 = 9200 \text{ Watt.}$$

Der Spannungsverlust in einer Leitung wächst, wie leicht einzusehen, mit der bis zum Maximum ansteigenden Stromstärke, er ist folglich gering beim Leerlauf des Motors und am größten bei voller Belastung desselben. Diese Spannungsdifferenzen sind ohne wesentlich praktischen Einfluß für den Motorbetrieb, wenn sie an und für sich ein gewisses Maß (ca. 7,5 % der ganzen Spannung) nicht überschreiten, größere Differenzen veranlassen jedoch eventuell auch größere nachteilige Tourenschwankungen.

In der Mehrzahl der Fälle wird es von Wert sein, die Stromquelle so einzurichten, daß sie beim Leer- und Volllauf des Motors gleichbleibende Spannung an den Klemmen des letztern liefert, so daß der Motor auch bei wechselnder Belastung mit thunlichst gleicher Umlaufszahl arbeitet.

Nutzeffekt der elektrischen Kraftübertragung.

Der Nutzeffekt einer Gesamt-Kraftübertragungsanlage setzt sich wie folgt zusammen:

a) Nutzeffekt der Primärdynamomaschine.

Der mechanische Nutzeffekt beträgt je nach der Größe der Dynamo 80 bis 94 %. Diese Prozentsätze verstehen sich für die Übersetzung in elektrische Energie vom Riemen der Primärdynamo bis zu den Anschlußklemmen der Leitungsdrähte.

b) Leitungsverlust.

Der Leitungsverlust kann nach obigem in gewissen Grenzen gehalten werden. Im allgemeinen wird sich, wie bereits früher erwähnt, ein Verlust von ca. 7 bis 10 % als ein wirtschaftlich guter herausstellen.

c) Nutzeffekt der Elektromotoren.

Das Güteverhältnis der Umsetzung der zugeleiteten elektrischen Energie in mechanische Kraft an der Riemenscheibe steigt von den kleinsten bis zu den größten Modellen der Elektromotoren von 75 bis 92 %.

d) Gesamtwirkungsgrad.

Der Gesamtwirkungsgrad einer Kraftübertragung, einschließlich des Leitungsverlustes, stellt sich somit, vorausgesetzt, daß eine besondere stromgebende Dynamo angewendet wird, bei größeren Übertragungen auf

$$0{,}92 \times 0{,}93 \times 0{,}92 = 78{,}7\ \%.$$

Entnimmt man dagegen mit kurzer Leitung aus einer vorhandenen Stromquelle (Leitungsnetz) in Centralstationen die elektrische Energie, so ist der Wirkungsgrad gleich demjenigen des Elektromotors, also = bis 92 %.

Der auf Seite 140 in dem Beispiel angenommene Motor bedarf für eine Leistung von 10 PS 8500 Watt und müßte dazu die stromgebende Dynamo 9200 Watt leisten. Theoretisch entsprechen 736 Watt einer Pferdekraft.

Die Dynamo gebraucht also

$$\text{theoretisch} = \frac{9200}{736} = \sim 12{,}5 \text{ PS}.$$

Da der Wirkungsgrad einer Dynamo bei dieser Größe ca. 90 % ist, so gebraucht der die Dynamo antreibende Motor (Dampfmaschine, Turbine etc.)

$$\frac{12 \,.\, 100}{90} = 13{,}88 \sim 13{,}9 \text{ PS}.$$

Der Gesamtwirkungsgrad wäre sonach ca. 75 %.

Die Bedeutung und praktische Verwendbarkeit der Elektromotoren.

Mit der fortschreitenden Entwickelung einer Fabrikanlage, mit der zunehmenden räumlichen Ausdehnung derselben, mit der Vermehrung der Arbeitsmaschinen wächst auch die Schwierigkeit, den Gesamtbetrieb von einer einzigen Kraftquelle aus erfolgen zu lassen, und doch ist gerade eine Centralisierung der Kraft um so wichtiger, gestaltet sich gerade wirtschaftlich um so günstiger, je ausgedehnter die industrielle Anlage ist. Allein die teueren, oft schwierig anzubringenden, mit mancherlei Unterhaltungskosten, Aufwand an Schmiermaterial und mit Energieverlusten verbundenen Transmissionen erschweren die Centralisierung der Kraft nicht selten dergestalt, bezw. reduzieren ihren Nutzwert und ihre sonstigen Vorteile auf ein so geringes Maß, daß der Industrielle schließlich ganz von ihr absieht und zur Aufstellung einzelner Kraftmaschinen an den Verbrauchstellen übergeht, trotz der schwerwiegenden Nachteile und Übelstände, die unausbleiblich damit verknüpft sind.

Mit der Einführung der Elektromotoren aber erfahren diese Verhältnisse eine fundamentale Umgestaltung. Durch die Elektromotoren ist die Möglichkeit geboten, wieder zu der so vorteilhaften Centralisierung der Kraft zurückzukehren und doch dabei von der räumlichen Ausdehnung des Kraftverteilungsgebietes nahezu unabhängig zu bleiben. Denn jetzt treten an die Stelle der mechanischen Transmissionen beliebig zu führende Drähte, die keinen Unterhaltungsaufwand erfordern; auch wird dabei der mit mechanischen Transmissionen jeder Art verbundene Energieverlust vermieden. Dieser Verlust wurde bisher allgemein viel zu niedrig veranschlagt. Da er nämlich bis zur Einführung der Elektromotoren unvermeidlich schien, so lag kein Interesse vor, ihn genau zu bestimmen. Da man jetzt aber bei der Arbeitsübertragung durch den elektrischen Strom den Energieverlust in der Leitung nicht nur genau bestimmen, sondern auch auf einen beliebig kleinen Bruchteil reduzieren kann, sind genaue Messungen über die Effektverluste in mechanischen Arbeitsübertragungen aller Art angestellt worden, und diese Messungen haben das überraschende Resultat ergeben, daß der Verlust im allgemeinen viel größer ist, als man vermutete.

Im Nachstehenden sind die Resultate einiger Messungen gegeben.[1]

Wirkungsgrade bei mechanischen Übertragungen:

wenn die Wellen	schwach	gut	voll	besetzt sind
Wirkungsgrad der I. Stufe	0,395	0,860	0,930	„ „
„ „ II. „	0,683	0,835	0,915	„ „
„ „ III. „	0,762	0,840	0,775	„ „

Gesamtwirkungsgrad:

				Mittel
2stufig, bei Vollbelastung	0,521	0,700	0,710	0,644
3 „ „ „	0,206	0,605	0,660	0,490
2 „ „ $^3/_4$ der Belastung	0,465	0,640	0,645	0,583
2 „ „ $^2/_3$ „ „	0,433	0,607	0,620	0,553
Mittlere Entfernung der Riemenscheiben	2,08 m	0,55 m	0,375 m.	

Dabei bedeutet:

die I. Stufe: den Riemen zwischen Vorgelege und anzutreibender Maschine,

„ II. „ die Welle des Vorgeleges,

„ III. „ die Primärtransmission samt Antriebsriemen.

[1] Vgl. Zeitschr. des Vereins Deutscher Ingenieure 1892 (Vortrag des Herrn Oberingenieur E. HARTMANN).

Es stellen sich also die Wirkungsgrade:

3stufiger Transmissionen im Mittel auf 47 %
2 „ „ „ „ „ 64 %.

Ausdehnung und Besetzung der Transmissionsanlage stellen dabei natürlich immer einen wesentlichen Faktor dar.

Die elektrische Kraftübertragung dagegen wird nur bei sehr großen Entfernungen und unter ausnahmsweise ungünstigen Verhältnissen, bei denen irgend eine andere Art der Kraftübertragung überhaupt nicht möglich sein würde, einen Verlust von höchstens 10 % in der Leitung erreichen. Dabei bieten die Elektromotoren so viele und erhebliche Vorzüge vor allen anderen Motoren, welcher Art sie auch immer seien, daß ihnen ein dauernder Platz in der Fabrik des Großindustriellen, wie in der Werkstatt des Kleinmeisters gesichert bleiben wird. Um einige dieser Vorzüge zu nennen, sei darauf hingewiesen, daß die Aufstellung der Elektromotoren an keine polizeiliche Genehmigung gebunden ist, daß damit auch behördliche Revisionen in Wegfall kommen, daß Rohrleitungen ebensowenig zur Zuführung des Energieträgers als zur Abführung von Verbrennungsprodukten, Dämpfen oder Abwässern nötig sind. Belästigungen durch Geräusch, Erschütterungen oder Geruch sind ausgeschlossen. Auch darf nicht unerwähnt bleiben, daß durch Anordnung der elektrischen Arbeitsübertragung die Transmissionsschächte in Wegfall kommen, welche insbesondere dadurch schon so oft schweres Unheil verursachten, daß sie beim Ausbruch einer Feuersbrunst nicht nur den Qualm sofort in alle Teile des Gebäudes leiteten, sondern auch der Flamme einen kaminartig wirkenden Weg in alle Stockwerke boten und so die Ursache des Verlustes an Kapital und Menschenleben wurden.

Die Wirkungsgrade mechanischer und elektrischer Transmission sind völlig gleich; zieht man jedoch die Stillstände der Maschine bezw. die nicht normalen Arbeitspausen in Betracht, so bekommt die elektrische Transmission eine ganz andere Bedeutung. Am besten wird sich dies an einem Beispiele erläutern lassen.

Eine 150pferdige Dampfmaschine leistet an den Werkmaschinen 120 PS, den Rest von 30 PS verbraucht die mechanische Transmission. Diese letztere läuft jedoch während der ganzen Arbeitszeit, die wir mit 10 Stunden für den Tag ansetzen wollen. Bei Wirk- und Webfabriken rechnet man 30 % Stillstände, das sind für den Tag rund 3 Stunden, und von den durch die Transmission wirklich in Anspruch genommenen $30 \times 10 = 300$ Pferdekraftstunden werden $\frac{300 \cdot 30}{100} = 90$ gänzlich nutzlos verbraucht.

Bei der elektrischen Übertragung verbraucht die Transmission aber überhaupt nicht 300 Pferdekraftstunden, sondern nur 30.(10 — 3) = 210. Es werden demnach jeden Tag 90 Pferdekraftstunden erspart, was einen gewaltigen Einfluß auf den Materialverbrauch ausüben und schließlich in der Jahresbilanz erfreulichen Ausdruck finden wird; denn die mechanische Transmission läuft während der Stillstände und beansprucht ihre 30 PS, die elektrische Transmission aber — Einzelbetrieb vorausgesetzt — ruht während der Arbeitspausen und verbraucht also nichts.

Aus Vorstehendem ersehen wir, daß der ökonomische Effekt von Werkmaschinen bei der Einführung elektrischer Transmission wesentlich steigt. Bei einer Fabrikneuanlage sollte daher die Transmission stets nur mit Elektrizität bewirkt werden.

Besteht schon in einer Fabrik eine mechanische Transmission, und soll dieselbe durch eine elektrische ersetzt werden, so muß eine eingehende und genaue Kosten- und Vorteilsvergleichung aufgestellt werden, um eine maßgebende Entscheidung treffen zu können.

Es ist nun zu entscheiden, in welchen Fällen Einzelantrieb und in welchen Fällen Gruppenantrieb anzuordnen ist.

Soll die Kraft über ein ausgebreitetes lokales Feld verteilt werden, ist ferner die Inanspruchnahme der Werkmaschinen eine wechselnde, und treten bei letzteren ungleichmäßige Stillstände ein, so empfiehlt sich stets Einzelantrieb (z. B. in Spinnereien, Webereien, Buchdruckereien etc.).

Gruppenantrieb ist dagegen empfehlenswert bei kurzen, reich besetzten Transmissionswellen, welche Kraft entweder in sehr geringen oder in sehr bedeutenden Teilen abgeben müssen, wenn eine dauernde Arbeit für alle angehängten Werkzeugmaschinen für voraussichtlich lange Zeit gesichert ist.

Beschreibung des Systems einer Stromverteilung mit konstanter Intensität und Serienschaltung von Motoren durch Gleichstrom.

(Cie de l'Industrie Electrique (Thury), Sécheron-Genf.)[1]

Allgemeines.

Der aus den Generatoren kommende Strom wird durch die Leitung in die Motoren geführt, welch letztere also die gleiche Intensität des Stromes besitzen, was für Arbeit sie auch zu leisten

[1] Diese Abhandlung über das Serienschaltungssystem ist mir von genannter Firma zur Verfügung gestellt worden. Da ich in derselben nichts geändert habe, so giebt dieselbe die Anschauung der Firma über das System wieder.

haben; die Kraft eines jeden Motors ist also durch die Spannung bestimmt, welche dieselben verbrauchen.

Die Generatoren werden bei diesem System in Serie geschaltet. Dies hat den Zweck, die notwendige hohe Spannung zu erzeugen, um auf ökonomische Weise, d. h. ohne zu großen Kupferaufwand in der Leitung, die Distanzen, welche die Motoren trennen, zu durchschreiten.

Die Klemmspannung der Dynamomaschinen ist keine übertriebene, sie übersteigt gewöhnlich nicht 2000 bis 3000 Volt.

Die praktischen Versuche haben gezeigt, daß man ohne Schwierigkeit eine Motorengruppe in Bezug auf die Erde mit einer Spannungsdifferenz bis zu 12000 Volt isolieren kann.

Dynamomaschinen.

Der Anker besteht aus einem Ringe und hat eine Grammewickelung. Die Maschinen sind selbsterregend in Serienschaltung. Die Isolation aller Teile ist genügend, um mehr als 50 % der höchsten Spannung auszuhalten. Der Strom wird vom Kollektor durch Kohlenbürsten abgenommen, welch letztere den großen Vorteil besitzen, keine Abnutzung des Kollektors nach sich zu ziehen; die Funkenbildung ist infolge des großen Kupferquerschnittes sowie durch die Kohlen unmöglich.

Da Ringschmierung vorgesehen ist, erscheint die Welle genügend geschmiert.

Schaltbretter.

Jeder Generator besitzt sein Schaltbrett, auf welchem die Klemmen und Verbindungen sichtbar angebracht sind. Jedes derselben enthält folgende Apparate:

1. einen Hochspannungsausschalter mit schnellender Bewegung, der gestattet, den Generator in Kurzschluß oder in Serie mit der Leitung zu schalten;
2. einen Hochspannungsvoltmeter;
3. einen Hauptstromampèremeter.

Regulierung der Generatoren.

In einer Serienschaltungsanlage mit konstanter Stromintensität ist es von großer Wichtigkeit, in der Centrale einen Regulator zu besitzen, der sicher und auch plötzlich wirkt; derselbe hat den Zweck, die Variationen des Stromes, die durch das Ein- oder Ausschalten der Motoren vorkommen, zu regulieren.

Es ist klar, daß durch den Stillstand eines Motors eine Erhöhung der Intensität des Hauptstromes eintritt; im entgegengesetzten Falle durch das Einschalten eines Motors erfolgt ein Abfall in der Stromstärke. Die Regulierung besteht also darin, diese Intensität konstant zu halten, indem die Spannung in der Centrale auf den Wert gesetzt werden muß, welcher der absorbierten Arbeit entspricht.

Sobald der Strom sich verändern will, widersetzt sich die Trägheit der Induktoren sämtlicher Motoren dieser Veränderung, einesteils infolge der gegenelektromotorischen Kraft der Selbstinduktion, welche die Veränderung der Stromstärke mit sich bringt;

andererseits, indem die Generatoren in Serie gewickelt sind, d. h. weil der Hauptstrom durch die Armatur und den Magnet führt, sobald er den Kraftaufwand der Dynamo vergrößert, wächst derselbe mit dem Quadrat der Stromstärke; die Folge davon ist, daß die Geschwindigkeit des Antriebsmotors (wir nehmen eine Turbine an) abnimmt und daß die totale Spannung sich dem Werte nähert, welcher der Arbeit auf der Verteilung entspricht.

Diese erste Regulierung ist momentan und nur annähernd; sie genügt nicht, die Stromstärke streng konstant zu halten. Wir haben infolgedessen einen speziellen Regulator behufs Vervollständigung der Regulierung konstruiert.

Dieser Regulator ist ein kleiner Elektromotor, der vorwärts und rückwärts sich dreht und durch eine Transmission in Verbindung mit dem Schieber der Turbinen steht. Sobald der Strom wächst, schließt der Motor den Schieber; wird der Strom schwächer, so öffnet er denselben.

Antrieb und Einstellen der Generatoren.

Soll eine Gruppe von Generatoren in Bewegung gesetzt werden, so öffnet man langsam den Schieber der korrespondierenden Turbine; die Dynamo, welche in diesem Augenblicke kurz geschlossen ist, liefert fast momentan ihren normalen Strom; wenn der normale Wert des letzteren erreicht ist, öffnet man den Kurzschluß der Dynamomaschine durch den Ausschalter und die Generatorengruppe befindet sich dann im Betrieb.

Man fährt fort, den Schieber solange zu öffnen, bis er die Stellung der Schieber der anderen Turbinen erreicht hat. Der Schieber wird alsdann mit der Transmission des automatischen

Regulators verbunden, und hat man sich um nichts mehr zu bekümmern.

Behufs Abstellens schließt man einfach den Schieber; die Turbine steht still und im Moment, wo die Dynamomaschine rückwärts drehen will, schaltet man die letztere in Kurzschluß.

Regulierung der Motoren.

In einem Motor, der durch einen Strom mit konstanter Intensität gespeist wird, ist das Torsionsmoment genau konstant. Die Geschwindigkeit verändert sich mit der Belastung und der Motor muß mit einem Apparat versehen sein, der die Geschwindigkeit konstant erhält wie auch die Belastung sein mag. In dem Falle, wo eine veränderliche Geschwindigkeit verlangt wird, ist also das System der Serienschaltung angezeigt. Die Regulierung ist erhältlich durch eine kombinierte Disposition eines Schwungrades und eines Regulators, welcher auf die Variationen des magnetischen Feldes einwirkt.

Das Schwungrad hat den Zweck, die momentanen großen Veränderlichkeiten zu verhindern und dem Regulator Zeit zu lassen zu funktionieren. Die Variationen des Feldes werden durch einen Nebenschluß in der Erregerwickelung bewerkstelligt.

Der Regulierapparat besteht aus drei Teilen und zwar:

Dem Centrifugalregulator, dem gesamten System des Hebelmechanismus und des Servomotors, dem Kontakthebel mit Scheibe und Widerstand für den Nebenschluß. Der Centrifugalregulator überträgt seine Variationen auf die Hebel, und die nötige Kraft zur Bewegung des Kontakthebels ist dem Servomotor entnommen.

Diese Disposition führt zu einem Regulierapparat, der äußerst empfindlich und schnellwirkend ist.

Ingangsetzung eines Motors.

Der Anlauf eines Hochspannungsmotors geht mit der gleichen Einfachheit vor sich, wie derjenige der Generatoren, und ohne daß es notwendig ist, den Riemen auf einen Leerlauf zu schieben.

Im Moment des Anlaufs befindet sich der Kontakthebel des Regulators auf dem Knopf, der mit dem Minimum der Erregung korrespondiert. Sobald man den Kurzschluß öffnet, nimmt der Motor nur diejenige Spannung auf, um den inneren Widerstand zu überwinden, und sobald die Geschwindigkeit vergrößert wird, nimmt auch die Spannung zu, welche die gegenelektromotorische

Kraft überwindet, bis zum Maximum, das der vollen Belastung bei normaler Geschwindigkeit entspricht.

Der Anlauf eines Motors zieht keine großen Variationen der Spannung auf der Linie nach sich und ist deshalb den anderen Motoren nicht hinderlich.

Vorteile des Systems.

Es erscheint angezeigt, die Vorteile des Systems vorzuführen, indem wir es mit anderen Systemen vergleichen. Im folgenden Teile werden wir also die verschiedenen Partien der Installation behandeln, sei es die Centrale, die Leitungen oder die Motoren, welche die elektrische Kraft in mechanische Kraft umwandeln.

Centrale.

Das Einschalten und Ausschalten der Generatoren ist bedeutend einfacher beim Serienschaltungssystem als bei einer Verteilung durch Wechselstrom.

Währenddem es sich im ersten Falle nur darum handelt, den Schieber der Turbine und einen Ausschalter zu öffnen und sich nur um die Stromstärke zu bekümmern, ist es notwendig, beim Wechselstrom zuerst die Geschwindigkeit der Maschine, ihre Erregung auf den normalen Wert zu regulieren, bevor man die Phaseneinstellung und das Einschalten der Maschine bewerkstelligen kann.

Es folgt daraus, daß das Einschalten einer Einheit sowie der Wechsel einer Dynamomaschine viel geschwinder vor sich geht in der Serienschaltung als wie bei Wechselstrom, und wir schließen daraus, daß die Einfachheit der Schaltbretter in der Centrale bei dieser Verteilung viel größer ist.

Die Maschinen dieses letzten Systems sind selbsterregend; infolgedessen sind alle Apparate zur Separaterregung sowie die Erregermaschinen selbst entbehrlich; der Apparat für die Phaseneinstellung ist durch einen einfachen Ampèremeter ersetzt.

Beachten wir noch, daß beim Seriensystem in der Centrale keine Regulierungswiderstände vorhanden sein müssen, während bei Wechselstromanlagen dieselben in einer ziemlich großen Anzahl notwendig sind.

Zusammengezogen ist der Dienst in der Centrale mit konstanter Stromstärke viel einfacher als derjenige einer Mehrphasenstromanlage.

Die Sicherheit des Betriebes ist ebenfalls bedeutend größer.

Berücksichtigen wir jetzt einen anderen Punkt von großer Wichtigkeit; das ist die Spannung der Dynamomaschinen.

Setzen wir voraus, es sei eine Spannung von 8000 Volt erforderlich; dieselbe ist mit unserem System erhältlich durch Serienschaltung von 4 Maschinen, indem es nicht möglich ist, eine einzige Maschine von 8000 Volt Spannung zu konstruieren. Würden wir Wechselstrom wählen, so würde es notwendig sein, die Spannung des Generators durch Transformatoren zu erhöhen oder bei demselben eine niedrigere Spannung wie 5000 Volt zu wählen.

Hierbei würde der Kupferaufwand größer oder der Nutzeffekt kleiner werden; um eine Maschine von 5000 Volt zu konstruieren sind die Isolationsschwierigkeiten keine geringen und dabei die Luftdistanz größer, folglich der Nutzeffekt kleiner.

Die maximale Spannung einer Dynamomaschine beim Seriensystem ist jene, welche sie liefert, während zum Beispiel bei einer Wechselstrommaschine von 5000 Volt der maximale Wert der elektromotorischen Kraft bis 7500 Volt steigt.

Beim Wechselstromsystem liefert jede Dynamomaschine die totale Spannung der Kraftübertragung, während bei der Serienschaltung jede Dynamomaschine nur einen Teil der totalen Spannung liefert, und die Distanz, welche die beiden Pole trennt, ist diejenige zwischen dem Eintritt in die erste Dynamomaschine und dem Austritt aus der letzten.

Kurz können wir die Vorteile des Seriensystems für die Centralstation zusammenfassen:

1. das Einschalten der Einheiten ist viel einfacher und viel sicherer als beim Wechselstromsystem;
2. Wegfallen sämtlicher Regulierungswiderstände;
3. äußerste Einfachheit der Schaltbretter;
4. keine Notwendigkeit instruiertes Personal zu halten;
5. Einfachheit des Dienstes in der Centrale und daraus große Sicherheit des Betriebes;
6. Leichtigkeit der Isolation;
7. die Spannung der Maschinen ist viel schwächer und daraus erwächst große Sicherheit für das Personal;
8. die Spannung ist durch verschiedene Gruppen von Generatoren zu erzielen, während dieselbe beim Wechselstrom durch jede einzelne Maschine erzielt werden muß.

Leitung.

Die Leitung ist bei der Serienschaltung einfacher als bei der Verteilung durch Mehrphasenstrom. Wir haben bei der Übertragungslinie nur zwei Drähte, während im anderen Fall drei oder vier Drähte notwendig sind.

Zudem wird durch die Impedenz des Wechselstroms der Widerstand der Linie vergrößert; bei der Serienschaltung haben wir nur den OHM'schen Widerstand zu berücksichtigen. Ein weiteres Phänomen ist die Phasenverschiebung bei Elektromotoren, welche einen größeren Kraftaufwand erfordert; es müssen daher die Transformatoren größer gemacht werden als für den reellen Kraftverbrauch.

Regulierung.

Es ist leicht möglich in der Serienschaltung eine gute Regulierung der Stromstärke zu erhalten, sowie eine konstante .Geschwindigkeit der Elektromotoren, wie auch die Belastung sein mag.

Es kann eintreten, daß bei verschiedenen Tagesstunden plötzliche Variationen in der Spannung und in der Stromstärke vorkommen; diese Variationen können aber die Geschwindigkeit der Motoren nicht verändern, indem dieselben mit Schwungrädern versehen sind; der Regulator hat also Zeit zu regulieren. Dadurch ist auch die Regulierung in der Centrale erleichtert.

Die Verluste in der Linie sind konstant bei der Serienschaltung, was bei Wechselstrom nicht der Fall ist. Wie schon bemerkt, wechselt der Verlust bei der Verteilung durch Wechselstrom:

1. der Strom verändert sich mit der zu übertragenden Arbeit;
2. infolge der Impedenz;
3. beim Anlauf der Wechselstrommotoren wächst der Strom auf das drei- oder vierfache der normalen Belastung.

Wir betrachten es als unmöglich eine Regulierung der Linie bei einer Wechselstromverteilung von 8 % zu erzielen, während es beim Seriensystem möglich ist, eine maximale Variation von 2 % nicht zu übersteigen.

Motoren.

Es ist wichtig die Serienmotoren mit Mehrphasenstrommotoren zu vergleichen in Bezug auf ihren Anlauf und die Torsion, sowie ihren Einfluß auf das gesamte System.

Der Serienmotor braucht zu seinen Anlauf nur den inneren Widerstand zu überwinden, so z. B. bei einem 100pferdigen Motor ungefähr 10 Volt, die Stromstärke bleibt diejenige der ganzen Installation, 75 Ampères.

Man sieht sogleich daß dieser Verbrauch von 10 Volt keinen Einfluß auf die anderen Motoren haben kann; sobald der Motor mit der Linie in Verbindung steht, läuft er unter Belastung an, und die verbrauchte Spannung an den Klemmen des Motors vergrößert sich bis zur normalen Geschwindigkeit desselben.

Ist dieselbe erreicht, so beträgt z. B. bei einem 100pferdigen Motor diese Spannung 1000 Volt bei konstanter Stromstärke von 75 Ampère; die notwendige Zeit dazu sind 45 Sekunden.

Im Vergleich zum Wechselstrommotor hat letzterer den bedeutenden Nachteil, daß er bei Leerlauf beinahe das Dreifache des normalen Stromes braucht.

Dieser kolossale Verbrauch bei einer Arbeit gleich Null reagiert auf die Linie, indem er den Widerstand vergrößert, und auf die Generatoren, bei welchen er die Spannung von 15 bis 20 % herunterdrückt.

Es ist bekannt, daß die Torsion bei Gleichstrom-Serienmotoren bedeutend ist und daß sie deshalb die momentanen Stöße weniger empfinden. Der Anlauf großer Wechselstrommotoren unter Belastung ist unmöglich ohne bedeutende Perturbationen; es ist notwendig, den Motor auf einen Leerlauf einzurichten, um dann den Riemen auf die Vollscheibe zu übertragen, sobald der Synchronismus eintritt.

Bei Betrachtung der Regulierung und des Betriebes der Motoren beider Systeme können wir sagen:

1. die Regulierung beim Seriensystem ist leichter erhältlich bei 2 %, während bei Mehrphasenstrom dieselbe nicht mit mehr als 15 % erhältlich ist;
2. der Verlust auf der Linie ist beim Seriensystem konstant; beim Mehrphasenstromsystem fügt sich zum Ohm'schen Widerstand der Spannungsverlust durch Selbstinduktion und derjenige durch Phasenverschiebung der Motoren;
3. das Seriensystem ist selbstregulierend, was nicht der Fall ist bei Mehrphasenstrom.

Was die Motoren anbetrifft:

1. die Serienmotoren laufen unter Belastung an, ohne irgend

welchen Einfluß auf die anderen Motoren; sie verbrauchen nur die Spannung, welche notwendig ist, den inneren Widerstand zu überwinden. Die großen Wechselstrommotoren laufen nicht unter Belastung an und verbrauchen bei ihrem Leerlauf das Dreifache des normalen Stromes;

2. Im Falle des Stillstandes durch Überlastung verbrauchen die Wechselstrommotoren denjenigen Strom, der einem Kurzschluß gleichkommt, und verbrennen dabei. Die Serienmotoren können nicht verbrennen, indem die Stromstärke konstant bleibt;
3. das Torsionsmoment der Serienmotoren ist viel mächtiger als bei den Wechselstrommotoren;
4. weil beim Seriensystem keine Transformatoren zur Anwendung kommen, muß dasselbe einen größeren Nutzeffekt haben als das Mehrphasenstromsystem. [1]

Fünfter Abschnitt.

Die elektrische Beleuchtung.

Das elektrische Bogenlicht.

Der elektrische Strom kann auf zweierlei Weise Licht erzeugen, nämlich auf seinem Wege durch eine Luftstrecke oder auf seinem Wege in einem fadenförmigen festen Körper; im erstern Falle erzeugt er einen Lichtbogen, im letztern bringt er den Faden zum Glühen, und dementsprechend heißt jene Lichtart

[1] Durch die Freundlichkeit der Firma wurde es mir möglich, das Serienkraftübertragungssystem aus eigener Anschauung kennen zu lernen. Durch Besichtigung einiger von der Firma ausgeführter Anlagen gewann ich die Überzeugung, daß das System für gewisse Zwecke besonders empfehlenswert sei; so namentlich dort, wo die erzeugte Energie nur an einige wenige größere Elektromotoren abgegeben werden soll.

Bogenlicht, diese Glühlicht. Der Hauptunterschied zwischen beiden Gattungen elektrischen Lichtes ist die Farbe, insofern das Glühlicht nicht wesentlich vom Gaslicht abweicht, das Bogenlicht hingegen sehr viel mehr brechbare Strahlen enthält und infolgedessen fast rein weiß erscheint. Wo es also darauf ankommt, dieselbe Lichtwirkung zu erzielen wie bei Tage, z. B. in Fabriks- oder Geschäftsräumen (namentlich in Konfektionsgeschäften), bei deren Fabrikaten die Farbe eine wichtige Rolle spielt, ist Bogenlicht vorzuziehen und der Nachteil des blendenderen, weniger angenehmen Charakters dieses Lichtes in Kauf zu nehmen. Ein zweiter Unterschied besteht darin, daß man große, lichtstarke Lampen viel bequemer durch Bogenlicht, kleinere bequemer und ganz kleine ausschließlich durch Glühlicht herstellen kann; mit anderen Worten: das Bogenlicht hat eine gewisse untere, das Glühlicht eine gewisse obere Grenze des Formats. Wo man also ohnehin große Lampen braucht, z. B. auf Plätzen und in breiten Straßen, für große Kronleuchter in Theatern etc., ist die Einrichtung von Bogenlichtbeleuchtung einfacher, bequemer und billiger; wo dagegen zahlreiche gleiche Lichtpunkte wichtiger oder geradezu erforderlich sind, ist das Glühlicht ausschließlich am Platze. Insbesondere ist zu beachten, daß Bogenlampen, wenn nicht besondere Einrichtungen getroffen werden, ihr Licht nur nach einigen Richtungen senden, während nach anderen Richtungen sogar leicht tiefe Schatten geworfen werden, ein Übelstand, dem man durch Anbringung von Spiegeln, Schirmen, gut reflektierenden Decken etc. begegnen muß.

Das elektrische Bogenlicht entsteht bekanntlich, wenn ein starker elektrischer Strom zwischen zwei Kohlenspitzen übergeht, die durch eine kleine Strecke erhitzter Luft voneinander getrennt sind. Immer aber müssen die Elektroden, die Kohlen, einander zuerst berühren und dann erst getrennt werden, damit der Lichtbogen entsteht. Damit der elektrische Strom den Widerstand, den die Kohlen seinem Durchfließen entgegenstellen, überwinden kann, muß an den Enden der Kohlen eine elektromotorische Kraft vorhanden sein. Diese Potentialdifferenz macht man bei Gleichstromlampen gewöhnlich zu 30 bis 58 Volt. Außerdem muß aber auch die Intensität des Stromes eine sehr große sein. Denn nach dem Joule'schen Gesetze hängt die Erwärmung eines Leiterstückes, das von einem Strome durchflossen wird, außer von seinem Widerstande direkt ab von der Stärke des Stromes, der durch dasselbe fließt, und zwar im quadratischen Verhältnis. Kommt ein solcher Strom in die

Kohlen, zwischen welchen eine Unterbrechungsstelle gebildet wird, dann werden die Enden der Kohlen und die zwischen ihnen liegenden Luftschichten heiß, sie fangen an zu glühen und werden nach kurzer Zeit ganz hell weißglühend. Von beiden Elektroden aus fliegen glühende Kohlenteilchen fort, sowohl durch die Luftschicht hindurch zu der andern Elektrode, als seitlich in den freien Raum. Aber diese Zerstäubung der Elektroden ist nicht bei beiden die gleiche. Von der positiven Kohle reißen sich die Teilchen in weit größerer Zahl ab, als von der negativen, und so kommt es, daß, wenn das Bogenlicht eine Zeit lang besteht, die positive Kohlenelektrode sehr bald sich aushöhlt und einen weißglühenden Krater bildet. Die negative Kohle dagegen bleibt während des Vorganges immer erhaben.

Die Kohlen brennen natürlich in der Glühhitze allmählich ab, und zwar, wie erwähnt, die positive rascher als die negative. Hierbei ist vorausgesetzt, daß stets die eine Kohle mit dem positiven Pol einer Gleichstromdynamomaschine verbunden ist, während die andere mit dem negativen Pol derselben in Verbindung stehen muß. Es läßt sich aber leicht einsehen, daß elektrisches Licht sich auch durch schnell wechselnde Wechselströme erzeugen lassen muß. Denn die Erwärmung der Elektroden hängt nach dem Joule'schen Gesetze ab von dem Quadrat der Stromstärke. Ob also der positive Strom in der einen oder in der andern Richtung durch die Kohlen fließt, die Erwärmung bleibt immer dieselbe, wenn die äußeren Verhältnisse dieselben bleiben. Von der Erwärmung hängt aber direkt die Lichtmenge ab, welche die Kohlen ausstrahlen können, und daher sind Wechselströme ebenso geeignet zur Erzeugung des elektrischen Bogenlichtes wie Gleichströme. In einer andern Beziehung dagegen findet ein Unterschied im elektrischen Lichte statt, je nachdem es von Wechselströmen oder gleichgerichteten Strömen erzeugt wird. Fließt durch die Kohlen ein Gleichstrom, so brennt die positive Kohle rascher, ungefähr doppelt so rasch ab, als die negative Kohle, und es bildet sich in der positiven Elektrode eine leuchtende Vertiefung, ein leuchtender Krater. Bei den elektrischen Lampen für Gleichstrom wird nun stets die positive Kohle über die negative gestellt. Er bildet dann gewissermaßen einen Reflektor, durch welchen die Lichtstrahlen nach unten geworfen werden. Das Licht breitet sich nicht gleichmäßig nach allen Seiten aus, sondern es wird mehr Licht nach unten geworfen, als nach den Seiten geht. Bei Anwendung von Wechselströmen dagegen wird abwechselnd jede Kohle bald positive, bald negative Elektrode. Infolgedessen brennen beide Kohlen gleich rasch ab; es bildet sich kein Krater in ihnen, sondern sie bleiben beide zugespitzt, wie sie es von vornherein waren. Hier ist keine Richtung vor der andern bevorzugt. Das Licht strahlt nach allen Seiten gleichmäßig aus, soweit es nicht durch die Kohlen selbst an der Ausbreitung gehindert wird.

Ein weiterer wesentlicher Unterschied zwischen dem Gleichstrom- und dem Wechselstrombogen besteht in Bezug auf die zur Aufrechterhaltung des Bogens notwendige Spannung, welche bei letzterem je nach der Beschaffenheit der Kohle 25—30 Volt beträgt. Die Lichtbogenlänge erreicht dabei 2—4 mm.

Je kleiner man die Lichtbogenlänge einstellt, desto mehr nähert sich die blaue Farbe des Wechselstromlichtbogens der weißen Farbe des Gleichstromlichtbogens. Den Widerstand des Lichtbogens berechnet man aus dem Ohm'schen Gesetze:

$$\text{Widerstand d. elektr. Lichtbogens} = \frac{\text{Spannung a. d. Kohlenspitzen}}{\text{Stromstärke in der Lampe}}$$

Die Kohlen für Gleichstrombogenlichter zerfallen in sogen. Homogen- und Dochtkohlen, und zwar aus folgendem Grunde:

Man kann die Leuchtkraft des Lichtbogens erheblich steigern, wenn in demselben feste Stoffe, wenn auch in fein zerteiltem Zustande, zum Glühen gebracht werden. Diesen Zweck verfolgen die Dochtkohlen. Man bringt in die Poren der Kohle durch eine Infiltration geeignete Stoffe hinein. Solche Stoffe sind Borsäure, salpetersaurer Strontian, phosphorsaurer Kalk und Magnesia.

Der stets nach einer Richtung fließende Gleichstrom wird in die Dochtkohle geleitet und schleudert aus derselben die vorerwähnten festen Stoffe, welche seine Leuchtkraft erhöhen, hinunter nach dem anderen Stift, der Homogenkohle, welche durchweg von Kohle ohne Infiltration hergestellt ist.

Die Dochtkohlen werden daher nur als positive Kohlen verwendet.

Der Durchmesser der Kohlen hängt hauptsächlich von der Stromstärke ab. Starke Kohlen nützen sich weniger ab, besitzen jedoch verhältnismäßig eine geringere Leuchtkraft. In Gleichstromlampen wird die obere Kohle etwa doppelt so stark abgenützt, als die untere, und muß deshalb entweder doppelt so lang oder besser von doppeltem Querschnitt sein. Doppelt so lange Kohlen verlängern unnötig die Bogenlampe. Glüht die Kohle auf einer zu langen Strecke, so wird der Widerstand derselben erhöht. Der Durchmesser der Kohlen muß deshalb mindestens so groß sein, daß die Glühstrecke keine wesentliche Widerstandsvermehrung zur Folge hat.

Die Dochtkohle hat Stärken von 6 (bei 1 Ampère und 32 Volt) bis 25 mm (bei 35 Ampères und 45 Volt). Die Homogenkohle hat in gleichen Verhältnissen 4 bis 18 mm Dicke. Die Länge variiert zwischen 20 und 32 cm, die Brenndauer zwischen 6 bis 18 Stunden. Die letztere ist um so länger, je stärker die Kohlenstäbe sind.

Bei Wechselstrom kommen Kohlenstifte von einerlei Art zur Verwendung und schwanken zwischen 7 (bei 3 Ampères und 30 Volt) und 20 mm (bei 35 Ampères und 30 Volt) Stärke. Die Länge bewegt sich auch hier zwischen 20 und 32 cm, die Brenndauer zwischen 7 und 16 Stunden.

Der Verbrauch von Kohlenstiften in Wechselstrom- und Gleichstrombogenlampen verhält sich bei gleichem Energieverbrauch der Lampen derart, daß Wechselstrombogenlampen etwa 18 % mehr verbrauchen, als die Gleichstrombogenlampen.

Die Helligkeit des elektrischen Lichtes hängt natürlich ab von der Stärke des Stromes, welcher durch die Kohlen hindurch geht, und man kann durch Veränderung der Stromstärke die Helligkeit des Lichtes in sehr weiten Grenzen verändern. Die Leuchtkraft steigt jedoch nicht proportional dem Strome, sondern rascher als dieser, vorausgesetzt, daß man den Querschnitt der Kohlenstäbe der Stromstärke anpaßt, so daß auf ein Ampère stets etwa dieselbe Anzahl Quadratmillimeter Kohlenquerschnitt kommt.

Aber auch von der Länge des Lichtbogens, d. h. von der Größe des Luftraumes zwischen den beiden Kohlen hängt bei gleicher Stromstärke die Lichtstärke einer elektrischen Lampe wesentlich ab.

Ist die Entfernung zwischen den Kohlenspitzen zu groß, so wird das Licht unruhig, es geht häufig aus; es ist die Grenze beinahe erreicht, bei welcher der Strom nicht mehr hindurchgeht. Infolgedessen ist für den praktischen Gebrauch die Länge des Lichtbogens in Übereinstimmung zu bringen mit der Stromstärke, der Zahl der Ampères, die man durch die Lampe gehen läßt. Im allgemeinen sieht man darauf, daß der Lichtbogen für Lampen, die mit 5—8 Ampères Stromstärke gespeist werden, nur 1—2 mm beträgt, für Lampen von 8—10 Ampères auf höchstens 3 mm steigt und bei den starken Lampen (mit bis zu 20 Ampères Stromstärke) auf etwa 4—5 mm wächst.

Die Stärke einer Lampe wird am besten nach der Stromstärke angegeben, da die Lichtstärke, unter verschiedenen Winkeln gegen die Horizontale gemessen, eine sehr verschiedene ist.

Bei Gleichstrom wird das Licht fast nur nach unten, und zwar in größter Stärke unter einem Winkel von etwa 45° gegen die Horizontale, ausgestrahlt, weshalb dieses Licht zur Straßen- und Bodenflächenbeleuchtung besonders geeignet ist; bei Wechselstrom wird ebenso viel Licht in geneigter Richtung nach oben, wie nach unten, aber ziemlich wenig in horizontaler Richtung geworfen.

Für Straßen- und Plätzebeleuchtung empfiehlt sich daher bei Wechselstrom in der Regel die Anwendung eines Reflektors.

An Normalkerzenstärke rechnen Siemens & Halske bei Lampen mittlerer Stärke überschlagsweise für je 1 Ampère:

100 NK. bei Gleichstrom,
60 „ „ Wechselstrom,

dafür bedarf der Lichtbogen im Mittel eine Spannung von:

45 Volt bei Gleichstrom und
26 „ „ Wechselstrom.

Man erhält sonach bei einer Gleichstrombogenlampe für etwa 45 Watt 100 NK., somit für 736 Watt = 1 PS ca. 1600 NK.

Da nun aber der Widerstand in der Maschine und den Zuleitungen selbst Energie verbraucht, so kann man durchschnittlich bei einer mittelgroßen Gleichstromdynamomaschine für 1 PS ein Licht von etwa 1000 NK. und bei einer Wechselstrommaschine mittlerer Größe für 1 PS ein Licht von etwa 850 NK. Stärke erhalten.

Als ein weiterer besonderer Vorzug des Bogenlichtes, der aber auch nur bei großem Lichtbedarf recht ins Gewicht fällt, ist der Umstand, daß die Lichtstärke einer Bogenlampe in einem viel stärkeren Verhältnis wächst, als die Strommenge.

Hiernach wird, wenn man die Strommenge verdoppelt, nicht etwa bloß die doppelte, sondern eine viel größere Lichtstärke erzielt.

Tischendörfer in Wien hat eine Formel aufgestellt, wonach diese Steigerung zu berechnen ist. Hiernach entfallen auf

8 Ampères	1000 NK.
20 „	4300 „
50 „	20425 „

Danach ist Bogenlicht in sehr lichtstarken Lampen außerordentlich billig zu beschaffen.

Die Einschaltung der Bogenlampen kann geschehen:

a) hintereinander. (Der Strom läuft von einer Lampe zur andern, aber eine Vorrichtung ist da, daß, wenn eine

Lampe verlöscht, der Strom dann um diese Lampe herumgeht, damit nicht auch die anderen verlöschen.)

b) paarweise parallel. (Diese Schaltung ist am häufigsten. Für jedesmal 2 Lampen zweigt die Zu- und die Rückleitung von der Zuführungsleitung ab.)

c) einzeln parallel. (Jede einzelne Lampe hat ihren Zuleitungs- und Rückleitungsdraht.)

Die Lampen unter a) werden alle auf einmal in oder außer Betrieb gesetzt. Die Lampen unter c) werden alle einzeln in oder außer Betrieb gesetzt, jedoch nur allmählich, nicht rasch und nicht gleichzeitig mehrere. Die Lampen unter b) werden paarweise behandelt wie die unter c).

Beim Einschalten muß nach und nach durch langsames Drehen der Widerstandskurbel unter Beobachtung des Ampèremessers dic richtige Stromstärke gegeben werden, wobei natürlich vorher die Dynamo im Gange sein muß.

Selbstthätige Ausschalter müssen außer dem Kohlenstiftschieberwerk vorhanden sein, um bei unerwartetem Verlöschen den Strom zurückzuweisen, der sonst das metallene Getriebe beschädigen eventuell zerschmelzen könnte. Das Werk muß ferner durch einen starken Metallmantel gegen Staub und Nässe absolut geschützt sein und stets aufs allersorgfältigste gepflegt werden.

Für langwährende Beleuchtung können mit Vorteil Bogenlampen mit doppelten Kohlenpaaren angewendet werden.

Ströme von zu niederer Spannung machen das Bogenlicht gelb, solche von zu hoher Spannung violett. Es ist daher geraten, nur mäßige Spamungen anzuwenden.

Die Bogenlampen.

Mit dem Verbrennen vollzieht sich auch nach und nach ein Verkürzen der Kohlenstäbe. Sie müssen daher einander nach und nach immer wieder genähert werden, und zwar genau in dem für die Bildung des Lichtstrahles entsprechenden Maße, wozu jede Lampe einen der subtilsten und kompliziertesten Apparate haben muß. Derselbe findet im oberen Teil der Lampe, in der Schutzkappe, seinen Platz.

Von diesen Apparaten giebt es eine Anzahl verschiedener Systeme: die Differentiallampe von Hefner-Alteneck, die Flachdecklampe von Siemens & Halske, die Bogenlampe von Körting & Mathiesen und dergleichen Lampen von Kummer & Co., Schuckert & Co., Naglo, Helios, Křižik und andere.

Für die praktische Benutzung des elektrischen Lichtes war die erste Forderung, eine Regulierung zu ersinnen, durch welche die Kohlen stets auf gleichen Abstand voneinander gebracht werden.

Nach und nach sind verschiedene Regulatoren entstanden, und man kann dieselben einteilen nach der Art der Regulierung in

1. Handregulatoren,
2. elektrische Kerzen,
3. mechanische Regulatoren.

Die Handregulatoren finden bei Effektbeleuchtungen als Reflektoren in Theatern, Ausstellungen, zu Projektionszwecken etc. Anwendung.

Die elektrischen Kerzen bedingen Anwendung von Wechselstrom.

Die mechanischen Regulatoren haben den Zweck, die Kohlen einander bis zur Berührung zu nähern, den normalen Lichtbogen einzustellen und zu erhalten. Man unterscheidet:

1. Hauptstromregulatoren,
2. Nebenschlußregulatoren und
3. Differentialregulatoren.

Danach kann man die Bogenlampen in Hauptstrom-, Nebenschluß- und Differentialbogenlampen gruppieren.

Bei der Hauptstromlampe ist die elektrische Regulierung direkt in den Hauptstromkreis geschaltet. Die elektrische Energie geht von der Maschine durch die Regulierungsvorrichtung und durch die Kohlen zur Maschine zurück. Die Regulierungsvorrichtung übernimmt allerdings die Regulierung des Kohlenabstandes, wenn dieser sich ändert, aber sie wird auch beeinflußt durch alle anderen Vorgänge im Stromkreise außerhalb der eigenen Lampe, und deshalb ist sie für mehrere Lampen in demselben Stromkreise unbrauchbar.

Eine solche Regulierung ist also bloß für eine Lampe zu gebrauchen, die allein in einem Stromkreise brennt, also für eine Lampe für Einzellicht.

Eine Hauptstromlampe reguliert auf konstante Stromstärke. Dieselbe brennt mit gleichmäßiger Lichtstärke nur dann, wenn ein künstlicher Widerstand, ein sogenannter Beruhigungswiderstand, davor geschaltet wird, den der Lampenstrom mit durchfließt. Da in demselben ein Spannungsverlust stattfindet, so muß die zur Verfügung stehende Spannung höher sein, als diejenige, welcher die Lampe allein bedarf. Zur Parallelschaltung eignet sich die Hauptstromlampe ganz gut, da bei dieser jede Lampe von der andern unabhängig ist, und zwar läßt man immer nur eine Lampe in einem Zweige der Parallelschaltung brennen, weil jede zweite, die mit ihr zusammen (hintereinander) in diesen Zweig geschaltet wäre, sie stören würde. In den gewöhnlichen Beleuchtungsanlagen findet man jedoch nur selten Hauptstromlampen.

Wird der elektrische Strom, wenn er in eine Lampe eintritt, geteilt, so daß die Regulierungsvorrichtung im Nebenschluß, nicht im Hauptstromkreise liegt, so erhält man die Nebenschlußbogenlampe. Hier geht der Strom von der Maschine aus bis zu dem Punkt, wo der Nebenschluß abzweigt; dort teilt er sich und geht einerseits durch die Kohlen und andererseits durch die Regulierungsvorrichtung.

Bei diesen Lampen ist der Einfluß äußerer Stromschwankungen zwar geschwächt, aber nicht ganz vermieden; vielmehr wirken äußere Stromschwankungen auch hier störend auf die Regulierung, wenn auch in geringerem Grade; daher bedarf die Nebenschlußbogenlampe zum ruhigen Brennen gleichfalls eines Vorschaltwiderstandes. Sie sind vorwiegend zur Parallelschaltung bestimmt, doch hat es keinen Anstand, zwei hintereinander geschaltete Nebenschlußlampen in eine Parallelschaltung einzufügen. Ihre Stromstärke variiert von 5—12 Ampères; sie regulieren auf konstante Spannung und sind gegenwärtig wohl die am meisten benutzten Bogenlampen.

Eine vollkommene Unabhängigkeit vieler Lampen, die in einen Stromkreis hintereinander eingeschaltet sind, wurde durch die sog. Differentiallampe, welche zuerst von Siemens & Halske bei ihren Beleuchtungsanlagen eingeführt wurde, erreicht. Auch bei der Differentiallampe wird der Strom, der von der Maschine in die Lampe kommt, verzweigt. In dem einen Zweig befinden sich die Kohlen, in dem anderen eine Regulierungsvorrichtung. Die wesentliche Veränderung ist aber die, daß auch in dem ersten Zweig, in welchem sich die Kohlen befinden, eine Regulierungsvorrichtung angebracht ist, und zwar so, daß sie der anderen entgegenwirkt.

Die Differentialbogenlampe reguliert auf konstantes Verhältnis zwischen Spannung und Stromstärke oder, was dasselbe besagt, auf konstanten (scheinbaren) Widerstand. Die Stromstärke im äußeren Stromkreis wird bei dieser Regulierung durch eine Lampe nicht beeinflußt, denn die Kohlen stellen sich immer auf normalen Widerstand ein. Durch die Vorgänge in einer Lampe werden also die anderen nicht in Mitleidenschaft gezogen. Der äußere Stromkreis ist daher unabhängig von den Vorgängen in der Lampe und umgekehrt.

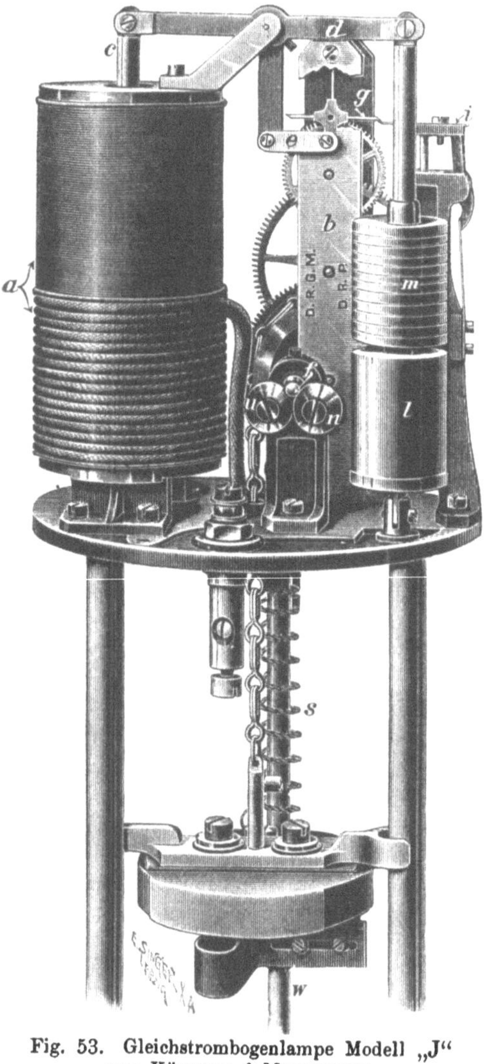

Fig. 53. Gleichstrombogenlampe Modell „J" von Körting & Mathiesen.

Sie eignen sich sowohl zur Parallelschaltung, als auch zur Hintereinanderschaltung in demselben Stromkreise. Sie dienen sowohl für Wechselstrom, als auch für Gleichstrom. Siemens & Halske fabrizieren sie für Wechselstrombetrieb für eine Leistung von 150 bis 350 NK., für Gleichströme von 20 bis 25 Ampères.

Die Fig. 53 zeigt eine Differentiallampe für Gleichstrom, Modell „J" von Körting & Mathiesen i. Leutzsch-Leipzig.

Diese Bogenlampe, die auf konstanten Widerstand des Lichtbogens reguliert, eignet sich gleich gut für Parallel- als für Hintereinanderschaltung.

Der Reguliermechanismus besteht in der Hauptsache aus einem Doppelsolenoid *a* in Verbindung mit einem Laufwerk *b*, welches von einem an der Zugstange *c* hängenden Eisenkern mittels Hebels *d* und Zugstange *e* beeinflußt wird. Das Laufwerk schwingt um die Achse *f*, wodurch die Kohlen voneinander entfernt oder auch einander genähert werden.

Nach stattgehabter Bogenbildung geschieht die Annäherung so lange, bis das Flügelrad *g* von der Anschlagzunge *i* frei geworden und damit die Arretierung des Laufwerkes aufgehoben ist. Durch das Übergewicht des oberen Kohlenhalters senkt sich letzterer, bis im nächsten Moment das Laufwerk wieder arretiert wird.

Zur Dämpfung der Regulierungsbewegungen ist an dem Hebel *d* die Luftbremse *l* angebracht, welche nur langsame Bewegungen gestattet.

Auf die Luftbremse *l* sind Belastungsscheiben *m* gelegt, durch deren Gewicht die Länge des Lichtbogens reguliert wird.

Durch die Anordnung des blanken Kabels *s*, welches spiralförmig um die Führungsstange *w* gewunden ist und eine leitende Verbindung zwischen der positiven Klemme und dem oberen Kohlenhalter herstellt, sowie der Anwendung des Kabels sind Schleifkontakte vermieden.

Modell „J“ eignet sich vorzüglich für Schaltung in Serien von beliebiger Größe. Beim Einschalten bildet sich der Lichtbogen gleich von richtiger Länge. Ein Zusammenkleben der Kohlen in einzelnen Lampen ist gänzlich ausgeschlossen. Die Regulierung ist so exakt, daß die Lampen sehr ruhig brennen. Die Klemmenspannung ist bei langen Kohlen genau dieselbe wie bei kurzen.

Ebensogut wie in Reihe brennen die Lampen auch in einfacher Parallel- oder in Gruppenschaltung. Für Reihenschaltung werden dieselben auch mit selbstthätigem Kurzschlußapparat und Ersatzwiderstand geliefert. Der selbstthätige Kurzschlußapparat schaltet die Lampe aus, gleichviel ob eine Störung im Werke ist, oder ob die Kohlenstifte abgebrannt sind. Es können dann während des Betriebes neue Kohlenstifte eingesetzt werden.

Die Lampen werden hergestellt für Stromstärken von 4, 6, 8, 10, 12, 15, 20, 25, 30 und 35 Ampères.

Bei Serienschaltung ist es zu empfehlen, entweder Nebenschluß- oder Compoundmaschinen zu verwenden. Bei Verwendung von Hauptstrommaschinen bedarf es besonderer Vereinbarungen betreffs der Regulierung der Lampen.

Die Fig. 54 zeigt das Bild einer Wechselstrombogenlampe Modell „D“ von Körting & Mathiesen. Diese Lampe besitzt eine Differentialregulierung und eignet sich deshalb für jede Schaltungsart.

Das Regelungswerk besteht in der Hauptsache aus einem Doppelsolenoid in Verbindung mit einem Laufwerk *b*, welches um die Achse *f* schwingt und von einem Eisenkernpaar mittels des Hebels *d* und der Zugstange *e* bewegt wird.

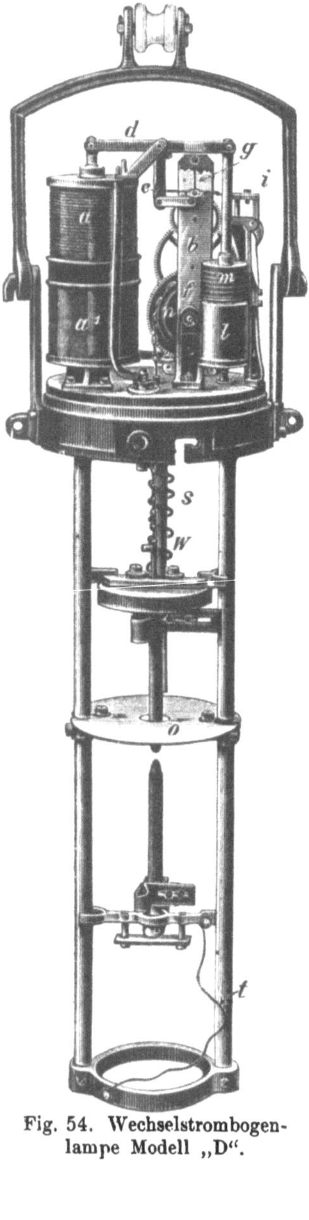

Fig. 54. Wechselstrombogenlampe Modell „D".

Durch das Schwingen des Laufwerkes werden beide bewegliche Kohlenhalter, die an einer über die Rolle *n* gelegten Kette hängen, voneinander entfernt oder einander genähert, je nachdem die Eisenkerne sich verstellen.

Nach stattgehabter Bogenbildung geschieht die Annäherung so lange, bis das Flügelrad *g* von der Anschlagzunge *i* freigeworden und damit die Arretierung des Laufwerkes aufgehoben ist.

Durch das Übergewicht des oberen Kohlenhalters senkt sich letzterer, bis im nächsten Moment das Laufwerk wieder arretiert wird.

Zur Dämpfung der Bewegung der Eisenkerne ist an dem Hebel *d* die Luftbremse *l* angebracht. Auf diese Luftbremse sind Belastungsscheiben *m* gelegt, durch deren Gewicht die Länge des Lichtbogens reguliert wird.

Durch die Anordnung des blanken Kabels *s*, welches spiralförmig um die Führungsstange *w* gewunden ist und eine leitende Verbindung zwischen der positiven Klemme und dem oberen Kohlenhalter herstellt, sowie der Anwendung des Kabels *t* sind Schleifkontakte vermieden.

Das Doppelsolenoid hat eine Hauptstromwickelung *a* und eine Nebenschlußwickelung a_1, welche durch eine isolierende Zwischenlage so weit voneinander getrennt sind, daß die gegenseitigen Induktionswirkungen aufgehoben sind.

Auch die beiden Eisenkerne, die durch ein nicht magnetisches Metall miteinander verbunden sind, haben einen so großen Abstand untereinander, daß sie sich magnetisch nicht beeinflussen.

Alle in Frage kommenden Metallteile sind gegen das Auftreten von Wirbelströmen geschützt.

Jede Lampe erhält einen kleinen emaillierten Reflektor *o*, welcher innerhalb der Glocke an den Stangen befestigt ist.

Die Lampen brennen

einzeln	geschaltet	bei 36 Volt	Betriebsspannung,
paarweise	,,	,, 72 ,,	,,
zu dreien	,,	,, 100 ,,	,,

Sie werden hergestellt für eine Stromstärke von 2, 3, 4, 6, 8, 10, 12, 15, 18, 20, 25, 30 und 35 Ampères, bei einer Brenndauer von 4—5, 6—7, 10—11 und 13—14 Stunden.

Nicht außer acht gelassen werden darf die Dämpfung des Lichtes, welche die Glasballons verursachen, in die man das Bogenlicht einsetzen muß, damit abfallende, glimmende Kohlenstückchen keine Schäden anrichten — das Ausblasen des Lichtes im Freien verhindert wird — und das menschliche Auge das stechende Licht ertragen kann.

Man verliert bei einer Herstellung der Glaskugeln aus

Alabasterglas	15 %,
Opalglas	20 %,
Milchglas	30—50 %.

Dieselbe kann aber die sonstige Billigkeit des Bogenlichtes keineswegs aufheben; wenn sie die sonst 10—14fach stärkere Ausnutzung des Stromes auch auf das 7—11fache herunterbringt, so bleibt immerhin noch genug übrig.

Bezüglich der Verteilung der Bogenlampen kann man annehmen:

für Maschinenfabriken, Montagewerkstätten etc.	80—100 m^2	auf jede Lampe von 8 A.
,, Gießereien, Magazine etc.	140—200 ,,	,, ,, ,, ,, 8 ,,
,, Hofbeleuchtung	1400—2000 ,,	,, ,, ,, ,, 10 ,,
,, allgemeine Beleuchtung	3000—4000 ,,	,, ,, ,, ,, 10 ,,

In geschlossenen Räumen betrage die Entfernung zwischen den Lampen 8—12 m, im Freien 70—140 m; die Aufhängehöhe in geschlossenen Räumen so groß wie möglich (5—6 m), im Freien 8—10 m. Der Lampenabstand bei Straßenbeleuchtung beträgt ca. 40—80 m.

Welche Bogenlampen sind vorzuziehen, Nebenschluß- oder Differentiallampen?

Es bedarf wohl keiner Erläuterung, daß man bei Serienschaltung in Verbindung mit einer Hauptstrommaschine nur Differentiallampen verwenden kann. Bei Gruppenschaltung unter Verwendung einer Gleichspannungsmaschine sind Nebenschlußlampen zulässig, doch müssen sie in solchen Fällen mit Kurzschlußapparaten versehen sein, wenn man nicht vorzieht, einen Minimalausschalter in die Leitung zu schalten.

In weitere Konkurrenz können beide Lampengattungen bei Parallelschaltung in 65 und 110 Volt u. s. w. treten.

Die Nebenschlußlampe reguliert auf konstante Klemmenspannung und ist daher von der Stromstärke in Hinsicht auf Regulierung unabhängig. Bei Nebenschlußlampen mit reiner Nebenschlußwickelung, d. h. ohne jede Hauptstromwickelung, übt die Stromstärke an sich absolut keinen Einfluß auf den Regulierungsmechanismus. Daraus ergeben sich folgende Verhältnisse:

Die reine Nebenschlußlampe ist möglichst universell, d. h. eine und dieselbe Lampe kann beispielsweise sowohl mit 3 als auch mit 15 Ampères brennen, wobei natürlich die Lichtbogenspannung entsprechend geändert werden muß. Die Möglichkeit dieser verschiedenen Einstellung ist für den Installateur von großem Wert.

Die Differentiallampe gestattet eine derartige verschiedene Beanspruchung nicht, sie ist vielmehr für eine bestimmte Stromstärke gebaut.

Bei Nebenschlußlampen, auch bei denen, die zu zweien oder mehreren hintereinander geschaltet sind, ist die Regulierung der Lichtbogenlänge eine sehr einfache, da jede Lampe unabhängig von der anderen reguliert. Bei Differentiallampen hingegen beeinflussen sich alle Lampen in einem Stromkreise untereinander, wodurch die Regulierung sehr erschwert wird. Als wesentlicher Vorzug der Differentiallampe ergiebt sich dafür das Fehlen von Regulierfedern, d. h. also, ein Nachregulieren ist ausgeschlossen, wenn dasselbe nicht etwa durch andere Faktoren, wie z. B. das Längen einer Seidenschnur od. dergl., bedingt wird.

Bogenlampen zur Erzeugung zerstreuten Lichtes.[1]

Um das Bogenlicht zur Beleuchtung von Innenräumen geeignet zu machen, müssen die vom Bogen ausgesandten direkten

[1] Teilweise nach einer Broschüre der Firma Körting & Mathiesen.

Strahlen aufgefangen und zerstreut werden, damit das Auge wenig oder gar nicht geblendet und die Lichtverteilung im Raume eine möglichst gleichmäßige wird.

Nicht für alle Räume gelten gleiche Ansprüche, und ein Fabriksaal, in welchem Arbeiten verrichtet werden, die keine Anstrengung der Augen erfordern, unterscheidet sich hierin wesentlich von dem Hörsaal einer Universität oder dem Zeichensaal einer technischen Lehranstalt. Während es im erstgenannten Falle genügt, wenn man den Lichtbogen in bekannter Weise mit Glocken aus wenig dämpfendem Glas umgiebt, so sind solche Lampen in Hör- und Zeichensälen schlechthin unmöglich.

Mit der Undurchsichtigkeit des Glases nimmt die Abblendung des Lichtbogens dem Auge gegenüber und die Gleichmäßigkeit der Lichtverteilung zu, aber in demselben Grade wächst auch der Verlust an Licht durch die Absorption des Glases, wenngleich dieser Verlust nicht so groß ist, wie gewöhnlich angenommen wird.[1]

Bei Opalglasglocken beträgt derselbe z. B. 50 % der mittleren hemisphärischen Intensität, wenn die Lampen in einem Raume mit dunkeln Wänden hängen; da aber Innenräume, in denen feinere Arbeiten vorgenommen werden, meistens mit weißen oder hellfarbigen Wänden und Decken versehen sind, so ermäßigt sich der Verlust durch die Wiedergewinnung der infolge der größeren Streuung nach oben gelangten Lichtstrahlen auf ca. 30 %.

Geringer ist der Verlust bei der indirekten Beleuchtung, d. i. jener Beleuchtung, bei welcher der Lichtbogen sein Licht gegen einen weißen Reflektor oder eine hellfarbige Decke sendet, wobei dasselbe hier gebrochen und zerstreut nach unten geworfen wird.

Die der indirekten Beleuchtung hiernach zukommenden Vorzüge beruhen auf einer besseren Streuung der Lichtstrahlen, die zweifelsohne gar nicht vollkommener wie bei der Deckenbeleuchtung sein kann. Auf keine andere Weise kann man die lichtgebende Fläche so groß machen, als mittels der Decke, und zweitens fallen die Lichtstrahlen unter so günstigen Winkeln nach unten, daß der Effekt in Bezug auf die Lichtverteilung derart vorzüglich ist, daß sie das einseitig einfallende Tageslicht übertrifft und im ganzen Raum die störenden Schatten aufhebt.

Die Firma Körting & Mathiesen hat auf diesem Gebiete zahlreiche Versuche gemacht, welche auch von Erfolg gekrönt wurden.

Im Nachstehenden sollen zwei Neukonstruktionen genannter Firma besprochen werden.

---

[1] Vgl. Elektrotechn. Zeitschr. 1895, S. 500.

Da nicht für alle Räume, in denen zerstreutes Licht zur Anwendung gelangen soll, gleiche Ansprüche auf Verteilung des Lichtes und Abblendung der Lichtquelle gestellt werden, so wurde ein Unterschied zwischen halb und ganz diffusem, bezw. zwischen gemischtem und ausschließlich indirektem Licht gemacht, und zwar

Fig. 55. Einrichtung zur Erzeugung halbdiffusen Lichtes.

deshalb, weil bei erstgenanntem Licht eine bessere Ausbeute der Leuchtkraft möglich ist.

Die Einrichtung zur Erzeugung halbdiffusen Lichtes ist in der Ansicht durch Fig. 55, und im Schnitt, mit oberem Reflektor, durch Fig. 56 dargestellt.

Eine oben offene, halbrunde Glocke *a* aus Opalglas fängt den ganzen Lichtstrom auf, wobei die Lichtstrahlen teils unter starker Streuung durch das Glas hindurchgehen, teils von der glänzenden Oberfläche derselben nach oben reflektiert werden. Diese reflektierten Strahlen werden nun von der weißen Decke oder in Ermangelung derselben von einem weißen Blechreflektor *d*,

Schnitt durch die Mitte

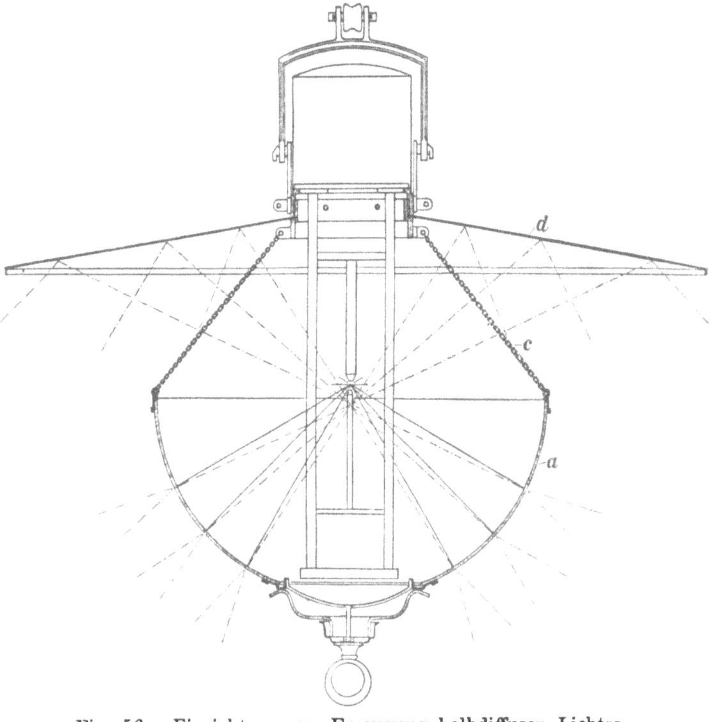

Fig. 56. Einrichtung zur Erzeugung halbdiffusen Lichtes.

wie in Fig. 56 angegeben, aufgefangen und nach unten gesandt. Die Blendung ist bei dieser Lampe sehr gering, der Lichtverlust beträgt etwa 25 %.

Die zweite Neuerung, die ein besonderes Interesse in Anspruch nimmt, betrifft einen Reflektor für ganzdiffuses Licht. Fig. 57 u. 58.

Auch hier stehen die Kohlen normal, das Licht fällt also zunächst nach unten und wird durch einen emaillierten Reflektor *a* gegen die Decke geworfen. Oberhalb des Lichtbogens, der vollständig unsichtbar gehalten ist, befindet sich ein kleiner Schirm *b*, der die nach oben fallenden Lichtstrahlen auffängt und sie durch Brechung gleichfalls dem großen Reflektor *a* zuführt, von dem dieselben gegen die Decke geworfen werden. Ohne diesen kleinen Schirm würden die umgebenden Wände bei Gleichstrom einen scharf abgegrenzten Lichtrand zeigen, welcher Schatten

Fig. 57. Einrichtung zur Erzeugung ganzdiffusen Lichtes.

der Bänder oder Ketten *c* enthält, und der aus ästhetischen Rücksichten zu vermeiden ist.

Die anfängliche Annahme, daß der Lichtverlust bei der Verwendung eines emaillierten Reflektors unter dem Lichtbogen angesichts der doppelten Reflexion des gesamten Lichtstroms ein so großer sein würde, daß die praktische Benutzung ausgeschlosen erschien, fand durch die vorgenommenen Lichtmessungen mit dem Weber'schen Photometer eine glänzende Widerlegung.

Infolge des geringen Abstandes der reflektierenden Flächen vom Lichtbogen und infolge der glänzenden Emailoberfläche des Reflektors wird ein so großer Nutzen der Beleuchtung erzielt, daß nur 36 % der Gesamtlichtmenge verloren geht. Die Lichtverteilung, die direkt durch photometrische Messungen an verschiedenen Stellen eines Saales ermittelt wurde, wobei zugleich auch photographische Aufnahmen der Decken- und Seitenbeleuchtung stattfanden, erwies sich als außerordentlich günstig. Es erklärt sich diese Thatsache daraus, daß bei der Berechnung der

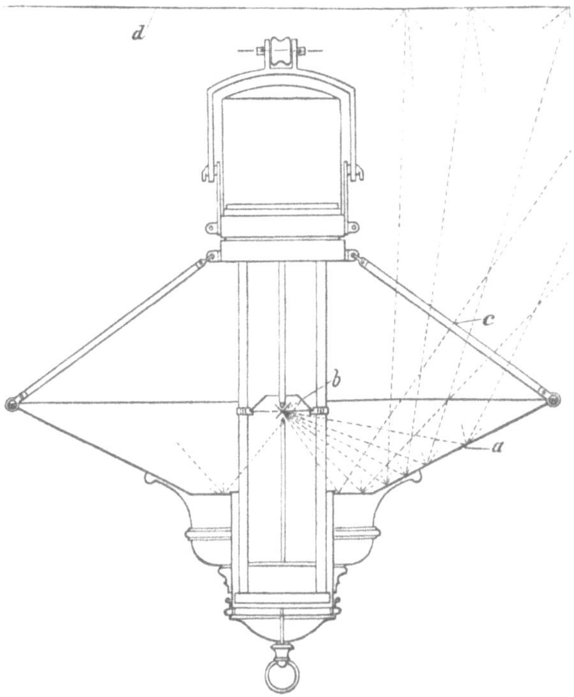

Fig. 58. Einrichtung zur Erzeugung ganzdiffusen Lichtes.

Lichtstrahlen durch den Emailreflektor infolge der mathematisch sehr unebenen Fläche gleichzeitig eine starke Streuung eintritt, und da sich derselbe Vorgang an der Decke noch einmal wiederholt, so wird die gesamte Streuung im Raume eine außerordentlich große.

Es kann durch diese Lampen anderen Lichtquellen, so auch dem Gasglühlicht, unter Umständen eine erhebliche Konkurrenz gemacht werden. Da das elektrische Glühlicht im Betriebe 6 mal teurer als Bogenlicht und dies schon bei kleinen Lampen nach

Messungen und Berechnungen von Professor Wedding gerade so billig wie Gasglühlicht zu stehen kommt, so wird der Mehrausfall an Lichtausbeute bei der indirekten Beleuchtung angesichts der anderweit unerreichbaren Lichtverteilung und der daraus zu profitierenden Lichtausnutzung in geeigneten Fällen nicht ins Gewicht fallen.

Ein gefälliges äußere und eine gute Ausstattung lassen eine Lampe mit diesem Reflektor, wie auch Fig. 57 zeigt, sehr repräsentabel erscheinen.

Derselbe Reflektor läßt sich mit einer Wechselstrombogenlampe kombinieren, und die Sache liegt hier insofern günstiger, als nur die Hälfte des gesamten Lichtes zweimal reflektiert werden muß, da der eine Lichtstrom direkt gegen die Decke gerichtet ist, infolgedessen reduziert sich der Verlust auf ca. 28 $^0/_0$.

Bei der Berechnung der erforderlichen Lampen und Stromstärken für indirekte Beleuchtung ist folgendes zu beachten:

Für eine sehr gute Beleuchtung von Hör- und Zeichensälen nimmt man als mittlere Intensität der Beleuchtung in Tischhöhe 25—30 Meterkerzen an, während als Minimum der hygienischen Forderung für Arbeiten mit den Augen nur 10 Meterkerzen angenommen wird.

Folgende Tabelle giebt an, wie viel m^2 Grundfläche bei bestimmten mittleren Helligkeiten auf ein Lampen-Ampère bei Anwendung indirekter Beleuchtung kommt, unter der Annahme, daß die Lampen mit 8—10 Ampères brennen.

Für Gleichstrom:

Bei	25	Meterkerzen	=	5,5	m^2	pro	Lampen-Ampère,	
„	20	„	=	6,8	„	„	„	„
„	15	„	=	9,0	„	„	„	„
„	10	„	=	13,0	„	„	„	„

Für Wechselstrom:

Bei	25	Meterkerzen	=	3,0	m^2	pro	Lampen-Ampère,	
„	20	„	=	3,7	„	„	„	„
„	15	„	=	5,0	„	„	„	„
„	10	„	=	7,2	„	„	„	„

Lampen-Ampère ist das Produkt der Anzahl der in einem Stromkreise brennenden Lampen mal Anzahl der Ampères; wenn also 2 Lampen bei 110 Volt hintereinander geschaltet sind und etwa mit 8 Ampères brennen, so ergeben sich hieraus 16 Lampen-Ampères.

In Sälen, die über 100 m^2 Bodenfläche haben, empfiehlt es sich im Interesse der besseren Lichtverteilung, statt 2 Lampen deren 4 bei gleicher Gesamtleuchtkraft zu verwenden.

Die Höhe der Räume ist von untergeordneter Bedeutung und kann von 3,5—5 m differieren, ohne nennenswerte Änderungen der Leuchtkraft zu bedingen.

Die Aufhängung der Lampen geschieht in niedrigen Räumen am besten unmittelbar unter der Decke, während sich beispielsweise bei 5 m hohen Räumen ein Abstand von ca. 0,5 m zwischen Decke und Porzellanrolle der Lampe empfiehlt.

Die niedrigst zulässige Stromstärke bei der indirekten Beleuchtung dürften 3 Ampères sein.

Außer für Hör- und Zeichensäle eignet sich die indirekte Beleuchtung vorzüglich für Bureau- und Comptoirräume, wo an den verschiedenen Stellen des Raumes gleiche Helligkeit herrschen und eine Blendung der Augen gänzlich vermieden werden soll.

Durch die Farbe der Decke hat man es in der Hand, das von der Lampe ausgehende weiße Licht beliebig abzutönen. Man kann es z. B. völlig gelb machen, wenn man der Decke einen gelben Anstrich giebt, doch ist hiermit ein wesentlicher, ca. 25 % betragender Mehrverlust an Licht verknüpft.

Für die halbdiffuse Beleuchtung mittels der in Fig. 55 dargestellten Lampe gilt nachstehende Tabelle.

Für Gleichstrom:

Bei 25	Meterkerzen	= 8,4 m^2	pro Lampen-Ampère,
„ 20	„	= 10,0 „	„ „ „
„ 15	„	= 13,5 „	„ „ „
„ 10	„	= 19,0 „	„ „ „

Es sei noch bemerkt, daß andere, wie z. B. Jaspar, Wahlström, Blondel etc., sich ebenfalls mit mehr oder weniger guten Erfolgen mit der Konstruktion von Bogenlampen zur Erzeugung zerstreuten Lichtes befaßt haben.

Fig. 59 und Fig. 60 stellen Aufhängungen für Bogenlampen dar, welche unter Dach anzubringen sind und ein bequemes Herunterziehen der Lampen ermöglichen. Die Aufhängungen sind so eingerichtet, daß deren Gleitrollen durch Kupferseile die Stromzuführung übermitteln.

Ausführungen, welche sich zur Anbringung an Façaden der Gebäude eignen, stellen Fig. 61 und Fig. 62 dar. Bei ersterer ist die Lampe in einer Laterne, bei der anderen dagegen in einer Opalglasglocke eingeschlossen.

Fig. 63 zeigt eine elektrische Bogenlampe auf einem eisernen Pfosten, wie solche zur Beleuchtung von Straßen, freien Plätzen oder Gärten zur Anwendung kommen. Zur Beleuchtung ausgedehnter Plätze, wie bei Eisenbahnen etc., werden Bogenlampen in Anwendung gebracht, welche in beträchtlicher Höhe aufgehängt werden, zu welchem Zwecke man sich entweder hölzerner Masten mit geeigneten Aufsätzen zum Herablassen und Heraufziehen der Bogenlampen bedient, oder man verwendet eiserne Gitterträger mit gleicher

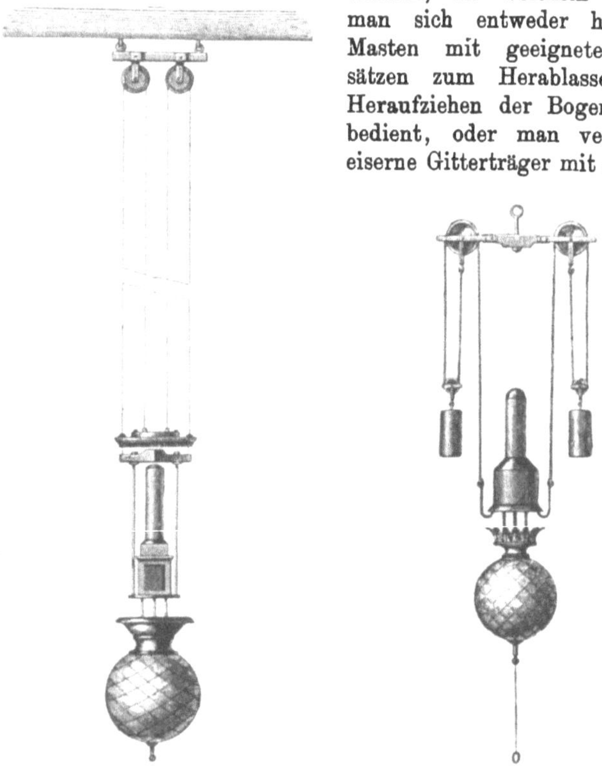

Fig. 59 u. Fig. 60. Aufziehvorrichtungen für Bogenlampen.

Einrichtung versehen, zu demselben Zwecke. Mit Hilfe dieser Einrichtungen läßt man das Licht von 10—15 Meter Höhe einen entsprechend großen Lichtkreis bestreichen.

Das elektrische Glühlicht.

Während das elektrische Bogenlicht seine unleugbaren Vorzüge bei der glänzenden Beleuchtung von Straßen, Plätzen, großen Sälen und Geschäftslokalitäten besitzt, ist es nicht anwendbar für die Beleuchtung von Häusern und Zimmern, in denen nicht sehr starke Lichtquellen verlangt werden, sondern im Gegenteil Lichtquellen von mäßiger Stärke, aber in sehr weitgehender Verteilung und mit allen den Bequemlichkeiten im Privatgebrauch, wie sie das Gaslicht längst besitzt.

Diesen Zweck erreicht man durch die Glühlampen. Innerhalb eines möglichst luftleeren Glasgefäßes wird ein dünner Kohlenfaden durch den elektrischen Strom zum Glühen gebracht und spendet auf diese Art Licht.

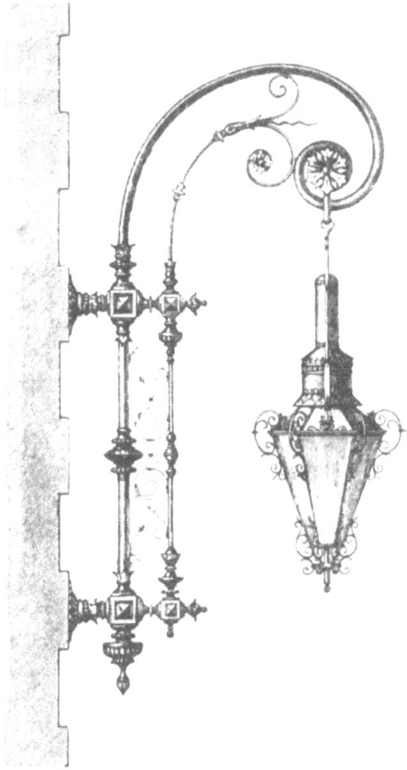

Fig. 61. Wandbügel für Bogenlampen.

Die Leuchtkraft der Glühlampen hängt außer von der Stärke des Stromes allein auch von der Größe des Widerstandes des Kohlenfadens ab. Übrigens nimmt bekanntlich der Widerstand der Kohlen bei der Erwärmung ab, und zwar sehr erheblich, so daß der Widerstand einer Lampe, wenn sie in Weißglut sich befindet, nur etwa halb so groß ist, wie im kalten Zustande. Fig. 64 stellt die normale Form einer Glühlampe dar, wie sie für Beleuchtung von Geschäftslokalen, Arbeitsräumen, Wohn- und Restaurationsräumen, Theatern etc. angewendet wird. Die gebräuchlichste Type ist, was Leuchtkraft anlangt, die 16kerzige Lampe. Häufig gebraucht werden die Lampen zu 5, 8, 10, 20, 25 und 32 NK., seltener sind Lampen zu 50, 100 und noch mehr Kerzen. Die gewöhnliche Spannung der Glühlampen liegt zwischen 60—65, 100—110 oder 110—120 Volt.

Die Strommenge, welche der Lampe zufließen soll, wird ganz genau geregelt durch die Dicke des Zuleitungsdrahtes.

Der in der Hauptleitung vorhandenen Spannungshöhe aber

müssen sich die Kohlenfäden nach Länge und Dicke genau anpassen, und so müssen Lampen von verschiedenen Sorten geliefert werden, weil man die Maschinenströme mit verschiedener Spannung erzeugen läßt.

Die vorkommenden üblichen Spannungen und die jeder

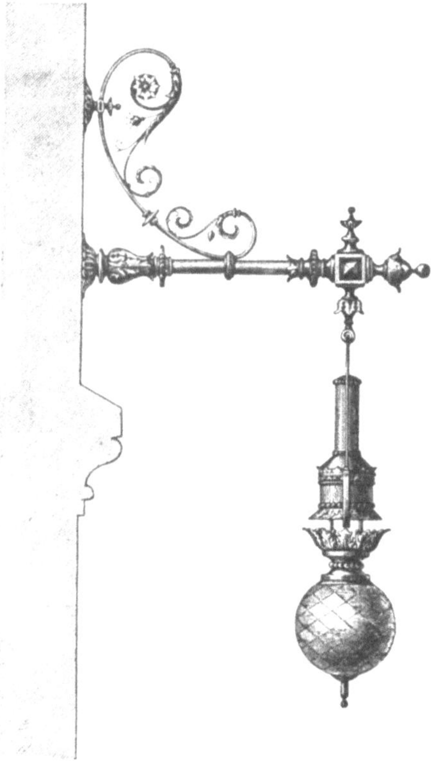

Fig. 62. Wandarm für Bogenlampen.

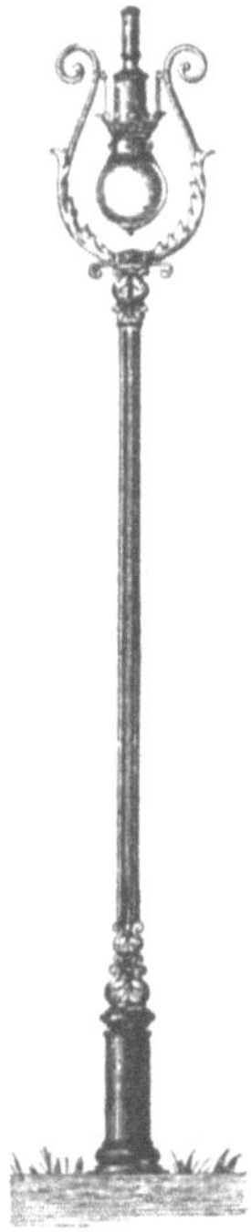

Fig. 63. Bogenlicht-Kandelaber.

Spannung alsdann entsprechende Strommenge ist für die Lampen von verschiedener Leuchtkraft verschieden. Beispielsweise sei eine Tabelle für 16kerzige Glühlampen mitgeteilt.

Eine solche Lampe braucht

bei	100—110	Volt	etwa	0,5	Ampère,
„	65	„	„	0,8	„
„	50	„	„	1,0	„ .

Daß der Kohlenfaden überall gleich stark sei, daß die Luftleere nahezu vollkommen, und daß der zufließende Strom immer von gleichmäßiger Spannung sei, sind Hauptbedingungen, weshalb man den ruhigen, gleichmäßig fließenden Strom der Akkumulatoren vorzieht. Bei Glühlampen darf die Veränderung der normalen Spannung nach unten oder oben höchstens 2 $^0/_0$ betragen.

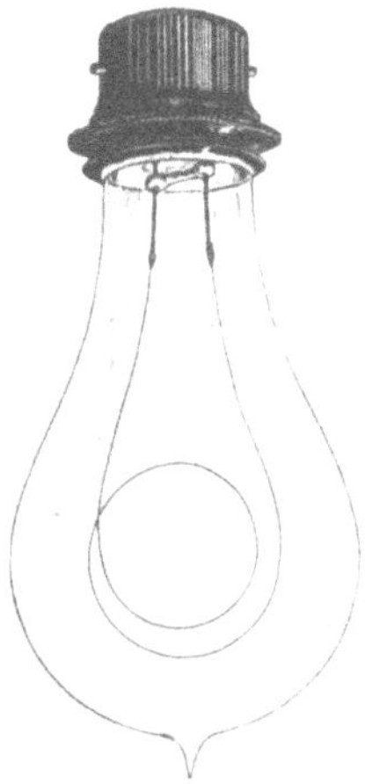

Fig. 64. Glühlampe, System Edison.

Wenn sich bei einer Normalspannung von 100 Volt die Spannung nur um 1 Volt steigert, so erhöht sich die Leuchtkraft um 1 Kerze (bei einer 16kerzigen Lampe), dagegen mindert sich aber ihre Haltbarkeit gleich um 200 Stunden. Wenn dagegen die Spannung unter die normale herabgeht, so mindert sich die Leuchtkraft, aber die Lampen gewinnen erheblich an Dauer.

Auch die Glühlampen kommen in verschiedenen Systemen in den Handel.

Man hat die von Edison — birnenförmig — man hat die von Swan — kugelförmig.

In Deutschland werden Glühlampen fabriziert besonders von Siemens & Halske in Charlottenburg, Allgemeine Elektricitätsgesellschaft in Berlin, Schuckert & Co. in Nürnberg, de Khotinsky in Rotterdam, Filiale Gelnhausen. Der Preis einer Glühlampe von 5—16 NK. ist jetzt rund 85 ₰, aber die Installateure berechnen sie einschließlich des Einsetzens selbstverständlich höher.

Eine 16kerzige Glühlampe von Siemens & Halske, die bei 100 Volt Spannung 0,57 Ampères Stromstärke braucht, um normal zu brennen, hat dabei einen Effekt von 57 Watt. Da nun 1 Watt $= \frac{1}{736}$ PS, so verbraucht die Lampe beim normalen Brennen $\frac{57}{736} = \sim \frac{1}{13}$ PS. Es können also durch 1 PS etwa 13 solcher Lampen betrieben werden. Da die Lampe bei 57 Watt Verbrauch eine Lichtstärke von 16 NK. giebt, so kommt auf jede Kerze ein Verbrauch von $\frac{57}{16} = 3{,}5$ Watt.

Es ist empfehlenswert, wenn man für 1 PS nicht mehr wie 10 Glühlampen zu 16 NK. bei Gleichstrom und etwa 8 Glühlampen zu 16 NK. bei Wechselstrom rechnet.

Nach dem heutigen Stande der Glühlampenfabrikation beträgt die Lebensdauer einer Glühlampe etwa 600—800 Brennstunden;

in vielen Fällen werden jedoch kaum 300 Lampenstunden erzielt. Die Glühlampen werden vorwiegend zur Parallelschaltung verwendet.

Für Hintereinanderschaltung gebraucht man Glühlampen von niederer Spannung und entsprechend hoher Stromstärke. Zur Zeit werden derartige Lampen von 20—100 NK. fabriziert, deren normale Stromstärke etwa 10 Ampères beträgt, und welche je nach der Lichtstärke 5—20 Volt erfordern. Die Kohlenbügel dieser Lampen haben einen beträchtlichen Durchmesser. Der Arbeitsverbrauch liegt ungefähr zwischen 2,1—2,5 Watt für NK., wenn die Kohle auf dieselbe Temperatur erhitzt wird wie die der gewöhnlichen 100voltigen Lampen. Bei diesen Lampen muß die Einrichtung so getroffen sein, daß, falls der Kohlenbügel durchbrennen sollte, der unterbrochene Stromzufluß selbstthätig wieder hergestellt wird, was entweder durch eine Springfeder oder durch das Zusammenschmelzen zweier Drähte bewerkstelligt werden kann.

Die Form der Kohlenbügel der Glühlampen ist eine sehr verschiedene. Es giebt deren in Hufeisenform (Edison), Ringelform (Swan), Schlingenform (Sawyer-Man), Winkelform (Gérard), Querbalkenform (Bernstein) etc.

Für die Metallkontakte (Fassungen) der Glühlampen, mit welchen die beiden Enden des Kohlenfadens durch Vermittelung der Platindrähte und eventuell noch kurzer Kupferdrähte verbunden sind, sind gleichfalls noch verschiedene Formen im Gebrauch, wie der Schraubensockel (Edison), Flügelsockel (Siemens & Halske), Platinösen (Swan, Woodhouse), Bajonetthalter (Bernstein), Sockel mit Federkontakt (Schuyler) u. a. Der Anschluß der Glühlampen an die Leitungen erfolgt entweder direkt oder indirekt durch eine Armatur (Wandarm, Hängearm, Krone, Laterne u. s. w.).

Tabelle der gebräuchlichsten Normallampen.

Lichtstärke in NK.	6	8	10	16	20
Erforderliche Spannung in V.	35—50	50—100	50—125	50—125	50—125
Stromstärke in A.	0,6—0,42	0,56—0,25	0,7—0,28	1,12—0,448	1,4—0,56

Lichtstärke in NK.	25	32	50	100	200
Erforderliche Spannung in V.	50—125	50—125	50—125	50—125	50—125
Stromstärke in A.	1,75—0,7	2,24—0,896	2,5—1	5—2	10—4

Die Beleuchtungskörper für Glühlampen sind sehr mannigfaltig und richten sich in ihrer Ausführung und Ausstattung nach den Zwecken, welchen sie dienen sollen. Die Glühlampen werden häufig mit Schutzglocken versehen und haben dieselben

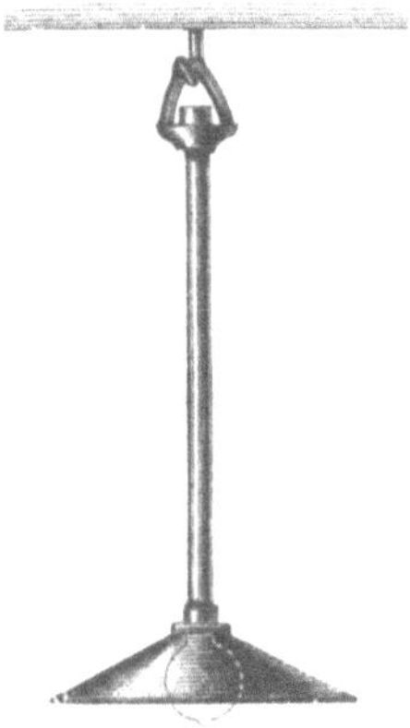

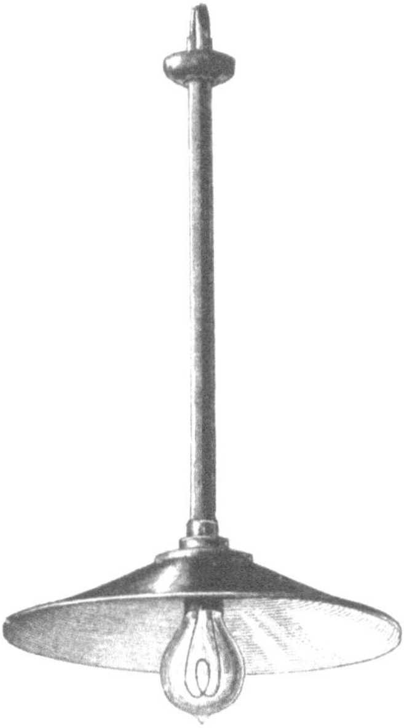

Fig. 65 u. Fig. 66. Eiserne Deckenarme mit emailliertem Blechreflektor.

dann den Zweck, Entzündungen der sie umgebenden Gase beim Brechen der Glasbirne auszuschließen, das Bestauben der Lampen zu verhindern oder diese vor Verletzungen zu schützen.

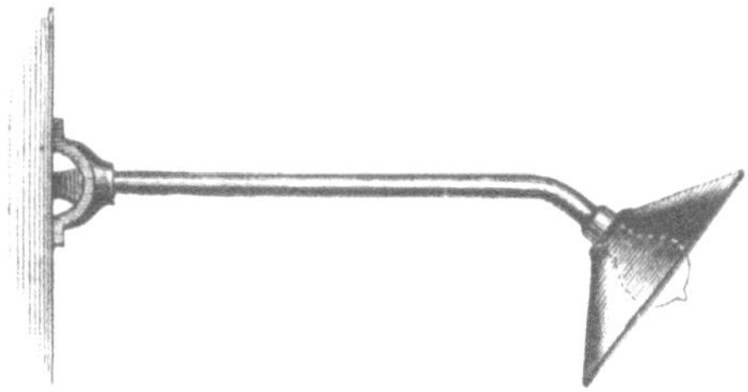

Fig. 67. Wandarm für Glühlampe.

Fig 65 und Fig. 66 sind eiserne Deckenarme mit emailliertem Blechreflektor, wie sie in Fabriken und Lagerräumen Verwendung finden; gleichem Zwecke dienen die Wandarme Fig. 67 und Fig. 68. Fig. 69 zeigt die Anwendung eines Drahtkorbes zum Schutz der Glühlampe, während in Fig. 70

eine Glasschutzglocke das Glühlicht gegen Feuchtigkeit und Staub schützt. Fig. 71 und Fig. 72 sind Wandauslässe zum Einschalten beweglicher Lampen, wie z. B. Tischarbeitslampen. Fig. 73 ist

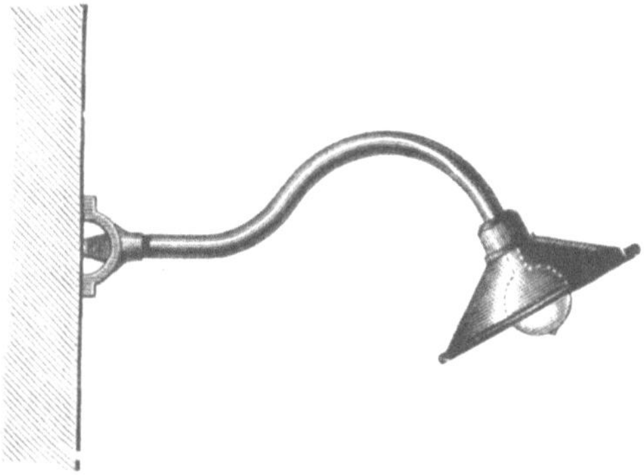

Fig. 68. Wandarm für Glühlampe.

Fig. 69. Glühlampe mit Drahtkorb.

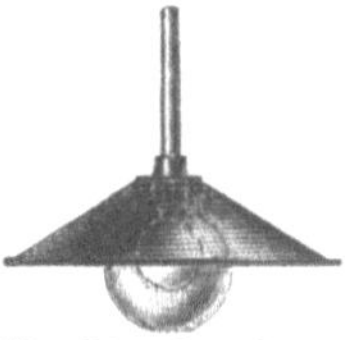

Fig. 70. Glühlampe mit Glasschutzgloke.

eine Ausleuchtelampe für gewerbliche Zwecke; sie wird auch in Krankenhäusern zum Beleuchten der Kranken in Betten benutzt. Die Fig. 74 und Fig. 75 zeigen drehbare Wandarme in verschiedener

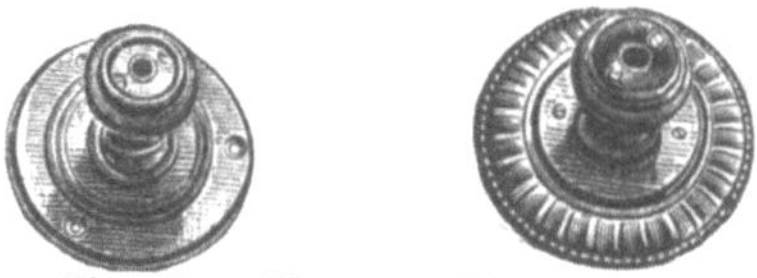

Fig. 71 u. Fig. 72. Wandauslässe.

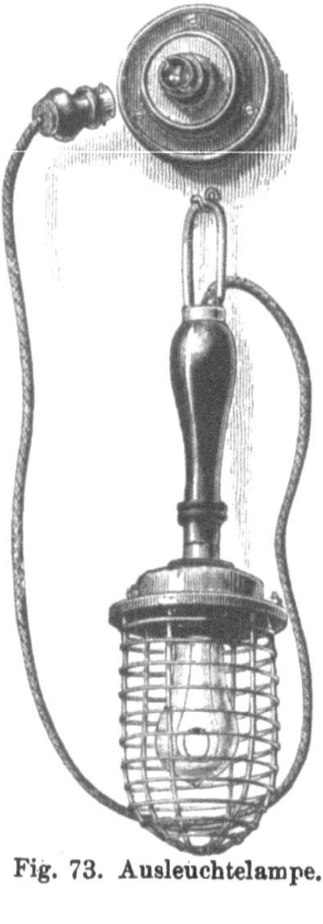

Fig. 73. Ausleuchtelampe.

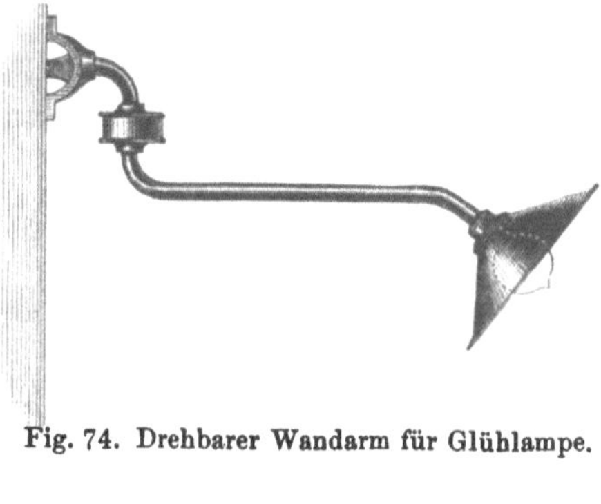

Fig. 74. Drehbarer Wandarm für Glühlampe.

Anordnung und Ausstattung. Figur 76 stellt ein Drahtpendel mit Lampenhalter und Ausschalter dar; dieselben finden an Orten Verwendung, wo die Lampen gar keinen Beschädigungen

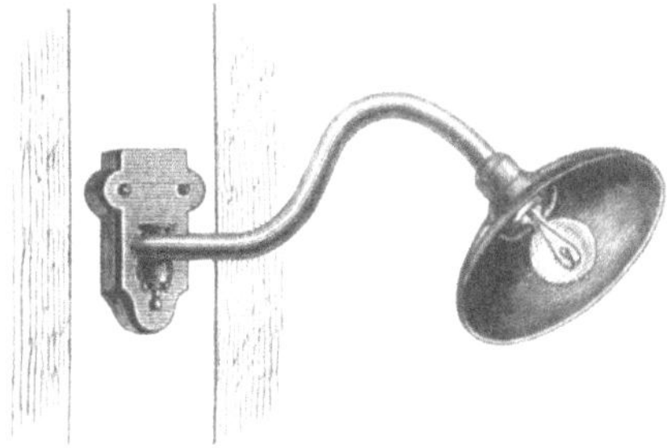

Fig. 75. Drehbarer Wandarm für Glühlampe.

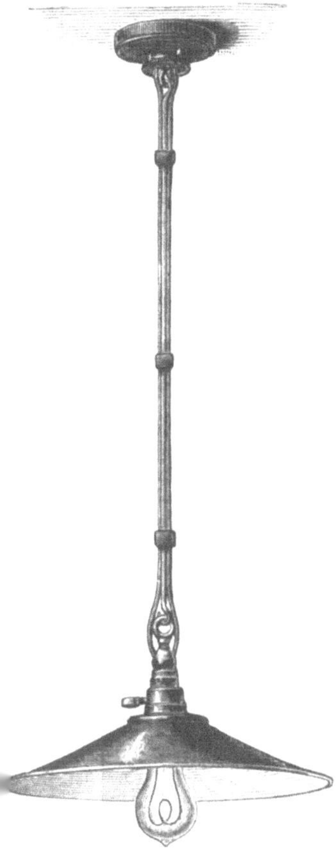

Fig. 76. Drahtpendel.

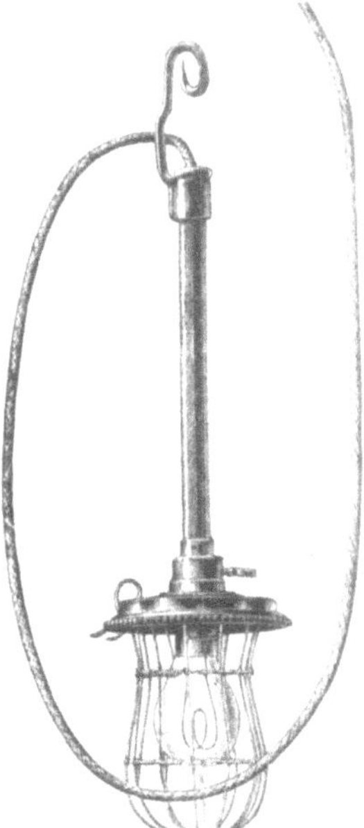

Fig. 77. Bewegliche Arbeitslampe.

ausgesetzt sind, und bieten den Vorteil, ohne Schwierigkeit die Lampen beliebig verlängern oder verkürzen zu können. Fig. 77 ist eine bewegliche Arbeitslampe mit Drahtschutzkorb und Lampenhalter mit Ausschalter. Fig. 78 zeigt einen kurzen Wandarm mit einem versilberten Reflektor zum Erleuchten von Treppen und Gängen. Fig. 79 dient als Deckenlampe in feuchten, niedrigen Räumen. Die Wandarme Fig. 80 und Fig. 81 finden

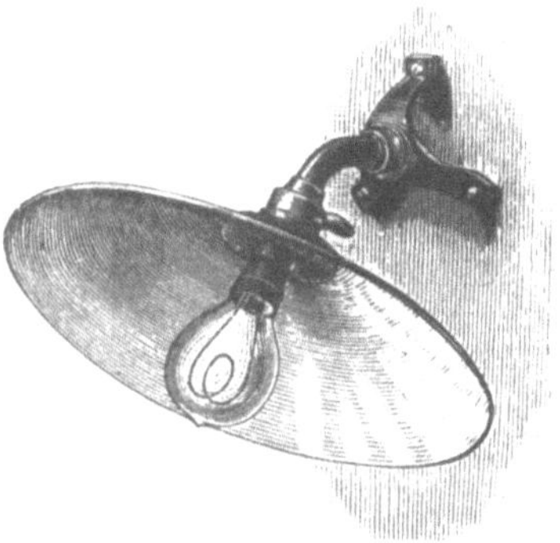

Fig. 78. Kurzer Wandarm für Glühlampe.

Fig. 79. Deckenlampe.

besonders für Hof- und Straßenbeleuchtung Anwendung, zu welchem Zwecke der Körper gegen Eindringen von Feuchtigkeit durch eine wasserdichte Armatur geschützt ist. Fig. 82 stellt einen Deckenarm dar, wie er von der Firma Gebrüder Naglo

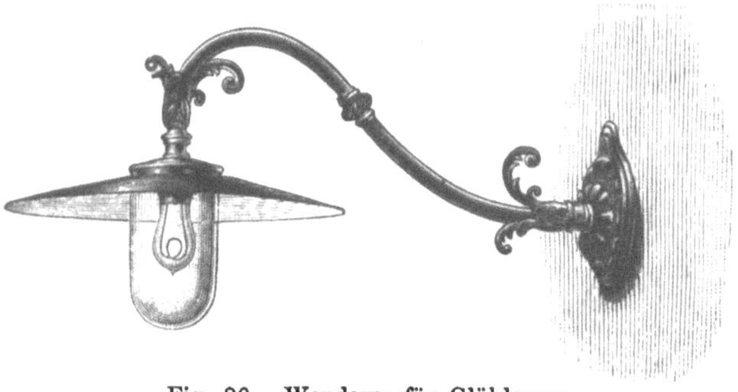

Fig. 80. Wandarm für Glühlampe.

in Berlin in Sprengstoff- und Munitionsfabriken angewendet wird; die Stromzuführung geschieht von außen oberhalb des Daches, die Glühlampe selbst ist durch zwei Glasglocken, deren Zwischenraum mit Wasser gefüllt wird, geschützt, wie überhaupt die Konstruktion des Armes jedes Eindringen von Gasen, Feuchtigkeit oder Staub verhindert und eine absolute Sicherheit gegen Explosion oder Feuersgefahr gewährleistet.

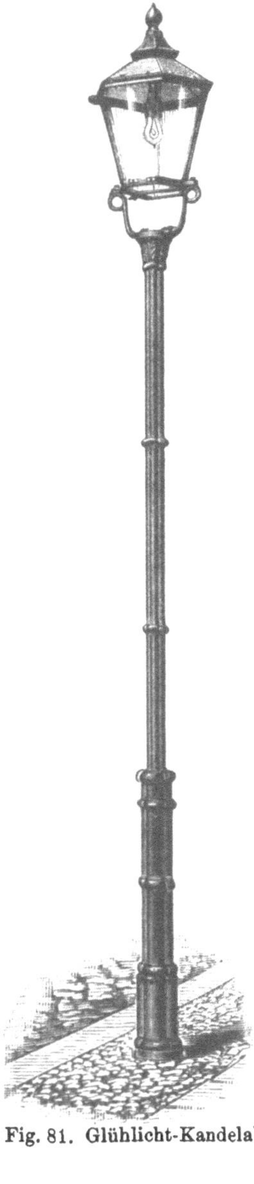

Fig. 81. Glühlicht-Kandelaber.

Für eine 16kerzige Glühlampe kann man als Wirkungsfläche rechnen:

auf Treppen, Korridoren, im Vorzimmer u. s. w. ca. 20 m^2,

für Wohnräume und allgemeine Beleuchtung 6—10 m^2,

in Läden und sehr gut erleuchteten Geschäftsräumen 4—5 m^2,

in Fabriken, den Maschinen entsprechend, oder durchschnittlich für jeden Arbeiter eine Lampe.

Die Ökonomie einer Glühlampe bestimmt sich nach der Gleichung:

$$\text{Ökonomie} = \frac{\text{Stromstärke} \times \text{Spannung}}{\text{Normalkerzenanzahl}}.$$

Danach ist die Wirtschaftlichkeit einer Glühlampe von 100 Volt Spannung und einer Stromstärke von 0,5 Ampère bei einer Leuchtkraft von 16 NK.

$$= \frac{0{,}5 \,.\, 100}{16} = 3 \text{ Watt für 1 NK.}$$

Eine Gleichstrom-Bogenlampe zu 100 NK. verbraucht etwa 1 Ampère, wobei eine Spannung von 45 Volt

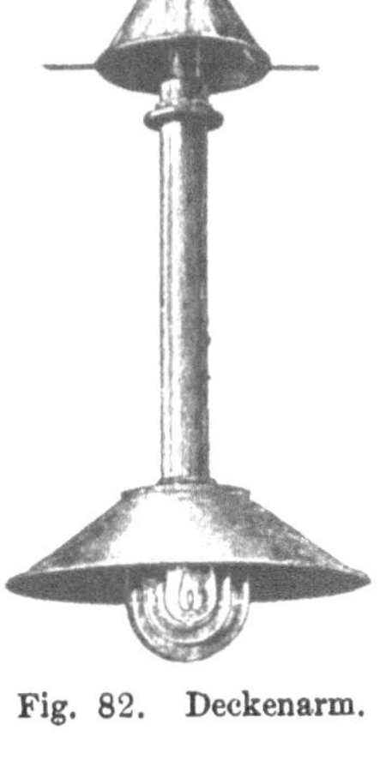

Fig. 82. Deckenarm.

vorausgesetzt wird. Sonach sind erforderlich $\frac{1.45}{100} = 0,5$ Watt für 1 NK. bei Bogenlicht.

Es verhalten sich demnach die aufgewendeten Watt bei Bogen- und Glühlicht wie 0,5 : 3 oder wie 1 : 6.

Diese Ausführungen zeigen, daß bei Glühlicht sechsmal so viel Watt für je 1 NK. verbraucht werden, als beim Bogenlicht. Für höhere Stromstärken fällt dieses Verhältnis für das Glühlicht noch ungünstiger aus.

Die wichtigsten Vor- und Nachteile des Glühlichtes im Vergleiche zum Bogenlichte.

Die Nachteile des Glühlichtes sind:

1. das Glühlicht erfordert einen größeren Arbeitsverbrauch;
2. die Erhöhung der Temperatur bei derselben Kerzenzahl ist größer;
3. die Wiedergabe der natürlichen Farben der Körper ist ausgeschlossen;
4. zu Effektbeleuchtungen ist das Glühlicht weniger geeignet.

Zu den Vorteilen des Glühlichtes zählen:

1. die Teilung des Lichtes ist eine vollständige. Das elektrische Licht kann in jeder beliebigen Stärke und Verteilung abgegeben werden;
2. vorzügliche Eignung zur Beleuchtung kleiner Räume;
3. Beleuchtungskörper für Gaslicht sind in der Regel für das Glühlicht verwendbar;
4. die Lichtstärke der Glühlampen läßt sich durch Widerstände oder Änderung in der Tourenzahl der Dynamo beliebig regulieren;
5. die Handhabung ist bequemer.

Beruhigungswiderstände.

Überall da, wo Glühlampen und Bogenlampen zusammen oder nur Bogenlampen in Parallelschaltung verwendet werden, sind Beruhigungs- oder Vorschaltwiderstände für die Bogenlampen notwendig. Fig. 83 zeigt einen derartigen Vorschaltwiderstand. Derselbe besteht aus einer gedrehten Schieferwalze, versehen mit einem Gewindegang, in welchen ein Neusilberdraht gewickelt ist. Die Walze hat Lüftungsnuten in achsialer Richtung, die bei vertikaler Befestigung des Apparates abkühlend wirken. Wie aus der Figur zu ersehen, ist die Walze an einem gußeisernen Deckel befestigt, durch den auch die Drähte eingeführt werden.

Über die Walze wird ein Cylinder gesteckt, der am Boden Löcher aufweist, um Luft zur Abkühlung einzulassen, die am oberen Ende wieder entweichen kann. Dieser Widerstand ist nur für den Gebrauch im Freien bestimmt und kann ohne irgend welchen weiteren Schutz dem Wetter ausgesetzt werden.

Der Vorschaltwiderstand wird in Ohm gemessen, und die Höhe dieses Widerstandes richtet sich danach, wie viel Volt von der disponiblen Spannung bei einer bestimmten Stromstärke darin verbraucht werden sollen.

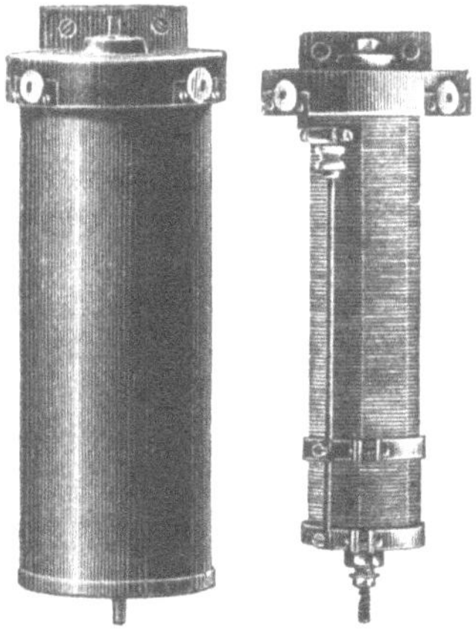

Fig. 83. Vorschaltwiderstand für Bogenlampen.

Sechster Abschnitt.

Die wichtigsten Hilfsapparate in elektrischen Beleuchtungs- und Kraftübertragungsanlagen.

Für jede elektrische Anlage sind noch einige Apparate erforderlich, welche zum Regulieren und Messen der Spannung und Stromstärke, zur Sicherung der Leitungsdrähte gegen Erwärmung, zum Ein- und Ausschalten einzelner Stromkreise u. s. w. dienen.

Regulierapparate.

Bei in großartigem Maßstabe gebauten Centralen ist bislang in Deutschland sowohl wie im Auslande fast ausschließlich die Parallelschaltung der Lampen in Anwendung gekommen, weil diese allein in einem allen Anforderungen der Sicherheit entsprechenden Maße die vollkommene Unabhängigkeit der einzelnen Stromverbraucher wahrt.

Um ein ruhiges gleichmäßiges Licht zu erzielen, dürfen

die Spannungsschwankungen im Leitungsnetze 1 bis 2 Volt nicht übersteigen.

In kleineren Anlagen, bei denen die Lampen nicht allzuweit von der Maschine entfernt sind, läßt sich dies mit einer für die Praxis genügenden Genauigkeit durchführen, wenn man die Regulierung allein auf den inneren Stromkreis beschränkt, d. h. wenn man die Klemmenspannung an der Dynamomaschine konstant erhält, und bietet uns hierfür die Gleichspannungs-(Compound)-Maschine das einfachste und zuverlässigste Mittel.

Wollte man bei Centralen mit weit verzweigtem Leitungsnetze, in denen der Verbrauch je nach Zeit und Örtlichkeit starkem Wechsel unterworfen ist, die obige Bedingung eines maximalen Spannungsverlustes von 2 Volt aufrecht erhalten, so würden die Leitungsquerschnitte ganz unverhältnismäßige Dimensionen annehmen müssen, und die Rentabilität des Unternehmens würde dadurch sehr in Frage gestellt. Man hat daher den Ausweg gefunden, an gewissen, passend gewählten Punkten des Verteilungsnetzes, den sogenannten „Knotenpunkten", eine konstante mittlere Spannung aufrecht zu erhalten, gegen welche die wirkliche Spannung im Maximum nur 0,5 bis 1 Volt mehr oder weniger betragen darf. In den zu diesen Knotenpunkten führenden Hauptleitungen, „Speiseleitungen" genannt, ist dann ein größerer Spannungsverlust zulässig, der so zu berechnen ist, daß die Summe der Verzinsung und Tilgung der Anlagekosten nebst den Betriebskosten für den Energieverlust ein Minimum wird.

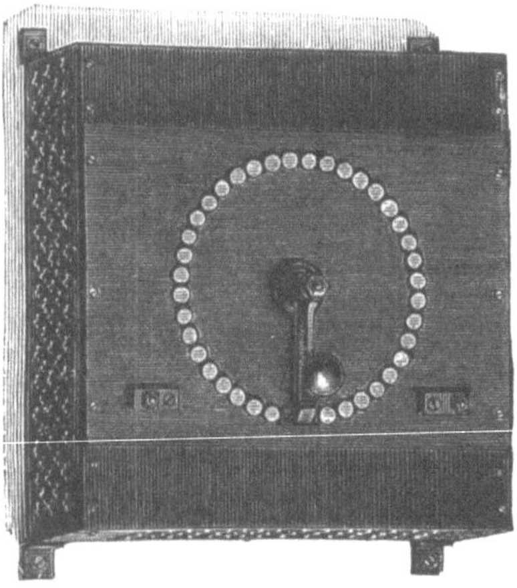

Fig. 84. Widerstands-Regulator für Handbedienung.

Je nachdem nun ein größerer oder geringerer Stromverbrauch stattfindet, vermindern oder vermehren sich die Widerstandsverhältnisse im gesamten Leitungsnetze in einer Weise, welcher die auf den inneren Stromkreis regulierende Gleichspannungsmaschine nicht Rechnung trägt, so daß man stets noch eines mit der Hand zu bedienenden oder automatisch wirkenden Widerstandsregulators bedarf, um die Spannung an den Knotenpunkten konstant zu erhalten. Aus diesem Grunde ist man bei Gleichstrom-Centralanlagen zur Nebenschlußmaschine zurückgekehrt, da dieselbe zudem den großen Vorzug besitzt, bei eintretendem Kurzschlusse in der Leitung stromlos zu werden, während die Gleichspannungsmaschine durch die gewaltige Überproduktion an Strom beschädigt würde.

In den Zweigstrom, welcher um die Magnete fließt, wird ein Regulator eingeschaltet, der in Fig. 84 für Handbedienung, in Fig. 85 für automatischen Betrieb abgebildet ist. Letztere finden mit großem Vorteil Anwendung, wenn der Antrieb der Dynamo von einer vorhandenen Betriebsanlage erfolgt, wie z. B. in Fabriken, Bergwerken u. s. w., wo der regelmäßige Gang durch stark wechselnde Belastung wesentlich beeinflußt wird.

Fig. 85. Widerstands-Regulator für automat. Betrieb.

Jegliches Regulieren der Dynamo seitens des Maschinenwärters wird hierbei überflüssig. Der in Fig. 85 abgebildete Regulierwiderstand der Firma Gebrüder Naglo in Berlin hat folgende Anordnung:

An der einen Seite eines Hebels sind der Eisenkern eines Solenoides und der Kolben einer Glyzerinpumpe angebracht, welche die Bewegung des Hebels regulieren sollen. Die andere Seite des Hebels trägt ein mit Quecksilber gefülltes, um eine horizontale Achse drehbares Glasgefäß. In das Quecksilber tauchen, je nachdem das Gefäß und mit ihm der Quecksilberspiegel höher oder tiefer steht, eine größere oder kleinere Anzahl von den über dem Gefäß fest angebrachten Kupferdrähten, welche mit treppenförmiger Abstufung senkrecht nach unten zeigen. Diese Kupferdrähte führen zu den Widerstandsspiralen des Nebenschlußregulators, welche soweit ausgeschaltet bezw. in Nebenschluß gelegt sind, als die zugehörigen Kupferspitzen in das Quecksilber eintauchen. Demgemäß ist viel Widerstand eingeschaltet, wenn das Gefäß tief, — wenig, wenn das Gefäß auf dem höchsten Punkte steht. Die Veränderung dieser Stellung bewirkt nun in einfacher Weise der oben erwähnte Eisenkern, welcher durch das an die Klemmen der Maschine angelegte Solenoid in der Weise bewegt wird, daß einer Steigerung der Klemmenspannung ein Abwärtsgehen des Quecksilberspiegels entspricht.

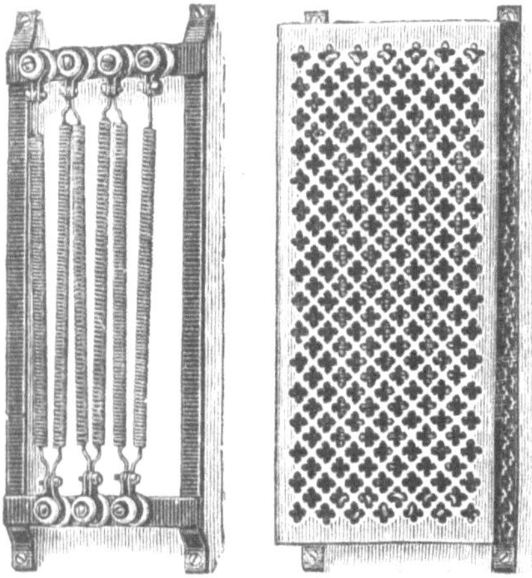

Fig. 86. Regulierwiderstand für Stromstärke.

Der Apparat arbeitet bei zweckentsprechender Dimensionierung und Vermeidung von Reibung durch Anwendung von Rollenführung sehr sicher und exakt. Der in Fig. 84 abgebildete Regulierwiderstand für Handbetrieb besteht aus einer Reihe von Neusilberspiralen, welche in einem Rahmen befestigt sind. Der Apparat ist in einem Kasten untergebracht, und man ersieht aus der Figur nichts weiter als die Kurbel und die Kontakte.

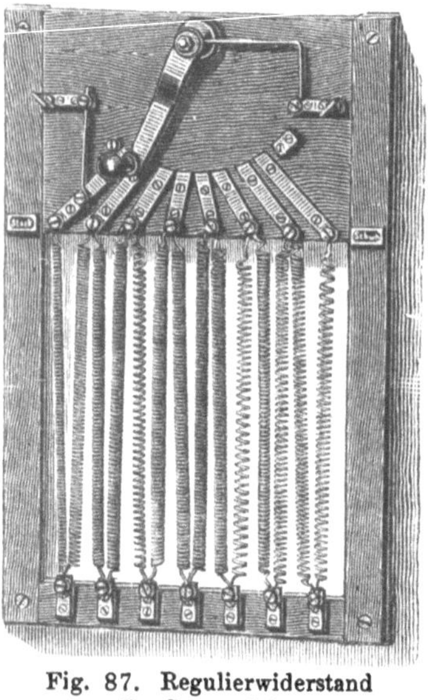

Fig. 87. Regulierwiderstand für Stromstärke.

Bei dieser Regulierung des Nebenschlusses, welche die Klemmenspannung konstant erhalten soll, ist also notwendig, daß eine Person das Voltmeter dauernd beobachtet und die Widerstände passend ein- oder ausschaltet.

Widerstände zur Regulierung der Stromstärke zeigen Fig. 86 und Fig. 87 mit und ohne Schutzkasten aus perforiertem Eisenblech. Derartige Widerstände sind unter anderen in jedem Bogenlampenstromkreis erforderlich.

Einen Apparat, um die Lichtstärke einer Glühlampe zu regulieren, zeigt Fig. 88. Durch Drehung der Kurbel kann die Leuchtkraft einzelner Lampen oder ganzer Lampengruppen in verschiedenen Stufen abgeschwächt werden. Diese Dunkelstellvorrichtungen finden besonders Verwendung in den Krankensälen der Krankenhäuser.

Fig. 88. Regulator für die Lichtstärke der Glühlampen.

Die Regulierung der für Bühnenbeleuchtung in Theatern dienenden Glühlampen erfolgt durch einen sogenannten Bühnenregulator.

Die Regulierung der Spannung einer Akkumulatorenbatterie geschieht durch sogenannte Zellenschalter, welche ein Zu- und Abschalten einzelner Zellen gestatten. Dieselben wurden schon im dritten Abschnitt auf Seite 114—121 besprochen.

Meßapparate.

Die fortwährende Kontrolle der Strommenge und Stromspannung ist selbstverständlich eine Notwendigkeit für die Betriebsleitung.

Die Bedienungsmannschaft an den Dampfmaschinen und den Dynamos muß zu jeder Zeit wissen, mit welcher Spannungshöhe und in welcher Menge der elektrische Strom in die Leitung abfließt, ob sich die Spannung mindert, ob sie sich steigert, um danach die Stromabgabe fortwährend zu regeln oder, was nahezu dasselbe besagt, den Gang der Maschine innerhalb der Grenzen der Minimal- und der Maximalleistung dem jeweiligen Bedürfnisse entsprechend mehrleistend oder minderleistend auftreten zu lassen.

Die Messung der Stromquantität, welche der Abnehmer zu bezahlen hat, ist eine Notwendigkeit für diesen und auch für die Werksverwaltung.

Die elektrischen Meßapparate zerfallen daher in Meßapparate für die Betriebsleitung und in Meßapparate, nach deren Angaben die Bezahlung zu leisten ist, Apparate für die Elektrizitätsabnehmer.

Es mögen dieselben hier in Kürze Erwähnung finden.

1. Meßapparate für die Betriebsleitung.

Zur Messung der elektrischen Ströme bedient man sich der technischen Galvanometer, und je nachdem dieselben entweder zur Messung der Stromstärke, der Spannung oder des Widerstandes dienen sollen, nennt man sie Ampèremeter, Voltmeter oder Ohmmeter. Die gemeinsame Forderung für sie ist, daß sie ohne Rechnung direkt die Stromstärke in Ampères, die Spannung in Volt und den Widerstand in Ohm abzulesen gestatten, und daß sie hinreichend genaue Angaben auch bei sehr großen Intensitäten und Spannungen machen. Ferner sollen die einzelnen Apparate, wenn sie nicht im ganzen Intervall gleich genaue Angaben machen, am genauesten bei denjenigen Stromstärken und Spannungen sein, welche für die betreffende Anlage die wichtigsten sind. Man hat solche Meßinstrumente für technische Zwecke in verschiedenartiger Weise konstruiert.

Die Apparate für Strommessung, für Spannungsmessung und diejenigen zur Widerstandsmessung, sind im allgemeinen ganz gleich gebaut. Nur besteht die Wickelung der Ampèremeter aus einer oder einigen Windungen eines dicken Drahtes, die Wickelung der Volt- und Ohmmeter, aus vielen Windungen eines dünnen Drahtes.

Die Strommesser werden direkt mit der Hauptleitung verbunden. Die Aufstellung derselben erfolgt im Maschinenhause an einer bequem sichtbaren Stelle, wobei sie an dem sogenannten Schaltbrett befestigt werden.

Sämtliche Spannungs- und Widerstandsmesser werden an diejenigen Punkte des Stromkreises angeschlossen, zwischen welchen die Spannung oder der Widerstand gemessen werden soll.

Fig 89 stellt die Schaltung der Galvanometer bei einer Beleuchtungsanlage mit hintereinander geschalteten Lampen, Fig. 90 mit parallel geschalteten Lampen dar.

In Fig. 90 giebt V_1 die Maschinen-, V_2 die Lampenspannung, A_1 die Intensität des gesamten Stromes im Leitungsnetze, A_2 die Stromstärke der Lampe L_1 und A den Widerstand der Lampe L_2 an.

Alle diese Apparate müssen geaicht werden und sind sowohl für Gleichstrom als auch Wechselstrom zu verwenden.

Die technischen Galvanometer werden auch in Verbindung mit Registrierwerken geliefert, bei denen ein Stift auf einem sich kontinuierlich abwickelnden Papierstreifen die in jedem Augenblick herrschende Spannung oder Stromstärke in Form einer stetig verlaufenden Kurve aufzeichnet.

Bei Akkumulatorenbatterien dient der Zellenprüfer zur Bestimmung der Spannung jedes einzelnen Elementes.

Wenn die Einrichtung so beschaffen ist, daß mehrere Maschinen Strom erzeugen, dazu vielleicht auch noch ein oder mehrere Akkumulatoren mit in Benutzung stehen, so wird der Voltmesser durch einen Umschaltungsapparat mit allen diesen Einzelfaktoren so verknüpft, daß man nach beliebiger Wahl und mittels entsprechender Umstellung eines Hebels die Spannung überall messen kann, einmal in der einen, dann in der anderen Maschine, dann im Akkumulator u. s. w.

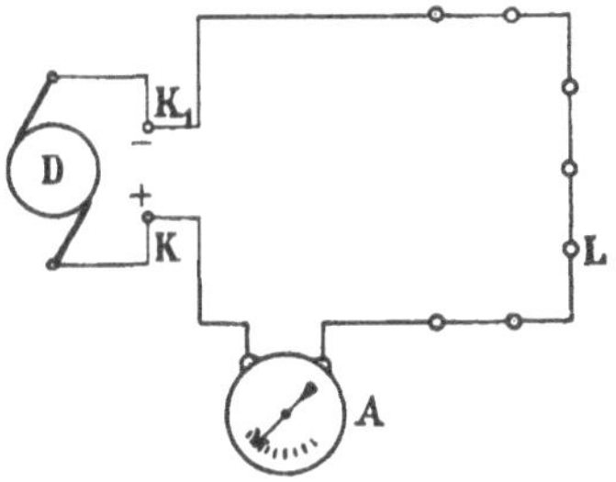

Fig. 89. Schaltungsschema eines Ampèremeters bei einer Beleuchtungsanlage mit hintereinander geschalteten Lampen.

In den Centralstationen dient das Voltmeter an jeder Maschine dazu, um zu erkennen, ob eine Regulierung der Spannung notwendig ist. Denn diese, die Klemmenspannung am Anfang der Leitung, muß bekanntlich peinlich konstant gehalten werden,

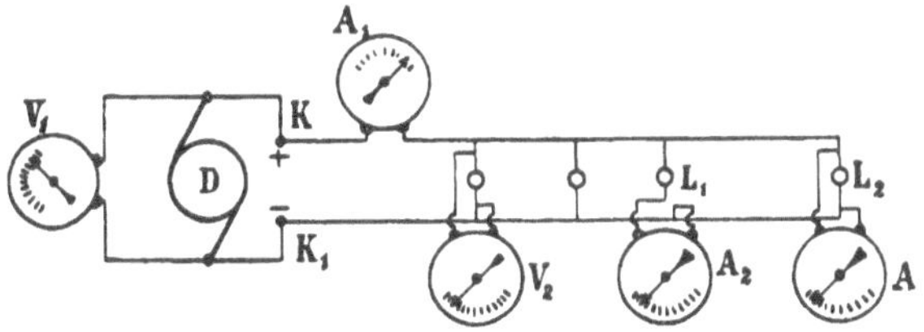

Fig. 90. Schaltungsschema von Galvanometern bei einer Beleuchtungsanlage mit parallel geschalteten Lampen.

damit der Betrieb der ganzen Anlage ein völlig ungestörter ist.

Die Montierung erfolgt gleichfalls auf dem Schaltbrette, meistens neben dem Strommesser.

Die Wattmesser sind den vorbesprochenen ganz ähnliche Meßapparate, mit welchen man, während jene den Betriebsleiter in der Centrale über den Zustand im ganzen Leitungsnetz Kunde geben, sich über den Durchfluß der Energie an einer bestimmten Strecke zu unterrichten pflegt.

Sie geben an, wie viel elektrische Energie, d. h. wie viel Watt vorhanden sind, oder was dasselbe besagt, wie viel Gesamtkraft durchfließt.

Aus dem vorigen ist ohne weiteres erkennbar, daß man mit allen diesen Apparaten noch nicht alles messen kann, was man zu messen nötig hat. Wenn man den elektrischen Strom bezahlen soll, spielt doch die Zeit, während welcher er zugeflossen ist, eine Hauptrolle. Die Zeit aber kommt bei den vorbesprochenen Meßapparaten noch in keiner Weise zur Berücksichtigung.

Bekanntlich wird die elektrische Arbeit ausgedrückt durch das Produkt aus:

$$\text{Ampère} \times \text{Volt} \times \text{Zeit.}$$

Die Meßinstrumente, welche wir bis jetzt kennen gelernt haben, gestatten durch eine Beobachtung immer nur eine Konstante des elektrischen Stromes zu messen.

Apparate, welche durch eine einzige Beobachtung die elektrische Arbeit messen lassen, nennt man elektrische Arbeitsmesser.

2. Meßapparate, nach deren Angabe die Bezahlung zu leisten ist. (Elektrizitätszähler.)

Sind die vorerwähnten Apparate in der Centralstation am Schaltbrette nötig und der Wattmesser auch dort, wo er bei einer einzelnen Teilstrecke von deren Gesamtenergie berichten soll, so sind die letzteren Apparate für jeden einzelnen Konsumenten und die Werksverwaltung unentbehrlich, gleichwie die Gasuhr für eine Gasanstalt und die Wasseruhr für ein Wasserwerk. Für jede selbständige Verbrauchsstelle, jeden Laden, jede Wohnung ist deshalb ein Elektrizitätszähler nötig.

Wir unterscheiden Elektrizitätszähler für Gleichstrom, Wechselstrom und Drehstrom. Die ersteren lassen sich noch klassifizieren in solche für Zweileiter-, Dreileiter- und Fünfleitersystem.

Ein viel angewendeter und bequemer Elektrizitätsmesser ist der nach dem Patent von Professor Dr. H. Aron in Berlin gebaute Elektrizitätszähler. Der Apparat bestand in seiner ursprünglichen einfachsten Form aus einer gut gehenden Uhr, einem sogenannten Regulator, deren Gang durch den zu messenden Strom beeinflußt wurde.

Wie bekannt, ändert sich die Schwingungsdauer eines Pendels sowohl durch eine Verlängerung der Pendellänge, als auch durch eine Veränderung der Schwerkraft. Eine ähnliche Wirkung wie die Veränderung der Schwerkraft kann man aber dadurch erzielen, daß man auf das Pendel eine zweite, und zwar eine magnetische Kraft wirken läßt, die man entweder zur Erdschwere addieren oder von ihr subtrahieren kann. Im ersteren Falle wird ein derartig beeinflußtes Pendel schneller, im zweiten Falle wird es langsamer schwingen, als unter dem Einflusse der Erdschwere allein.

Bei dem Elektrizitätszähler ist die Einrichtung so getroffen, daß das Pendel in seinem Gange stets beschleunigt wird, und zwar ist zu diesem Zweck an dem Pendel der Uhr ein Stahlmagnet angebracht, der mit dem einen Pol über einer feststehenden Rolle mit dickem Draht schwingt, durch welche der zu messende Strom geleitet wird. So lange kein Strom durch die Rolle fließt, wirkt der Magnet nur wie ein schwerer Körper, und die Uhr hat normalen Gang; wird jedoch Strom durch die Rolle geleitet, so wirkt auf das Pendel, außer der Schwerkraft. noch die Anziehungskraft der unter ihm befestigten Rolle, und die Uhr eilt gegen eine normalgehende vor. Die Abweichung der Uhr ist vollkommen proportional der Stromstärke, so daß die Voreilung ein vollkommenes Maß für die durch den Apparat gegangene Elektrizitätsmenge ist.

Fig. 91. Ampèrestundenzähler für das Zweileitersystem.

Der Wunsch, den Vergleich mit einer Normaluhr zu vermeiden und das Bedürfnis einer direkten Ablesung führte jedoch bald zur jetzigen Konstruktion des Zählers Fig. 91.

Der Apparat besteht im wesentlichen aus zwei Pendeln; dieselben sind auf gleiche Schwingungsdauer abgeglichen. Das linke Pendel ist ein gewöhnliches, das rechte trägt am unteren Ende als schweren Körper einen Stahlmagneten. Die Pendel werden durch je ein Uhrwerk, das durch Federkraft getrieben wird, im Gang erhalten und wirken auf ein gemeinschaftliches Zählwerk, welches die Differenz ihrer Schwingungen zählt. Solange kein Strom die im Apparate unter dem magnetischen Pendel angebrachte Rolle durchfließt, schwingen beide Pendel gleich, und das Zählwerk bewegt sich nicht. Wenn jedoch der Strom wirkt, wird das magnetische Pendel in seiner Schwingungsdauer beeinflußt, und zwar so, daß es desto schneller schwingt, je mehr Strom den Apparat durchfließt. Das Zählwerk registriert die Voreilung des magnetischen Pendels und ist so eingerichtet, daß das oberste Zifferblatt die Einer, das zweite die Zehner, das dritte die Hunderter u. s. w. angiebt. Ein Koëffizient,[1] der durch Aichung bestimmt ist, giebt durch bloße Multiplikation leicht die gelieferte Elektrizitätsmenge. Ist dieser Koëffizient = 1, so liest man direkt ab.

Das Uhrwerk zum Betrieb der Pendel geht etwa 40 Tage, braucht also bei genügender Reserve nur monatlich aufgezogen zu werden.

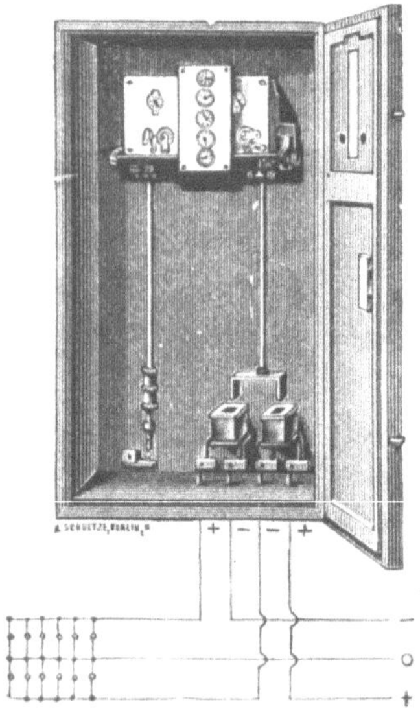

Fig. 92. Ampèrestundenzähler für das Dreileitersystem.

Diese Apparate sind für das Zweileitersystem und den Gleichstrom bestimmt und zählen die Ampèrestunden, die der Abonnent der Leitung entnimmt. Dementsprechend haben sie nur eine Rolle, welche in der Hauptleitung liegt.

Aus dem Zähler für Zweileiter entwickelt sich der für Dreileiter dadurch, daß zwei Magnete mit zwei Rollen angewendet wurden (Fig. 92).

Dabei hat sich herausgestellt, daß man richtige Resultate nur dann erhält, wenn die beiden über den Rollen schwingenden Pole entgegengesetzte Polarität haben.

Die Zähler für das Fünfleitersystem haben zwei Magnete, wie die für die Dreileitersysteme, aber vier Rollen.

Die bisher beschriebenen Zähler geben die Ampèrestunden an und sind von der Betriebsspannung unabhängig. Kennt man aber die jeweilige Betriebsspannung und ist dieselbe konstant,

[1] Der erwähnte Koëffizient, die Zahl, mit welcher die vom Zeigerwerk abgelesene Zahl erst noch multipliziert werden muß, ist eine Zahl, welche bei der Aichung des Elektrizitätszählers gefunden wird, und welche man an jedem Zähler dauernd anschreibt.

Sie ist für jeden Zähler eine besondere, weil man bei der Herstellung der Zähler dieselben nicht absolut gleichmäßig zu fertigen imstande ist.

so kann man aus den Angaben der Zähler durch Multiplikation mit der Anzahl der Volt die Wattstunden berechnen.

Indes sind nach demselben Prinzip Apparate konstruiert worden, welche direkt die Wattstunden sowohl bei Gleichstrom als auch bei Wechselstrom messen (Fig. 93).

Dieser Wattstundenzähler besteht wie der Ampèrestundenzähler im wesentlichen aus zwei Pendeln von gleicher Schwingungsdauer. Das linke Pendel ist ein gewöhnliches mit einem Messinggewicht am unteren Ende; das rechte trägt ein gabelförmiges Messingstück, in dem eine Rolle mit feinem Draht befestigt ist. Diese Rolle mit dünnem Draht wird von einer zweiten Rolle umgeben, innerhalb welcher sie unbehindert schwingen kann.

Die innere Rolle liegt in einem Nebenschluß zur Stromleitung und mißt die jeweilig herrschende Spannung.

Die äußere Rolle ist mit starkem Draht umwickelt und wird vom Hauptstrom durchflossen. Die gegenseitige Einwirkung der beiden Rollen bewirkt eine Veränderung in der Schwingungsdauer des Meßpendels, welche dem Produkt der jeweilig herrschenden Spannung und Stromstärke proportional ist.

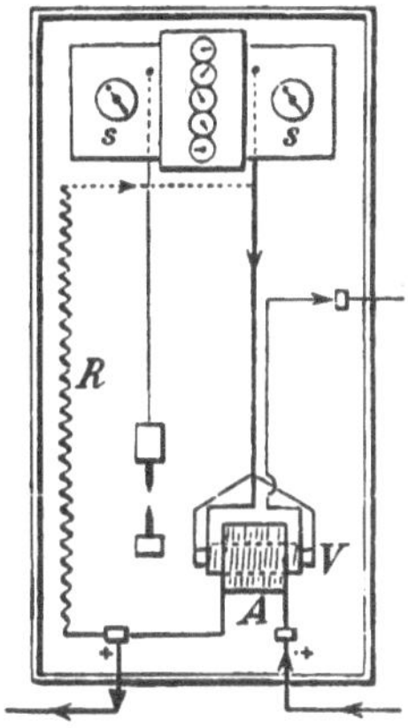

Fig. 93. Wattstundenzähler.

Im allgemeinen sind diese Zähler von der Spannung 0 bis zu einer Spannung von 125 Volt brauchbar, sie können jedoch auf besondere Bestellung auch für höhere Spannungen eingerichtet werden. Die Angaben der Apparate, welche die Leistungen in Hektowattstunden messen, sind für alle Spannungen richtig, nur darf die Spannung nicht so hoch werden, daß der Apparat darunter leidet, daß also der Widerstand zu warm wird oder gar verbrennt. Der Nebenschluß betrug früher bei diesen Zählern für ca. 100 Volt Betriebsspannung 3000 Ohm, doch ist der Erfinder bemüht, den Widerstand zu vergrößern. So haben die neueren Apparate je nach der Type 5000—10000 Ohm; der Verbrauch im Nebenschluß ist jetzt also auf etwa 0,01—0,02 Ampère reduziert worden.

Die Wattstundenzähler haben den großen Vorzug, daß sie gleichmäßig brauchbar sind für Gleichstrom und für Wechselstrom, und daß sie von dem Charakter der Maschine, insbesondere von der Anzahl der Stromwechsel unabhängig sind, so daß sie demgemäß in allen Fällen anwendbar bleiben. Nach demselben

Prinzip sind auch Wattstundenzähler für das Dreileitersystem und für Drehstrom konstruiert worden.

Ein fernerer wesentlicher Vorzug des Aron'schen Systems ist der, daß dasselbe sich für große Leistungen ausgezeichnet eignet, und daß die Apparate von 0 bis zum Maximum gleichmäßig richtig messen. Die größte Leistung, für die ein Aron-Zähler gebaut worden ist, ist ein Ampèrestundenzähler für 5000 Ampères, den die Firma Siemens & Halske in Auftrag gegeben hatte, und selbst bei diesem kann man bei aufmerksamer Benutzung den Verbrauch noch einer Lampe feststellen.

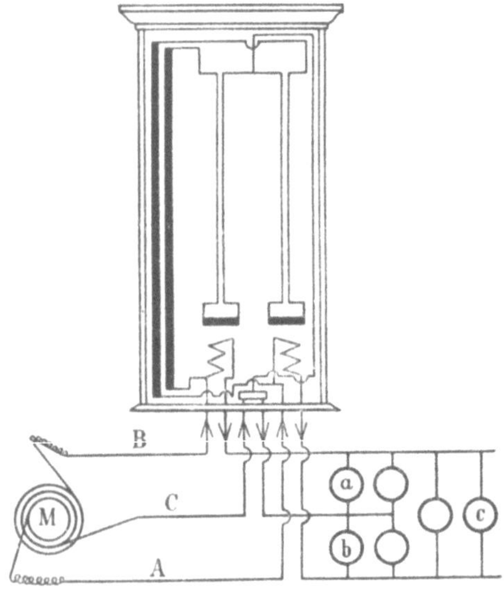

Fig. 94. Schaltungsschema eines Wattstundenzählers für Drehstrom.

In der Fabrik, in welcher die Apparate hergestellt werden, wird eine absolute Genauigkeit von etwa $\pm 2\,\%$ im ganzen Messungsgebiete beansprucht, doch wird man vorläufig in der Praxis selbst, wie es z. B. die Berliner Elektrizitätswerke thun, $4\,\% \pm$ zulassen können.

Die Bedienung der Apparate besteht wesentlich darin, daß die Zähler monatlich aufgezogen und abgelesen werden müssen, was natürlich gleichzeitig geschieht. Viele Centralen thun dies 14tägig, aber auch bei diesen versieht ein Mann etwa 300 Zähler, so daß die Kosten der Bedienung nur gering sind. Fig. 94 zeigt das Schaltungsschema eines Wattstundenzählers für Drehstrom.[1] In demselben bedeuten:

M Drehstromdynamo oder Transformator;

A, *B*, *C* die bezüglichen Zuleitungen;

a, *b*, *c* die Nutzstromkreise, in diesem Falle Lampen.

Wo der Strom immer die gleiche oder nahezu gleiche Span-

[1] Vgl. Elektrotechnische Zeitschrift. 1892, Heft 15.

nung behalten wird, läßt sich von der Mitvermessung der Spannungshöhe absehen.

Dies ist der Fall bei kleineren Anlagen. Sie verwenden daher zur Aufstellung der Rechnungen für verbrauchten Strom die Ampèrestundenmesser, wie es in Häusern, wo der Besitzer an verschiedene Mietparteien Strom aus seiner privaten Anlage liefert, der Fall zu sein pflegt.

Hier werden also lediglich die Menge und die Zuflußdauer, die Ampères und die Stunden angegeben und in Rechnung werden gestellt:

so und so viel Ampèrestunden.

Wo dagegen der Strom seine Spannung wechselt (selbstverständlich geschieht dies, Unfälle ausgenommen, nur innerhalb der Zulässigkeitsgrenze) kann von der Mitvermessung der Spannungshöhe nicht abgesehen werden.

Fig. 95. Wattstundenzähler für Drehstrom.

Dies ist der Fall bei größeren Anlagen, Centralen. Sie verwenden daher zur Aufstellung der Rechnungen für den verbrauchten Strom Wattstundenmesser.

In der Regel ist der Preis für die zu beziehende Elektrizität von den städtischen Elektrizitätswerken dergestalt festgesetzt, daß es heißt:

100 Wattstunden kosten so und so viel. (Der gewöhnliche Preis ist 8 𝒫𝒻.)

Der Konsument interessiert sich nun viel weniger für den Ampèrestunden- oder Wattstundenpreis; vielmehr will er wissen, was die Glühlampenstunde kostet. Um diesem Verlangen zu genügen, muß aber allemal eine besondere Berechnung angestellt werden, wobei man zu Grunde legen muß, welchen Strombedarf die jeweilig in Betracht kommenden Lampen haben, und jede Lampe hat einen ganz bestimmten Strombedarf, auf den sie konstruiert ist.

Wenn Ampèrestundenzähler vorhanden sind, muß der Konsument vom Fabrikanten eine zuverlässige Angabe darüber haben, wie viel Ampères des von den Dynamos bei gleichbleibender Spannung hergegebenen Stromes die einzelne Lampe in der Stunde verbraucht.

Aus den von den Fabriken herausgegebenen Preislisten ersieht man die verschiedenen Maschinensorten, auf deren Bau eine jede eingerichtet ist. Dabei ergiebt sich, daß, obwohl Maschinen für jede Spannungshöhe gebaut werden können, doch folgende Spannungen fast die allgemein üblichen sind:

50 Volt,
65 „
110 „
220 „ (letztere für den Dreileiter, den Lampen gegenüber demnach so viel bedeutend als 110 Volt).

Es mag daher mitgeteilt sein, wie viel Strommenge eine 16kerzige Glühlampe bei den verschiedenen Spannungen in der Regel braucht.

Es ist dies:

bei 100—110 Volt etwa 0,5 Ampère,
„ 65 „ „ 0,8 „
„ 50 „ „ 1,00 „ .

Wäre jedoch der Strombedarf der Glühlampe nicht nach Ampère des jeweilig vorhandenen Stromes angegeben, sondern nach Voltampère, so muß die Spannung des vorhandenen Stromes mit in die Rechnung eingeführt werden, die dadurch etwas komplizierter wird, und zu der man dann den Wattstundenzähler braucht.

Bei Wattstundenzählern sind folgende Umstände zu berücksichtigen:

Die Fabrikanten stellen die Lampen für eine gewisse Zahl Watt her, welche, obgleich einige Schwankungen nach oben oder unten zulässig sind, doch in der Hauptsache inne gehalten werden muß.

Die Fabriken bezw. die Verwaltungen der Elektrizitätswerke müssen nun zunächst dem Konsumenten angeben, für wie viel Watt die oder jene Lampensorte konstruiert ist, und dann mag der Konsument seine Rechnung beginnen.

Es werde eine solche Berechnung hier vorgeführt.

Gefragt sei:

Wie hoch stellt sich der Preis für die Elektrizität zur stündlichen Speisung einer 16kerzigen Glühlampe, wenn festgestellt ist, daß für 100 Wattstunden 8 ₰ zu zahlen sind?

Nehmen wir an, daß die 16kerzige Glühlampe stündlich 55 Wattstunden gebraucht, so beansprucht dieselbe in der Stunde an Geld

$$^{55}/_{100} \text{ des Preises für 100 Wattstunden}$$

oder

$$^{55}/_{100} \cdot 8 = 4{,}4 \text{ ₰}.$$

Die wichtigsten Punkte, welche man bei der Montage des ARON'schen Elektrizitätszählers zu beachten hat sind:

1. Wahl eines Ortes für die Aufhängung des Zählers, der möglichst trocken und bequem erreichbar sein soll. Vorsichtige Entfernung der Bindfäden;
2. lotrechte Aufhängung nach dem linken Pendel;
3. gute Befestigung des Gehäuses.

Noch sei bemerkt, daß die Preise für die vorbeschriebenen Zähler je nach der Type zwischen 150—700 *M* das Stück schwanken.

Gute Elektrizitätszähler werden auch von AYRTON & PERRY, GANZ & Co., HARTMANN & BRAUN, SIEMENS & HALSKE, SCHUCKERT & Co., THOMSON-HOUSTON, Union Elektrizitätsgesellschaft u. s. w. gebaut.

Sicherheitsapparate.

Die Sicherheitsapparate teilen sich in zwei Gruppen, nämlich in Sicherungen oder Abschmelzvorrichtungen, welche die Leitungen gegen Überlastung mit zu hohem Strom durch Unterbrechung des letzteren schützen sollen, und in Blitzschutzvorrichtungen zur Sicherung der Maschinen und Apparate gegen die Einflüsse der atmosphärischen Elektrizität.

Die Sicherungen bestehen aus Staniolblättchen, Blei-, Kupfer- und anderen Drähten und Streifen und haben den Zweck, durch Abschmelzen den Stromkreis, in welchen sie eingeschaltet sind, zu unterbrechen, wenn die Temperatur des Leiters eine gewisse Grenze überschritten hat. Eine elektrische Anlage mit gut bemessenen und an den richtigen Orten angebrachten, Sicherungen schützt vollkommen gegen, infolge zu hoher Stromstärken mögliche Feuersgefahr.

Sicherungen werden überall dort angebracht, wo Leitungen abzweigen und ein Querschnittswechsel in der Drahtstärke der Leitung Platz greift.

Wo thunlich, sind die Sicherungen leicht zugänglich anzubringen und, insbesondere in feuchten Räumen, äußerst sorgfältig zu isolieren. An feuergefährlichen Orten muß man eigens konstruierte Sicherungen anbringen, die das Herausfallen des abgeschmolzenen Metalles verhindern.

In Räumen, in denen sich leicht entzündliche Gase befinden, dürfen Sicherungen nicht aufmontiert werden.

Der Anschluß der Sicherungen an die Leitung erfolgt durch Verschraubung, Ösen, Muffen u. s. w. Die Ösen sind, wie bei sämtlichen Anschlüssen, so zu legen, daß das Ende der Öse nach der

Drehungsrichtung der Schraube zeigt. Das Material, welches den Abschmelzdraht umgiebt, soll feuerbeständig, jeder Kontakt metallisch rein und vollkommen sein. Die Beanspruchung des Materiales der Sicherungen für 1 mm² ist insbesondere bei Bleisicherungen sehr verschieden, da sich der Schmelzpunkt der verschiedenen Fabrikate innerhalb weiter Grenzen ändert.

Die Manipulation beim Erneuern der Sicherung muß einfach sein und kann dadurch erfolgen, daß man entweder den Stromkreis der Sicherung ausschaltet oder durch einen Nebenschluß, welcher gegen dieselbe Stromstärke schützt, schließt.

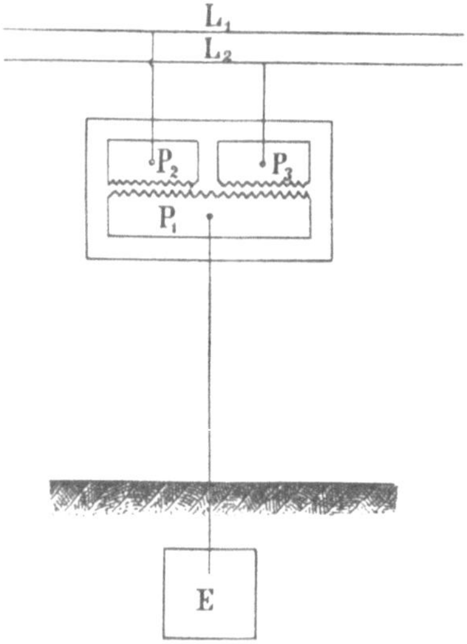

Fig. 96. Schematische Darstellung eines Blitzableiters.

Die wichtigste, beim Einsetzen einer Sicherung während des Betriebes zu beachtende Regel lautet:

Die Sicherung darf unter keinen Umständen durch eine stärkere Sicherung ersetzt werden, als es der Durchmesser des zu schützenden Drahtes zuläßt.

Zum Schutze von ein oder zwei Glühlampen verwendet man Staniolsicherungen. Die Sicherung der Hauptleitungen und Leitungen für hohe Stromstärken wird am besten durch einen Blei- oder Kuperschutz besorgt.

Zum Schutze elektrischer Leitungen, Maschinen, Motoren, Transformatoren und sonstiger Einrichtungen, sowie zum Schutze des Lebens des Betriebspersonals, gegen Blitzgefahr dienen in der Regel für niedrige Spannungen und schwache Ströme dieselben Vorrichtungen wie in der Telegraphie.[1]

Will man, so wie es Fig. 96 darstellt, 2 Leitungen L_1 und L_2 durch einen einzigen Blitzableiter schützen, so wird zumeist eine lange geriefelte Metallplatte P_1 zwei kürzeren P_2 und P_3 gegenüber angeordnet. P_1 dient als gemeinsame Erdleitung; von ihr führt ein Leiter zu einer Erdplatte E. Die Erdleitung

[1] Vgl. H. Schellen, Der elektromagnetische Telegraph. Braunschweig.

schließt man entweder an eine, in stets feuchter Erde befindliche Kupferplatte von etwa 1 m^2 Oberfläche, oder besser an eine Gas- oder Wasserleitung metallisch an. Die Platte P_2 ist mit der zu schützenden Leitung L_1, die Platte P_3 mit der zu schützenden Leitung L_2 festverbunden. Der gegen atmosphärische Blitzentladungen verhältnismäßig stets niedrig gespannte Strom in der Leitung erscheint durch den Luftraum zwischen den Platten genügend isoliert, während die hochgespannten Blitzentladungen auf dem kürzeren Wege durch den Blitzschutz in die Erde übergehen. Durch das Überspringen einer Blitzentladung zwischen den Blitzplatten schmelzen dieselben meist zusammen, so daß eine Erdleitung von ganz geringem Widerstande entsteht. Hat sich der Blitz gleichzeitig durch beide Pole der Leitung entladen, dann sind die Leitungen L_1 und L_2 auf dem Wege über L_1 P_2 P_1 P_3 L_2 kurz geschlossen, und es erfolgt ein augenblickliches Abschmelzen der in der Leitung L_1 L_2 befindlichen Bleisicherung.

Luftleitungen sind durch Blitzschutzvorrichtungen an jenen Stellen zu schützen, an welchen sie in Gebäude eintreten oder an Kabel angeschlossen sind. Leitungen, welche durch mehrere Stockwerke alleinstehender Gebäude führen, schützt man vorteilhaft durch eine, von beiden Polen des Schaltbrettes der Maschinenanlage abgezweigte Blitzschutzvorrichtung.

Blitzschutzvorrichtungen arbeiten nur dann zuverlässig, wenn der Widerstand der Erdleitung höchstens 10 Ohm beträgt.

Ein über den Kupferleitungen geführter sogenannter Stacheldraht schützt dieselben gleichfalls vor Blitzschlägen. Von diesem werden in bestimmten Entfernungen, mindestens an jedem 5. Mast, Erdleitungen zu Erdplatten geführt. Die Stacheldrähte windet man häufig auch um die Leitungsstangen herum, um das Ersteigen derselben möglichst zu verhindern.

Blitzschutzvorrichtungen und Stacheldrähte können auch gleichzeitig Verwendung finden.

Schaltapparate.

Um jedwede Manipulation mit dem elektrischen Strome vornehmen zu können, werden die Schaltapparate je nach dem Zweck der Verwendung und der Stärke des Stromes in Form, Größe und Ausstattung, sowie den örtlichen Verhältnissen entsprechend ausgeführt.

Die Schaltapparate haben den Zweck:

a) den Stromkreis zu schließen oder zu öffnen. Dieselben werden Ein- oder Ausschalter genannt;

b) denselben Strom in zwei oder mehreren Leitungen zu benutzen. Diese Apparate nennt man Umschalter oder Nachschalter;

Fig. 97. Ein- oder Ausschalter für einen Leiter.

c) die Richtung des Stromes umzukehren, was durch die Polwechsler bewerkstelligt wird;

d) jeden Maschinenkreis mit jedem Lampenkreise beliebig zu verbinden. Dies wird durch die Generalumschalter besorgt.

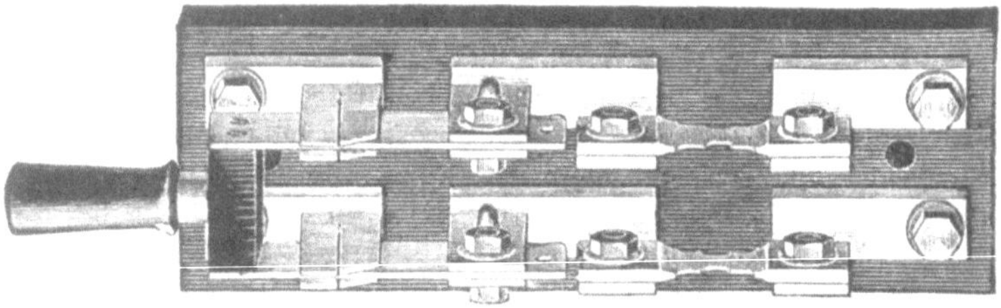

Fig. 98. Ein- oder Ausschalter für zwei Leiter.

Für den Bau von Schaltapparaten sind nachstehende Grundbedingungen zu beachten:

1. die Abmessungen der Kontakte, zwischen den festen und

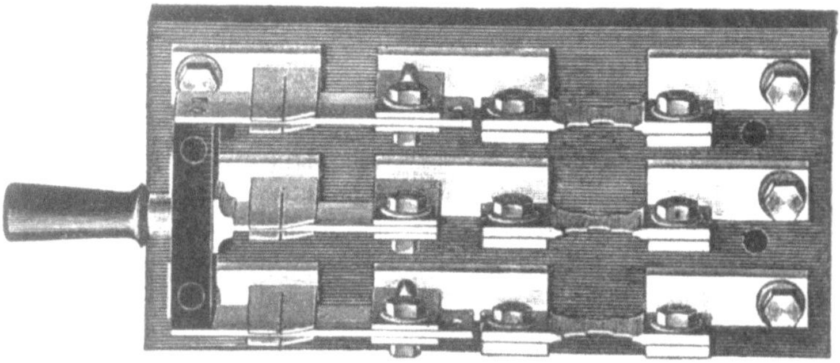

Fig. 99. Ein- oder Ausschalter für drei Leiter.

beweglichen Teilen, müssen reichlich bemessen sein. Die zulässige Beanspruchung für die Flächenberührung an den Kontakten ist durch die Art der Konstruktion bedingt und sei nie größer als 1 Ampère für 1 mm^2;

2. der Kontakt zwischen den festen und beweglichen Teilen muß derart sein, daß selbst bei den größten Stromstärken keine Erwärmung derselben eintritt, was nur durch eine äußerst präcise mechanische Ausführung dieser Vorrichtungen erreicht werden kann;

3. das Öffnen der Schalter muß sehr schnell und genügend weit erfolgen, weil dadurch zu lange Öffnungsfunken oder gar Lichtbögen zwischen den festen und beweglichen Teilen vermieden werden können. Bezüglich der Funken beim Einschalten der Schaltvorrichtungen ist keine weitere Vorsichtsmaßregel von Belang.

Fig. 100. Dynamomaschinen-Haupt-Ein- und Ausschalter.

Von den zahllosen Konstruktionen der Schaltapparate seien in den nächsten Figuren einige, häufig in Verwendung stehende Vorrichtungen wiedergegeben.

Fig. 97 zeigt einen Ein- oder Ausschalter mit Bleisicherung für einen Leiter. Dieser Ausschalter, Messerausschalter genannt, ist auf ein Holzbrett, auf Schiefer, Porzellan, Glas u. s. w. aufmontiert und wird durch seine an den Enden des Brettes befindlichen Klemmen an die unterbrochene Leitung angeschlossen. Man schließt den Ausschalter, indem man das Metallstück des Hebels zwischen die gespalteten Metallstücke schiebt. Das Einschalten infolge seines eigenen Gewichtes verhindert eine Feder. Bei diesen Ausschaltern wird nur eine Leitung, und zwar die positive oder negative, unterbrochen (unipolare oder einpolige Ausschalter), während in dem Ein- oder Ausschalter, welcher in Fig. 98 dargestellt ist (bipolarer oder zweipoliger Ausschalter), beide Leitungen ausgeschaltet werden.

Fig. 101. Ausschalter für Bogenlampen.

Fig. 99 zeigt einen Ein- oder Ausschalter für drei Leiter.

Fig. 100 ist ein automatisch wirkender Dynamomaschinen-Haupt-Ein- und Ausschalter, der so eingerichtet ist, daß die dynamoelektrische Maschine so lange verriegelt bleibt, bis ihre Spannung die normale Höhe erreicht hat und sich automatisch ausschaltet, sobald ihre Spannung aus irgend einer Veranlassung unter die normale sinken sollte.

Fig. 102. Haupthausausschalter.

Fig. 101 zeigt einen Ausschalter für Bogenlampen.

Fig. 102 und Fig. 103 sind Haupthausausschalter für den Anschluß an die Straßenleitung einer Centralanlage im Vielleitersystem.

Der in Fig. 104 dargestellte Apparat bewirkt ein automatisches Ausschalten einer Akkumulatorenbatterie, sobald der Strom verschwindet oder eine zu beträchtliche Stärke erreicht.

Fig. 103. Haupthausausschalter.

In Fig. 105 ist ein Umschalter mit 16 Kontakten abgebildet. Wird der Metallring *R* bei *a* an eine gemeinsame Leitung, je einer der Kontakte 2 bis 16 an eine Zweigleitung angeschlossen, so ermöglicht dieser Umschalter die Verwendung des Stromes einer Stromquelle in 15 verschiedenen Stromkreisen. Sind zwischen den einzelnen Kontakten Widerstände w_1, w_2 u. s. w. eingeschaltet, so kann man durch Drehung des Hebels von 2 bis 16 den Gesamtwiderstand ausschalten und den betreffenden Stromkreis kurz schließen; durch den letzteren Vorgang erfolgt das Regulieren von Stromstärken und Spannungen in Stromkreisen. Fig. 106 giebt einen einpoligen Umschalter für sehr hohe Stromstärken wieder. Je nachdem der Strom aus der Leitung L_1 in die Leitung L_2 oder L_3 fließen soll, dreht man den Hebel H an dem Griffe G zwischen die Kontakt c_1 und c_4 oder c_2 und c_3. Die Kontakte c_1, c_2, c_3 und c_4 sind behufs Herstellung einer innigen federnden Berührung mit dem Hebel H in zwei aufeinander senkrechten Richtungen gespalten. Die Metallbögen s_1 und s_2 dienen zur Führung des Hebels H.

Fig. 104. Automatischer Ausschalter.

Der Voltmeterumschalter, Fig. 107 und Fig. 108, hat den Zweck, mit einem einzigen Voltmesser die Spannungen an den verschiedenen Stellen der Leitungen zu messen. Der Hauptsache

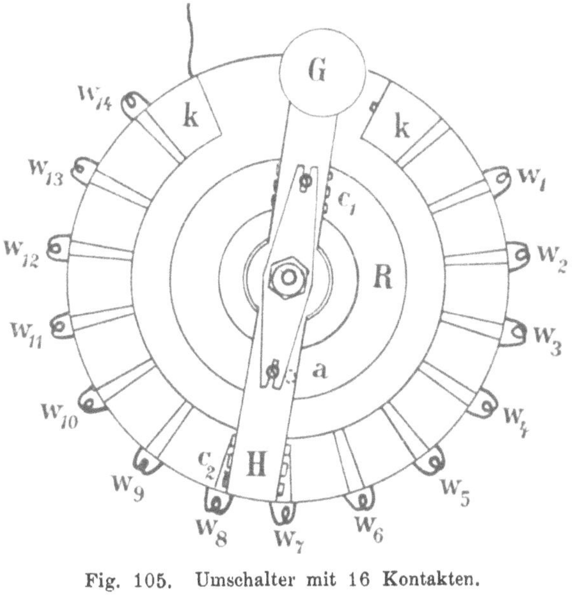

Fig. 105. Umschalter mit 16 Kontakten.

nach besteht er aus einem Hebel *H*, welcher durch den Griff *G* gedreht werden kann. An den Enden des Hebels *H* sind die Messingkontakte c_1 und c_2, Fig. 107 „Schnitt durch die Mitte", befestigt, welche isoliert aufgeschraubt werden und entweder auf den Metallstücken 1, 2 und 1′, 2′ oder 2, 3 und 2′, 3′ aufliegen. Einen guten Kontakt bewirkt die Spannkraft der Feder *F*, welche die Kontakte c_1 und c_2, in der durch den Pfeil angegebenen Richtung niederdrückt. Mit diesem Ausschalter kann die Spannung an den Punkten *A* und *B* oder P_1 und P_2 gemessen werden, wenn der Voltmesser an die Kontakte 2, 2′ und die Punkte *A*, *B*, P_1, P_2, so wie es Fig. 109 zeigt, an die Kontakte 1, 1′, bezw. 3, 3′ angeschlossen ist.

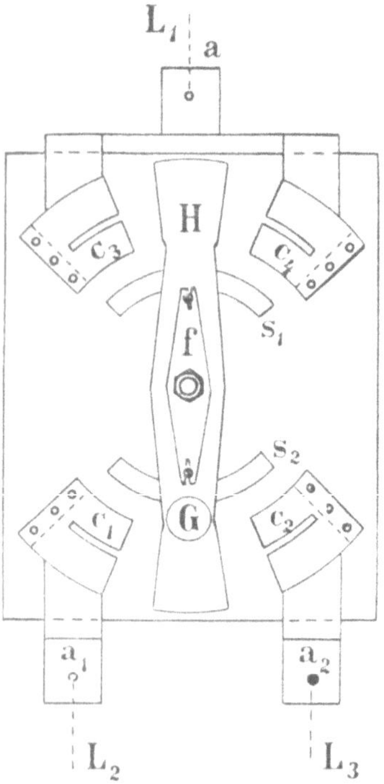

Fig. 106. Einpoliger Umschalter.

Enthält der Apparat statt 6, 8, 10, 12 u. s. w. Kontakte, so kann man mittels eines Voltmessers die Spannung an 3, 4, 5 u. s. w. beliebig weit entfernten Orten messen. Diese Vorrichtung kann auch zur Bestimmung der Spannung bei Akkumulatorenanlagen verwendet werden; es genügt dann ein einziger Voltmesser zur Kontrollierung der Spannung an sämtlichen Akkumulatoren.

Der in Fig. 109 dargestellte Polwechsler besteht aus den Metallklötzen d_1, d_2, l_1, l_2 und dem Hebel mit den beiden Kontakten c_1 und c_2. Der positive Strom der Dynamo tritt z. B. bei d_1 an den Schalter, fließt, bei der in der Figur gegebenen Stellung des Hebels, durch den Kontakt c_2, nach l_2, von hier in die Bogenlampe *B*, in das Metallklötzchen l_1, durch den Kontakt c_1 und von d_2 zum negativen Pol der Maschine. Dreht man den Hebel an dem Griffe *G* um 90° nach rechts, so schließt der Kontakt c_1 die Klötzchen d_1 und l_1, der Kontakt c_2 die Klötzchen d_2 und l_2 kurz, und der Strom erhält jetzt beim Durchgange durch die Lampe die entgegengesetzte Richtung.

Die Handhabung des in den Fig. 110 und 111 abgebildeten Polwechslers ist dieselbe, wie die des zuletzt beschriebenen.

Einen Polwechsler für hohe Stromstärken stellt Fig. 112 dar.

Die Generalumschalter verfolgen den Zweck, jede beliebige Maschine in jeden beliebigen Stromkreis einzuschalten. Während des Betriebes ist diese Schaltung, ohne Funkenbildung sehr schwer zu erreichen. Der Generalumschalter, Fig. 113 und Fig. 114, besteht, sowie sämtliche Schalter seiner Gat-

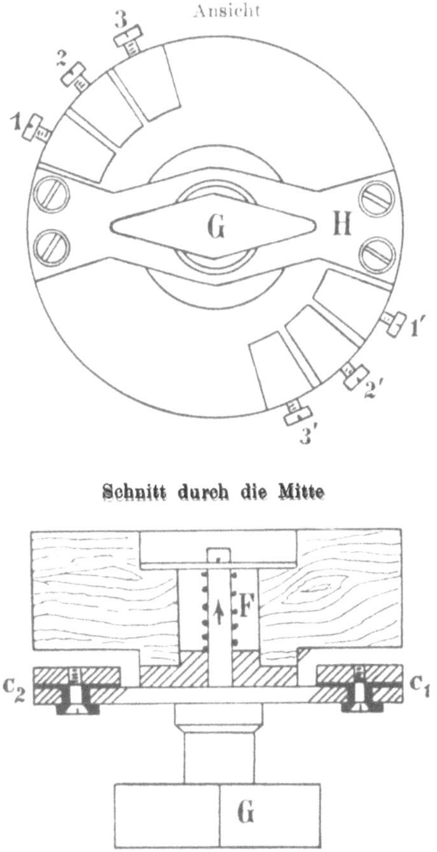

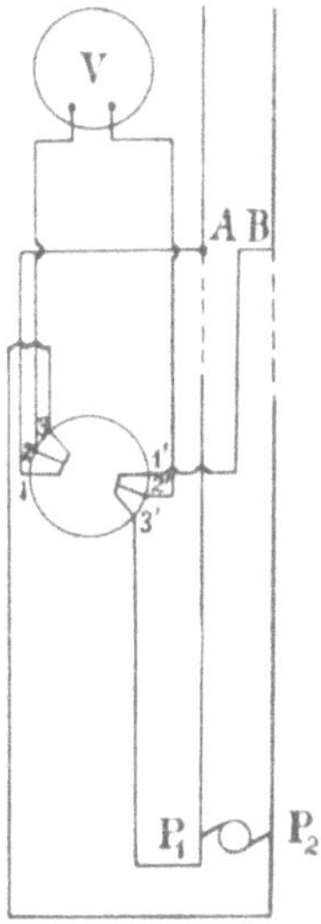

Fig. 107 u. Fig. 108. Voltmeterumschalter.

tung, aus drei oder mehreren kreuzweise übereinander gelegten, voneinander isolierten Metallschienen. Die Kreuzungsstellen sind durchlöchert und können durch Kontaktstöpsel an diesen Stellen verbunden werden. Die vertikalen Schienen *I, II, III* des Umschalters U_1 sind mit den positiven Leitungen, diejenigen des Umschalters U_2 mit den negativen Leitungen der Stromquelle verbunden. Die horizontalen Schienen *A B C* sind an die betreffenden Stromkreise angeschlossen. Soll z. B. die Stromquelle *I*

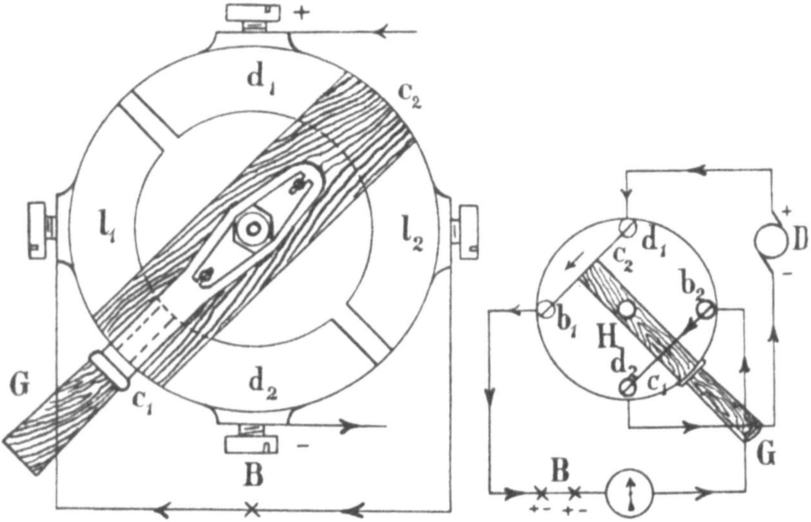

Fig. 109 u. Fig. 110. Polwechsler.

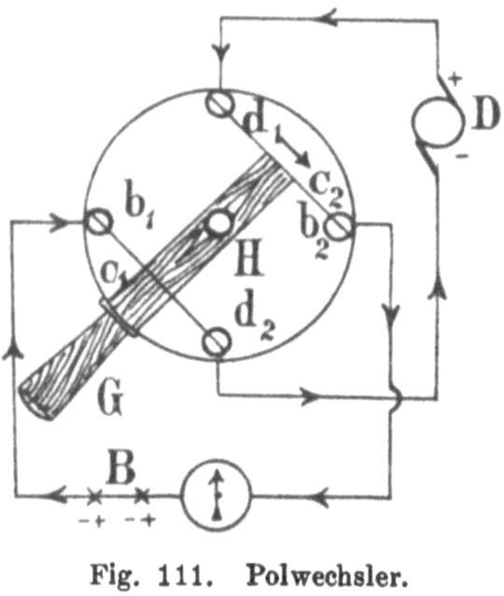

Fig. 111. Polwechsler.

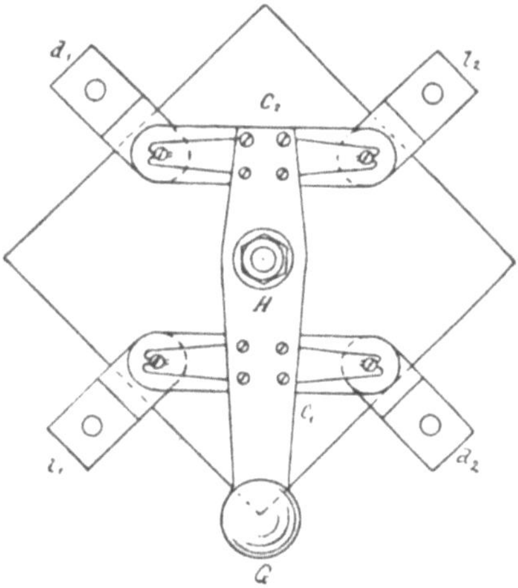

Fig. 112. Polwechsler für hohe Stromstärken.

auf den Stromkreis *A* geschaltet werden, so sind die Kreuzungsstellen zwischen den Schienen *I* und den Schienen *A* zu stöpseln.

Eine Querschnittzeichnung des Generalumschalters von SCHUCKERT & Co. zeigt Fig. 115. Die Anordnung der oberen

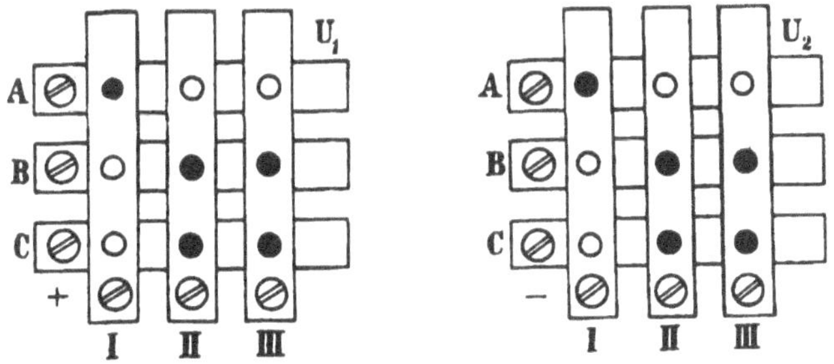

Fig. 113 u. Fig. 114. Generalumschalter.

und unteren Schienen entspricht der des letzten Schalters. Der Kontaktstöpsel $G\ S$ wird in Löcher an den Kreuzungsstellen derjenigen Schienen, die miteinander zu verbinden sind, eingeführt, und sobald die seitlichen Ansätze s_1 und s_2 sich unterhalb der Schiene S_1 befinden, um 90° gedreht. Der Druck der Spiralfeder F dient zur Herstellung eines guten Kontaktes.

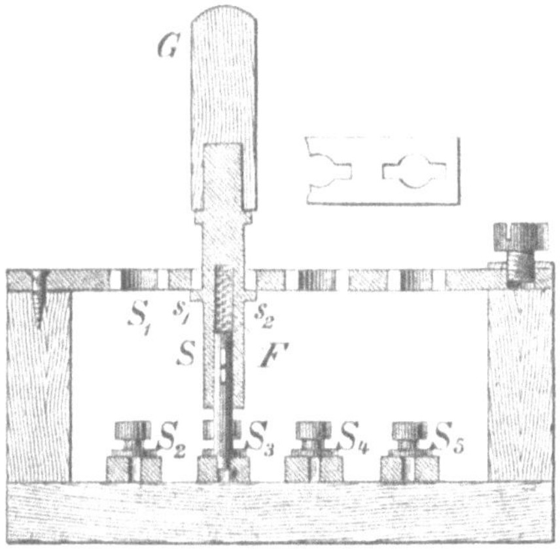

Fig. 115. Querschnittzeichnung des Generalumschalters.

Die Berührungsstellen sämtlicher Schaltvorrichtungen müssen stets metallisch rein und vollkommen anschließend erhalten werden.

Selbstthätige Apparate.

Die selbstthätigen Apparate kann man folgendermaßen einteilen:

1. in solche, welche den Stromkreis bei zu hoher Stromstärke unterbrechen,
2. in solche, welche den Stromkreis bei zu niederer Stromstärke unterbrechen,

3. in solche, welche parallel geschaltete Maschinen ausschalten, wenn sie, anstatt Strom zu liefern, Strom (Rückstrom) empfangen,
4. in solche, welche anstatt einer ausgelöschten Lampe eine bleibende Einschaltung eines Ersatzwiderstandes oder einer Ersatzlampe gestatten.

Zu 1 und 2. Ein Apparat der in diese Gruppen gehört, wurde schon auf Seite 197 besprochen und durch Fig. 101 zur Abbildung gebracht.

Zu 3. Der selbstthätige Maschinenausschalter von Siemens & Halske, Fig. 116 und Fig. 117, dient für Anlagen mit parallel

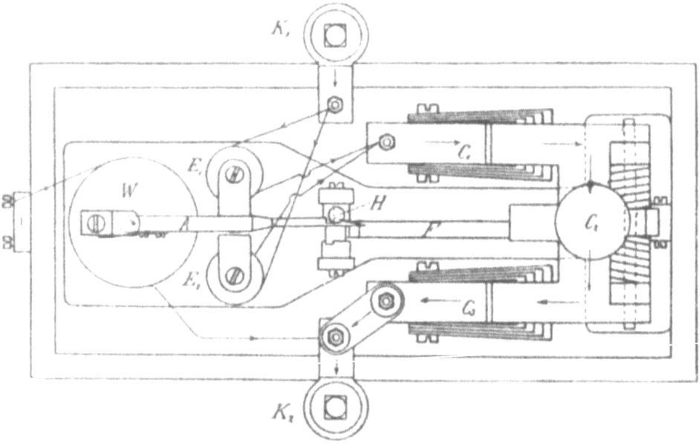

Fig. 116. Selbstthätiger Maschinenausschalter.

geschalteten Maschinen, von denen jede durch ihren eigenen Motor (Dampfmaschine, Gasmotor oder Turbine u. s. w.) betrieben wird. Der Zweck des Ausschalters besteht darin, daß derselbe die mit ihm verbundene Lichtmaschine aus dem Gesamtstromkreise ausschließt, sobald diese Maschine infolge zufällig abnehmender Umlaufsgeschwindigkeit in der Stromerzeugung nachläßt und dadurch dem Hereindringen des Stromes der übrigen Maschinen ausgesetzt wird, so daß eine Überhitzung und Beschädigung derselben zu befürchten wäre. Der Apparat wird durch die Vereinigung eines gewöhnlichen frei ausschnappenden Ausschalters C_1 C_2 C_3 mit einer selbstthätigen Auslösungsvorrichtung W, A, E_1, E_2 gebildet. Die Kontaktstücke C_1 und C_2 des Ausschalters C_1 C_2 C_3 sind mit einem Arme F versehen, der bei Kontaktschluß unter einen Vorsprung an der Achse des Auslösungshebels A greift, welch letzterer sich selbst in einen Halter H einlegt, wodurch der Apparat geschlossen gehalten wird.

Die Auslösung des Apparates besorgt das hakenförmige Ende des Ankers A, eines sogenannten polarisierten Relais, welches aus einem hufeisenförmigen, mit wenigen Windungen eines dicken Drahtes bewickelten Elektromagnetes E_1 E_2 und dem durch eine, mit dünnem Drahte bewickelte Widerstandsspule W magnetisierten, um eine senkrechte Achse zwischen den Magnetpolen beweglichen Anker A besteht. Während die Bewickelung des Elektromagneten durch die Klemmen K_1 und K_2 mit einer der beiden von der Maschine kommenden Hauptleitungen in Verbindung steht, ist die Widerstandsspule W des Ankers A, wie eine Glühlampe, in den Hauptstromkreis sämtlicher Maschinen

Fig. 117. Selbstthätiger Maschinenausschalter.

eingeschaltet, so daß nur ein ihrem Widerstande entsprechender Bruchteil des Stromes hindurchgeht. Solange die mit dem Apparate verbundene Lichtmaschine sich an der Stromsendung nach dem Lampenstromkreise beteiligt, indem dieselbe stromerzeugend auftritt, wirkt das den kontrollierenden Teil des Ausschaltermechanismus bildende Relais derartig, daß der geschlossene Ausschalter vom Auslösehebel in seiner Stellung erhalten wird. Wenn aber die Stromerzeugung der betreffenden Maschine infolge ihres zufällig zu langsam werdenden Umlaufes abnimmt und dadurch ein Übergang des, von den übrigen Lichtmaschinen in den äußeren Stromkreis gesendeten Stromes nach der zu schwach arbeitenden Maschine eintritt, so wirkt die im polarisierten Relais sich umkehrende Stromrichtung derartig, daß der Anker um seine senkrechte Achse so weit zur Seite gezogen wird, bis der frei werdende Auslösehebel den Ausschalterarm frei giebt; jetzt öffnet sich der Ausschalter und unterbricht somit den die Maschine gefährdenden Rückstrom. Die Stromrichtung wechselt nur im Elektromagnet E_1 E_2. Der Anker A behält immer denselben Pol, weil er aus der Gesamtanlage und nicht von der zu schützenden Maschine Strom erhält.

Kontrollapparate.

Die Kontrollapparate geben selbstthätig Anzeigen der normalen, zu niederer und zu hoher Betriebsspannung, der Stromstärke, des Isolationswiderstandes des Kupfers gegen die Erde, der Thätigkeit einzelner Lampengruppen oder Lampen u. s. w. Obgleich das Leitungsnetz jeder elektrischen Beleuchtungs- oder Kraftübertragungsanlage u. s. w. aufs sorgfältigste hergestellt wird, so ist doch nicht ausgeschlossen, daß dasselbe durch Fahrlässigkeit oder absichtlich beschädigt werden kann, wodurch Stromübergänge zur Erde herbeigeführt werden. Um hierüber stets im Maschinenhause genaue Kontrolle zu haben, dienen die Erdschlußprüfer oder Erdschlußanzeiger, welche sofort auch schon den geringsten Isolationsfehler selbstthätig anzeigen.

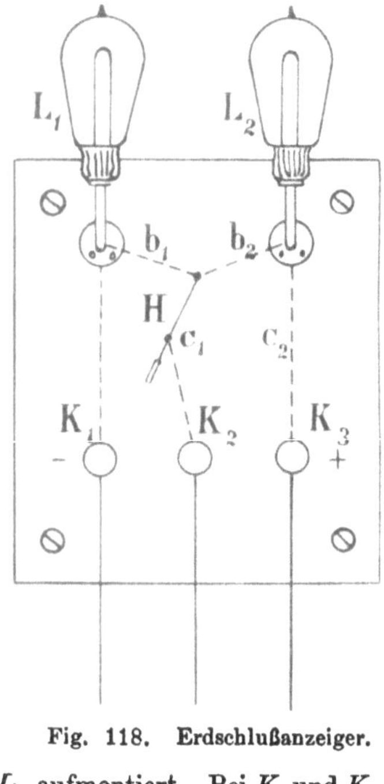

Fig. 118. Erdschlußanzeiger.

Fig. 118 zeigt einen Erdschlußanzeiger einfachster Art. Auf einer isolierenden Platte sind zwei Glühlampen L_1 und L_2 aufmontiert. Bei K_1 und K_3 befinden sich die Pole der Leitung. Die beiden Lampen sind hintereinander geschaltet und brennen, falls der Hebel H auf dem Kontakte c_2 aufliegt, jede mit der halben Betriebsspannung. Ist, so wie in der gezeichneten Stellung die Erdleitung durch den Kontakt c_1, von K_2 aus, eingeschaltet, so wird bei guter Isolation des Leitungsnetzes keine Änderung in der Beleuchtungsstärke der beiden Lampen eintreten; hat aber z. B. der positive Pol der Leitungen Schluß mit der Erde oder ist dessen Isolation gegen die Erde unzureichend, so wird die Lampe L_1 mit voller oder höherer als der halben Betriebsspannung brennen. Schließt man die Drähte b_1 und b_2 direkt an die Klemme K_2, so brennt die Lampe L_1 oder L_2, je nachdem der positive oder negative Pol Erdschluß hat.

Zum Auffinden eines derartigen Isolationsfehlers sind transportable Isolationsprüfer in Gebrauch.

Der Spannungswecker von Siemens & Halske (Fig. 119) giebt bei zu hoher oder zu niederer Betriebsspannung ein Glockensignal und schützt im ersteren Falle den Stromkreis vor zu hoher

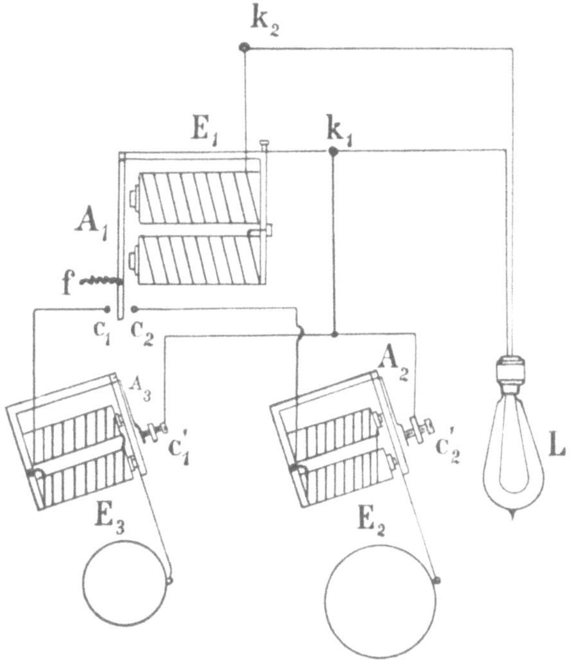

Fig. 119. Spannungswecker.

Stromstärke, die Dynamomaschine vor starker Erwärmung und eingeschaltete Glühlampen vor zu hoher Spannung. Der Apparat befindet sich in einem Kästchen mit Glasthüre und besteht aus 3 Elektromagneten E_1, E_2 und E_3 samt den Ankern A_1, A_2 und A_3. Der Elektromagnet E_1 wird an den Schrauben k_1 und k_2 wie eine Glühlampe eingeschaltet. Die Schraube k_1 ist mit den Kontakten c_2 und c_1 verbunden und bildet zugleich den gemeinsamen Pol für die beiden Elektromagnete E_2 und E_3, deren zweiten Pol die Kontakte c_1 und c_2 angeben. Überschreitet die

Betriebsspannung eine bestimmte Grenze, so zieht der Elektromagnet E_1 seinen Anker A_1 an, welcher bei c_2 Kontakt herstellt, den Stromkreis des Elektromagneten E_2 schließt und so das größere Läutewerk in Thätigkeit setzt. Bei zu niederer Betriebsspannung bewirkt die Feder f durch ihre Zugkraft die Herstellung der Berührung zwischen dem Anker A und dem Kontakte c_1, womit das kleinere Läutewerk in Thätigkeit tritt. Die beiden Tonhöhen der Glocken der Läutewerke weisen auf zu hohe oder zu niedere Betriebsspannung hin. Die Glühlampe L beleuchtet den Automaten behufs Beobachtung des Anschlagens der Glockenhämmer.

In vielen Fällen ist es erwünscht, die Richtung des elektrischen Stromes zu kennen. Namentlich z. B. beim Akkumulatorenbetrieb und in allen größeren Anlagen, in welchen mehrere Dynamomaschinen zusammen auf die gleichen Leitungen arbeiten. Aber auch in kleineren Betrieben ist es in vielen Fällen angebracht, die Stromrichtung leicht erkennen zu können, wenn Bogenlampen, die ja eine bestimmte Richtung des Stromes erfordern, vorhanden sind. Durch die Angaben der Strom- und Spannungsmesser, welche keine permanenten Magnete, sondern nur weiche Eisenmassen enthalten, ist es nicht möglich, die Richtung des Stromes zu unterscheiden. Die Ausschläge dieser Instrumente gehen auch bei wechselnder Stromrichtung stets nach derselben Seite.

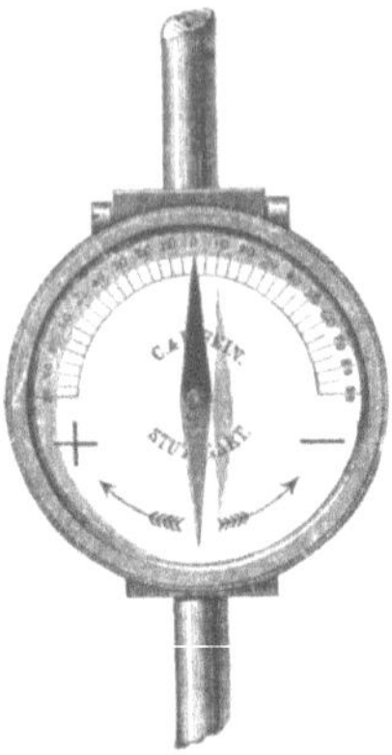

Fig. 120. Stromrichtungsanzeiger.

Aus diesem Grunde hat man sogenannte Stromrichtungsanzeiger konstruiert. Es sind dies ganz einfache Apparate, meist aus einem um eine Achse drehbaren Magnetstäbchen bestehend, welches zwischen oder vor einigen Drahtwindungen angeordnet ist, für stärkere Ströme vor einem einzigen geraden Leiterstück. Der Magnet dient entweder selbst als Zeiger oder ist mit einem fest verbunden. Die durch Glas geschlossene Dose, welche das Ganze umgiebt, enthält eine Papierscheibe, auf welcher die Richtung, nach der der Ausschlag unter normalen Verhältnissen erfolgen muß, kenntlich gemacht ist.

Von einem Stromrichtungsanzeiger wird verlangt, daß er schon bei schwachem Strome einen deutlichen Ausschlag gebe, und daß der Magnet derselben auch bei den höchsten vorkommenden Stromstärken nicht umpolarisiert werden könne.

Fig. 120 zeigt die Abbildung des Stromrichtungsanzeigers der Firma C. & E. Fein in Stuttgart.

Schalttafeln.

Auf einer Schalttafel finden Platz:

1. die Enden der Maschinenleitungen und die Anfänge der Außenleitungen. Die Verbindung dieser Leitungen besorgen Ausschalter, Umschalter, Polwechsler, Generalumschalter und Kommutatoren;
2. Meßapparate (Ampèremeter, Voltmeter, Elektrizitätszähler, Automaten u. s. w.), Signalapparate (Spannungswecker, Voltmesser mit Läutewerk u. s. w.);
3. Sicherungen.

In unmittelbarer Nähe der Schalttafel, gewöhnlich unterhalb derselben, werden die Regulierwiderstände angebracht.

Die Meßinstrumente müssen frei sein von äußeren magnetischen Einflüssen. Es finden deshalb auf den Schalttafeln nur die sogenannten technischen Galvanometer Platz, welche, wenn sie sich sehr nahe nebeneinander oder nur auf einer Seite einer Leitung zu nahe befinden, durch Bleche aus weichstem Eisen vor Störungen zu schützen sind.

Die Haupteigenschaften einer zweckentsprechenden Schalttafel sind:

1. auf der Schalttafel müssen die Stromverhältnisse der Anlage leicht ersichtlich sein;
2. die Schalttafel muß sich an einem leicht zugänglichen Orte befinden;
3. von der Schalttafel aus müssen die Vorgänge in der ganzen Maschinenanlage zu überblicken sein.

Außer der Hauptschalttafel im Maschinenhause finden sogenannte Verteilungsbretter an gewissen Verteilungspunkten Verwendung. Ein solches Verteilungsbrett stellt Fig. 121 dar; dieses Verteilungsbrett enthält auf isoliertem Brette einen doppelten Umschalter U_1 und zwei einfache Ausschalter A_1 und A_2. Das Verbindungsstück ab zwischen den Metallhebeln H_1 und H_2 besteht aus wohl isolierendem Material (Buchsbaum). An den Punkten A und B ist die Dynamomaschine, in C und D sind die Lampen und bei E und F der Sammler eingeschaltet. Die Kontakte 1 und A_1 sowie 3 und A_2 sollen miteinander verbunden sein.

Mittels dieses einfachen Verteilungsbrettes sind folgende Schaltungen möglich:

1. das Laden des Sammlers. Dieser Schaltung entsprechen die Hebelstellungen der Figur;
2. das Beleuchten mit dem Sammler. In diesem Falle ist der Doppelhebel des Schalters U_1 nach rechts zu drehen, so daß die Hebel H_1 und H_2 auf den Kontakten 2 und 4 liegen;

3. das Beleuchten mit der Maschine. Die Hebel H_1 und H_2 des Ausschalters dürfen keinen der Kontakte 1, 2, 3 oder 4 berühren, und die Ausschalter A_1 und A_2 müssen eingeschaltet sein;

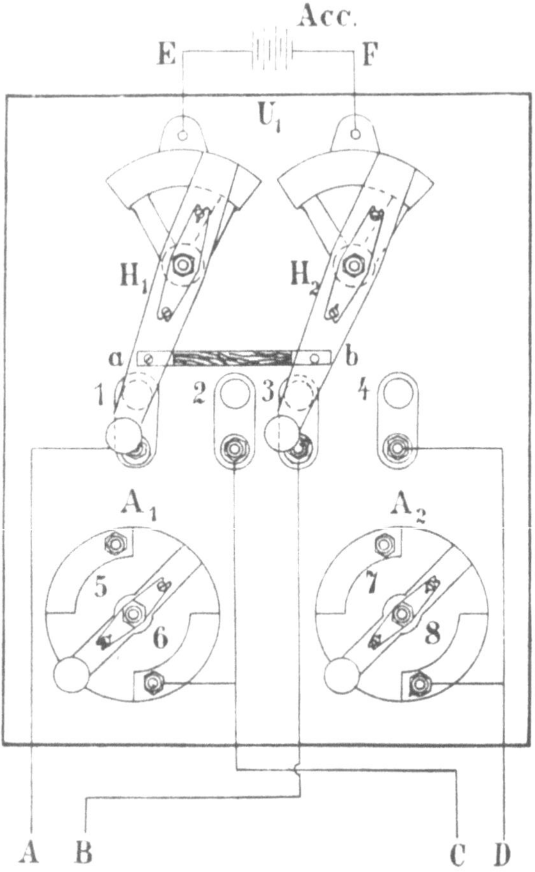

Fig. 121. Verteilungsbrett.

4. das Laden und das Beleuchten. Diese Schaltung erfordert die Vereinigung der Schaltungen unter 1 und 3.

Eine einfache Schalttafel für eine kleinere Beleuchtungsanlage mit Voltmesser, Ausschaltern, Sicherungen und Leitungsanschlüssen zeigt Fig. 122. Die Klemmen der Dynamomaschine sind an die Schienen S_1 und S_2 angeschlossen. Von der Schalttafel aus gehen die 5 Stromkreise $l_1\, l_1$, $l_2\, l_2$, $l_3\, l_3$, $l_4\, l_4$ und $l_5\, l_5$. Die Leitungen zweigen von der einen Schiene ab, führen zu den Sicherungen, Ausschaltern und Lampen und schließen an der zweiten Schiene an. Der Voltmesser ist an die Schiene S_1 und S_2 angelegt und mißt die Spannung zwischen denselben; da bis zu den Schienen kein Spannungsverlust eintritt, so ist die Maschinenspannung der

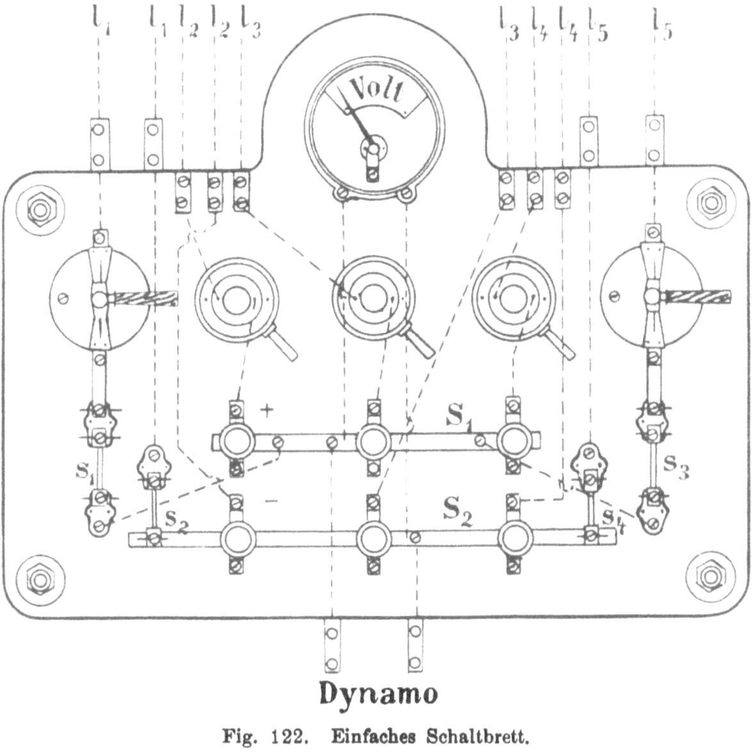

Fig. 122. **Einfaches Schaltbrett.**

Klemmenspannung gleich. s_1, s_2, s_3 u. s. w. bezeichnen die Bleisicherungen in den positiven und negativen Leitungen.

Die Anforderungen, welche an die äußere Ausstattung von Schalttafeln gestellt zu werden pflegen, sind je nach den Größen der letzteren und dem Aufstellungsorte sehr verschieden. Bei allen Ausführungen von Schalttafeln ist der größte Wert auf sachgemäße Arbeit, übersichtliche Führung der Leitungen und besonders bei auf Holzwand montierten Apparaten auf die Auswahl eines genügend gut ausgetrockneten Holzes zu legen, um, soweit dies überhaupt möglich ist, ein Springen oder Reißen der Holztafeln als ausgeschlossen erscheinen zu lassen. Zu einer sachgemäßen Montage der Leitungen ist in erster Linie zu rechnen, daß dieselben gleichviel, ob sie vor oder hinter der Schaltwand geführt werden, ob sie aus Kabeln oder Drähten bestehen, mittels Kabelschuhe an die betreffenden Kontaktstellen der Apparate angeschlossen werden; dieselbe Forderung ist auch bei Kupferschienen zu stellen, wenn dieselben nicht ohnehin dieselbe Breite

Fig. 123. **Schalttafel für eine Wechselstromcentrale mit 6 Maschinen zu 100 Ampères und 4000 Volt.**

wie die Kontaktstellen besitzen. Des ferneren sollen die Verbindungen der Leitungen untereinander Abzweigungen u. s. w. nur mittels Verbinder und entsprechender Abzweigungsstücke oder durch gute Verschraubungen erfolgen, damit etwaige Änderungen, zeitweise Lösungen einzelner Verbindungen u. s. w. leicht möglich sind.

Die Fig. 123 zeigt eine von der Firma Voigt & Haeffner in Frankfurt a. M. für die Firma Brown, Boveri & Co. in Baden ausgeführte Schalttafel für eine Wechselstromcentrale mit 6 Maschinen zu 100 Ampères und 4000 Volt.

Siebenter Abschnitt.

Verteilung elektrischer Energie.

Allgemeines.

Zur Fortleitung und Verteilung elektrischer Energie ist, soweit es sich um die Praxis handelt, eine metallische Leitung erforderlich, und diese bildet für große elektrische Anlagen einen sehr wesentlichen Faktor in der Ökonomie ihrer Herstellung. Starke Ströme erfordern zu ihrer Fortleitung entsprechend dicke Leitungsdrähte. Da nun als Leitungsmaterial fast ausschließlich das theure Kupfer oder seine Legierungen benutzt werden müssen, so ist leicht einzusehen, daß für weite Entfernungen die Kosten für die Leitung so enorm hohe werden können, daß an eine Ausführung solcher nicht mehr zu denken ist. Nun kennt der Elektriker zwar ein Mittel, relativ sehr große Energiemengen mittels dünner Drähte auf weite Entfernungen hin zu leiten, jedoch stellt sich ihm für die Benutzung des Gleichstromes ein ernstes Hindernis entgegen, das darin beruht, daß die Gleichstromdynamomaschinen nur eine ziemlich begrenzte Spannung haben dürfen, wenn ihr Betrieb nicht unsicher werden soll. Gerade aber die möglichst weitgehende Erhöhung der Spannung unter gleichzeitiger proportionaler Abnahme der Stromstärke ist es, was der Elektriker anstrebt, denn dann ist er in der Lage, dünne und billige Drähte zu verwenden.

Aus diesem Grunde sind nach und nach verschiedene Leitungssysteme entstanden, deren Vor- und Nachteile und das Anwendungsgebiet derselben hier besprochen werden sollen.

Die zur Erzeugung von Licht und Kraft notwendige Energie wird den einzelnen Verbrauchsorten von einer oder mehreren Stellen aus zugeführt. Hierbei wird eine nach dem jeweiligen Bedarfe veränderliche Energiemenge in Teile zerlegt, deren Größe und Zahl von dem zeitlichen und örtlichen Bedarfe abhängt.

Diesen Vorgang nennt man Verteilung der elektrischen Energie.

Die Wahl des Systems, nach welchem die Verteilung der elektrischen Energie erfolgen soll, hängt von folgenden Punkten ab:

1. Das Verteilungssystem muß die größte Wirtschaftlichkeit und das höchste elektrische Güteverhältnis ergeben. Im allge-

meinen sind die Anlagekosten desto kleiner, je höher die Betriebsspannung ist.

2. Das Verteilungssystem hat der Sicherheit des Betriebes Rechnung zu tragen.

Der Gleichstrom ist für die Beleuchtung, die Kraftübertragung und die Elektrolyse, der Wechselstrom hauptsächlich für die Beleuchtung und Kraftübertragung auf große Entfernungen verwendbar. Erst in neuerer Zeit sind brauchbare Wechselstrommotoren von Nikola Tesla, M. von Dolivo Dobrowolsky, C. E. L. Brown, Ganz & Co. und anderen konstruiert worden.

Die Energieverteilungssysteme lassen sich in zwei Hauptgruppen zusammenfassen:

1. Direkte Energieverteilung, wenn die Energie ohne Umsetzung verbraucht wird, d. h. wenn der Energieerzeuger und die Verbrauchsstelle in demselben Stromkreise liegen.

2. Indirekte Energieverteilung, wenn die Energie des Energieerzeugers durch einen Zwischenapparat (Transformator, Sammler u. s. w.) umgesetzt wird. Die Energienehmer (Lampen, Motoren u. s. w.) empfangen die Energie nur aus den Zwischenapparaten.

Bei der indirekten Energieverteilung sind zwei Stromkreise vorhanden. In dem einen (primären) Stromkreise befindet sich die Energiequelle, in dem andern (sekundären) Stromkreise dagegen sind die Energienehmer eingeschaltet. Beide Stromkreise verbinden Sammler, Gleich- oder Wechselstromtransformatoren miteinander.

Eine Mittelstellung zwischen beiden Hauptgruppen nehmen jene Verteilungsarten ein, welche entweder gleichzeitig oder abwechselnd, teils direkt, teils indirekt wirken.

I. Direkte Verteilung.

Wir unterscheiden Reihen- oder Serienschaltungssysteme und Nebeneinander- oder Parallelschaltungssysteme. Beide Arten können miteinander auch in Kombination treten, indem ganze Reihen von Energieabnehmern untereinander parallel oder Gruppen von parallelgeschalteten Energieabnehmern in Serien angeordnet werden können. Eine Energieverteilung solcher Art kann man eine gemischte nennen.

a) Die Energieverteilung nach dem Serienschaltungssystem.

Bei dieser Schaltung sind sämtliche Lampen hintereinander angeordnet. Dieses System benutzt als Energiequelle in der

Regel die Reihenmaschine. Da der Maschinenstrom sämtliche Lampen durchfließt, arbeitet derselbe mit niederer und konstanter Stromstärke (etwa 10 Ampères). Dafür aber mit hoher Spannung, und die Größe dieser letzteren ist gleich der Summe der von sämtlichen Lampen verzehrten Einzelspannungen, vermehrt um den Spannungsverlust in der Leitung. Die Durchmesser der Leitungen sind demnach klein, die Kupferkosten gering und große Entfernungen leicht zu nehmen. Hingegen sind damit die Nachteile verbunden:

1. der ganze Betrieb hängt von der ruhigen Thätigkeit der einzelnen Lampen ab;
2. sind 50 Bogenlampen, von welchen jede etwa 45 Volt verbraucht, in Serie geschaltet, so beträgt die erforderliche Gesamtspannung beiläufig 50 . 45 = 2250 Volt. Diese Spannung macht schon bei Gleichstrom die Bedienung der Anlage gefährlich;
3. eine Unterbrechung an irgend einer Stelle der Leitung führt die Unterbrechung des ganzen Stromkreises herbei;
4. hochgespannte Ströme erfordern eine äußerst sorgfältige Isolation.

In Fig. 124 und den folgenden bedeuten *s* die Sicherungen, *A* die Ampèremesser, *V* die Voltmesser und *D* die Energiequelle (Dynamomaschine).

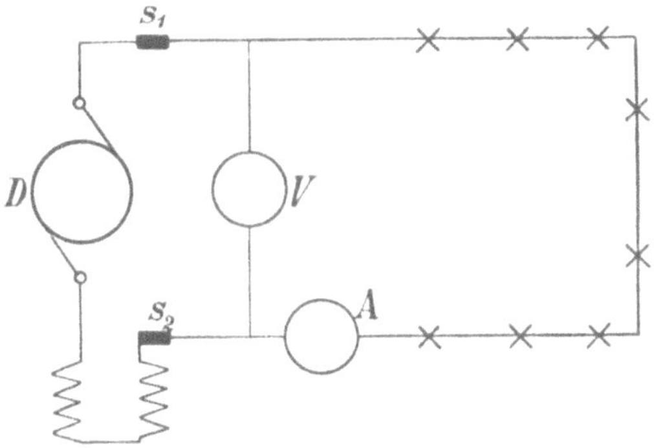

Fig. 124. Schema einer Serienschaltung für Bogenlampen.

Eine wertvolle Eigenschaft dieses Leitungssystems besteht darin, daß es vollkommen gleichgültig ist, an welcher Stelle des Leitungsnetzes die Energiequelle angeordnet wird, da der Spannungsverlust und die Spannungsverteilung in der Leitung durch die Energiequelle nicht beeinflußt wird. Ist es aus praktischen Gründen nicht möglich, die Energiequelle in eine Seite des durch die Lampen bestimmten Polygons selbst zu legen, so wird man natürlich bestrebt sein, den Ort ihrer Aufstellung einer Polygonseite möglichst zu nähern, damit die Teile der Leitung, welche die erste und letzte Lampe mit der Energiequelle verbinden, möglichst kurz ausfallen.

Sind die Orte der Lampen gegeben und hat man den Linienzug der sie verbindenden Leitung festgelegt, so ist die Länge der letzteren bereits bestimmt. Es erübrigt also nur noch den Leitungsquerschnitt zu ermitteln. Da die Stromstärke im ganzen Kreise dieselbe ist, so wird auch der Querschnitt durchaus derselbe sein.

Die Glühlampen, welche bei dem System der Reihenschaltung in Anwendung kommen, brennen mit verhältnismäßig großer Stromstärke (etwa 10 Ampères) und entsprechend niederer Spannung (5—15 Volt).

Die Ausschaltung der in Reihe geschalteten Glühlampen erfolgt durch Kurzschließen derselben. In der Regel wird die Serienschaltung nur für Bogenlicht in Verwendung genommen und kommen ausschließlich nur Differentiallampen in Anwendung. Sämtliche in einem Stromkreise in Serie geschaltete Bogenlampen können nur eine und dieselbe Lichtstärke geben, da sie alle mit gleicher Stromstärke brennen und bei Bogenlicht die Lichtstärke wesentlich durch die Stromstärke bedingt ist.

Dagegen können sämtliche in einem Stromkreise befindlichen Glühlampen, wenn sie auch den gleichen Strom erhalten, dennoch verschiedene Lichtstärken besitzen, da durch Veränderung der Länge der Kohle, bei gleichbleibendem Querschnitt, die Größe der leuchtenden Oberfläche verändert werden kann. Proportional der Kohlenlänge ändert sich natürlich auch die von der Lampe verbrauchte Spannung.

Die reine Hintereinanderschaltung der Lampen ist für Innenbeleuchtung nicht besonders geeignet, da bei solchen Anlagen die Lampen auf eine größere Anzahl Räume verteilt sind und meistens das Bedürfnis vorliegt, zu gewissen Zeiten nur einen Teil, oft einen sehr kleinen Teil, der vorhandenen Lampen zu brennen. Wenn dagegen eine gewisse Anzahl Lampen, einerlei ob Bogen- oder Glühlampen, stets zu gleicher Zeit brennen soll, und sind außerdem die sämtlichen Lampen von der Energiequelle, eventuell auch noch einzeln voneinander beträchtlich entfernt, so ist das Hintereinanderschaltungs-Verteilungssystem besonders vorteilhaft. Dasselbe eignet sich also ganz besonders gut zur Anwendung bei Beleuchtung von Bahnhöfen, Hafenanlagen, Schiffahrtskanälen, Straßen und Plätzen, Bergwerken und dergleichen mehr.

Reihenschaltungen können ohne Unterschied bei Gleich- und

Wechselstrom in Verwendung kommen, nur müssen die Systeme entsprechend der Betriebsspannung und der Art des Stromes gewählt werden. Man unterscheidet zwei Systeme; bei dem ersten sind die Lampen in die Linienleitung eingeschaltet. Hier ist es notwendig, die Verbindung der Linienleitung entweder durch Kurzschlußvorrichtung oder durch automatische Einschaltung eines Ersatzwiderstandes an Stelle der Linienleitung beim Erlöschen der Lampe wiederherzustellen. Bei dem zweiten System sind die Lampen nicht direkt in die Linienleitung eingeschaltet, sondern an die sekundären Windungen von in Reihen eingeschalteten Transformatoren oder parallel zu in Reihen geschalteten Drosselspulen angeschlossen. Die ältesten Systeme sind von Brush & Thomson-Houston, welche auch von Siemens & Halske und von Schuckert & Co. ähnlich angewendet werden. Brush verwendet Betriebsspannungen bis 2700 Volt und bringt beim Versagen bezw. Ausgehen einer Lampe anstatt dieser automatisch einen Ersatzwiderstand in die Linienleitung. Diese beiden Systeme sind in Amerika der Billigkeit halber sehr verbreitet.

Bemerkenswert ist die von Bernstein für die Reihenschaltung konstruierte Glühlampe. Bei dieser findet sich die glühende Kohle zwischen zwei mit Kontaktstücken versehenen federnden Metallteilen, welche mit ihren Kontaktstücken, sobald die Kohle defekt wird, den Stromschluß wiederherstellen. Die Lampen werden für niedere Spannungen angefertigt, sind jedoch weniger eingeführt. Nach dem Westinghouse-Bogenlampensystem werden Transformatoren in Reihen geschaltet. Die primären Windungen liegen im Linienstrom, während an den sekundären Windungen die Bogenlampen angeschlossen sind. Eine Regulierung ist infolge der eigenartigen Konstruktion der Brush-Licht-Dynamomaschine nicht erforderlich, und es ermöglicht dieses System eine große Anzahl Transformatoren in Reihen zu schalten, ohne der Maschine zu hohe Spannung geben zu müssen. Die Transformatoren halten bei konstantem Primärstrom den Sekundärstrom konstant. Westinghouse hat für Glühlampen ein Drosselspulen-Reihenschaltungssystem angewendet, welches auch von der Firma Helios in Köln-Ehrenfeld ausgeführt wird. Die Drosselspulen liegen im Nebenschluß zu den Lampen. Brennt eine Lampe durch, so geht der gesamte Strom durch die Drosselspule, und es wird der Linienstrom kaum wesentlich beeinflußt.

Dieses System unterscheidet sich von den bisherigen dadurch, daß es auf konstante Spannung reguliert werden kann. Das System wurde bei der Beleuchtung des Nordostseekanals angewendet. Ein teilweise neues System der Reihenschaltung von

Glühlampen ist jenes, daß für jede Glühlampe ein besonderer Transformator benutzt wird und die Transformatoren alle in Serie geschaltet sind. Dieses System zeigt in seinem Verhalten mit dem vorher beschriebenen Drosselspulensystem eine vollkommene Analogie. Das Glühlampen-Transformatorensystem gelangte für die Straßenbeleuchtung einer durch die Elektrizitätsaktiengesellschaft vorm. W. Lahmeyer & Co. in Schönheide in Sachsen ausgeführten Drehstromanlage zur Verwendung. Das Werk liefert Drehstrom von 2000 Volt. Von jeder Phase werden zwei parallele Serien von je 13 Transformatoren abgezweigt und in die Sekundärwickelung jedes Transformators eine Lampe von 65 Volt eingeschaltet. Je zwei Parallelzweige haben eine gemeinsame Rückleitung. Der Wirkungsgrad der Transformatoren beträgt 84 %. Das System ist sehr betriebssicher. Es kann an jeder bestehenden Wechsel- oder Drehstromanlage angeschlossen werden und ist von der Betriebs- und Lampenspannung unabhängig. Beim Ersatz der Lampen während des Betriebes kommt man mit der hohen Spannung nicht in Berührung.

b) Die Energieverteilung nach dem Parallelschaltungssystem.

Diese Energieverteilungsart findet gegenwärtig die meiste Anwendung, da sie die Unabhängigkeit der einzelnen Lampen voneinander am einfachsten sichert. Um letztere Anordnung zu erfüllen, müssen alle Lampen unter derselben Spannung arbeiten, und die Verteilung wird um so vollkommener sein, je genauer dies erreicht wird. Die Dynamomaschine, welche eine solche Anlage speist, muß daher auf konstante Klemmenspannung reguliert werden. Aus diesem Grunde verwendet man als Energiequelle ausschließlich Nebenschluß- oder Compoundmaschinen. Bei den ersteren wird die Spannung mittels eines in den Stromkreis eingeschalteten Regulierwiderstandes konstant erhalten, während sich die Spannung bei den letzteren selbstthätig auf einem bestimmten Betrage erhält.

Wir unterscheiden:

1. die Verteilung der Energie nach dem Zweileitersystem und
2. die Verteilung der Energie durch verzweigte Leitungen.

Bei diesen Systemen sind die Lampen entweder einzeln oder in Gruppen nebeneinander geschaltet. Diese Verteilungssysteme bestehen aus zwei parallelen Leitern, den beiden Polen des Energieerzeugers, von welchen an der Verbrauchsstelle die Abzweigungen ebenfalls parallel erfolgen.

Während bei der Hintereinanderschaltung beim Anschließen

einer Lampe die Leitung unterbrochen werden muß und die Lampe den Schluß dieser Unterbrechnngsstelle besorgt, sind bei der Nebeneinanderschaltung die Lampen von den beiden Polen, der positiven und negativen Leitung, ohne dieselbe zu unterbrechen, parallel geschaltet. Der wichtigste Nachteil der Nebeneinanderschaltung sind die großen Kosten für das Kupfer der Leitung, da mit höheren Stromstärken und niederer Spannung gearbeitet wird, als bei der Reihenschaltung.

Zu den hauptsächlichsten Vorteilen der Nebeneinanderschaltung zählen:

1. die Unabhängigkeit sämtlicher Apparate und Stromkreise voneinander und die damit verbundene Betriebssicherheit;
2. die Ungefährlichkeit der Bedienung.

Die zumeist angewendeten Spannungen sind 65, 100, 110 und 120 Volt und in neuester Zeit 150 Volt. In Fig. 125 sind einzelne Glühlampen parallel geschaltet. Die weiter von der Energiequelle entfernten Lampen empfangen infolge des Spannungsverlustes in der Leitung eine geringere Spannung.

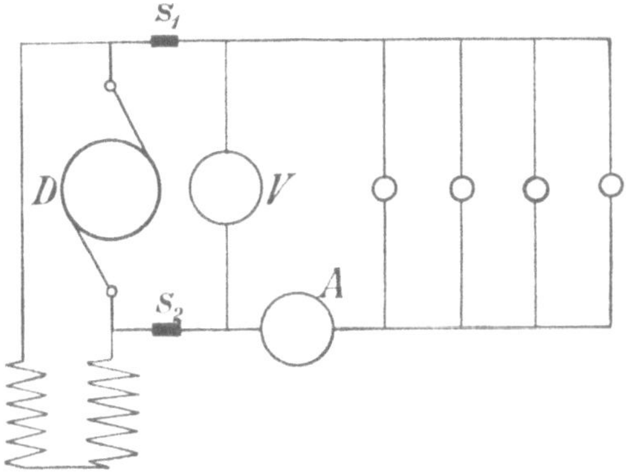

Fig. 125. Schema einer Parallelschaltung von Glühlampen.

Wilhelm Siemens hat schon 1882 diesen Nachteil der einfachen Nebeneinanderschaltung dadurch beinahe gänzlich behoben, daß er die Energieerzeuger zweckmäßig verteilte. Nebenschlußmaschinen, in deren Magnetwindungen Magnetautomaten eingeschaltet sind, geben bei Belastungs- und Tourenzahländerungen stets gleiche Spannung und gestatten deshalb an entfernteren Stellen Glühlampen von niederer Spannung einzuschalten, die bei Maschinen ungleicher Spannung Gefahr laufen würden, da dauernde Spannungsänderungen von 2 % die Lebensdauer der Glühlampen bedeutend verkürzen. Das Regulieren der Spannung durch Widerstände im Hauptstromkreise ist nicht wirtschaftlich, weil damit Kraftverluste verbunden sind, besser bewährt sich schon eine stärkere Bemessung der Leitungsdrähte.

Ein einfaches Schema der Einschaltung eines Sammlers in ein Zweileitersystem zeigt die Fig. 126. Neben thätigen Lampen wird der Elektromotor M angetrieben. Das Laden des Sammlers und das Speisen der Energieabnehmer erfolgen gleichzeitig. Der

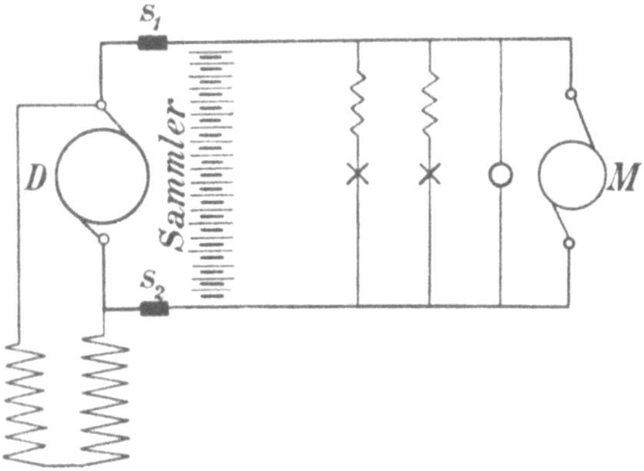

Fig. 126. Schema eines Zweileitersystems in Verbindung mit einem Akkumulator.

Sammler gleicht Spannungsdifferenzen im Leitungsnetz aus und kann den Betrieb teilweise oder ganz (indirekte Energieverteilung) übernehmen. Der letztere Fall ist bei der Energieverteilung dann vorgesehen, wenn der Stromverbrauch ein sehr geringer wird, und wenn die Betriebsdynamomaschine versagt. Ausführliche

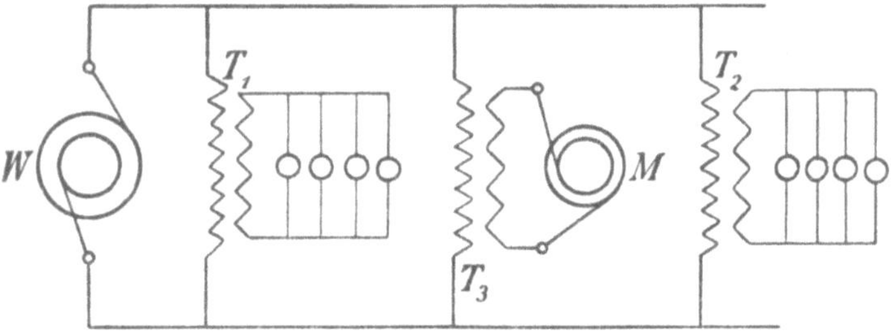

Fig. 127. Schema eines Wechselstrom-Zweileitersystems in Verbindung mit Transformatoren.

Schaltungsschemata einer Parallelschaltung von Dynamo, Sammler und Lichtleitung wurden auf den Seiten 106 bis 112 Fig. 44 und Fig. 45 wiedergegeben.

Fig. 127 veranschaulicht den Anschluß der Transformatoren T_1, T_2, T_3, in den Stromkreis einer Wechselstromdynamomaschine W.

Von dem Transformator T_3 wird der Wechselstrommotor M angetrieben. Die Anzahl der Lampen in den einzelnen Stromkreisen kann eine verschiedene sein. Lampen und Motoren können einzeln, hintereinander, nebeneinander, so wie es die Lampen der Fig. 127 zeigen, oder gemischt geschaltet sein.

In Fig. 128 ist die Parallelschaltung mehrerer Stromkreise veranschaulicht.

Fig. 129 zeigt Glüh- und Bogenlampen in Parallelschaltung unter Voraussetzung einer Betriebsspannung von etwa 60 Volt.

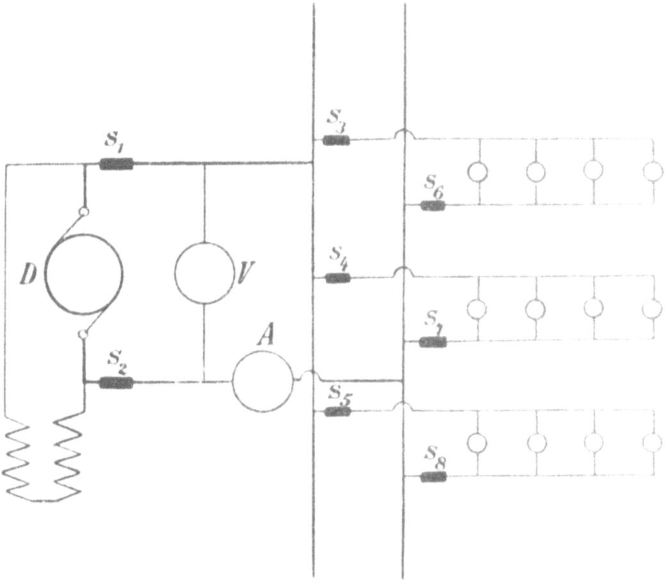

Fig. 128. Schema einer Parallelschaltung mehrerer Stromkreise.

Den Bogenlampen ist ein sogenannter Beruhigungswiderstand vorgeschaltet, welcher insbesondere dann große Bedeutung erlangt, wenn die Lampen durch irgend einen Zufall geschlossen werden. Dann würde, falls die Sicherung zu stark bemessen wäre, fast der gesamte Maschinenstrom durch die kurz geschlossene Lampe fließen, die Isolation der Drähte der Hauptspule derselben (der Lampe) verkohlen, sämtliche Lampen der Anlage verdunkeln und der Betrieb entweder teilweise oder vollkommen gestört.

Die Lampen regulieren schon bei 35 bis 45 Volt. Bei der oben angenommenen Betriebsspannung müssen deshalb mindestens

15 Volt durch den Vorschaltwiderstand verbraucht werden. Durchfließen die Lampe 10 Ampères, so muß der Vorschaltwiderstand $W = \frac{15}{10} = 1,5$ Ohm sein.

Wirtschaftlicher arbeitet eine Parallelschaltung mit höherer Spannung, da sich die Leitungsquerschnitte bei derselben bedeutend vermindern. Eine solche Stromverteilung stellt Fig. 130 dar. Die Leitungen besitzen bei gleichem Spannungsverluste und doppelter Betriebsspannung den vierfachen Widerstand, also den

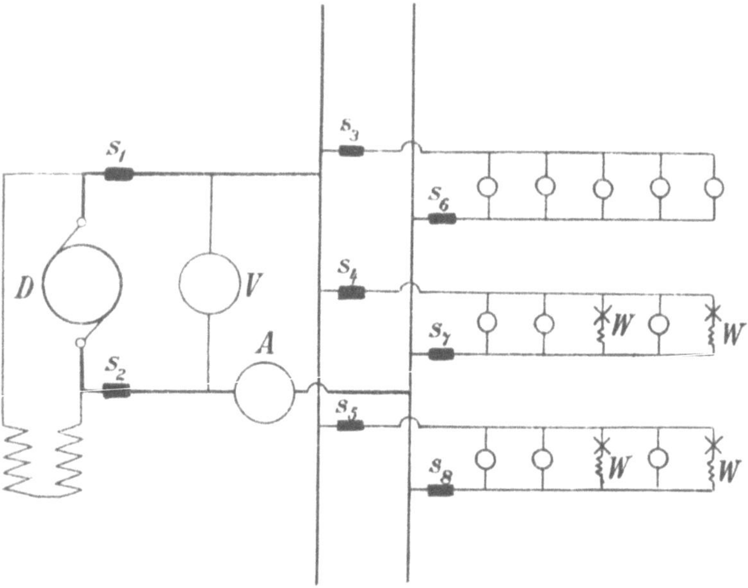

Fig. 129. Schema einer Parallelschaltung von Glüh- und Bogenlampen.

vierten Teil des Kupfergewichtes; auch ist für zwei Bogenlampen nicht der doppelte Vorschaltwiderstand der einfachen Lampe erforderlich. Beträgt die Betriebsspannung 120 Volt, so werden zwei Bogenlampen mit einem gemeinsamen Vorschaltwiderstande, so wie es die Fig. 130 zeigt, hintereinander, die 120 Volt Glühlampen dagegen einzeln parallel geschaltet. Wendet man Glühlampen zu 150 Volt an, so werden bei derselben Verteilung drei Bogenlampen hintereinander geschaltet, wodurch sich der Betrieb abermals wirtschaftlicher gestaltet.

Das Zweileitersystem ist nur bis auf etwa 800 m Entfernung zweckentsprechend. Kommen bei diesem Systeme Leitungen nahe nebeneinander zu liegen, so ist es für die Aufrechterhaltung der gleichen Spannung und behufs Erzielung einer größeren Betriebssicherheit vorteilhaft, sogenannte Ausgleichsleitungen anzuwenden.

c) Energieverteilung durch gemischte Schaltung.

Die gemischte Schaltung ist eine Vereinigung der Reihen- und Nebeneinanderschaltung und besitzt demnach die Vor- und Nachteile dieser beiden Verteilungssysteme. Eine solche Energie-

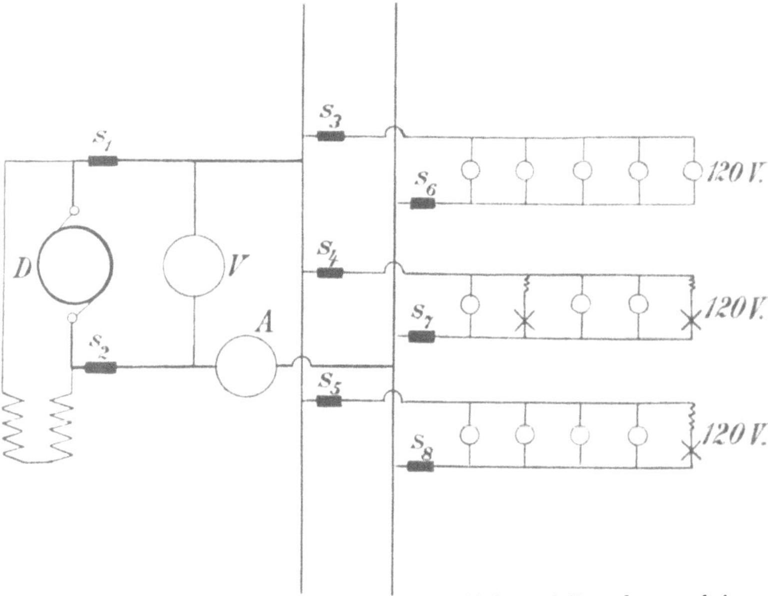

Fig. 130. Schema einer Parallelschaltung für Glüh- und Bogenlampen bei 120 Volt Spannung.

verteilung besteht z. B. in einer Reihenschaltung von Gruppen nebeneinander geschalteter Lampen und ist nur bei großen Entfernungen praktisch, da wohl an Leitungsmaterial, im Verhältnisse zur Nebeneinanderschaltung, bedeutend gespart wird, aber Kurzschluß- oder Umschaltapparate Platz greifen müssen, wenn nicht ganze Gruppen von Lampen versagen und andere Gruppen schadhaft werden sollen.

Fig. 131 und Fig. 132 stellen die Nebeneinanderschaltung von Glühlampenreihen nach Bernstein und Edison dar.

Werden mehrere Lampenstromkreise von derselben Maschine betrieben, so muß dieselbe eine Nebenschlußmaschine sein. Ausgeschaltete Lampengruppen bewirken Spannungsdifferenzen, welche entweder durch Ersatzwiderstände oder Bürstenverschiebung behoben werden können.

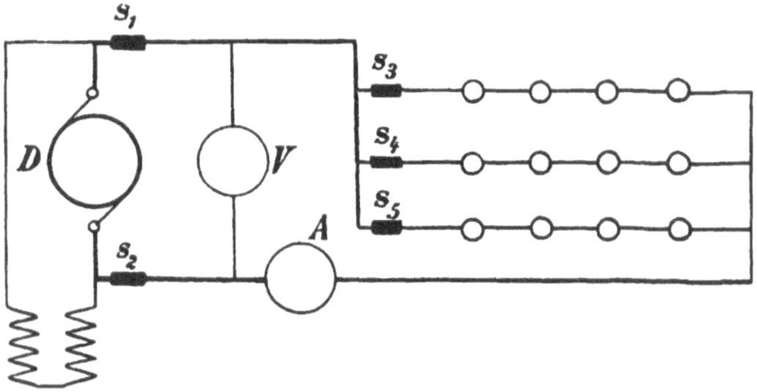

Fig. 131. Schema einer Parallelschaltung von Glühlampenreihen nach BERNSTEI

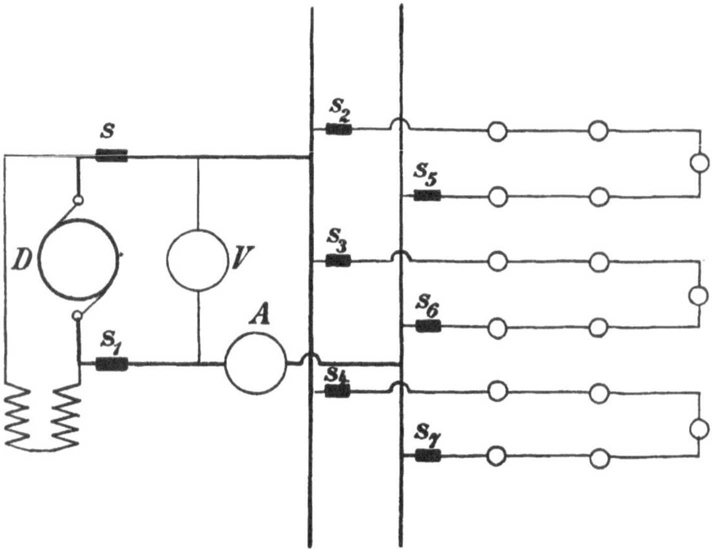

Fig. 132. Schema einer Parallelschaltung von Glühlampenreihen nach EDISON.

Mehrleitersysteme.

Die Energieverteilung nach dem Dreileitersystem.

Denkt man sich zwei Dynamomaschinen von 100 Volt Spannung in der Art hintereinander geschaltet, wie aus Fig. 133

ersichtlich, so kann man zwischen die beiden parallelen Leiter L_1 und L_2 je zwei Glühlampen zu 100 Volt einschalten. In dieser Verteilung versagt jedoch die eine Lampe mit der zweiten.

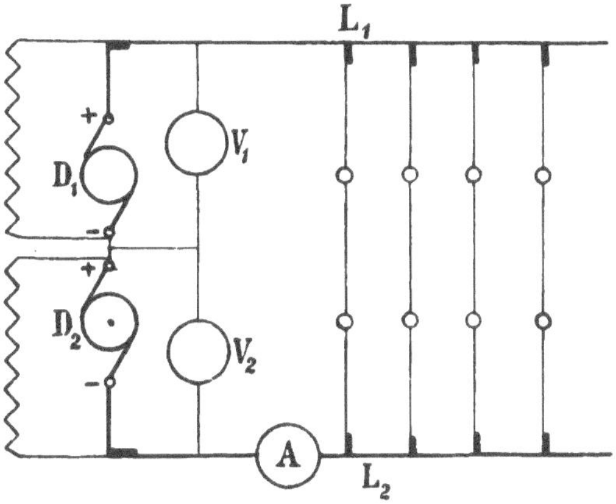

Fig. 133. Schema eines schlecht angeordneten Beleuchtungssystems.

Zieht man (Fig. 134) von der Verbindung der Pole aus, eine sogenannte Ausgleichleitung, so ist dieser Übelstand behoben. Das so entstandene Verteilungssystem wird, da hier

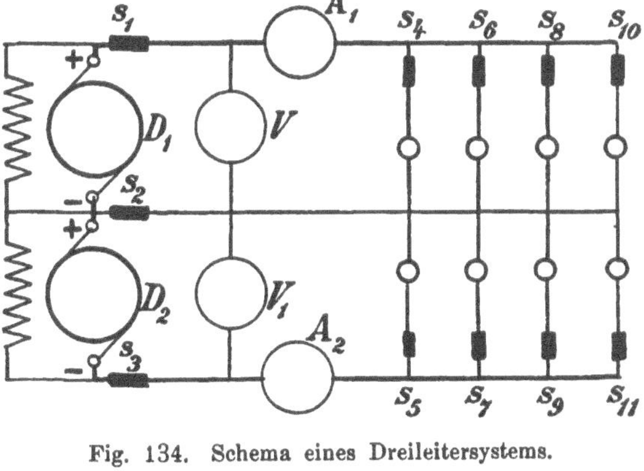

Fig. 134. Schema eines Dreileitersystems.

drei Leiter parallel nebeneinander gezogen sind, Dreileitersystem genannt.

Man kann sich die 3-, 4-, 5-, 6-, 7- und Mehrleitersysteme

dadurch entstanden denken, daß von 2, 3, 4, 5, 6 und mehr hintereinander geschalteten Maschinen 3, 4, 5, 6, 7 und mehr parallele Drähte zu den Verbrauchsstellen geführt werden.

Ein Nachteil des Dreileitersystems ist der, daß in den beiden Hälften derselben die Stromstärken einander gleich sein müssen, eine Bedingung, die sehr schwer zu erfüllen ist. Der Vorteil gegen die einfache Nebeneinanderschaltung besteht darin, daß es im wesentlichen eine Hintereinanderschaltung von zwei parallelen Stromkreisen darstellt, weshalb die Leitung den vierfachen Widerstand und damit den vierten Teil des Querschnittes erhält. Es werden deshalb circa 30 % an Leitungskosten erspart. Der Mittelleiter dient zum Ausgleich bei ungleicher Belastung der beiden Hälften des Systems und erhält den halben Querschnitt wie jeder der Hauptleiter. Durch den Mittelleiter fließt nur dann Strom, wenn die Belastung in den beiden Zweigen des Systems eine verschiedene ist.

Ein Dreileitersystem mit nur einer Maschine zeigt Fig 135. Hier dient ein Sammler zur Halbierung der Spannung. Zum

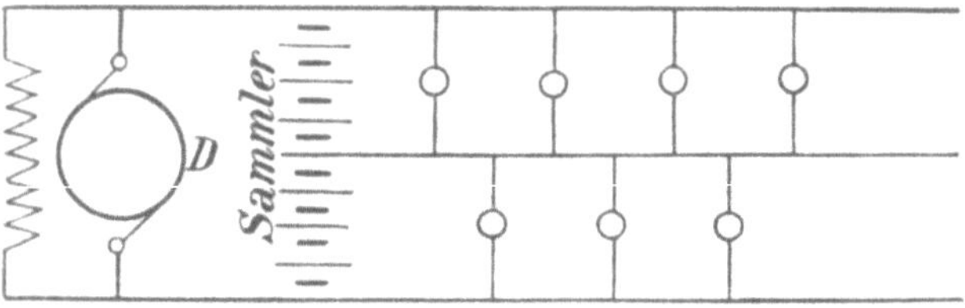

Fig. 135. Schema eines Dreileitersystems mit Akkumulatoren.

Zwecke der Spannungsregulierung sind die Außenleiter mit den Regulierzellen eines Sammlers verbunden.

Anstatt zwei Maschinen kann weiter eine Maschine mit doppelter Spannung, wie solche von den Deutschen Elektrizitätswerken vorm. Garbe, Lahmeyer & Co. in Aachen gebaut werden, im Dreileitersystem Verwendung finden. Diese Maschinen besitzen nur einen Anker, und der erzeugte Strom wird auf beiden Seiten derselben durch je einen Kollektor abgenommen.

Das Dreileitersystem erweist sich bis auf Halbmesser von 1200 m als praktisch durchführbar.

Die Verteilung der Energie nach dem Fünfleitersystem.

Das Fünfleitersystem (Fig. 136) stellt eine Verdoppelung des Dreileitersystems vor. Es sind somit bei diesem System 4 Dynamo gleicher Spannung hintereinander geschaltet. Von den Endklemmen der 1. und 4. Dynamo führen die zwei Haupt- oder Außenleitungen, von den drei inneren gemeinschaftlichen Klemmen die drei Mittelleiter. Die Spannung zwischen je zwei Leitern ist gleich der einfachen, die Spannung zwischen den zwei Hauptleitungen gleich der vierfachen Spannung der einzelnen Dynamo. Die Spannung zwischen den Hauptleitungen muß demnach bei derselben Klemmenspannung an der Dynamo 4 mal so groß sein als beim Zweileitersystem; der Querschnitt der Leitungen ergiebt sich somit als 16 mal kleiner wie beim Zweileitersystem. Ähnlich wie beim Drei- wird beim Fünfleitersystem der Querschnitt der Mittelleiter mit dem 4. Teil des Querschnittes der Hauptleiter bemessen. Die Hausanschlüsse erfolgen beim 3.-, 4.- und 5.-Leitersystem in der Regel bis zu 30 Lampen zu je 16 Normalkerzen mit 2 Leitern, bis zu 60 solchen Lampen

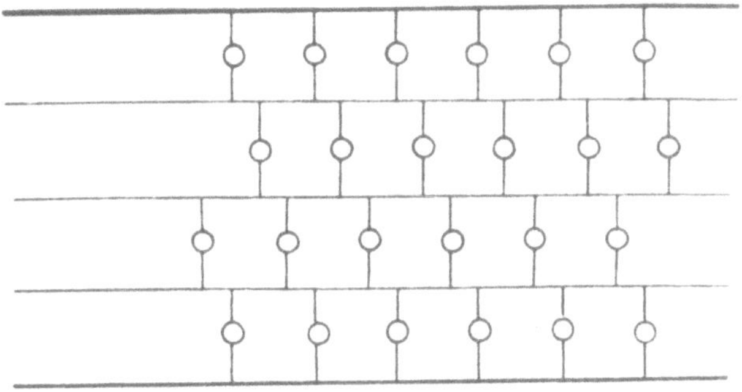

Fig. 136. Schema zu einem Fünfleitersystem.

mit 3 Leitern und bis zu 80 solchen Lampen mit 5 Leitern. Ähnlich wie beim Dreileitersystem kann auch beim Fünfleitersystem ein Sammler die Teilung der Spannung besorgen.

Bei den Fünf- und Mehrleitersystemen vermehren sich die Schwierigkeiten bezüglich der Aufrechthaltung gleicher Spannung. Dieser Nachteil der genannten Systeme kann durch Regulatoren, Sammler, Ausgleichdynamomaschinen u. s. w. behoben werden. Letztere Maschinen werden von Siemens & Halske zum Ausgleich ungleicher Belastungen in den einzelnen Zweigen des Leitungsnetzes in Anwendung gebracht.

Die Ausgleichmaschinen dieser Firma bestehen aus zwei Nebenschlußmaschinen auf gemeinsamer Grundplatte. Die Magnetkörper der einzelnen Maschinen sind entweder zu einem Magnetkörper vereint oder voneinander getrennt, so zwar, daß sich die beiden Anker entweder in einem einzigen magnetischen Felde (innerhalb zweier gemeinsamer Magnetschenkel) oder in zwei voneinander getrennten magnetischen Feldern (innerhalb je zweier Magnetschenkel) bewegen. Zum Zwecke vollkommener Regulierung hat sich insbesondere die letztere Anordnung bewährt.

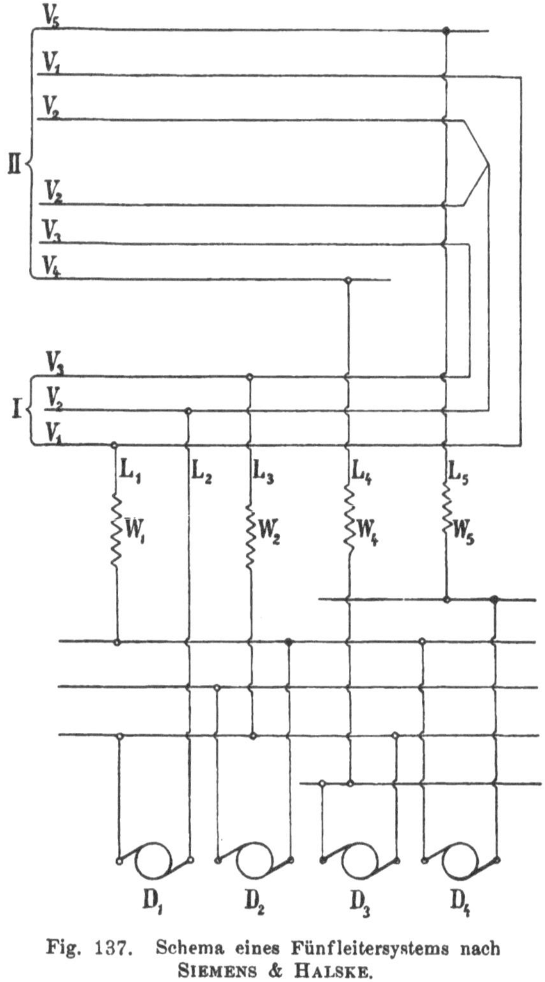

Fig. 137. Schema eines Fünfleitersystems nach SIEMENS & HALSKE.

SIEMENS & HALSKE führen zwei Fünfleitersysteme aus, von denen das eine, Fig. 137, in dem die Centrale umgebenden Gebiete, mit dem Dreileitersystem I verbunden ist. Das eigentliche

Fünfleitersystem II befindet sich in den entfernteren Gebieten. Die Dynamomaschinen D_1 D_2 D_3 D_4 sind mit den Sammelschienen, von welchen die drei Speiseleitungen L_1 L_2 L_3 zu dem Dreileitersystem I, das mit dem Fünfleitersystem II verbunden ist und die zwei Speiseleitungen L_4 und L_5 direkt zu dem Fünfleitersystem führen. V_1 und V_3 sind Verteilungsleitungen. Da V_2 aus zwei Teilen besteht, setzt sich das Fünfleitersystem II aus zwei Dreileitersystemen zusammen. W_1 W_2 W_4 W_5 bezeichnen Regulierwiderstände, welche den Zweck haben, die Spannungen an den Anschließungspunkten der Verteilungsleitungen an die Hauptleitungen gleich zu erhalten.

Die Maschinenfabrik Eßlingen baut für das Fünfleitersystem eigene Dynamo mit 4 Ankerwickelungen.

Die Schleifenschaltung.

Der positive Pol der Dynamomaschine D in Fig. 138 ist mit dem einen, der negative Pol mit dem zweiten Rechteck durch je eine sogenannte Speiseleitung (Feeders) in Verbindung. r, s, t

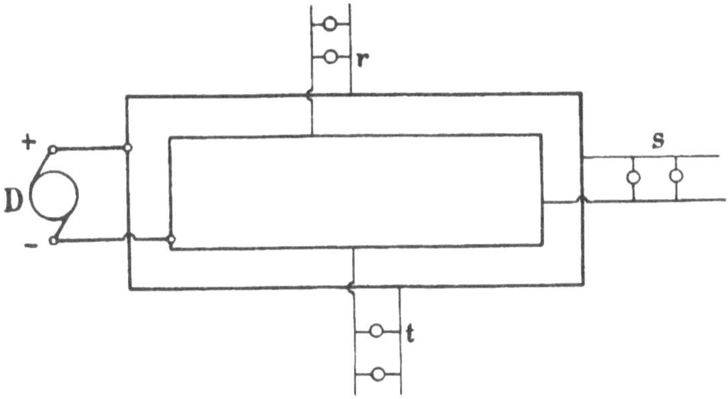

Fig. 138. Schema einer Schleifenschaltung.

sind die Zweigleitungen zu den Lampen. Dieses Energieverteilungssystem bildet die Grundlage für die folgende Kreis-(Ring-) Schaltung und die Energieverteilung in Centralstationen.

Die Kreisschaltung.

Diese Schaltung, deren Schema Fig. 139 zeigt, stellt sich insbesondere vorteilhaft für große Beleuchtungsanlagen und Centralstationen. Die Hauptleiter bilden parallel verlaufende, in sich geschlossene Schlingen, denen von einer, innerhalb derselben gelegenen Maschine oder Maschinengruppe der Strom in mehreren Zweigen zugeführt wird.

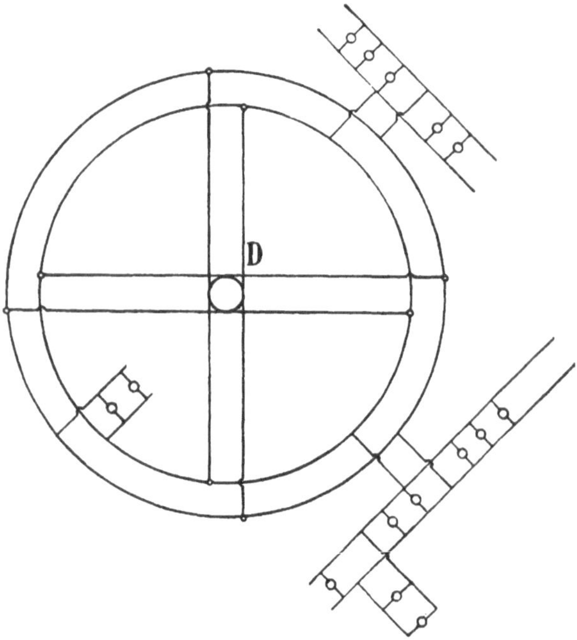

Fig. 139. Schema einer Kreisschaltung.

In Fig. 140 ist das Ringsystem FRITSCHE's[1] schematisch wiedergegeben.

Der innere Ring stellt die positive, der äußere die negative Leitung dar. Beim positiven Strang sind die Anschlußpunkte E_1 bis E_6 durch volle (schwarze) Kreise, bei dem negativen Strang die Punkte E'_1 bis E'_6 durch helle Kreise bezeichnet.

lm, beziehungsweise *lo*, ebenfalls durch einen vollen und einen hellen Kreis bezeichnet, bedeuten die Vereinigungspunkte, der positiven, bezw. negativen Hauptleitungen, von welchen aus der Anschluß an die Hauptschienen des Schaltbrettes im Maschinenhause erfolgt. Die Verbindung der 6 Punkte E_1 u. s. w., bezw. E'_1 u. s. w. mit *lm*, bezw. *lo* durch Hauptzuleitungen, giebt das geschlossene Ringsystem oder Leitungsnetz. Die Energieabnahmestellen sind mit den Buchstaben e_1

[1] Vgl. Centralblatt f. Elektrotechnik 1887, S. 618.

bis e_6 und auf dem negativen Strang mit e'_1 bis e'_6 bezeichnet. Die Hauptzuleitungen, sowohl die positiven als auch die negativen, haben alle gleichen Widerstand; dasselbe gilt von den Stromkreisstrecken in der Ringleitung zwischen den positiven

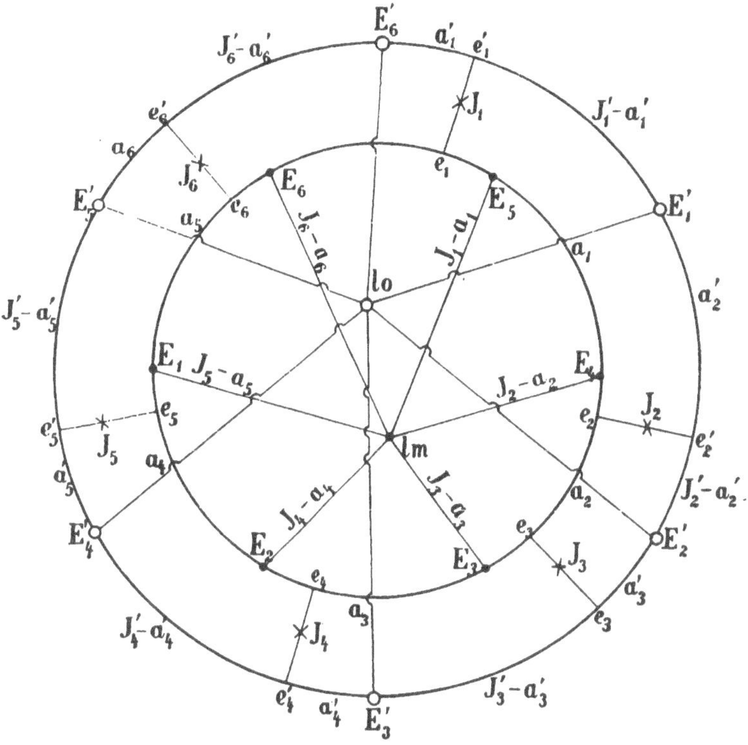

Fig. 140. Schema des Ringsystems von FRITSCHE.

und negativen Anschlußpunkten. Die Buchstaben *J* bezeichnen die Verbrauchsströme, während die Teilströme in den einzelnen Zuleitungen sowohl im Ringe als auch in den Hauptleitungen durch die Buchstaben *a*, bezw. *a'* angegeben sind.

Die Verteilung der Energie bei großen Centralstationen.

Die Fig. 141 veranschaulicht die Energieverteilung der Centralstation von SIEMENS & HALSKE in Salzburg. Im Innern des Leitungsnetzes befindet sich eine Maschinengruppe, von welcher die Speiseleitungen zu den Ausgleichsleitungen (oder Verteilungsleitungen) nach den Verteilungspunkten (Knotenpunkten) *A*, *B*, *C*, *D* geführt sind. In jeder Speiseleitung befindet sich ein Regulierwiderstand *R*. Der Zweck dieser Regulierwiderstände ist der, Spannungsschwankungen bei Ausschaltung größerer Lampengruppen zu verhindern. Den Hauptkabeln sind Spannungsleitungen (Prüfdrähte) beigegeben, mittels welcher die Spannungen an den

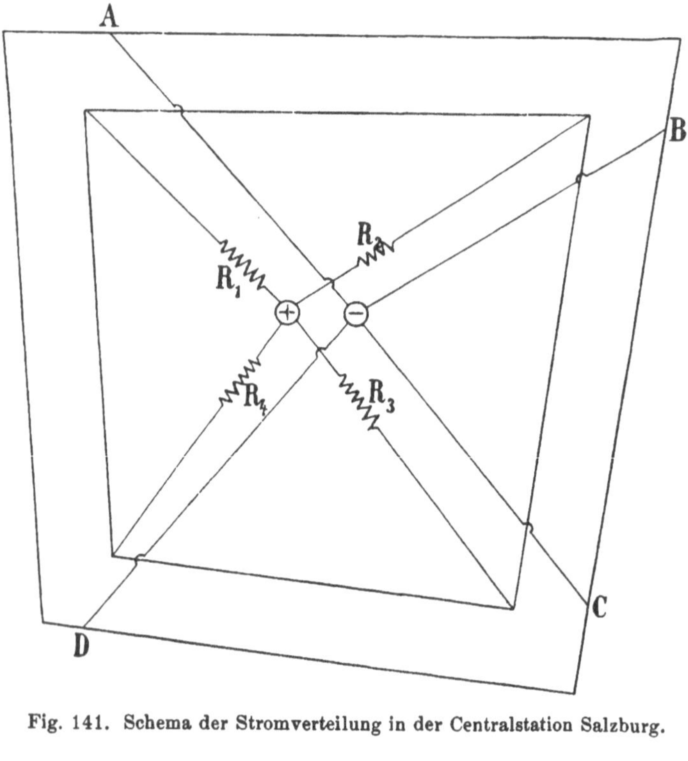

Fig. 141. Schema der Stromverteilung in der Centralstation Salzburg.

Verbrauchsstellen kontrolliert werden. Um dieses Verteilungssystem herum können wir uns ein zweites, drittes u. s. w., damit konzentrisches, mit ebensovielen Maschinengruppen gezogen denken.

In Fig. 141 ist die Anordnung eines Leitungsnetzes nach dem Verteilungssystem von Th. A. Edison veranschaulicht. Die Patentbeschreibung über das System besagt folgendes: „Neuerungen in der Anordnung von Leitungen, um Elektrizität von der Stromquelle au die Verwendungsstelle zu leiten. Die Art und Weise, die Leitungen in einem Elektrizitätszuführungssysteme zu legen, besteht darin, daß man diese Leitungen 1, 2, 3, in Sätzen konzentrisch zu einander und der allgemeinen Verteilung der Häuserkreise folgend, anordnet, wobei jeder Satz mit der Stromquelle in der Centrale *CS* an einer größeren Anzahl von Punkten durch

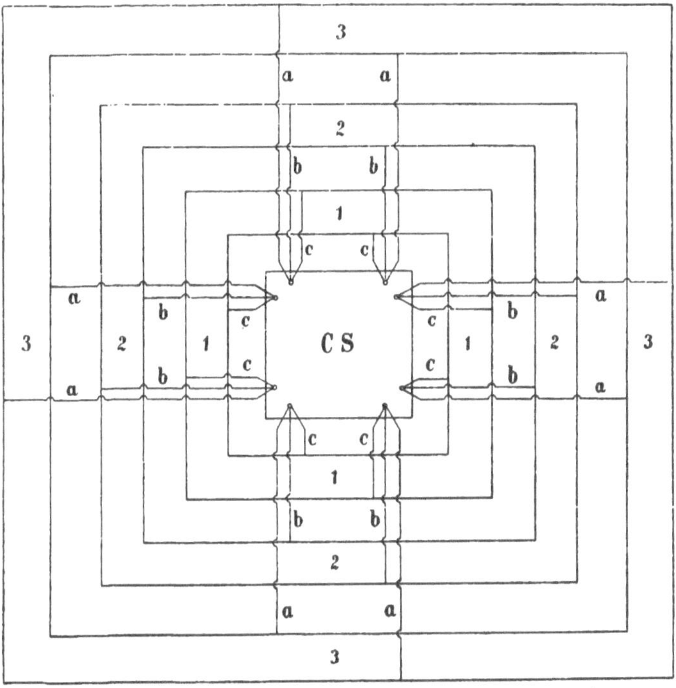

Fig. 142. Schema einer Stromverteilung in großen Centralstationen.

Verbindungsleitungen *a*, *b*, *c*, Speiseleitungen oder Feeders verbunden ist. Je weiter die Leitungen von der Stromquelle entfernt liegen, desto mehr nimmt ihr Querschnitt zu, um in allen Leitungen gleichen Widerstand zu haben."

II. Indirekte Verteilung.

Verteilung mittels einer Akkumulatorenbatterie.

Wird der Strom einer Stromquelle im Akkumulator angesammelt und von diesem zu beliebiger Zeit an das Leitungsnetz abgegeben, so nennt man diese Stromverteilung eine indirekte. Die Akkumulatoren sind bei den meisten Anlagen mit der Dynamo und dem Leitungsnetz parallel geschaltet. Zur Zeit der geringen Stromabgabe arbeitet der Sammler allein, zur Zeit der größten Stromabgabe dagegen in Parallelschaltung mit der Dynamomaschine gemeinsam.

Verteilung mittels Akkumulatoren-Unterstationen.

Dieses Verteilungssystem schließt sich an die Umsetzung des elektrischen Stromes durch Akkumulatoren an. In großen Centralstationen werden in dem eigentlichen Beleuchtungsgebiete sogenannte Akkumulatoren-Unterstationen errichtet; letztere bestehen in der Regel aus je zwei Sammlern. Der Betrieb solcher Unterstationen ist zumeist so eingerichtet, daß zur Zeit der Ladung eines Akkumulators der zweite Strom in das Leitungsnetz abgiebt. Die Zellen des Akkumulators, welche geladen werden, sind, der hohen Spannung des Leitungsnetzes entsprechend, hintereinander geschaltet, von den Zellen des Akkumulators dagegen, welche entladen werden, ist der Strom an beliebigen Zellen für verschiedene Leitungsnetze mit niedrigen Spannungen abgezweigt. Die Stromabgabe der einzelnen Abteilungen von Zellen kann weiter entweder einzeln, in Hintereinander- oder Parallelschaltung erfolgen.

Verteilung mittels Gleichstromtransformatoren.

Aus dem Maschinenhause führen bei diesem Systeme, ähnlich wie bei dem zuletzt besprochenen, die Leitungen zu einer Gleichstromtransformatorenstation oder zu mehreren derartigen Stationen. Der hochgespannte Strom tritt in die dünnen Wickelungen der Transformatoren ein, während die dicken Wickelungen den niedrig gespannten Strom in den Nutzstromkreis abgeben.

Verteilung mittels Wechselstromtransformatoren.

Für die Beleuchtung auf sehr große Entfernungen hat bisher das Wechselstromtransformatorensystem mit parallel geschalteten Apparaten unbestritten die größte Bedeutung; dasselbe wurde praktisch schon bis auf Entfernungen von 175 km für Licht- und Kraftzwecke angewendet.

Man kann die Transformatoren in Serie oder parallel schalten.

a) Die Serienschaltung der Wechselstromtransformatoren.

Dieses System ist durch Fig. 143 veranschaulicht. Von einer Wechselstrommaschine W aus geht eine Leitung durch die primären Windungen der Transformatoren T_1 bis T_5. Die sekundären Windungen sind in die betreffenden Lampenstromkreise eingeschaltet und können entweder sämtlich hintereinander geschaltet sein oder so, wie es der Transformator T_4 in der Figur anzeigt, in Abteilungen Verwendung finden. In derselben Figur bestehen die sekundären Windungen des Transformators T_4 aus zwei Abteilungen, welche zwei voneinander vollständig getrennte Lampenstromkreise speisen. Für die Hintereinanderschaltung der primären

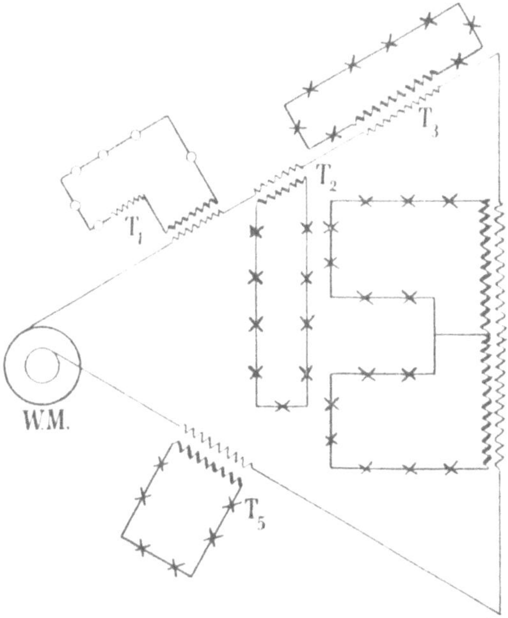

Fig. 143. Schema einer Stromverteilung mittels hintereinander geschalteter Transformatoren.

Windungen erweist sich die Hintereinanderschaltung der Lampen als zweckentsprechend. Der Betrieb erfolgt mit beständiger Stromstärke. Die Spannung richtet sich nach der Anzahl der eingeschalteten Transformatoren. Die Hintereinanderschaltung der Transformatoren fand zuerst bei den Transformatoren von Gaulard & Gibbs in der elektrotechnischen Industrie praktische Verwendung.

b) Die Parallelschaltung der Wechselstromtransformatoren.

Dieselbe wurde zuerst durch Zipernowsky, Déri & Bláthy, in Firma Ganz & Co., in Budapest im Jahre 1885 praktisch durchgeführt. Fig. 144 zeigt das Schema dieses Systems. Die

Wechselstrommaschine W sendet den hochgespannten Strom in Primärwickelungen der Transformatoren T_1 bis T_8, deren sekundäre Wickelungen in die Lampen-, bezw. Motorenstromkreise eingeschaltet sind. Die Transformatoren T_2 und T_3 sind parallel, in eine parallel geschaltete Glühlampengruppe, die Transformatoren T_4 und T_5 hintereinander, in eine hintereinander geschaltete Bogenlampengruppe, eingeschaltet. Der Transformator T_6 treibt den Elektromotor M an. An die sekundäre Wickelung des Transformators T_7 schließen sich nebeneinander geschaltete Lampengruppen in zwei getrennten Abteilungen an. Der Transformator T_8 speist parallel geschaltete Lampengruppen unter Anwendung einer Ausgleichleitung zwischen den Lampen.

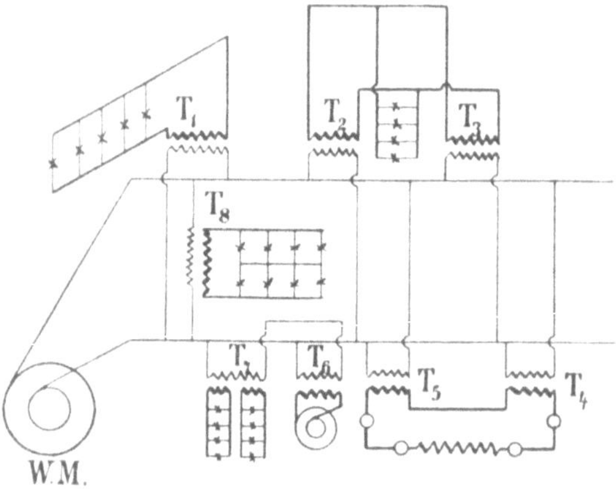

Fig. 144. Schema einer Stromverteilung mittels parallel geschalteter Transformatoren.

Große Wechselstrombeleuchtungsanlagen haben dieselbe Einrichtung wie Gleichstromcentralstationen. Die Primärleitungen werden als geschlossene Leitungsnetze ausgeführt, welchen an bestimmten Knotenpunkten vermittels eigener Speiseleitungen hochgespannter Wechselstrom zugeführt wird. Die sekundären Wickelungen arbeiten entweder unmittelbar im Lampen- oder Motorenstromkreise oder wieder in ein geschlossenes Leitungsnetz, von welchem aus einzelne Lampengruppen, bezw. Motorenstromkreise abzweigen.

Bláthy beschreibt die Stromverteilung mittels Transformatoren in der in Fig. 145 gezeigten Weise. C stellt die Centralstation vor, von welcher die primären Leitungen S_1 S_2 S_3 S_4 ausgehen, um die Transformatoren T oder Gruppen von Transformatoren zu speisen. Von diesen letzteren gehen die gemeinschaftlichen sekundären Leitungen niederer Spannung aus. Eine andere Anordnung besteht darin, daß die Transformatoren T_5 T_6 T_7 T_8 T_9 T_{10} auf einer gemeinschaftlichen primären Leitung P parallel geschaltet sind. Die primäre Leitung wird von der Station durch Feeder S_5 S_6 S_7 gespeist. Die sekundäre Leitung

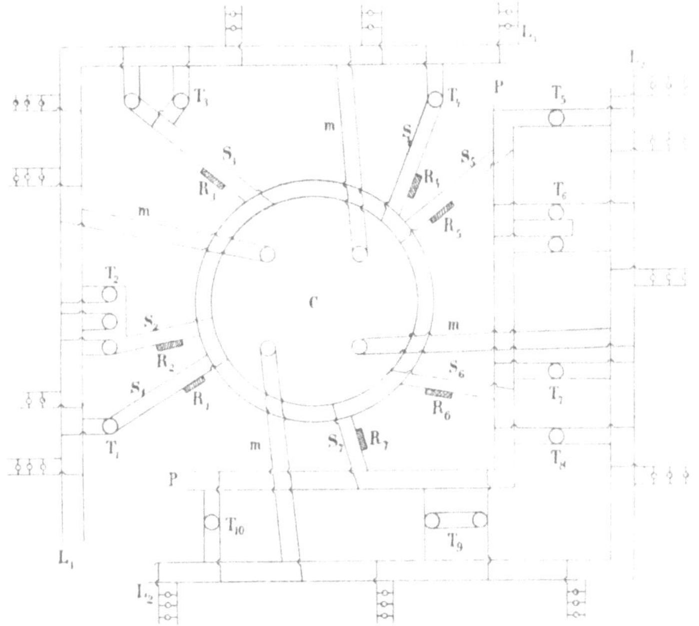

Fig. 145. **Stromverteilung mittels parallel geschalteter Wechselstromtransformatoren.**

ist in L_2. Von ihr gehen Kontrollinien nach der Station zu Voltmetern zurück. R sind Widerstände zur Regulierung der Speiseleiter.

Die Nebeneinanderschaltung der Transformatoren bedingt eine gleichbleibende Spannung im Leitungsnetze. Die Stromstärke verändert sich mit der Anzahl der eingeschalteten Transformatoren und mit der Anzahl der von den letzteren gespeisten Stromnehmern. Die Stromstärke stellt sich mit der Anzahl der Ampère im Stromkreise der Lampen, Motoren u. s. w. selbstthätig ein.

Achter Abschnitt.

Leitungen.

Für die Fortleitung und Verteilung des elektrischen Stromes ist es von größter Wichtigkeit, die richtige Wahl in dem zur Verwendung kommenden Material für die jeweiligen örtlichen Verhältnisse zu treffen, um somit die beste Garantie für stets gutes Funktionieren in allen Teilen einer Anlage gewährleisten zu können, was besonders in großen Leitungsnetzen von Stadtcentralen von unschätzbarem Werte ist.

Für unsere Zwecke können wir die Leitungen in folgender Weise gruppieren:

1. Leitungen im Freien;
2. Leitungen in geschlossenen Räumen;
3. unterirdische Leitungen.

Zu 1. Allgemein bezeichnet man sie als oberirdische, offene oder Luftleitungen. Dieselben bestehen in der Regel aus blanken Kupferdrähten, welche auf hohen Stangen geführt werden. Für Ströme von geringen Stromstärken eignen sich auch Siliciumbronzedrähte, da dieselben eine größere Festigkeit als Kupferdraht besitzen und deshalb größere Spannweiten zulassen. Bei Bogenlichtleitungen sind oft Eisendrähte vorteilhaft verwendbar, da dieselben die Vorschaltwiderstände ersetzen. Das beste Isolationsmittel für die Leitungen bildet die Luft, da die Isolationsfähigkeit einer Leitung mit der Anzahl der Berührungspunkte derselben mit festen Körpern abnimmt.

Bei niedriger Spannung steht der Anwendung von blanken Drähten auch kein Bedenken entgegen. Bei Verwendung hoher Spannung sind sie gefährlich, wenn sie nicht allenthalben sehr hoch und frei in der Luft liegen, wie die vielen Todesfälle in New-York, welche durch solche Leitungen veranlaßt wurden, dargethan haben. Dort gingen sie so nahe über den Dächern hin, daß bei Hantierungen auf letzteren die Berührung starkströmiger Leitungen sehr leicht stattfinden konnte. Man wird daher von oberirdischen Leitungen bei hochgespannten Strömen in den Straßen einer Stadt absehen müssen, wenn man nicht besondere Sicherheitsmaßregeln anwenden kann.

Die Führung übers freie Feld und in entsprechender Höhe dürfte kein Bedenken erregen. Sowie man einer Eisenbahn nicht zu nahe kommen darf, kann man auch solchen Leitungen ferne bleiben.

Außerordentlich billig sind solche Leitungen, da die kostspielige isolierende Umhüllung, welche bei unterirdischen Kabeln nötig ist, wegbleiben kann und der blanke Kupferdraht oder das blanke Drahtseil genügt, weil die Luft so gut wie kein Leiter ist. Die Isolation an den Auflagestellen ist zwar leicht in vollkommener Weise durch Ölisolatoren zu bewerkstelligen, doch müssen diese, da das Öl verdunstet oder auf andere Weise vergeht, sehr sorgfältig gepflegt werden.

Wenn sonst Gründe für die Anwendung der oberirdischen Leitungen sprechen, würde der Gefahr auch durch eine den unterirdischen Kabeln ähnliche Umspinnung bezw. Isolation zu begegnen sein.

Man näherte sich damit in etwas dem höheren Preise dieser Leitungen, ersparte aber immer noch die hohen Kosten und die vielerlei Unzuträglichkeiten, welche in den Städten die Verlegung in den Straßenkörper mit sich bringt.

Bei großen Centralen aber wird man auf oberirdische Leitungen kaum kommen, wegen der großen Menge der notwendigen einzelnen Leitungsstränge.

Zu 2. In geschlossenen Räumen werden blanke Drähte nur selten und fast immer nur bei Spannungen bis zu höchstens 100 Volt verwendet. Fälle in welchen blanke Leitungen verlegt werden können, sind die Verlegung der Leitungen in sehr feuchten Räumen oder in solchen Räumen, welche nur Fachkundigen zugänglich sind oder die Verlegung der Hauptleitungen; in dem letzten Falle werden die Abzweigungen mit baumwollumsponnenen Drähten ausgeführt. Zumeist finden in geschlossenen Räumen isolierte Leitungen Verwendung. Die wichtigsten Arten der Isolation sind:

1. Isolationshüllen, d. h. Umspinnungen bezw. Umklöppelungen mit Jute, Hanf, Baumwolle, Leinenzwirn, Seide u. s. w., welche zumeist mittels Wachs, Theer oder Asphalt getränkt sind. Drähte mit dieser Isolation versehen eignen sich für trockene Räume.

2. Das Tränken der Isolationshüllen mit Isolierflüssigkeit (bestehend aus Teer, Harz, Wachs, Pech, Guttapercha, Kautschuck, Stearin, Paraffin u. s. w.) soll die Kupferseele vor Feuchtigkeit (insbesondere Wasser) schützen.

3. Asphalt wirkt den chemischen Agentien (Kalk, Cement,

organische und anorganische Säuren) im Erdboden entgegen. In Kloaken und Düngstätten z. B. bildet sich infolge von Ammoniakentwickelung Salpetersäure, in humusreichem Boden ist das Auftreten organischer Säuren zu befürchten. Geteerte und asphaltierte Jute bleibt auch von den Nagetieren verschont.

4. Sand. Asphalt mit Sand vermischt wird erfolgreich gegen die Beschädigung der Kabel durch Tiere im Meere verwendet.

5. Papiermasse. Von der Interior Conduit and Insulation Company in Newyork[1] sind zuerst Röhren aus Papiermasse zur Aufnahme von Leitungen hergestellt worden.

6. Asbest ist äußerst hygroskopisch und kann deshalb leicht Feuchtigkeitsschlüsse verursachen. Die Verwendung desselben beschränkt sich auf sehr heiße oder feuergefährliche Räume.

7. Guttapercha heißt eine Gummiart, welche aus einem Baume, vornehmlich im südlichen Asien vorkommend, gewonnen wird. Guttapercha ist für Wasser undurchdringlich und dient deshalb zur Herstellung von Isolationshüllen solcher Leitungen, die in sehr feuchten Räumen oder unter Wasser verlegt werden müssen.

8. Kautschuk stammt hauptsächlich aus Brasilien und Guyana, woselbst er sich in dem Safte mehrerer Pflanzen vorfindet. Kautschuk schmilzt erst bei 145° C., verändert sich wenig an der Luft, wenn er mit Schwefel imprägniert (vulkanisiert) wurde. Kautschuk nimmt unter Druck bis zu 25 % Wasser auf und muß deshalb für unterseeische Leiter mit Mischungen aus Guttapercha, Harz u. s. w. präpariert werden. Bevor man die blanken Leitungen aus Kupfer mit Kautschuk überzieht, muß man dieselben verzinnen, weil sich sonst der Schwefel des Kautschuks mit dem Kupfer verbindet.

9. Blei. Mit Blei umgepreßte Kabel sind gegen Temperatureinflüsse unempfindlich. Die Dicke des Bleimantels beträgt 1 bis 3 mm. Die Umpressung der Kabel mit Blei kann erfolgen:

a) auf kaltem Wege. Solche Kabel werden von der Firma Siemens & Halske in Berlin, London, Petersburg und Wien erzeugt. Der auf das Blei in Bleipressen ausgeübte Druck beträgt 3000 Atmosphären. Diese Bleimäntel sind vollkommen wasserdicht und es genügt ein einziger Mantel zum dichten Abschlusse des stärksten Kabels vor Feuchtigkeit;

b) auf heißem Wege. Diese Mäntel sind weniger dicht und müssen immer zwei- oder dreifach angewendet werden, damit die

---

[1] Vgl. Elektrotechnische Zeitschrift, 1891, Heft 17.

undichten Stellen des einen von den dichten Stellen des anderen gedeckt werden.

Bleikabel können nur dort, wo dieselben vor mechanischen Beschädigungen und chemischen Zersetzungen geschützt sind, die folgenden Kabel mit Eisenbandarmatur dagegen überall Verwendung finden.

10. Eisenbandarmatur. Den sichersten Schutz vor mechanischen Beschädigungen bietet eine Umwickelung der Kabel mit doppelten Eisenbändern, welche so aufgewickelt werden, daß sie sich nicht vollständig decken.

11. Verzinnte Eisendrahtarmatur. Kabel, welche hohen Zugkräften ausgesetzt sind, werden am besten mit verzinnten Eisendrähten umflochten.

Die Verlegung der mit den unter 9, 10 und 11 erwähnten Isolationen versehenen Leitungen erscheint, schon der Kosten wegen, in geschlossenen Räumen ausgeschlossen.

Zu 3. Hier kommt es vor allem darauf an, beide Ströme, den ankommenden und den zurückgehenden, gegen alle Ableitungen in den umgebenden Erdboden ausreichend zu isolieren, gegen Feuchtigkeit zu schützen und gegen etwaige chemische Prozesse, die unter dem Einfluß des Erdbodens entstehen könnten, sicher zu stellen.

Man hat bis in die Gegenwart die verschiedensten Einrichtungsarten zur Anwendung gebracht, noch keine hat den vollständigen Sieg über alle anderen errungen und sich als so vollkommen erwiesen, daß sie jetzt alleinige Anwendung fände.

Solange dies nicht vollständig erreicht ist, muß man die unterirdischen Leitungen fort und fort und von Zeit zu Zeit darauf hin prüfen, ob ihre Isolation intakt und ob der Widerstand derselben gegen Abfluß in die Erde noch vorhanden ist. Es dient hierzu ein besonderer in einem mäßig großen Kästchen befindlicher Apparat, der Erdschlußprüfer, welcher mittels einer Zeigerstellung den Isolationswiderstand genau angiebt.

Die unterirdischen Leitungen können zweckentsprechend in 3 Systeme eingereiht werden:

1. Tunnelanlagen;
2. Einziehsysteme;
3. festgelegte Leitungen.

Zu 1. Tunnelanlagen finden ihrer Kostspieligkeit halber nur für Hauptleitungen Verwendung, da dieselben einen geräumigen, unterirdischen Kanal beanspruchen.

Zu 2. Das Einziehen der Leitungen in Röhren verschiedenen Materiales ist in Newyork, Philadelphia u. s. w. ausgeführt worden. Da der Boden in der erstgenannten Stadt sehr salzhaltig ist, wurden Kanalkörper aus Asphalt und Sand hergestellt, weil Eisen und Holz von Salzen zerstört werden. Untersuchungsbrunnen (sogenannte Mannlöcher) dienen zum Einziehen der Leitung, zur Kontrolle derselben und zur Herstellung der Anschlüsse. Die Kanäle werden weiter aus gewelltem Bleche, Thon, irdenen Röhren, Eisenröhren (mit Öl gefüllt) u. s. w. zusammengesetzt.

Zu 3. Diese unterirdischen Leitungen werden entweder direkt oder in geteerten Holzrinnen, etwa 0,6 m tief, in die Erde vergraben und erhalten, außer der gewöhnlichen Isolation, Blei- (Bleikabel) und Eisenmäntel (Panzerkabel).

Die wichtigsten Arbeiten der Kabelfabrikation sind:

1. Bespinnung des Leiters mit Jute und Baumwollfaser;
2. vollständige, bei Luftleere erzielte Trocknung der Bespinnung;
3. Tränkung der Bespinnung mit einer besonderen Isoliermasse;
4. Umpressung der erzeugten Isolierschicht mit einem vollkommen wasserdichten Bleimantel auf kaltem Wege.

Als Schutz der Bleihülle gegen chemische Einflüsse verwendet man eine neue Asphaltmasse, gegen mechanische Verletzungen Bandeisen.

Die konzentrisch angeordneten Teile dieser Kabel sind:

1. der Kupferleiter;
2. die Isolationsschicht;
3. der Bleimantel;
4. die äußere Schutzhülle.

Zu 1. Entweder ist der Kupferleiter massiv oder litzenförmig, je nachdem derselbe aus einem einzelnen Drahte oder aus mehreren Drähten besteht, welche letztere für starke Querschnitte Verwendung finden. In der äußeren Drahtlage des Bleikabels befindet sich häufig ein sogenannter Meß- oder Prüfdraht, das ist ein Kupferdraht von 1 bis 1,5 mm Durchmesser, der mit Jute (weitmaschiger Klöppelung) oder Baumwollgarn besponnen ist. Der Meßdraht hat den Zweck:

a) die Spannungen an den Verteilungspunkten des Leitungssystems zu kontrollieren, indem man den Meßdraht einerseits an die zu untersuchende Stelle der Leitung, andererseits an das Galvanometer anschließt;

b) den Isolationszustand des Kabels ohne Unterbrechung der Leitung zu prüfen. Hauptleitung und Prüfdraht zeigen gleichzeitig an irgend einem Punkte Schluß an, da beide stets gleichzeitig bloßgelegt erscheinen.

Anstatt zwei oder mehrere Kabel mit je einer Kupferseele nebeneinander zu legen, verwendet man sehr häufig Kabel mit zwei oder mehreren voneinander isolierten Kupferleitern. Diese Kabel werden konzentrische Kabel genannt, weil die einzelnen Leiter gleichmäßig um die Mittellinie des Kabels verteilt sind. Die mehrfachen Kabel werden mit und ohne Prüfdrähte angefertigt und stellen sich billiger als mehrere einzelne. Doppelkabel sind insbesondere für Wechselströme zweckentsprechend, weil durch die konzentrische Anordnung der Kupferleiter die Induktionswirkung des Wechselstromes aufgehoben wird. Bei den dreifachen Kabeln (Dreileiterkabel) sind die Kupferquerschnitte der einzelnen Leiter entweder gleich oder sie verhalten sich wie $1 : 1 : {}^1/_2$.

Patentbleikabel von Siemens & Halske in Berlin.[1]

Als Bestandteile der Patent-Bleikabel sind zu nennen:

1. der Kupferleiter;
2. die Isolationsschicht;
3. der Bleimantel;
4. die äußere Schutzhülle.

Die Kupferleiter werden entweder aus einem einzelnen Drahte als massive Leiter oder aus mehreren Drähten als litzenförmige Leiter hergestellt. Zu den Querschnitten bis 25 mm² finden in der Regel massive Leiter, zu den stärkeren bis zu 1000 mm² gehenden Querschnitten jedoch ausnahmslos litzenförmige Leiter Verwendung.

Die Patent-Bleikabel von Siemens & Halske mit Kupferleitern über 50 mm² führen in der äußeren Drahtlage des Leiters einen isolierten Meß- oder Prüfdraht.

Zur Bezeichnung der Patent-Bleikabel dienen die den Querschnitt des Kupferleiters angebenden Zahlen, denen, je nach der Gattung der Kabel, gewisse Zeichen vorgesetzt werden. Da die Firma für 1 mm² Kupferquerschnitt und 1000 m Länge einen Leitungswiderstand von 16,5 Ohm bei 0° C. garantiert, so ist es leicht, aus der Fabriksnummer der Patent-Bleikabel den Leitungswiderstand derselben abzuleiten. Bei den Patent-Bleidoppelkabeln, welche mit den die Summe der Querschnitte beider Leiter

[1] Nach einer Beschreibung der Firma.

ausdrückenden Zahlen bezeichnet werden, ist hiernach der sich aus dieser Zahl ergebende Leitungswiderstand mit 2 zu multiplizieren, um denjenigen der einzelnen Leitung zu finden. Von der Ansicht ausgehend, daß für die meisten Fälle eine gewisse Abstufung von Querschnitten ausreichend ist, hat die Firma unter dem Namen Normalquerschnitte zwei Reihen zusammengestellt, die sie der Fabrikation ihrer Patent-Bleikabel und sonstigen, hauptsächlich zu Beleuchtungszwecken dienenden Leitungen zu Grunde legt. Die erste dieser Reihen setzt sich aus den Kupferquerschnitten bis 100 mm² zusammen und dient einem Teil der Patentbleikabel sowie den übrigen Normalleitungen als Grundlage. Die zweite Reihe umfaßt die Querschnitte über 100 bis 1000 mm². Beide Reihen enthalten bestimmte Abstufungen, jedoch findet die Verwendung anderer Querschnitte selbstverständlich nötigenfalls statt.

Die Patent-Bleikabel werden für folgende Spannungen angefertigt:

1. Niedrige Spannungen bis 250 Volt, die sog. „Installationskabel“ mit der Bezeichnung „I“.

2. Mittlere Spannungen bis 2000 Volt Gleichstrom oder Wechselstrom.

3. Hohe Spannungen bis 3000 Volt Gleichstrom.

Trotzdem die Patent-Bleikabel gegen Temperatureinflüsse unempfindlich sind, so wirken doch Nässe und Feuchtigkeit schädlich auf deren Isolation ein. Es muß daher die Isolationsschicht sorgfältig vor derartigen Einflüssen geschützt werden. Diesen Schutz gewährt der Bleimantel, welcher mittels kalter Pressung in dem Augenblicke, wo die Kabelseele aus der heißflüssigen Tränkmasse tritt, um die Isolationsschicht gelegt wird.

Die Weichheit des Bleies und seine chemischen Eigenschaften bedingen, daß die Patent-Bleikabel, je nach den Örtlichkeiten ihrer Verwendung, mit einer entsprechenden Schutzhülle versehen werden müssen, weshalb dieselben in vier Formen zur Ausführung gelangen:

1. Blanke Patent-Bleikabel mit der Bezeichnung KB.

2. Asphaltierte Patent-Bleikabel mit einer Umhüllung, bestehend aus einer Umspinnung mit imprägnierter Jute, die zwischen Asphaltlagen (deren erste direkt auf das Blei aufgetragen ist) gebettet erscheint. Diese Kabel werden mit KA bezeichnet.

3. Drahtarmierte Patent-Bleikabel, bei welchen das blanke Kabel eine zwischen Jute und Asphalt gebettete Armierung von verzinkten Eisendrähten umgiebt. Diese Armierung ist entweder eine geschlossene, wenn sich die einzelnen Drähte derselben

berühren (Bezeichnung KEEA) oder eine offene, wenn die Anzahl der Armaturdrähte so gering ist, daß sich die Drähte nicht berühren (Bezeichnung KEA). Die geschlossene Armatur findet Anwendung bei den Bleikabeln unter 18 mm Durchmesser, sowie dann, wenn das Kabel eine größere Zugfestigkeit haben soll. Die offene Armatur gewährt dem Kabel nur einen leichteren Schutz gegen mechanische Verletzungen; dieselbe wird vor allem bei den sogenannten Installationskabeln mit Vorteil da angewandt, wo die geringe Zugfestigkeit dieser Kabel den bei Installationsarbeiten oft unvermeidlichen Beanspruchungen nicht mehr genügt.

4. Bandarmierte Patent-Bleikabel, bei welchen das blanke Kabel zwei zwischen Jute und Asphalt gebettete Lagen Bandeisen umgeben. Diese Kabel werden mit KBA bezeichnet. Die Anordnung der Bandeisenlagen macht die Kabel keineswegs unbiegsam. Beide Eisenbänder legen sich mit gleichem Drall um das nach dem unter 2 beschriebenen Verfahren asphaltierte Bleikabel in offenen Spiralen, so daß die eine Bandeisenlage die offenen Spalten der Umwindungen der unteren Bandeisenspirale deckt. Auf diese Weise bleibt die Armatur vollständig biegsam.

Der Vorzug dieser Armatur vor derjenigen aus Eisendrähten besteht darin, daß bei der letzteren zwischen je zwei Drähten stets eine, wenn auch noch so feine Ritze, also gewissermaßen eine offene Stelle sich befindet, in die das Eindringen eines spitzen oder scharfen Gegenstandes ziemlich leicht stattfinden kann, während die Bandarmatur eine völlig geschlossene Umhüllung bildet, deren glatte, abgerundete Oberfläche das Abgleiten eines Hiebes befördert. Das angeführte soll indessen nicht die Behauptung einschließen, daß die Drahtarmatur vollständig zu verwerfen sei. Lokale Verhältnisse können die Anwendung der letzteren, entweder für sich allein oder in Verbindung mit der Bandarmatur erforderlich machen. Es wird dies überall da der Fall sein, wo ein Kabel einer bedeutenden Zugkraft unterliegt, welcher gegenüber die Bandarmatur als nicht ausreichend erscheint.

Der Umstand, daß elektrische Beleuchtungsanlagen zwei Leitungen, die eine für den Hingang und die andere für den Rückgang des Stromes erfordern, hat dazu geführt, beide Leitungen in einem Kabel zu vereinigen und somit „Patent-Bleidoppelkabel" zu konstruieren. Wie bei den einfachen Patent-Bleikabeln die Kupferquerschnitte zweier zusammengehöriger Kabelstränge gleich sind, so sind auch die beiden in einem Patent-Bleidoppelkabel vereinigten Leiter elektrisch gleichwertig. Die beiden Leitungen werden konzentrisch angeordnet. Die innere

Leitung enthält entweder einen massiven oder einen litzenförmigen Kupferleiter, die äußere besteht stets aus einer größeren oder geringeren Anzahl, spiralförmig um die Isolationsschicht der inneren Leitung sich legender Kupferdrähte. Man strebt dahin, den äußeren Leiter so zusammen zu setzen, daß die Drähte im Querschnitt einen geschlossenen Ring bilden, jedoch ist dies nicht in allen Fällen zu erreichen. Wie die einfachen Patent-Bleikabel werden auch die Patent-Bleidoppelkabel entweder mit oder ohne Prüfdrähte angefertigt. Finden Prüfdrähte Verwendung, so erhält jede Leitung einen solchen und es muß dann selbstverständlich der innere Leiter ebenfalls litzenförmig sein.

Die Patent-Bleidoppelkabel besitzen den einfachen Kabeln gegenüber gewisse, nicht unerhebliche Vorteile. Zunächst sind sie relativ billiger in der Herstellung, was besonders bei den asphaltierten und bandarmierten Kabeln zur Geltung kommt. Ferner ist das Gewicht eines Doppelkabels naturgemäß weit geringer als dasjenige zweier, das Doppelkabel ersetzender einfacher Kabel, wodurch sowohl die Verpackungs- als auch Transportkosten wesentlich verringert werden. Auch vereinfachen die Doppelkabel die Verlegungsarbeiten, verringern deren Kosten und gewähren eine leichtere Übersicht der Leitungen eines Netzes. Bei Sendungen nach dem Auslande wird oft das Gewicht der Verpackung dem zu verzollenden Kabelgewicht hinzugerechnet. Durch die Verminderung der Tara erspart man daher bei den Patent-Bleidoppelkabeln nicht unerheblich an Zöllen. Für elektrische Beleuchtungsanlagen mit Wechselstrombetrieb sind diese armierten Doppelkabel aus dem folgenden Grunde von vorzüglichem Werte: Bei der Verwendung einfacher armierter Kabel wird auf die Eisenarmierung durch die Wechselströme ein beständiger magnetisierender Einfluß ausgeübt und so durch die dabei erzeugte elektromotorische Gegenkraft ein so beträchtlicher Stromverlust herbeigeführt, daß die Eisenarmierung solcher Kabel als unzulässig erscheint. Bei den Patent-Bleidoppelkabeln von Siemens & Halske kann jedoch eine derartige Magnetisierung, da sich die Wirkungen der einzelnen Leiter aufheben, gar nicht zu stande kommen.

Hierin sowohl als auch in dem Umstande, daß keine Induktionswirkung durch etwa benachbarte Teile vorhanden ist, liegt der bedeutende Vorzug der konzentrischen Doppelkabel, deren Fabrikation bereits zu einer solchen Vollkommenheit gediehen ist, daß die Isolation unter Wasser bei Null Grad Temperatur 10000 Millionen Ohm beträgt und man mit Sicherheit darauf rechnen kann, nach der Verlegung an Ort und Stelle unter Berücksichtigung der durch die Verbindungen hervorgerufenen Isolationsbeeinträchtigungen, 1000 Millionen Ohm für 1 km zu erreichen.

Die Anwendung des sogenannten „Dreileitersystems“ zur Stromverteilung bei centralen Beleuchtungsanlagen führte zu einer weiteren Ausbildung des Wesens der konzentrischen Leiter. Es wurden Kabel mit drei konzentrischen Leitern (sogenannte Dreileiterkabel) konstruiert und vielfach ausgeführt, die sich ebenfalls vorzüglich bewährt haben.

Die Kupferleiter erhalten bei diesen Kabeln entweder gleichen Querschnitt oder dieselben werden, dem Wesen des Dreileitersystems entsprechend, nach dem Verhältnisse $1:1:{}^1/_2$ bemessen.

Beim Pressen der Patent-Bleikabel finden Bleicylinder von verschiedener Größe Verwendung. Von der Größe dieser Cylinder einerseits und den Querschnitten der Kabel andererseits hängt die Fabrikationslänge der Patent-Bleikabel ab, welche zwischen 1000 und 90 m beträgt.

Faßt man das oben Gesagte kurz zusammen, so erhält man folgende Zusammenstellung der von Siemens & Halske hergestellten Patent-Bleikabel:

I. Einfache Patent-Bleikabel, kurz „Patent-Bleikabel“ genannt und zwar:

Patent-Bleikabel, blank KB; asphaltiert KA; KEA mit offener Drahtarmatur; KEEA mit geschlossener Drahtarmatur; bandarmiert KBA.

a) Kabel für niedrige Spannungen bis 250 Volt, Installations-Kabel mit der Bezeichnung „I“, ohne Prüfdraht;

b) Kabel für mittlere Spannungen bis 2000 Volt Gleichstrom, mit Prüfdraht;

c) Kabel für hohe Spannungen bis 3000 Volt Gleichstrom, mit Prüfdraht.

II. Patent-Bleidoppelkabel, blank KB; asphaltiert KA; bandarmiert KBA; Patent-Bleidoppelkabel mit oder ohne Prüfdraht:

a) Kabel für Spannungen bis 1000 Volt Wechselstrom;

b) Kabel für Spannungen bis 2000 Volt Wechselstrom, in der Fabrik mit 3000 Volt probiert;

c) Kabel für Spannungen bis 2000 Volt Wechselstrom, in der Fabrik bis 5000 Volt probiert.

III. Dreifache Patent-Bleikabel für Spannungen bis 2000 Volt Gleichstrom, mit oder ohne Prüfdraht.

Isolier-Verlegungs- und Befestigungsmaterial.[1]

Als isolierende Materialien für die von elektrischem Strome zu durchfließenden Leitungen und Apparate u. s. w. dienen Porzellan, Schiefer, Hartgummi, Marmor oder Glas, welche in den verschiedensten Formen hergestellt werden und zu dem jedesmaligen Zwecke entsprechende Verwendung finden. Zur Isolation der Leitungsdrähte verwendet man hauptsächlich drei verschiedene Formen, von denen Porzellan-Glockenisolatoren in drei Größen (Figg. 146, 147 u. 148) mit Stein- oder Holzschrauben besonders

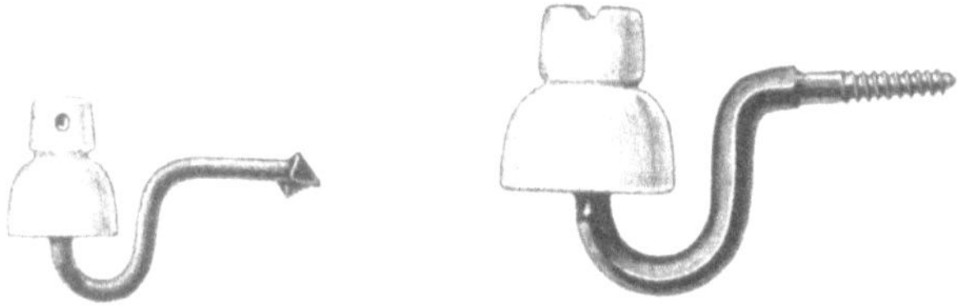

Figg. 146 u. 147. Porzellan-Glockenisolatoren.

für die Verlegung blanker Leitungen im Freien bestimmt sind und eine Spannung des elektrischen Stromes bis 1000 Volt gestatten. Darüber hinaus bis zu den höchsten zur Anwendung kommenden Spannungen dienen Isolatoren, welche innen eine Ölfüllung haben und dadurch jedwede schädliche Entladung verhindern. Fig. 149 zeigt einen derartigen Ölisolator. Fig. 150

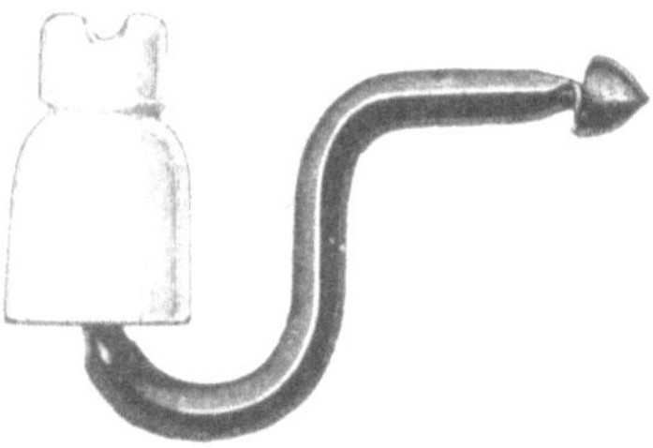

Fig. 148. Porzellan-Glockenisolator.

Fig. 149. Ölisolator.

stellt einen Schnittisolator, wie er meist in Akkumulatorenräumen verwendet wird, mit Gewinde und Mutter dar. Im Innern der Gebäude werden im allgemeinen die in den Figg. 151 bis 154 dargestellten Isolierrollen angewendet. In eleganten Wohnräumen

[1] Zum näheren Studium sei das von E. Peschel herausgegebene Werk: „Montage elektrischer Leitungen zu Beleuchtungszwecken“ empfohlen.

werden gewöhnlich biegsame Doppelleitungsschnüre mit Seide oder Garn isoliert, deren Farbe sich der der betreffenden Räume anpaßt, in kleinen Ringen aus passend gefärbtem Glase verlegt, deren Befestigung ohne Beschädigung von Tapeten und Wänden möglich ist. Bei Neubauten können für bessere Räume die Leitungen in Isolierröhren unter dem Putz verlegt werden.

Fig. 150. Schnittisolator.

Figg. 151—154. Isolierrollen.

Die Art und Weise, wie elektrische Leitungen unter den verschiedenen vorkommenden Verhältnissen zu verlegen sind, kann in diesem Werke nicht näher beschrieben werden und sei daher behufs näheren Studiums auf die unten bezeichneten Schriften verwiesen.[1]

Neunter Abschnitt.

Bemerkungen über die Leitungsnetze elektrischer Anlagen.

Allgemeines.

Vor allem ist die Örtlichkeit und die zu liefernde Lichtmenge ins Auge zu fassen. Von dem Standorte der Maschinen aus wird mit Rücksicht auf die Beschaffenheit der geringeren oder größeren Örtlichkeit das Leitungsnetz entworfen. Wir können die Leitungsnetze einteilen in:

a) Leitungsnetze für kleinere elektrische Anlagen,
b) Leitungsnetze für Centralen im Stadtinnern, also für niedrig gespannte Ströme,

[1] Vgl. 1. Vorschläge zu Sicherheitsvorschriften für elektrische Starkstromanlagen des Verbandes deutscher Elektrotechniker.
2. Vorsichtsbedingungen für elektrische Licht- und Kraftanlagen des Verbandes deutscher Privat-Feuerversicherungsgesellschaften.

c) Leitungsnetze für Centralen außerhalb der Stadt, also für hochgespannte Ströme.

In einem solchen Kabelnetz sind zu unterscheiden:

1. Hauptkabel;
2. Verteilungskabel;
3. Anschlußkabel.

Hauptkabel sind diejenigen Kabel, welche den elektrischen Strom von den Maschinen bis zu den gewissen Punkten des Kabelnetzes leiten, von denen aus alsdann derselbe nach den verschiedenen Bedarfsrichtungen verteilt wird. Die Verteilungskabel dienen zur Fortführung des Stromes von den Verteilungspunkten, während die Anschlußkabel den Strom von den Verteilungskabeln entnehmen und den einzelnen Lichtanlagen zuführen. Da der Kabelquerschnitt von der nach Normalkerzen gemessenen Lichtmenge und Entfernung zwischen Lichtquelle und Verwendungsstelle abhängig ist, derselbe aber aus technischen Gründen ein gewisses Maß nicht überschreiten kann, so ergiebt sich einerseits die Notwendigkeit, bei Wahl der Centralstation darauf bedacht zu sein, dieselben allen zu beleuchtenden Punkten möglichst nahe zu legen und andererseits das Kabelnetz in entsprechend viele Lichtkreise zu teilen. Je nach Umständen kann ein Hauptkabel zur Speisung von einem Lichtkreise oder von mehreren Lichtkreisen dienen.

Als weitere Aufgabe liegt die Feststellung der Punkte vor, von denen aus die Abzweigungen stattfinden sollen und es sind diese Punkte, sowie der Ort der Centralstation auf einem Platze zu verzeichnen, wobei unter den darauf anzugebenden Kabelquerschnitten diejenigen der etwa vorkommenden einfachen Kabel mit dem Polaritätszeichen + oder —, entsprechend der in ihnen vorhandenen Stromrichtung erkenntlich zu machen sind. Auch erscheint es als zweckmäßig, die einzelnen Abzweigungspunkte von vornherein zu bezeichnen, wozu wohl am besten die laufende Numerierung dient. Sind die Abzweigungspunkte und deren Entfernungen von der Centralstation, sowie der sich hieraus ergebende Kabelbedarf nach Querschnitt und Länge festgestellt, so ist auch noch der Bedarf der sogenannten Garniturteile zu bestimmen.

Zu diesen Garniturteilen gehören:

1. Gerade Muffen (— Muffen);
2. Abzweigungsmuffen (⊥ Muffen);
3. Kreuzmuffen (+ Muffen);
4. Abzweigungskasten;
5. Verteilungskasten.

Das Leitungsnetz bei kleinen elektrischen Anlagen.

Bei kleinen elektrischen Anlagen für einzelne Häuser, für Häusergruppen, Fabriken, Bahnhöfe und dergleichen beschränkte Beleuchtungsgebiete gilt es, von der Erzeugerstelle aus auf mäßige Entfernung hin den Strom zu verteilen und den Gebrauchsstellen zuzuführen. Der Weg ist kurz, die Widerstände in der Leitung sind gering, die Strommenge nicht allzu bedeutend, und Wegkürze und Stromkleinheit lassen es zu, Drähte in erträglicher Dicke zu verwenden, ohne daß man (zum Zwecke der Drahtverdünnung) zu hohen Spannungen und den alsdann nötigen Transformatoren oder Umsetzermaschinen greifen müßte.

Ob hierbei Gleichstrom oder Wechselstrom angewandt wird, ist ziemlich gleichgültig, die Spannung in beiden Fällen — gewöhnlich 65, 110 oder 120 Volt — verlangt nirgends etwas besonderes.

In diesem Falle wendet man das einfachste System der Verteilung an, das Zweileitersystem, legt auch keine Reservekabel, führt die Leitung, wenn Wohnhäuser und dergleichen in Frage kommen, gut isoliert im Verbrauchsgebiete in die Nähe der Verbrauchsstellen herum bis zur letzten und geht in den Ableitungen — den Verbindungsbrücken — hinüber zu den einzelnen Verbrauchsstellen, wo es nötig ist.

Sollen Höfe, Gärten, Plätze, Straßen und dem ähnliches beleuchtet werden, so werden die allerbilligsten, die blanken Drähte zur Anwendung kommen können, wenn nicht etwa besondere lokale Umstände dem entgegentreten. Sie werden dann hoch, ca. 4—5 m, der Menschenhand schwer erreichbar, angebracht.

Die Dicke dieser Drähte wird wie bei allen Leitungen stets nach ihrer Länge und Strommenge, welche jeweilig durchpassieren soll, bemessen und wird immer geringer, je geringer diese beiden sind.

Auch wenn etwa mehrere Stromkreise gebildet sind, so erwächst daraus keine besondere Schwierigkeit, ein Apparat, der Umschalter, ermöglicht den erzeugten Strom nach dem einen oder dem anderen oder nach allen Stromkreisen hin zugleich fließen zu lassen.

Die somit ziemlich einfache Leitung erhält aber in jedem Falle Bleisicherungen am Schaltbrett, Bleistöpsel an den anderen dafür geeigneten Stellen und ferner am Schaltbrett Voltmesser und Ampèremesser.

Sind Akkumulatoren mit vorhanden, so sind selbstverständlich

Leitungen da, welche den von der Maschine erzeugten Strom nach dem Akkumulator und von diesem weg nach der Fortleitung, die außerdem auch direkten Zufluß von der Maschine hat, kommen lassen können.

Selbstverständlich ist das Vorhandensein der drehbaren Kurbeln, durch welche die Menge der Stromabgabe, nach der Leitung hin verschwächt oder verstärkt, von der Maschine allein, vom Akkumulator allein oder von beiden zusammen geschehen kann.

Bei größeren Anlagen wie bei städtischen Centralen gestaltet sich die Stromverschickung und das ganze Leitungsnetz weitaus komplizierter, wie sich aus folgendem ergiebt.

Das Leitungsnetz bei Centralen im Stadtinnern.

a) Bei Gleichstrom.

Bei Lage der Centrale im Stadtinnern oder in nur geringer Entfernung von den Beleuchtungsgebieten wird angewandt:

das Zweileitersystem bei geringen Entfernungen,
das Dreileitersystem bei größeren Entfernungen,
das Fünfleitersystem bei noch größeren Entfernungen.

Das Zweileitersystem, dem vorher beschriebenen bei kleinen Anlagen ganz gleich und mit dem Vorzuge großer Einfachheit ausgestattet, wird meist angewandt bei Entfernungen bis zu höchstens 800 m und einer Spannung von 110—120 Volt, mit welcher alle Lampen direkt betrieben werden können.

Diese niedrige Spannung verlangt große Strommenge, diese wieder dicke Leitungen, die bei über 800 m Entfernung unerschwinglich teuer werden würden, so daß man schon ungern bis zu dieser Entfernung hinaufgeht.

Ist das Gebiet einer städtischen Centrale mit Zweileitersystem ein ziemlich engbegrenztes, so kann die Stromverteilung wie bei kleinen Anlagen direkt erfolgen, d. h. der von der Maschinenstation ausgehende Zweileiter wird im gesamten Verbrauchsgebiet herumgeführt und die Verbindungsbrücken (die Hausleitungen u. s. w.) schließen direkt an denselben an.

Ist das Gebiet aber ein etwas größeres, etwa von 300, 400—800 m Radius (ganz bestimmte Maße der Entfernungen können, weil hier alles auf lokale Umstände ankommt, nicht angegeben werden), so wird eine direkte Stromabgabe nicht stattfinden, sondern eine indirekte, für welche die nachstehend beschriebenen beiden Formen sich darbieten. Man bringt zur Ausführung:

1. einzelne Beleuchtungskreise oder
2. konzentrische Ringkreise.

Zu 1. Hierbei wird das ganze Gebiet je nach seiner Größe in mehr oder weniger einzelne Beleuchtungskreise zerlegt. Jeder erhält ein besonderes Verteilungscentrum (Knotenpunkt der Stromverteilung), von welchem aus erst die Verschickung des Stromes entlang der Häuserfronten und Straßenzüge nach den einzelnen Verbrauchsstellen hin im Zweileiter erfolgt.

Es muß an diesen Centren nahe dieselbe Spannung vorhanden sein, wie an der Ausgangspforte der Maschine und diese Spannung muß sich konstant gleich bleiben damit gleichmäßige Lichtstärke und damit die Haltbarkeit der Glühlampen sowie das ruhige Brennen der Bogenlampen erlangt wird. Zu diesem Behufe muß jedes solche einzelne Centrum durch eine starke Leitung mit den Dynamos in der Centrale verbunden sein. Das Kabel muß um so stärker sein, je weiter das Verteilungscentrum von der Centralstelle entfernt ist, sonst würde dort die Spannung geringer sein als in den näher gelegenen Knotenpunkten.

An diesen Knotenpunkten der Stromverteilung befinden sich unterirdisch eiserne Kästen, in denen die Vorrichtungen enthalten sind, durch welche der Strom nach den Nebenleitungen, den für die einzelnen Straßen abgehenden Strängen, überführt wird.

So entstehen komplizierte Einrichtungen und eine Menge von nebeneinander liegenden Abzweigungen.

Wird in einem Verteilungskreise der Strom stark in Anspruch genommen, so wirkt der dadurch entstehende Spannungsverlust auf die Spannung im Verteilungskasten zurück. Von hier gehen zwei Drähte nach der Centrale zurück und stellen den Voltmesser dementsprechend niedriger. Der Maschinist hat diesen Benachrichtigungen zu folgen und die Maschinenleistung mit der Hand zu steigern oder zu vermindern.

Doch kann dies alles auch durch selbstthätig wirkende Apparate besorgt werden. Wächst dort, etwa durch plötzliches Löschen vieler Lampen die Spannung im Verteilungskasten, so wirkt diese Steigerung durch die erwähnten Drähte auf ein Solenoid in der Centrale. Dieses, eine Drahtspirale, zieht seinen Eisenkern in sich hinein, dessen Bewegung löst eine kleine elektromagnetische Maschine aus, so daß sie thätig werden kann und sie schaltet Widerstände in den Hauptstrom (dem in der Maschine erzeugten nach der Fernleitung abgehenden Arbeitsstrom) ein, wodurch die Spannung gestaut wird. Gleichzeitig erfolgt ein Einschalten von Widerständen in den Nebenstrom, d. h. in jenen, welchen sich die Maschine nach ihren Elektromagneten hinschickt und von denen sie dann selbst wieder zur Erzeugung der Elektrizität angeregt wird. Die Kraft der magnetischen Erzeugung mindert sich damit und auch der Hauptstrom selbst wird dadurch schwächer und entspricht nun in dieser Schwäche der verminderten Arbeitsleistung.

Ist die Minderung des Spannungsverbrauches sehr bedeutend, so hat man eine oder mehrere Maschinen auszuschalten.

Zu. 2. Neben dem Verteilungssysteme der vorerwähnten verschiedenen Verteilungskreise besteht noch das System der konzentrischen Ringkreise.

Um die in der Mitte liegende Centrale liegen gedachte konzentrische Ringstreifen wie sie etwa auf einer Schützenscheibe zu sehen sind. In jedem Ringstreifen befinden sich zwei in sich zurücklaufende, aber voneinander getrennte Kupferdrahtringe. Jeder ist an mehreren Stellen durch anderweite Leitungen mit der Dynamo verbunden und zwar führen die Zuleitungen des einen Ringes alle nach der Ausgangspforte, die des anderen alle nach der Rückkehrpforte der Maschine. Von den je zwei Hausleitungsdrähten geht der eine nach dem positiven, den Strom bringenden, der andere nach dem negativen, den Strom zurückführenden Ringe. Die gleichartigen Drahtringe benachbarter Ringstreifen können mehrfach verbunden sein und dadurch entstehen vielerlei Wege, auf welchen der elektrische Strom von seiner Ursprungsstelle nach jeder Verwendungsstelle kommen kann. Hierdurch gleicht sich ein etwaiger Spannungsabfall im Leitungsnetze selbst schneller und gefahrloser aus.

Das Dreileitersystem, durch welches eine direkte Stromverteilung, — also nicht unter Anwendung von Beleuchtungskreisen mit darin herumgeführtem Zweileiter — stattfindet, hat außer den bekannten zweiten noch einen dritten Leiter. Bei ihm sind die Dynamos je zu zweien zusammengestellt und verbunden. In das Verbindungsstück beider mündet der dritte Leiter. Dieser dient bald zur Einführung, bald zur Zurückführung des Stromes und das ganze System hat nur den Vorteil, daß man Ströme von 220 Volt, also doppelter Spannung, anwenden kann, für welche man ja bei gleicher Ampèrezahl auch nur die gleiche Stärke des Leitungsdrahtes braucht, so daß man damit die Kupferkosten bedeutend mindert.

Man bringt also die doppelte Energie durch dieselbe Drahtstärke bis ans Ende der Leitung, nur tritt der dritte Leiter, der aber schwächer sein kann, hinzu als kostenvermehrend.

Man kann daher mit derselben Kupfermasse ein größeres Gebiet versorgen und erachtet bei einer Verschickung bis zu 1500 m Entfernung die Kosten noch für erschwinglich.

Die drei Leiter sind oft in ein Kabel eingeschlossen. Man verbindet auch bisweilen Akkumulatoren mit Anwendung derselben, zum Zwecke besseren Ausgleiches des Energieverbrauches, dessen oft auftretende Differenz diesem System zum Vorwurf gemacht wird.

Bisweilen stellt man statt der beiden Dynamos nur eine, und hinter derselben den Akkumulator, der dann allein den Ausgleich zu besorgen hat.

Das Fünfleitersystem beruht auf demselben Grundgedanken und mindert ebenfalls die Kupferkosten und zwar noch erheblich mehr als der Dreileiter.

Seine Einrichtungen und Anlagen sind sehr kompliziert. In jeder Straße müssen 5 getrennte Leiter liegen, und wenn Speise- und Verteilungsleitung zusammen geführt werden, 2 mal 5 oder 3 mal 5 derselben, also 10 bezw. 15.

b) Bei Wechselstrom.

Da der Gleichstrom dem Wechselstrom gegenüber viele Vorzüge besitzt und bei kurzen Entfernungen, bei Centralen im Stadt-Inneren oder in der Nähe des Beleuchtungsgebietes, der Hauptvorteil, wodurch der Wechselstrom den Gleichstrom überragt — das ist leichte Transformierung in niedrige Spannung, welche die Verschickung von Hochspannungsstrom und die Verwendung dünner billiger Drähte möglich macht — nicht so vollständig zur Verwertung gelangen kann, so sind so gelegene Centralen fast durchweg mit Gleichstrombetrieb ausgestattet worden. Würde Wechselstrom zur Anwendung kommen, so würde er, die gleiche niedrige Spannung vorausgesetzt, dieselbe Kupfermenge erfordern und die Verteilung in derselben Weise wie vorbeschrieben bewirkt werden, so daß hierüber nichts besonderes zu erwähnen ist.

Geschieht die Erzeugung des Wechselstromes dagegen in höherer Spannung, so wäre damit der Vorteil dünner billiger Drähte erlangt, allein der Strom müßte herabtransformiert werden und dann fällt seine Verschickung mit der im nachfolgenden beschriebenen Methode für die Lage der Centrale in der Ferne zusammen.

Das Leitungsnetz bei Centralen ausserhalb der Stadt, also für hochgespannte Ströme.

a) Bei Gleichstrom.

Bei dieser Lage der Centrale wird Gleichstrom fast überhaupt nicht verwendet.

Wenn er verwendet würde, müßte es in hoher Spannung geschehen, um die Kabel erträglich billig zu bekommen.

Alsdann müßte derselbe in einen, zur Reserve eventuell zwei Fernleitungskabeln nach der Stadt geführt werden und dort in verschiedenen Umwandlerstationen durch Umsetzermaschinen neuen Gleichstrom mit niedriger Spannung erzeugen.

Zweckmäßig würde es sein, für die Verteilung auf den Straßen und in die Häuser das einfache übersichtliche Zweileitersystem zu wählen und, um die Leitungsdrähte dünn machen zu können, die Beleuchtungskreise klein zu halten. Diese würden in ihrem Leitungsnetz dem vorbeschriebenen Zweileitersystem ganz gleich sein.

Die Anlage kleiner Beleuchtungskreise würde deren Zahl mehren und da in jedem derselben in der Mitte eine Umsetzerstation sein müßte, so würden diese die Kosten wiederum vermehren und die Verbilligung durch die dünnen Drähte zum Teil absorbieren.

Man könnte aber auch den in den Unterstationen erzeugten Strom in 220 Volt Spannung entstehen lassen und im Dreileitersystem verschicken.

Es bleibt daher Aufgabe einer probierenden Rechnung, zu ermitteln, womit man am billigsten wegkommt, ob etwa im Zweileitersystem und mit kleinen Beleuchtungsgebieten, vielen Stationen und dünnen Drähten oder ob etwa mit größeren Beleuchtungskreisen, weniger Stationen und stärkeren Drähten, oder aber im Dreileitersystem.

Diese Rechnung verlangt ein mehrfaches Veranschlagen bis ins kleinste Detail und übersichtliche Nebeneinanderstellung der erzielten Resultate.

b) Bei Wechselstrom beziehungsweise Drehstrom.

Fernliegende Wechselstromcentralen kommen häufiger vor. Die Gestaltung ihres Leitungsnetzes kann in mehrfach verschiedener Weise zur Bearbeitung gelangen.

Von dominierendem Einflusse ist bei Gestaltung dieser Netze:

1. Die Entscheidung der ersten Hauptfrage, in welcher Spannungshöhe der Wechselstrom aus der Centralstation abfließen soll.

Denn bei gleichem Maß an Gesamtenergie läßt sich die Dicke der Drähte, und damit ihr Kostenbetrag, nach Belieben steigern und mindern, man braucht nur die Spannungshöhe ebenfalls entsprechend zu steigern und zu mindern.

Eine Spannung von 2000 bis 3000 Volt in der Fernleitung

ist nötig, wenn die Kosten der Leitung erheblich billiger werden sollen, doch kann man auch noch viel höher gehen. (Was man aber an Gefahr und Isolationsschwierigkeit dabei eintauscht, ist bedeutend).

Das im nachstehenden bezüglich des Leitungsnetzes für Wechselstrom (Einphasenstrom) Gesagte gilt auch für den Drehstrom (Mehrphasenstrom).

2. Die Entscheidung der zweiten Hauptfrage, ob der erzeugte und aus der Ferne hergeleitete hochgespannte Wechselstrom zur Benutzung gelangen soll, entweder als ein auf gebrauchsfähige Niederspannung herab transformierter Wechselstrom (reines Wechselstromsystem), oder ob er bloß als Helfershelfer und dazu dienen soll, im Verbrauchsgebiete an einzelnen Stellen (Unterstationen) durch eigene und besondere Anlagen (Umsetzermaschinen) niedrig gespannten Gleichstrom zu erzeugen und dann erst zur Benutzung gelangen soll (Wechselstrom-Gleichstromsystem).

3. Die dritte Hauptfrage, ob man die Fernleitung als Luftleitung in der Höhe auf Stangen, Masten, eisernen Ständern u. s. w. gehen lassen will, oder ob sie unterirdisch geführt werden soll, alsdann wie und in welcher Art, blank oder in Kabeln und wie isoliert.

Die hohe Spannung bedingt ganz andere und sorgfältigere Isolationen als niedrige Spannung. Stets ist im Auge zu behalten, daß hochgespannter Wechselstrom lebensgefährlich sei.

Fällt die Entscheidung dahin aus, daß ein reines Wechselstromsystem zu wählen sei, so wird in jedem Falle notwendig: die Transformierung des Stromes aus der hohen Spannung der Fernleitung (2000 bis 5000 Volt) in eine gebrauchsfähige Niedrigspannung von 120 Volt oder noch weniger und es ist zunächst nun über folgende Fragen zu entscheiden:

A. Soll der hochgespannte Strom der Fernleitung auch durch die Straßen und bis in die Häuser geführt und dort erst transformiert werden?

B. Soll er durch die Straßen und bis in die Häuser in einer bis zur Ungefährlichkeit erniedrigten Spannung geführt, mit dieser in die Häuser geleitet und dort erst auf die Gebrauchsspannung herabtransformiert werden?

(An gewissen Stellen des Beleuchtungsgebietes stehen dann einzelne Transformatoren in Schutzhäuschen, Anschlagsäulen, Schächten u. s. w.)

Zu A. Hier wird die Fernleitung entweder an den Verbrauchsstellen (wenn deren Zahl nicht groß ist) überall vorbeigeführt, oder, bei großer Zahl derselben, nach einzelnen Hauptverteilungspunkten geleitet, wie vorhin bei niedrig gespanntem Gleichstrom beschrieben wurde, und von da aus durch verschiedene Verzweigungen nach den einzelnen Straßen und Häusern geführt, immer aber hochgespannten Strom führend, dabei aber mit dünnen Drähten auskommend.

Zu B. Bei diesem System wird der hochgespannte Fernleitungsstrom nach einzelnen Punkten des Stadtgebietes geführt; dort stehen in den oben erwähnten eisernen Schutzhäuschen Transformatoren, welche den hochgespannten Strom auf die gebrauchsfähige Niederspannung bringen. Der Lauf des Stromes durch die Straßen in die Häuser und bis zu den Lampen geschieht in der ungefährlichen niedrigen Gebrauchsspannung und im Zweileitersystem. Hierbei müssen jedoch beim Straßennetz dicke Drähte zur Verwendung kommen.

Neben diesen beiden, jedes einzelne Prinzip streng durchführenden Arten der Stromverteilung sind aber auch noch eine Anzahl von Kombinationen der Anordnung des einen Prinzips mit der des anderen möglich.

Fällt dagegen die Entscheidung dahin aus, daß ein Wechselstrom-Gleichstromsystem zur Anwendung gelangt, so wird vor allem notwendig, sich über die Art und Weise der Umsetzung des Stromes schlüssig zu machen.

Die Gestaltung des Leitungsnetzes wird sich folgendermaßen darstellen:

2000 bis 3000 Volt in der Fernleitung von der Centrale bis zur Stadt.

Ein oder zwei Kabel besorgen als Fernleitung die Führung des Gesamtstromes von draußen nach der Stadt, eventuell ist noch ein drittes als Reservekabel gelegt.

Die Fernleitung führt nach einer oder mehreren Unterstationen, welche inmitten nahezu kreisförmig gebildeter Beleuchtungskreise (oder auch konzentrischer Ringkreise) von größerem oder geringerem Umfange gelegen sind.

Die Unterstationen besorgen die Erzeugung des Verbrauchsstromes als niedrig gespannten Gleichstrom.

Werden viele solcher Stationen gemacht, so geht man von ihnen ab mit dem einfachen Zweileitersystem hinaus in die Straßen und in die Häuser.

Macht man aber wenige solcher Stationen, so geht man von ihnen ab mit dem Dreileitersystem nach den Straßen und in die Häuser.

Ersteren Falles mehren sich die Kosten der Stationen.

Im zweiten Fall mindern sich dieselben. Dagegen wird die größere Kompliziertheit des Dreileiters als Last mit übernommen.

In den Unterstationen stehen die Umsetzermaschinen. Der hochgespannte Wechselstrom der Fernleitung verbraucht sich in denselben nur als Krafterzeuger. Die durch elektrische Motoren von ihm betriebenen Dynamos erzeugen, wenn ein Zweileitersystem die Verteilung besorgt, Strom von 110 Volt Gebrauchsspannung, wenn einem Dreileitersystem diese Aufgabe zufällt, in 220 Volt.

Abzweigend von den Unterstationen erstreckt sich das Verteilungsnetz in die Straßen hinein bis vor die Häuser in dickeren Drähten, wenn der Beleuchtungskreis groß, in dünneren, wenn er klein ist, in dickeren beim Zweileiter, in dünneren beim Dreileiter.

Zehnter Abschnitt.

Berechnung der Leitungen für Gleich-, Wechsel- und Drehstrom.

Die Leitungen haben bekanntlich die Aufgabe, die elektrische Energie, den elektrischen Strom, von der Erzeugerstelle zu den Verbrauchsstellen zu übertragen.

Wo immer ein elektrischer Strom hingeleitet wird, tritt ein Verlust auf, der uns in dreifachem Sinne interessiert, nämlich:

1. als Verlust an sich, insofern ein Teil der mit gewissen Kosten erzeugten Arbeit für die beabsichtigten Zwecke verloren geht, der sich also unmittelbar durch einen Geldbetrag von bestimmter Höhe ausdrücken läßt;
2. interessiert uns, was aus der verlorenen Arbeit geworden ist, und wir konstatieren hierbei, daß ein gewisser Einfluß auf den Leiter selbst ausgeübt wird;
3. betrachten wir den Verlust als eine Ursache, die das Funktionieren der Stromverbraucher beeinträchtigt.

Der erste dieser drei Punkte veranlaßt uns, die Leitungen selbst einerseits nach ihrer Stärke und Art so zu wählen, andererseits dieselben zu Leitungsnetzen in der Weise zusammen zu schließen, daß die Kosten für die laufenden Verluste, verglichen mit den laufenden Ausgaben an Verzinsung und Amortisation möglichst gering werden. William Thomson hat hierüber zuerst Berechnungen angestellt, die zu der sogenannten Thomson'schen Regel geführt haben, nach welcher die durch Zinsen und Amortisation erwachsenden Ausgaben gleich den Ausgaben für den Effektverlust sein sollen. Diese Regel bedarf jedoch in der Praxis noch mancher Modifikationen. Durch die Punkte 2 und 3 werden technische Bedingungen gestellt, welche die Anlage erfüllen muß.

Bezeichnen wir das Spannungsgefälle oder den Spannungsverlust gemessen in Volt mit e, die Stromstärke gemessen in Ampère mit i, die einfache Länge des Leiters gemessen in m mit l, den Querschnitt des Leiters gemessen in mm^2 mit q und mit k die Leitungsfähigkeit des betreffenden Leiters, so wird bei Hintereinanderschaltung der Verbrauchsstellen der Spannungsverlust durch die Gleichung

$$e = \frac{2\,l\,.\,i}{q\,.\,k}$$

ausgedrückt.

Die Bestimmung der Größe des Spannungsverlustes erfolgt nach folgenden Gesichtspunkten: Mit dem Anwachsen der Stromstärke wächst bei gleichbleibendem Querschnitt und gleicher Länge des Drahtes auch der Spannungsverlust, umgekehrt nimmt er ab.

Es fließt z. B. durch einen Kupferdraht von 1000 m Länge und 5 mm^2 Querschnitt ein Strom von 10 Ampères, dann ist der Spannungsverlust

$$e = \frac{1000\,.\,10}{60\,.\,5} = 33{,}33 \text{ Volt.}$$

Wächst die Stromstärke auf 20 Ampères, so erhöht sich der Spannungsverlust auf

$$e = \frac{1000\,.\,20}{60\,.\,5} = 66{,}66 \text{ Volt.}$$

Wir nehmen nun an, der 1000 m lange Draht wird als Zuleitung für parallel geschaltete Glühlampen verwendet, welche 500 m von der Erzeugungsstelle entfernt sind und je 500 m Drahtes sind als Hin- und Rückleitung verwendet worden.

Die Glühlampen verbrauchen 20 Ampères. Die Maschinenspannung beträgt 150 Volt. Dann wird an den Kontakten der Glühlampen eine Spannung von 150 — 66,66 = 83,34 Volt herrschen und wir werden Glühlampen von gleicher Spannung verwenden, da dieselben dann mit normaler Leuchtkraft brennen.

Schalten wir nunmehr die Hälfte der Glühlampen aus, so wird die Stromstärke nur noch 10 Ampères und der Spannungsverlust 33,33 Volt betragen. Die Glühlampen von 83,34 Volt werden also eine Überspannung von 33,33 Volt erhalten und ihre Lebensdauer wird hierunter beträchtlich leiden.

Hieraus ersehen wir, das schon die Konstruktion der Glühlampen es bedingt, nur einen geringen Spannungsverlust in den Leitungen zuzulassen oder aber bei größeren Spannungsdifferenzen den Spannungsverlust zu regulieren.

Im allgemeinen wird ein Spannungsverlust von 2 bis 3 % der Maschinenspannung für die Hauptleitungen als zulässig angesehen.

Der verloren gegangene Teil der elektrischen Energie setzt sich in kalorische Energie, in Wärme um, die Temperatur der Leitungsdrähte steigert sich, wenn sie Strom führen, und dieser Umstand ist es, der den elektrischen Anlagen, wenigstens nachlässig ausgeführten, leider oft einen Teil ihrer so viel gepriesenen Feuersicherheit raubt. Man schützt sich bekanntlich gegen Überhitzung der Leiter dadurch, daß man an bestimmten Stellen Drähte von leicht schmelzbarem Metall einschaltet (Bleisicherungen), deren Abmessungen so gewählt sind, daß sie schon bei einer Stromstärke schmelzen, welche die zu schützenden Drähte nur wenig erwärmt.

Es darf also jedenfalls für jede Leitung eine gewisse Stromstärke nicht überschritten werden, es muß vielmehr eine gewisse Stromdichte, das heißt Stromstärke auf ein mm^2 innegehalten werden, wenn schädliche Erwärmung ausgeschlossen werden soll. Wo die Grenzen sind, läßt sich nicht allgemein angeben, da die Temperaturerhöhung zu sehr von äußeren Einflüssen abhängt, die in jedem einzelnen Falle andere sein können. Nur eine Regel steht fest, nämlich die, daß die zulässige Stromdichte von dem Durchmesser des Leiters abhängig gemacht werden muß. Das hat darin seinen Grund, daß die Wärme ausstrahlende Fläche in einem Leiter größeren Querschnittes verhältnismäßig geringer ist als bei einem Leiter kleineren Querschnittes. Diese Regel findet in jüngster Zeit immer mehr und mehr Anerkennung und Verbreitung, und man nimmt jetzt fast allgemein als Ausdruck der Abhängigkeit der zulässigen Stromstärke i vom Durchmesser d die Formel

$$i = c \cdot d^{3/2}$$

an. c ist hierin ein Faktor, der von der zugelassenen Temperaturerhöhung und von äußeren Einflüssen abhängt.

Zusammenhängende Werte von Leitungsquerschnitten, Drahtdurchmessern und zulässigen Beanspruchungen in Ampère, sowohl für Gleichstrom als auch Wechselstrom giebt die folgende Tabelle an:

Leitungsquerschnitt in mm^2	Drahtdurchmesser in mm	Zulässige höchste Beanspruchung in Ampère für 1 mm^2
1 bis 6	1,2 bis 2,8	4
6 „ 18	2,8 „ 4,8	3
18 „ 100	4,8 „ 11,3	2
100 „ 500	11,3 „ 25	1,5
über 500	25	1

Zum Zwecke oberflächlicher Schätzungen der Leitungsquerschnitte für geringe Entfernungen und mittlere Drahtdurchmesser nimmt man häufig für je 2 Ampères einen Kupferquerschnitt von 1 mm^2 an.

Der Weg der Leitungsberechnung ist in der Regel etwa folgender: Der Querschnitt wird unter Zugrundelegung eines bestimmten Spannungsverlustes berechnet und danach die Tauglichkeit dieses Querschnittes in Bezug auf Stromdichte geprüft. Ergiebt sich hiernach der Querschnitt als zu klein, so muß er entsprechend vergrößert werden, wodurch dann natürlich der Spannungsverlust verringert wird.

Sind nacheinander mehrere Lampengruppen abgezweigt, so steht es noch frei, den ganzen Spannungsverlust bis zum Ende in beliebige Summanden zu zerlegen. Man berechnet dann gewöhnlich auf konstante Stromdichte; die Querschnitte in den einzelnen Leiterabschnitten sind also dann ihrer Stromstärke proportional. Davon zu unterscheiden ist die Berechnung auf konstanten Querschnitt. Diese wird meistens in Leitungsnetzen, die erste dagegen häufig bei kleineren Anlagen, Hausanschlüssen und dgl. angewendet.

Es kommt nun im allgemeinen nicht so sehr auf den Spannungsverlust an sich an, als vielmehr auf die mögliche Differenz der Spannungsverluste überall da, wo Lampen eingeschaltet sind.

So können z. B. am letzten Zehntel einer langen Leitung eine Reihe von Glühlampen verteilt sein, die zwar alle mit einem hohen, aber ziemlich gleichen Spannungsverlust brennen, es muß nur die Betriebsspannung um soviel erhöht werden, als der Spannungsverlust in den neun ersten Zehnteln der Leitung ausmacht. Ein solcher Betrieb ist statthaft, so lange stets alle Lampen gleichzeitig brennen, sollen dagegen Lampen ausgeschaltet werden, so nimmt der Verlust in der langen Leitung ab, so daß die noch eingeschalteten

Lampen mit zu hoher Spannung brennen. Um dies zu verhüten, muß man die Betriebsspannung so verändern, daß sie gleichzeitig mit dem Spannungsverluste variiert, das heißt genau um so viel abnimmt oder wächst, als dieser Verlust abnimmt oder wächst. Das kann nun geschehen durch Schaffung eines sogenannten Speisepunktes in der Nähe der Lampen, der dadurch charakterisiert ist, daß von ihm aus besondere Leitungen zur Centrale zurückgeführt werden, mit deren Hilfe man die Spannung an dem Speisepunkte beobachten kann.

Je größer die Spannung ist, um so kleiner ist bei gleichem Effekte die Stromstärke, um so kleiner also auch der mit dem Quadrate der Stromstärke wachsende Effektverlust.

Die Spannung in den Häusern an den Verbrauchsstellen darf nun aber teils wegen der Sicherheit, teils wegen der Eigenschaften der Lampen selbst eine gewisse Größe nicht überschreiten, als deren obere Grenze 150 Volt gelten. Um trotz dieser Begrenzung die Stromstärke in den Leitungen noch weiter zu erniedrigen, wendet man zwei Mittel an; das eine ist gegeben in der Hintereinanderschaltung der Lampen und den daraus abzuleitenden Mehrleitersystemen, das andere in dem Wechselstromtransformatorenystem.

Bei dem am häufigsten angewendeten Systeme der ersten Art, dem Dreileitersysteme, sind bekanntlich zwei Gruppen von Lampen (oder anderen Stromverbrauchern) hintereinander geschaltet, und die Leitung zwischen den beiden Gruppen ist mit der Spannungsmitte der Stromquelle verbunden. In dieser Mittelleitung fließt dann nur bei ungleicher Belastung ein Strom, aber in größeren Netzen, wo allein das Dreileitersystem Wert hat, wird die Teilung aller angeschlossenen Lampen in die beiden Gruppen des Dreileitersystems so gut durchgeführt, daß die Wahrscheinlichkeit, daß stets eine annähernd gleiche Lampenzahl auf beiden Seiten brennt, sehr groß, also der Strom im Mittelleiter sehr klein ist.

Die Spannung im Dreileiternetz kann also auf das Doppelte der Spannung im Zweileiternetze, also 200 oder 300 Volt, gesteigert werden, wodurch also die Stromstärke auf die Hälfte fällt. Bei gleichem Verluste kommen wir demnach mit dem vierten Teile des Querschnittes aus, zu dem noch das Kupfergewicht des Mittelleiters hinzutritt, den man nicht besonders berechnet, sondern gewöhnlich halb so stark nimmt als die Außenleiter. Die gesamte Kupfermenge ist dann gleich $^5/_{16}$ von der des Zweileitersystems.

Bei dem Fünfleitersysteme werden vier Gruppen gebildet,

die Spannung wird vervierfacht, also die Stromstärke auf den vierten Teil reduziert, der Kupferaufwand für die Außenleiter beträgt deshalb nur den 16. Teil des Kupfers beim Zweileitersystem.

Für die beiden nächsten Leiter nimmt man die halbe Stärke der Außenleiter, für den Mittelleiter den 4. Teil an, so daß die gesamte Kupfermenge $^{13}/_{128}$ von der des Zweileitersystems oder $^{13}/_{40}$ von der des Dreileitersystems beträgt.

Das Fünfleitersystem ist bis jetzt selten in Anwendung gekommen. Wenn sich auch die Kosten des Kupfers an sich etwa auf $^{1}/_{10}$ erniedrigen, so kann dies nicht von den isolierten Kabeln und besonders nicht von dem verlegten Netze gelten, da die Verlegungskosten sich hier erheblich steigern; endlich hat dieses System den Nachteil, daß es schwieriger zu regulieren ist als das Dreileitersystem.

Eine besondere Bedeutung gewinnt das Gleichstromfünfleitersystem für die elektrische Kraftübertragung und deren vornehmste Anwendung beim Betriebe elektrischer Bahnen; die hierfür bewährte, erprobte Spannung von etwa 500 Volt ist dieselbe, welche in den Dynamomaschinen der Fünfleiteranlagen zur Anwendung kommt.

In Städten, in denen wegen ihrer Größe oder der Entfernung der Centrale das Dreileitersystem nicht mehr angewendet werden kann, hat man deshalb meistens das Wechselstromtransformatorensystem zur Anwendung gebracht, bei dem die aufgewendeten Kupfermengen und Leitungskosten in weit höherem Grade verringert werden können.

Wir haben gesehen, was von einem Leitungsnetz zuerst verlangt werden muß, nämlich, daß der maximale mögliche Spannungsverlust in den Netzleitungen so gering ist, daß das Funktionieren aller Stromverbraucher, also auch der empfindlichsten, der Glühlampen, nicht gestört wird, wenn die Verluste durch Ein- und Ausschalten der Lampen von 0 bis zur Maximalzahl geändert werden. Das Netz soll also, soweit es erreichbar ist, zwei bezw. drei oder fünf elektrische Niveauflächen darstellen, zwischen denen die Stromverbraucher liegen. Auf den Spannungsverlust der Speiseleitungen kommt es nicht so sehr an. Der Verlust in den Speiseleitungen darf im allgemeinen bis etwa 15 $^{0}/_{0}$ betragen, der maximale Verlust in den Netzleitungen dagegen soll 2 $^{0}/_{0}$ nicht überschreiten; diese 2 $^{0}/_{0}$ stellen also gleichsam die maximale Wellenhöhe auf unseren elektrischen Niveauflächen dar.

Wenn die Speisepunkte der homologen Netze (des Plus- und

Minusnetzes) an homologen Punkten liegen, so nehmen natürlich die Verluste im positiven Leiter sowohl als im negativen von den Speisepunkten aus zu, so daß sich also gleiche Verluste in beiden Leitern stets addieren. Es liegt nahe, dies dadurch zu vermeiden, daß man die Speisepunkte des negativen Netzes gegen die des positiven versetzt und zwar so, daß der maximale Verlust im einen Leiter dem Speisepunkte, also dem Verluste 0 im anderen gegenübersteht.

Die Schaltung mit versetzten Speisepunkten findet überall da mit Vorteil Anwendung, wo in einem Zweileiternetze die Stromabnahme sich mit einer gewissen Gleichmäßigkeit auf die ganze Länge der Netzleitungen verteilt, während sie nicht so vorteilhaft ist, wo nur einzelne größere Verbrauchsstellen angeschlossen sind, in deren Nähe ein Speisepunkt gelegt werden kann. In dem idealen Falle, wo die Stromentnahme auf den ganzen Leiter gleichmäßig verteilt ist, ist der maximale Spannungsverlust bei der Gegenschaltung gleich $^1/_2$ des Verlustes von dem der gewöhnlichen Schaltung, und alle Lampen brennen mit demselben Verluste; so ist es für den Fall, daß der Querschnitt auf konstante Stromdichte berechnet ist. Ist auf konstanten Querschnitt berechnet, so ist der Verlust bei der Gegenschaltung gleich $^3/_4$ von dem der gewöhnlichen Schaltung; der Unterschied der Spannungsverluste an den verschiedenen Lampen ist gleich $^1/_4$ von dem bei gewöhnlicher Schaltung.

Da die Anbringung der Speisekästen unterirdischer Netze durch das System der versetzten Speisepunkte erschwert würde, so beschränkt sich hierdurch das Anwendungsgebiet auf Beleuchtungsanlagen kleinerer Orte oder Fabriksanlagen mit oberirdischer Leitungsführung.

Von großem Vorteil würde die Gegenschaltung auch bei Straßenbahnen mit isolierter metallischer Rückleitung sein, da hierbei die Verluste, wie bei der gleichmäßigen Stromentnahme, im Verhältnis 4 : 3 reduziert werden.

Bei Mehrleiternetzen läßt sich diese Schaltung kaum mit Vorteil verwerten.

Die Frage, wie Leitungsnetze berechnet werden, läßt sich nicht leicht beantworten. Im Nachstehenden ist in großen Zügen der Gang der Berechnung eines Leitungsnetzes skizziert.

Zuerst hat man sich über die Wahl des Systems schlüssig zu machen.

Die Form des Netzes ist durch die Lage der Straßen, die beleuchtet werden sollen, im großen Ganzen bestimmt; doch hat man den Grundsatz festzuhalten, daß womöglich jeder Verbrauchsstelle von zwei Seiten Strom zugeführt werden soll; in schmalen Straßen wird ein Leitungsstrang, in breiteren werden zwei Leitungsstränge verlegt, an Straßenkreuzungen werden gleichpolige Kabel in Kabelkästen verbunden. In das so skizzierte Netz werden die Stromentnahmestellen der Lage und Größe nach eingetragen. Die erste Aufgabe ist die, die Zahl und Lage der Speisepunkte zu bestimmen; schon die Beantwortung dieser Frage fordert entweder langwierige Rechnungen oder einen geübten Blick, denn wenn bei den Leitungen nichts weiter zu bezahlen wäre als das Kupfer, so könnte man nicht genug Speiseleitungen (und dann also sehr dünne) anwenden, und damit die Kosten der Netzleitungen mehr und mehr verringern. Da aber zu den Kosten des Kupfers die Kosten der Isolation und der Verlegung hinzukommen, die bei dünnen Leitungen unverhältnismäßig hoch sind, so muß sorgfältig erwogen werden, bei welcher Zahl der Speisepunkte die Gesamtkosten am geringsten werden.

Wenn wir an die Berechnung der Netzleitungen herantreten, so müssen wir uns klar machen, daß wir den Querschnitt einer Leitung nur berechnen können, wenn wir die Stromstärke in derselben kennen. In einem Netze, dessen Leitungsquerschnitte unbekannt sind, kennen wir aber die Stromverteilung, das heißt die Stromstärke in den einzelnen Leitungen, nicht vorher, sondern wir können dieselbe erst bestimmen, nachdem die Querschnitte bekannt sind. Dann steht sie für eine bestimmte Belastung mathematisch fest.

Es bleibt uns in diesem Dilemma nichts weiter übrig, als eine bestimmte Stromverteilung anzunehmen, was dadurch geschieht, daß wir das ganze Netz in so viele Bezirke teilen, als Speisepunkte da sind, und alle Leitungen in den einzelnen Bezirken so aufschneiden, daß nur noch Leitungsverzweigungen und keine Maschen mehr bestehen. Die Querschnitte dieser Leitungsverzweigungen werden nun nach dem oben angegebenen Verfahren unter Zugrundelegung eines bestimmten Spannungsverlustes berechnet und zwar auf konstanten Querschnitt.

Bei der Berechnung muß man sich stets gegenwärtig halten, daß die Leitungen als Netz ein großes Ganze bilden sollen und deshalb verschiedene Bedingungen zu erfüllen suchen. So sollen möglichst wenig Querschnitte verwendet werden. Der Ausgleich bei Stromschwankungen soll sich leicht vollziehen, ebenso der Ausgleich bei Spannungsschwankungen an den Speisepunkten. Die Anlage soll leicht erweiterungsfähig sein, sowohl was neue Anschlüsse an vorhandene Leiter als auch was den Anschluß neuer Leiter betrifft. Endlich soll die Stromzufuhr zu den Verbrauchsstellen selbst dann nicht gestört werden, wenn ein Speiseleiter oder auch ein Verteilungsleiter versagt. Bei alledem darf natürlich die Stromdichte das zulässige Maß nicht überschreiten, und schließlich muß an den zusammenschließenden Enden dieselbe Spannung herrschen.

Alle diese Bedingungen gleichzeitig durch die Berechnung zu erfüllen, ist unmöglich. Man muß vielmehr das berechnete Netz noch (durch mehr oder weniger große Änderungen in den Querschnitten) den genannten Forderungen anpassen. Hierdurch ändert sich wiederum die zu Grunde gelegte Stromverteilung, und wenn wir nun erkennen wollen, ob den wichtigen Bedingungen auf Spannungsverlust und Stromdichte Genüge geleistet ist, so bleibt weiter nichts übrig, als die endgültige Stromverteilung zu ermitteln.

Das kann auf dreierlei Weise geschehen:

1. durch Berechnung;
2. durch elektrotechnische Messungen an einem Modell;
3. durch mechanische Messungen an einem Modell.

Da wir durch diese Berechnungen oder Messungen nachweisen wollen, daß in keinem Falle die normale Stromdichte und der maximale Spannungsverlust überschritten wird, muß die ungünstigste Strombelastung zu Grunde gelegt werden, und diese ist die maximale Belastung in allen einzelnen Entnahmestellen.

Bei den Berechnungen und Messungen braucht man nicht immer das ganze Netz gleichzeitig zu behandeln, man kann vielmehr immer da, wo sich das Netz in einzelne Bezirke zerlegen läßt, diese Bezirke für sich betrachten. Unter Bezirk soll hier der kleinste Leiterkomplex verstanden werden, den man durch eine in sich geschlossene Linie abgrenzen kann, die von Speisepunkt zu Speisepunkt führt, ohne einen Leitungsstrang zu schneiden.

Bevor man die eigentliche Berechnung der Leiter unternimmt, zeichne man die Lampen alle genau in einen Situationsplan ein und frage sich: Wie viel getrennte Stromkreise sind notwendig, und wie sollen dieselben angeordnet werden?

a) Die einfachsten Installationen sind jene, in welchen nur ein einziger Hauptstromkreis zur Anwendung kommt, von welchem die Lampen direkt abgezweigt werden. Wo es nötig ist, wird ein Ausschalter angebracht, welcher es ermöglicht, ganze Lampengruppen und auch einzelne Lampen nach Belieben auszuschalten. Diese Anordung ist vorzugsweise dort zu treffen, wo der Lichtverbrauch ein stetig wechselnder und äußerst verschiedener ist (vgl. Fig. 155).

b) Schon etwas kostspieliger ist es, anstatt einer einzigen Hauptleitung deren mehrere vorzusehen und das Ausschaltesystem beizubehalten. Die Notwendigkeit einer solchen Anordnung ist entweder bedingt durch die örtlichen Verhältnisse, oder aber durch den Wunsch, etwas mehr Betriebssicherheit zu gewinnen. Falls nämlich die Hauptleitung wegen irgend eines Unfalles unterbrochen werden müßte, bleibt die gesamte Anlage im Finstern, während bei Combination *b*, von der wir eben sprechen, die Dunkelheit nur eine partielle sein wird.

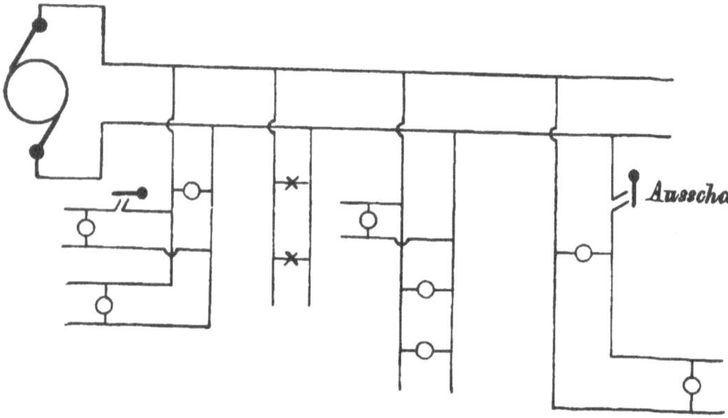

Fig. 155. Verteilungssystem mit einem einzigen Hauptstromkreise.

c) Die Notwendigkeit mehrerer Stromkreise ist absolut vorhanden, wo der Lichtverbrauch zwar variiert, aber nur zu gewissen Stunden und in gewissen Grenzen. Man wird in solchem Falle die Stromteile aufteilen in örtliche und dienstliche. Die Stromverbraucher, welche in einen örtlichen Stromkreis eingeschaltet sind, werden etwas seltener bemüht, als jene in einen dienstlichen Stromkreis eingeschalteten. Falls die örtlichen Verhältnisse es erlauben, kann man einen gemeinsamen Pol für alle Stromkreise (z. B. negativ) annehmen (Fig. 156), während der andere Pol aus getrennten Leitern besteht. Am besten aber ist es, die Stromkreise vollständig getrennt anzuordnen.

Bei getrennten Stromkreisen ist es wünschenswert, dieselben sämtlich von der Dynamo, von einer dort angebrachten Stromverteilungstafel ausgehen zu lassen und die Handhabung der ganzen Einrichtung an einem Orte und in einer Person zu vereinigen; besonders notwendig ist diese Anordnung bei Glühlichtanlagen, wo der Nebenschlußdynamo kein automatischer Regulator beigegeben wird. Sobald das Auslöschen oder die Inbetriebsetzung einzelner Lampengruppen dem Wärter der Dynamo anvertraut ist, wird derselbe zu gleicher Zeit, als er die Ausschalter bedient, auch den Handregulator der Dynamo bewegen. Wenn es aber mehreren Individuen und an verschiedenen Punkten der Anlage freistehen sollte, einzelne Lampengruppen zu löschen, so müßte man zu gleicher Zeit eine Signalvorrichtung anschaffen, welche den Maschinenwärter von dem statthabenden

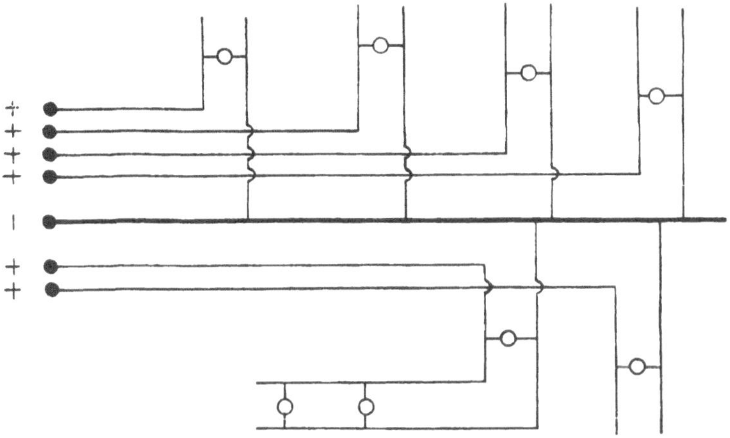

Fig. 156. Verteilungssystem mit einer einzigen gemeinsamen Rückleitung.

Manöver unterrichtet. Wo man zwischen den Systemen zu wählen hat:

1. Handregulator an der Dynamo, alle Stromkreise von der Dynamo ausgehend;
2. automatischer Regulator an der Dynamo, die Stromkreise von verschiedenen in der Anlage verteilten Verteilungstableau ausgehend;
3. Signalvorrichtung für den Maschinenwärter, Handregulator, Manövrierung der Ausschalter an verschiedenen Orten,

so wähle man getrost das erste System, da auf einen speziellen Beleuchtungswärter doch mehr Verlaß ist als auf einen automatischen Regulator.

Nachdem man sich über die Anordnung der Stromkreise klar geworden ist, hat man bei Anlage des Leitungsnetzes für parallel geschaltete Lampen darauf zu sehen, daß die Potentialdifferenz an allen Punkten der Anlage eine gleiche ist.

Die Leitungen müssen also mit Rücksicht auf technische

Anforderungen, Wirtschaftlichkeit und zulässige Beanspruchung berechnet werden.

Wir wollen nun an der Hand einiger praktischer Beispiele einige Querschnittsbestimmungen von Leitungen vornehmen.

1. In einer kleinen Stadt sollen die wichtigsten Straßen durch Glühlampen in Serienschaltung beleuchtet werden. Die gesamte Straßenlänge beträgt 3000 m. In der Hauptstraße sollen im ganzen 28 Lampen zu je 15 Volt, in den übrigen Straßen 55 Lampen von je 10 Volt und 35 von je 6 Volt, welche sämtlich mit 10 Ampères brennen, angebracht werden. Die Leitung des elektrischen Stromes soll oberirdisch erfolgen und beträgt die Länge derselben das Doppelte der zu erleuchtenden Straßenlänge, also 6000 m.

Die Lampen erfordern sonach eine Spannung von

$$\begin{array}{r} 28 \,.\, 15 = 420 \\ 55 \,.\, 10 = 550 \\ 35 \,.\, 6 \;\; = 210 \\ \hline 1180 \end{array} \text{ Volt.}$$

Wir wählen nun eine Dynamomaschine für 1300 Volt und 10 Ampères. Es können somit 120 Volt der Maschinenspannung in der Leitung verloren gehen. Der Widerstand der Leitung ergiebt sich hiernach zu $\frac{120}{10} = 12$ Ohm und man findet als Querschnitt derselben:

$q = \frac{6000}{12} \,.\, 0{,}02 = 10\ \text{mm}^2$, was einem Durchmesser von rund 3,5 mm entspricht.

2. Von einer Dynamomaschine D aus, deren Klemmenspannung 100 Volt beträgt, sind 3 Glühlampengruppen mit 0,5 Ampèrelampen parallel geschaltet. Die Anzahl der Lampen in den einzelnen Gruppen und die Entfernungen sind aus der Fig. 157 ersichtlich.

Da bei den meisten Anlagen die Stromabnahme mit der Zeitdauer des Bestandes der Anlage wächst, empfiehlt es sich, für die Glühlampen zu je 16 NK. anstatt 0,5 etwa 0,8 Ampère einzusetzen.

Aus der Leitungsskizze ersehen wir, daß 24 Glühlampen parallel geschaltet sind; die Gesamtstromstärke beträgt daher 24 . 0,8 = 19,2 Ampères.

Rechnet man, mit Berücksichtigung der Erwärmung des Drahtes 3 Ampères für 1 mm², so ergiebt sich damit ein Querschnitt von $\frac{19{,}2}{3} = 6{,}4\ \text{mm}^2$ oder ein Durchmesser von rund 3 mm auf der Leitungsstrecke $D\,a\,b$.

Der spezifische Leitungswiderstand des Kupfers wird zu 0,016 angenommen, danach ist der Widerstand der Leitung $W = c \cdot \frac{l}{q} = 0{,}016 \cdot \frac{100}{6{,}4} = \sim 0{,}25$ Ohm.

Damit läßt sich der Spannungsverlust nach dem OHM'schen Gesetze ermitteln zu $19{,}2 \cdot 0{,}25 = 4{,}8 \sim 5$ Volt auf der Strecke von der Dynamo D bis zu den Abzweigungspunkten der ersten Lampengruppe a und b.

In derselben Weise berechnet man die Spannungsverluste auf den übrigen Strecken des Leitungsnetzes.

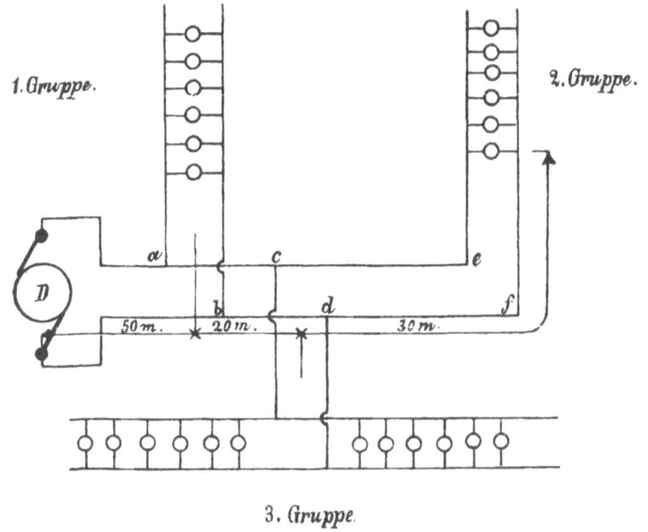

Fig. 157. Schema eines Verteilungsnetzes für 24 Glühlampen à 16 NK.

Wir wollen nun den Spannungsabfall auf der Strecke von den Abzweigungspunkten a und b bis zu den Abzweigungspunkten c und d berechnen.

Die durch diese Leitung fließende Stromstärke ergiebt sich wieder aus der Lampenzahl. Da jetzt von den 24 Lampen die 6 Lampen der ersten Gruppe abzurechnen sind, erübrigen 18 Lampen oder $18 \cdot 0{,}8 = 14{,}4$ Ampères oder wenn man 4 Ampères für 1 mm² als zulässige Beanspruchung wählt

$\frac{14{,}4}{4} = 3{,}6$ mm², was einem Durchmesser von ca. 2,1 mm entspricht.

Der Widerstand dieser Leitung

$W = \frac{0{,}016 \cdot 40}{3{,}6} = 0{,}177 \sim 0{,}2$ Ohm und der Spannungsverlust $V = 13{,}6 \cdot 0{,}2 = 2{,}88$ Volt auf der Strecke zwischen den Punkten *a* und *b* und zwischen den Punkten *c* und *d*.

Endlich schreiten wir zur Berechnung des Spannungsgefälles auf der Strecke von den Abzweigungspunkten *c* und *d* bis zu den Abzweigungspunkten *e* und *f*.

Auf dieser Strecke fließt nur mehr der Strom für 6 Lampen, also

$6 \cdot 0{,}8 = 4{,}8$ Ampères.

Rechnet man wieder 4 Ampères für 1 mm², so ergeben sich als Leitungsquerschnitt

$\frac{4{,}8}{2} = 1{,}2$ mm², was einem Durchmesser von $\sim 1{,}3$ mm entspricht.

Diesem Querschnitt entspricht ein Widerstand

$W = \frac{0{,}016 \cdot 60}{1{,}2} = 0{,}8$ Ohm und ein Spannungsverlust

$V = 4{,}8 \cdot 0{,}8 = 3{,}84$ Volt.

Den Querschnitt der Zuleitungsdrähte zu den einzelnen Lampengruppen wählt man ebenfalls mit Rücksicht auf die Erwärmung des Drahtes.

Da diese Leitungen in der Regel kurz sind, kann der Widerstand derselben zumeist vernachlässigt werden.

Im Handel sind nur Kupferleitungen von bestimmten Normalquerschnitten vertreten; man wählt in den einzelnen Fällen jenen Querschnitt, welcher einem Normalquerschnitte zunächst liegt, ändert so den Spannungsverlust nur unbedeutend und behält annähernd die gleiche Strombeanspruchung.

Wendet man zum Ausgleiche der Spannung sogenannte Ausgleichsleitungen an, so dürfen dieselben nur solche Punkte größerer Leitungsabteilungen verbinden, an welchen beim Leuchten der Lampen der gleiche Spannungsverlust stattfindet. Sind in den einzelnen, durch Ausgleichsleitungen miteinander verbundenen Abteilungen ungleiche Lampenzahlen eingeschaltet, so fließt Strom aus derjenigen Abteilung, in welcher sich weniger, in jene, in welcher sich mehr Lampen befinden, so zwar bis in den Lampen beider Abteilungen dieselbe Spannung herrscht.

Die Ausgleichsleitung muß mit Rücksicht auf die, in den einzelnen Fällen möglichen Unterschiede in den Lampenzahlen beziehungsweise Stromstärken der einzelnen Abteilungen bemessen werden.

3. Fig. 158 stellt schematisch das Verteilungsnetz für 50 Glühlampen von 16 Normalkerzen Lichtstärke in 8 Gruppen dar.

Der festgestellten Hauptleitung folgend ist von jeder Gruppe eine Linie bis zur Dynamo bezw. der Anschlußstelle gezogen und die entsprechenden Entfernungen in Meter angegeben. Hin- und Rückleitung sind durch eine Linie dargestellt.

Die Lampenspannung ist ca. 120 Volt. Der Kraftverlust in der Leitung soll etwa 2 % des gesamten elektrischen Kraft-

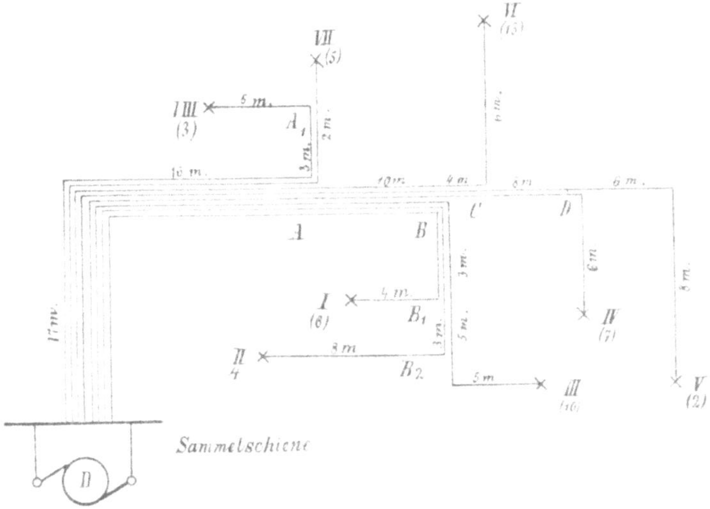

Fig. 158. Schema eines Verteilungsnetzes für 50 Glühlampen à 16 NK.

bedarfes betragen. Die Glühlampen verbrauchen pro Normalkerze 3,8 Watt an elektrischer Kraft.

Sonach ist:

der Kraftbedarf einer Glühlampe $= 16 . 3,8 =$ 60,8 Watt,

„ „ von 50 Glühlampen $= 50 . 60,8 = 3040$ „ ,

die Stromstärke für 50 Glühlampen $= \frac{3040}{120} = 27$ Ampères,

„ „ „ 1 Glühlampe $= \frac{27}{50} = 0,54$ Ampère,

der Kraftverlust in der Leitung $= \frac{3040 . 2}{100} = 60,8$ Watt,

„ Spannungsverlust in der Leitung $= \frac{60,8}{27} = 2,6$ Volt,

daher die Maschinenspannung $= 120 + 2,6 = 122,6$ Volt,

der gesamte elektrische Kraftbedarf $= 3040 + 60{,}8 = 3100{,}8$ Watt und der mechanische Kraftbedarf $= \frac{3100{,}8}{600} = \sim 5{,}2$ PS.

Der Querschnitt ist nun:

$$q = \frac{2\,l\,.\,i}{60\,.\,e} = \frac{l\,.\,i}{30\,.\,e}.$$

Es berechnen sich also die Werte für jede Gruppe:

I. Gruppe: 6 Glühlampen à 0,54 A. = 3,24 Ampères, Entfernung $l = 50$ m,

$$q = \frac{3{,}24 \times 50}{30\,.\,2{,}6} = 2{,}07 \text{ mm}^2.$$

II. Gruppe: 4 Glühlampen = 2,16 A., Entfernung = 57 m,

$$q = \frac{2{,}16\,.\,57}{30\,.\,2{,}6} = 1{,}578 \sim 1{,}6 \text{ mm}^2.$$

III. Gruppe: 10 Glühlampen = 5,40 A., Entfernung = 56 m,

$$q = \frac{5{,}40\,.\,56}{30\,.\,2{,}6} = 3{,}876 \sim 3{,}9 \text{ mm}^2.$$

IV. Gruppe: 7 Glühlampen = 3,78 A., Entfernung = 61 m,

$$q = \frac{3{,}78\,.\,61}{30\,.\,2{,}6} = 2{,}9 \text{ mm}^2.$$

V. Gruppe: 2 Glühlampen = 1,08 A., Entfernung = 69 m,

$$q = \frac{1{,}08\,.\,69}{30\,.\,2{,}6} = 0{,}955 \text{ mm}^2.$$

VI. Gruppe: 13 Glühlampen = 7,02 A., Entfernung = 53 m,

$$q = \frac{7{,}02\,.\,53}{30\,.\,2{,}6} = 4{,}77 \text{ mm}^2.$$

VII. Gruppe: 5 Glühlampen = 2,70 A., Entfernung = 38 m,

$$q = \frac{2{,}70\,.\,38}{30\,.\,2{,}6} = 1{,}31 \text{ mm}^2.$$

VIII. Gruppe: 3 Glühlampen = 1,62 A., Entfernung = 41 m,

$$q = \frac{1{,}62\,.\,41}{30\,.\,2{,}6} = 0{,}85 \text{ mm}^2.$$

Bezeichnen wir die Abzweigungsstellen mehrerer Gruppen mit Buchstaben, so sehen wir, daß bei A von der Dynamo aus sämtliche 8 Gruppenleitungen zusammentreffen und ist daher der Querschnitt der Leitung von der Maschine bis Punkt A:

Gruppe:	I	II	III	IV	V	VI	VII	VIII
Querschnitt:	2,07 +	1,6 +	3,9 +	2,9 +	0,955 +	4,77 +	1,3 +	0,85 =

Mittlerer Querschnitt = 18,345 mm².

Die Entfernung bis zum Punkte A beträgt 33 m und die Leitungslänge für Hin- und Rückleitung 66 m.

Die Querschnitte und Längen der übrigen Teile lassen sich in gleicher Weise feststellen und zwar für die Strecke AB, deren doppelte Länge 20 m beträgt, ist der Querschnitt

$$q = 18{,}345 - (1{,}31 + 0{,}85) = 16{,}185\,\text{mm}^2 \text{ u. s. w.}$$

Wie man sieht, differieren die einzelnen Querschnitte sehr bedeutend voneinander. Praktisch ist es jedoch nicht durchführbar, so verschiedene Querschnitte zu verwenden, sondern man wird die Hauptleitung bis A mit einem Querschnitt und von A bis B mit vermindertem Querschnitt weiterführen.

Es werden demnach bei A eine bipolare Hauptsicherung für die Hauptleitung und zwei bipolare Hauptsicherungen für die Gruppen VII und VIII, bei B sechs bipolare Zweigsicherungen für die übrigen Gruppen angebracht werden.

Sodann muß noch geprüft werden, ob die zulässige Beanspruchung nicht überschritten wird.

Der einfacheren Rechnung wegen wurden nur Glühlampen von 16 NK. Lichtstärke mit einer Stromstärke von 0,54 Ampère angenommen. Es ist leicht einzusehen, daß bei Verwendung von Glühlampen anderer Lichtstärken auch eine andere Stromstärke zu berechnen ist, ebenso bei Verwendung von Bogenlampen oder Elektromotoren.

Manche Elektrizitätswerke schreiben vor, daß der Stromverbrauch für eine 16kerzige Glühlampe mit 0,8 A. und für eine Bogenlampe mindestens mit 10 A. anzunehmen ist. Lampen mit höherem Stromverbrauch sind entsprechend zu berücksichtigen.

Werden Elektromotoren angeschlossen, so sind die Zuleitungen derselben bis zur Maschine bezw. der Schalttafel oder dem Anschluß zu führen, da sonst die auftretenden Stromstöße auf das Licht einwirken.

Das Schaltungsschema Fig. 158 können wir noch zu weiteren Berechnungen verwenden.

Die Ziffern I, II u. s. w. sollen je 2 in Reihe parallel geschaltete Bogenlampen bezeichnen. Sämtliche Bogenlampen sollen vom Maschinenhaus bezw. der Schalttafel ausgeschaltet werden können und sind beide Leitungen nach diesem geführt. Die Maschinenspannung ist 110 Volt. Der Stromverbrauch für Gruppe I sei 3 A., Gruppe II 4,5 A., III 6 A., IV 9 A., V 12 A., VI 9 A., VII 9 A., VIII 9 A.

Es soll blanker verzinkter Eisendraht benutzt und der für die Bogenlampen erforderliche Widerstand möglichst in diesen verlegt werden. Im Maschinenhaus sind noch Regulierwiderstände in jede Zweigleitung einzuschalten, um etwaige Differenzen auszugleichen.

Die zulässige Stromdichte für blanken Eisendraht beträgt 1,5 A. pro 1 mm² Querschnitt.

Für die einzelnen Gruppen erhalten wir folgende Stromverhältnisse:

Gruppe	Stromstärke in A.	Spannung der Lampen	Spannung zu vernichten	Widerstand W in Ohm
I	3	72	38	12
II	4,5	74	36	8
III	6	76	34	5
IV	9	80	30	3
V	12	82	28	2
VI	9	80	30	3
VII	9	80	30	3
VIII	9	80	30	3

Der Querschnitt wird nach der Formel berechnet:

$$Q = \frac{2\,L}{\gamma . W}.$$

γ ist die spezifische Leitungsfähigkeit des gewöhnlichen Eisendrahtes und gleich $\frac{1}{0,1324}$ oder rund 7,6 zu setzen.

Für die schon bekannten Längen erhalten wir also folgende Querschnitte:

$$\text{Gruppe I: Querschnitt } Q = \frac{100}{7,6 \,.\, 12} = 1,09 \text{ mm}^2.$$

Dieser Querschnitt ist weder gangbar noch zulässig. Er soll mindestens 2 mm², muß aber nach der Tabelle V im Anhange zu 2,5 mm² angenommen werden. Der Widerstand wird nunmehr entsprechend geringer und ist

$$W = \frac{2\,L}{\gamma \cdot Q} = \frac{100}{7,6 \,.\, 2,5} = 5,26 \text{ Ohm}.$$

Einfacher kann die Rechnung noch mit Hilfe der Tabelle V im Anhange gestellt werden: 1000 m Eisendraht von 2,5 mm² Querschnitt besitzen einen Widerstand von 55 Ohm. 1 m daher 0,055 Ohm und 100 m gleich 100 . 0,055 = 5,5 Ohm.

Die Differenz von 12 — 5,26 = 6,74 Ohm muß also durch einen besonderen Widerstand ausgeglichen werden. Für Nikelin findet man in der im Anhange befindlichen Tabelle III bei einer Stromstärke von 3 Ampères einen Durchmesser von 0,9 mm und für 6,74 Ohm eine Länge von 6,74 . 1,41 = 9,55 m oder Vorsichts halber 10 m.

Für die folgenden Gruppen läßt sich der Querschnitt in ähnlicher Weise berechnen.

Zur Berechnung eines Leitungsnetzes nach dem Dreileitersystem wollen wir wieder das Schema Fig. 158 benutzen, dessen Querschnitte uns schon bekannt sind. Es erübrigt noch, den Strom möglichst gleichmäßig auf beide Stromkreise zu verteilen und den Querschnitt des Mittelleiters zu bestimmen. Hierzu diene das Schema Fig. 159.

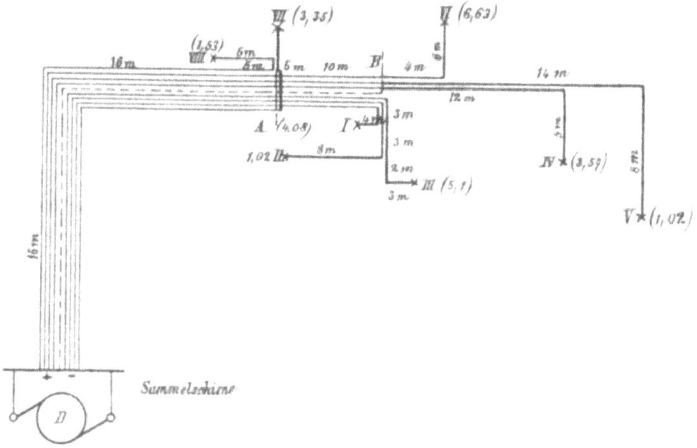

Fig. 159. Verteilungsnetz nach dem Dreileitersystem.

An den positiven Außenleiter sind die Gruppen IV, V, VI und VIII mit einer Stromstärke von 13,50 Ampères, an den negativen Außenleiter die Gruppen I, II, III und VII mit einer Stromstärke von 12,33 Ampères angeschlossen.

Außenleiter und Nullleiter sind in 2 Querschnitten bis B geführt.

Bei A sind die Gruppen VII und VIII, bei B alle übrigen Gruppen abgezweigt. Die Abzweigung wird durch die stärkere Linie bezeichnet.

Es werden folgende Dimensionen erhalten:

Positiver Außenleiter bis A:

Gruppe: IV V VI VIII

Querschnitt: 2,9 + 0,955 + 4,77 + 0,85 = 9,475 mm² bei 32 m Länge.

Negativer Außenleiter bis A:

Gruppe: I II III VII

Querschnitt: $2{,}07 + 1{,}6 + 3{,}9 + 1{,}31 = 8{,}88$ mm² bei 32 m Länge.

Mittelleiter bis A:

$\frac{9{,}475 + 8{,}88}{2} = \frac{18{,}355}{2} = 9{,}1775$ mm² oder bei der Hälfte des Querschnittes eines Außenleiters = 4,58875 mm².

Positiver Außenleiter bis B:

Gruppe: IV V VI

Querschnitt: $2{,}9 + 0{,}955 + 4{,}77 = 8{,}625$ mm² bei 10 m Länge.

Negativer Außenleiter bis B:

Gruppe: I II III

Querschnitt: $2{,}07 + 1{,}6 + 3{,}9 = 7{,}57$ mm² bei 10 m Länge.

Mittelleiter bis B:

$\frac{8{,}625 + 7{,}57}{2} = 8{,}0975$ bezw. 4,04875 mm² bei 10 m Länge.

Querschnitte für die Abzweigungen:

Gruppe	Zuleitung zum + und Mittelleiter mm²	Länge in m	Gruppe	Zuleitung zum − und Mittelleiter mm²	Länge in m
IV	2,9	34	I	2,07	14
V	0,995	52	II	1,6	32
VI	4,77	20	III	3,9	22
VIII	0,85	16	VII	1,31	10

Die Länge der Zweigleitung ist gleich der doppelten Entfernung von Mittel- und Außenleiter.

Den gangbaren Querschnitt finden wir in der Tabelle IV im Anhang.

Berechnung der Leitungen für Mehrphasenstrom.

Die Gleichströme besitzen bei der Berechnung der Leitungen den großen Vorzug, daß der Unterschied zwischen der elementaren Theorie unbedeutend ist, oder, was dasselbe besagt, daß die verwickelten Erscheinungen, von welchen man bei jeder einfachen und auf die Fundamentalerscheinungen zurückgeführten Theorie Abstand nimmt, von geringem Wert sind. So z. B. üben zwei von Gleichstrom durchflossene Leitungen eine wechselseitige Induktion aufeinander aus, welche aber, um ein Beispiel anzuführen, ebenso vernachlässigt werden kann, wie der Unterschied, welcher zwischen einem vollkommen gleichmäßigen, von einem Akkumulator gelieferten Strom und dem intermittierenden Strom besteht, welchen eine Gleichstrommaschine liefert.

Der Wechselstrom und in noch höherem Maße der dreiphasige Wechselstrom ist seiner Natur nach einfachen Berechnungen schwieriger zu unterziehen.

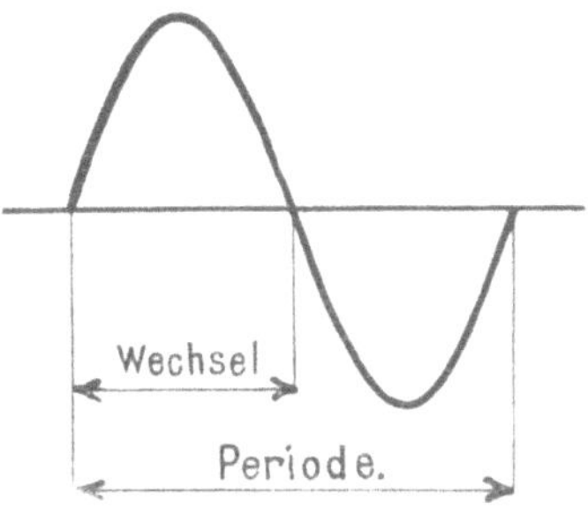

Fig. 160. Darstellung der Sinuskurve.

In nebenstehendem Diagram (Fig. 160) ist die Kurve des Wechselstromes dargestellt. Die krumme Linie, welche uns das Aufsteigen, Abfallen, Aufsteigen nach der entgegengesetzten Seite und dementsprechendes Abfallen anzeigt, ist eine sogenannte „Sinuskurve" von 0° bis 360°. Man hat es bis jetzt für das einfachste gehalten, die Form der Stromwelle so zu berechnen, wie wenn dieselbe dieser mathematischen Kurve vollkommen folgte.

Die Lehre von der magnetischen Induktion sagt uns, daß die Induktionswirkung eine Funktion der Änderung in der Zahl der geschnittenen Kraftlinien ist. Bei einem homogenen magnetischen Felde ist bei rotierender Bewegung des Leiters, in welchem induzierende Wirkungen erzielt werden sollen, die Änderung der Zahl der geschnittenen Kraftlinien dem Sinus des Drehungswinkels proportional.

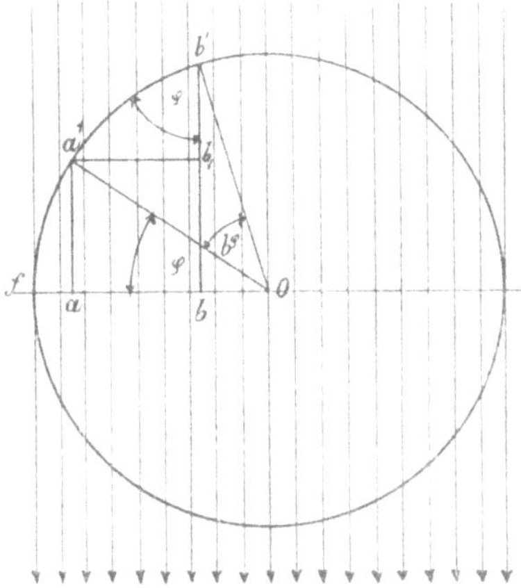

Fig. 161. Homogenes magnetisches Feld.

In Fig. 161 ist ein homogenes magnetisches Feld abgebildet, während der eingezeichnete Kreis die Bewegungsbahn vorstellt. Bei der Bewegung von a' nach b' giebt die Linie $a'b_1$ die Änderung der Kraftlinienzahl an. Ist $a'b'$ so klein angenommen, daß wir diese Linie als gerade ansehen dürfen, dann ist:

$\sphericalangle\ a O a' = \varphi,$

ebenso $\sphericalangle\ a' b' b_1 = \varphi,$

und im rechtwinkeligen Dreieck $a' b_1 b'$ ist:

$$\sin \varphi = \frac{a' b_1}{a' b'} \text{ bezw. } a' b_1 = a' b' \sin \varphi.$$

Weil $a' b'$ sehr klein, ist auch der $\sphericalangle\ a' O b' = b^\varphi$ sehr klein, und wir können daher statt des Bogens den Winkel setzen, d. i.

$$a' b' = b^\varphi$$

und erhalten:

$$a' b_1 = b^\varphi . \sin \varphi.$$

Werden nun fortschreitend viele b^φ von gleicher Größe gebildet und trägt man die so erhaltenen Höhen $b b'$ in ein rechtwinkeliges Koordinatensystem derart ein, daß man dieselben in jenen Abständen als Ordinaten auf der Abszisse errichtet, in welchen sie den eingezeichneten Horizontaldurchmesser treffen, so giebt die Verbindungslinie der Ordinatenpunkte die in Fig. 162 theoretisch korrekt dargestellte Sinuskurve, d. i. ein Bild des Induktionsvorganges beim einfachen Wechselstrom.

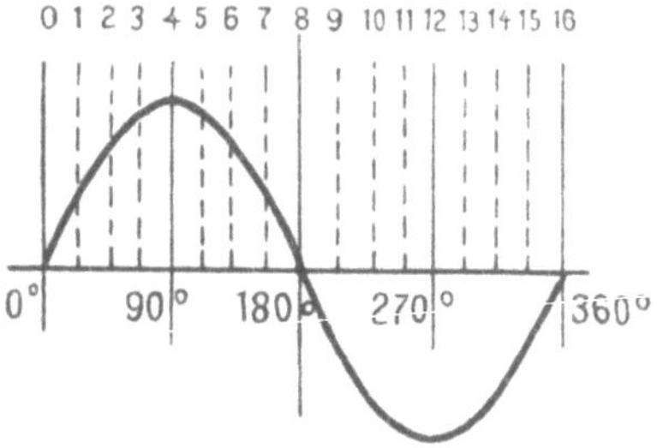

Fig. 162. **Darstellung der idealen Sinuskurve.**

Das ist nun die ideale Sinuskurve; wird eine solche wirklich aus einer Maschine aufgenommen, so wird sich dieselbe im allgemeinen dem Verlaufe dieser Normalkurve anpassen, aber zumeist nicht der Linie gerade folgen, sondern wesentlich und oft bedeutend gezackt erscheinen.

Aber selbst bei dieser Art der Auffassung wird die Theorie nicht einfacher. Es beruht dies darauf, daß die gegenseitige Induktion in den Leitungen, welche in derselben Weise wie bei einem Transformator zur Wirksamkeit gelangt, dazu neigt, Energie aus einem Stromkreise in den anderen zu befördern.

Andererseits besitzen die Ströme auch eine Neigung, sich eher auf der Oberfläche als auf den ganzen Querschnitt des Leiters zu verbreiten, woher sich die Notwendigkeit ergiebt, diesen Querschnitt etwas zu vergrößern oder seine Form zu ändern.

Außerdem spielen die Leitungen dieselbe Rolle wie ein Kondensator, genau genommen, als wenn sie unterirdisch geführt wären, was den Strom und das Potential beeinflußt, da ein Verlust an diesen Werten eintritt.

Auch die Selbstinduktion übt einen Einfluß auf den Nutzstrom. Durch einen spiralförmig gewickelten Draht wird daher nicht derselbe Strom mit gleicher Potentialdifferenz fließen, wenn dieser Gleich- oder Wechselstrom ist. Bringen wir Eisen in die Spirale, so wird sich der Effekt noch erhöhen.

Alle diese besonderen Wirkungen, welche nicht unwichtig sind, verhindern die Anwendung einer einfachen Theorie zur Berechnung der Leitungen.[1]

Das Studium des Wechselstromes wird noch weiter durch den Umstand erschwert, daß wir eine Menge Begriffe auf ziemlich komplizierte Weise neu bilden oder geändert auffassen müssen, z. B. negative Watt — spannungsloser Strom — scheinbare Watt — scheinbarer oder verzögernder Widerstand (Impedance) — Koëffizient der Selbstinduktion (Inductance) — Reactance — u. s. f. und es wird nicht zum geringsten Teil dadurch erschwert, daß die Nomenklatur im Wechselstromgebiete durchaus keine feste, sondern eine schwankende ist, was die Verständigung der Forscher und Experimentatoren unter sich und mit dem Fachpublikum zu einer sehr schwierigen gestaltet. Was unter „Wechsel“ und „Periode“ zu verstehen ist, kann aus Fig. 160, Seite 285 ersehen werden. Die Entfernung vom Anfang bis zum Periodenende jener Kurve bezeichnet den Weg des Induktionsleiters von 0^0 bis 360^0. Bei fortgesetzter Rotation wiederholt sich dieselbe Kurve. Die gleiche Kurve erhalten wir bei allen Maschinen, die wir kurzweg „Wechselstrommaschinen“ nennen. Wie bei jedem fachtechnischen Studium ist auch beim Wechselstrom „das Rechnen“ und „das Messen“ eine Hauptsache, und dazu benötigt man selbstverständlich feststehende und wohl geklärte Maßbegriffe bezw. Einheiten. Nun können wir aber beim Wechselstrom nicht eigentlich von einer bestimmten und zeitweilig feststehenden „Stromstärke“ oder „elektromotorischen Kraft“ oder „Energie“ sprechen, denn diese Größen ändern sich ja, dem Charakter des Wechselstromes entsprechend, bei fortschreitender Bewegung des Leiters mit jeder Zeitveränderung, und doch sind diese Begriffe in der Praxis nicht zu entbehren.

Beim Pariser Kongress 1889 wurde der Begriff der „effektiven“ Stromstärke, elektromotorischen Kraft und Energie eingeführt. „Maximal“- oder mittlere Größen in die Rechnung einzuführen, ergiebt Schwierigkeiten, weil beim Wechselstrom die

[1] Vergl. L'Electricien Nr. 206. 1894.

maximale Stromstärke mit der maximalen elektromotorischen Kraft nicht immer zusammenfällt.

Betrachten wir zuerst den Begriff der „mittleren“, dann den der „effektiven“ Stromstärke.

Wenn durch jeden Querschnitt der Leitung in der halben Zeit T eine bestimmte Elektrizitätsmenge q in der einen Richtung und in der darauffolgenden halben Zeit T nach der entgegengesetzten Richtung strömt, so erhält man die mittlere, pro Zeiteinheit einen Querschnitt durchfließende Elektrizitätsmenge, wenn man q durch $\frac{T}{2}$ dividiert. Dabei ist vorausgesetzt, daß für den betreffenden Querschnitt die Zeit t zu Beginn der halben Zeit T entweder Null oder ein ganzes Vielfaches der halben Zeit T ist.

Die Intensität der Wechselströme wird in der Praxis mit dem Elektrodynamometer gemessen. Besitzt dasselbe aber zu solchen Messungen nicht die zugehörige Skala, sondern nur jene für Gleichstrom, dann ist folgendes zu berücksichtigen:

Zeigt z. B. ein solches Instrument bei Gleichstrom:

$$I = c \cdot \sqrt{a},$$

dann gilt beim Messen des Wechselstromes mit dem gleichen Instrument:

$$I_m = 0{,}9\, c \sqrt{a},$$

und die „effektive Stromstärke“ ist:

$$i_e = \frac{I_m}{0{,}9}, \text{ weil } I_m = 0{,}9\, i_e.$$

Ähnliche Erörterungen ergeben auch:

$$E_m = 0{,}9\, e_e \text{ beziehungsweise}$$

$$e_e = \frac{E_m}{0{,}9},$$

d. h. die mittlere elektromotorische Kraft eines Wechselstromes ist gleich 0,9 mal der am Dynamometer die gleiche Wirkung veranlassenden elektromotorischen Kraft eines Gleichstromes.

Selbstverständlich giebt es auch einfache und verläßliche Meßinstrumente zur direkten Messung der Spannung und Stromstärke bei Wechselstrom.

Bezeichnen wir mit $E_{\max}$ die maximale elektromotorische Kraft, dann ist

$$e_e = \frac{1}{2}\sqrt{2} \cdot E_{\max} = 0{,}707\, E_{\max},$$

und analog

$$i_e = \frac{1}{2}\sqrt{2} \cdot I_{\max} = 0{,}707\, I_{\max}.$$

Die Wurzel aus dem arithmetischen Mittel der Quadrate der veränderlichen elektromotorischen Kraft und der Stromstärke während einer Periode bezeichnet man mit e_e und i_e.

Das Messen des elektrischen Effektes ist bei Wechselstromanlagen weniger einfach als beim Gleichstrom. Bei letzterem sind solche Messungen bekanntlich außerordentlich leicht ausführbar. Man ermittelt Spannung und Stromstärke im Leiter oder in Leiterteilen, und das Produkt in Voltampère ist die gewünschte Größe. Dividieren wir dieses Produkt durch 736, so erhalten wir Pferdestärken.

Bezüglich der Energie des Wechselstromes giebt Kapp folgende Definition:

Die mittlere Energie eines Wechselstromes ist gleich dem Produkte aus seiner effektiven Spannung e_e und seiner effektiven Stromstärke i_e, multipliziert mit dem cosinus der Phasendifferenz beider.

$$A = e_e \cdot i_e \cdot \cos \varphi,$$

d. h. also, wenn z. B. $\cos \varphi = 0{,}8$ ist, so hat die mittlere Energie nur $80\,^0/_0$ jenes Wertes, den man erhält, wenn man die an den Meßapparaten erhaltenen Volt und Ampère zusammen multipliziert.

Die Größe des Phasenverschiebungswinkels zwischen den Kurven der elektromotorischen Kraft und der Stromstärke hängt ab von der Selbstinduktion der Leiter und der betriebenen Objekte; er wird also bei reinem Glühlampenbetrieb sehr gering sein (wir können bei solchen selbstinduktionsfreien Widerständen $\cos \varphi = 1$ setzen), erreicht aber beim Betrieb von Elektromotoren einen Kosinuswert von 0,75 bis 0,8.

Es darf nie außer acht gelassen werden, daß beim Wechselstrom die maximale Spannung und die maximale Stromstärke meistens nicht zusammenfallen.

Bezeichnet $E_{\max}$ den Höchstwert (Amplitude) der elektromotorischen Kraft, T die Zeit einer ganzen Periode (Anzahl der Perioden gleich Frequenz), t die veränderliche Zeit und R den sog. Ohm'schen Widerstand, so ist die im Zeitpunkte t wirksame elektromotorische Kraft:

$$E_t = E_{\max} \sin 2\pi \frac{t}{T}$$

und die in diesem Zeitpunkte wirksame Stromstärke

$$I_t = \frac{E_{\max}}{R} \sin 2\pi \frac{t}{T}.$$

Aus obigem ergiebt sich daher für die in einem Zeitpunkte

t von einem Wechselstrom I_t geleistete Gesamtarbeit, die nachstehende Gleichung:

$$P = E_t \cdot I_t = \frac{E^2_{max}}{R} \sin^2 2\pi \frac{t}{T}.$$

Zweifellos ist die gewöhnliche Dynamomaschine mit Gramme-Ring die einfachste Wechselstrommaschine. Verbindet man in dem in Fig. 163 dargestellten Gramme-Ringe 2 gegenüberliegende Punkte der Ringwickelung metallisch mit 2 auf der Welle isoliert angebrachten Schleifringen, so zeigt uns eine einfache Überlegung, daß wir aus einer solchen Maschine Wechselstrom entnehmen können, dessen Kurve dem Bilde Fig. 160 auf Seite 286 entspricht.

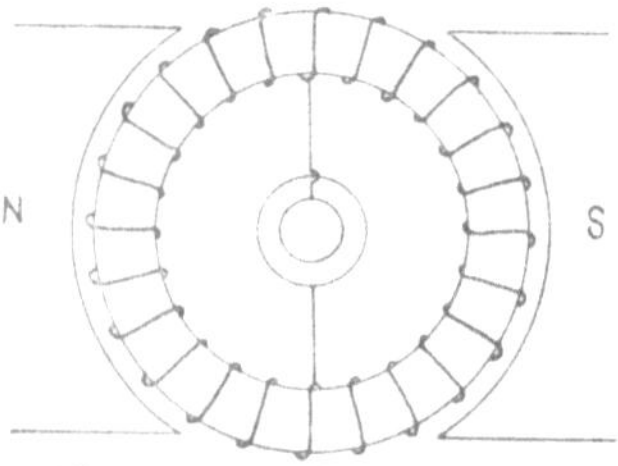

Fig. 163. Schematische Darstellung des Gramme-Ringes.

Durch Professor FERRARIS wurden nun noch zwei Punkte der Ringwickelung mit zwei weiteren Schleifringen auf der Ankerwelle verbunden, so daß er 2 gleich große Spulenpaare (entsprechend den 4 Quadranten) erhielt. Bei der Rotation dieser Anordnung im magnetischen Felde wurden 2 Wechselströme erhalten, die in der Phase um 90° verschoben waren. Die hierbei erhaltenen Stromkurven entsprechen der Darstellung in Fig. 164.

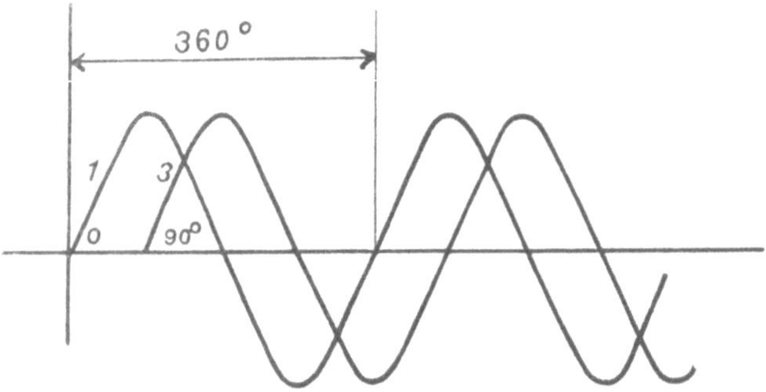

Fig. 164. Darstellung der Stromkurven bei Zweiphasenstrom.

Die FERRARIS-Schaltung ist in Fig. 165 und 166 schematisch veranschaulicht.

Werden nun diese beiden in der Phase um 90° verschobenen Wechselströme derart um einen beweglichen Eisencylinder geleitet, wie es die Fig. 165 andeutet, dann wird durch die Wechselwirkung zwischen Wechselstrom im Leiter und den Foucaultströmen dieser Cylinder in Rotation versetzt. Um nun

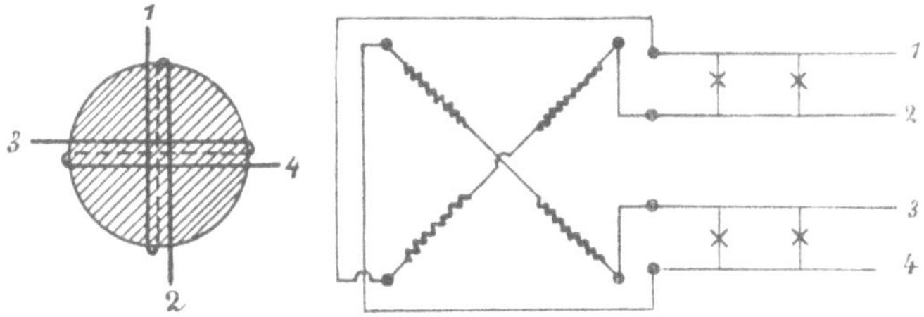

Fig. 165 u. 166. Schematische Darstellung der Schaltung beim Zweiphasenstromsystem.

das eigentliche magnetische Drehfeld zu zeigen, verwenden wir die Darstellung in Fig. 167.

Man denke sich einen eisernen Ring, welcher 2 Spulenpaare *A* und *B* trägt. Diese beiden Spulen sind untereinander verbunden, jedoch voneinander isoliert. Durch *A* werde Strom

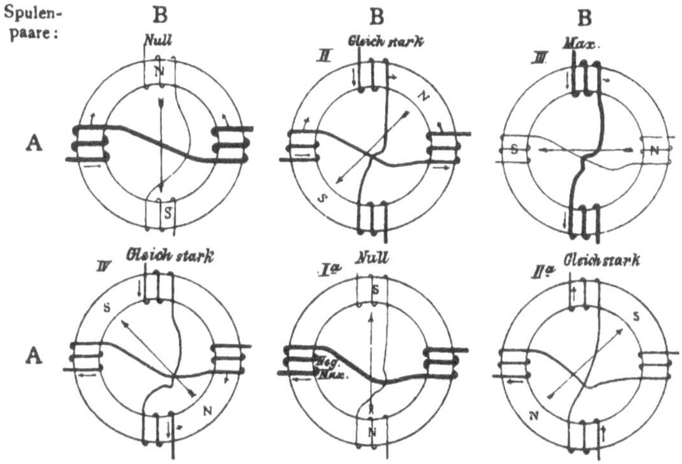

Fig. 167. Darstellung des magnetischen Drehfeldes beim Dreiphasenstrom.

geleitet, während *B* stromlos ist. Aus der Ampèreschen Regel folgt dann, daß im Eisenringe Nordmagnetismus nach der linken Seite des Stromes, das heißt nach oben getrieben wird; Südmagnetismus wandert nach der entgegengesetzten Richtung. Daher bilden sich im Ring die Pole N und S aus; eine drehbare Magnetnadel würde sich also einstellen, wie der innere Pfeil anzeigt. In der Figur 167 sind die respektiven Stromstärken durch verschiedene Dicken der Stromleitungen angedeutet. Kleine Pfeile zeigen die Richtung an, nach welcher der Nordpol durch den elektrischen Strom im Eisen verschoben wird.

Nun werde in A der Strom schwächer gemacht und durch B werde ein ebenso starker Strom geleitet; dann drängt auch die Spule B Nordmagnetismus nach ihrer linken Seite und es findet sich, daß die Pole N und S im Ringe gewandert sind um 45°.

Man lasse jetzt den Strom in A ganz verschwinden, dagegen in B auf das Maximum ansteigen, so liegen die Pole wie Nr. III zeigt, die Magnetnadel hat sich weiter gedreht. In A steigt jetzt der Strom von Null wieder an, aber seine Richtung sei gewechselt; in B sei der Strom auf die Hälfte seines Wertes gesunken, so wird die Nadel sich weiter gedreht haben.

Durch die Spulen werden jene Wechselströme gesendet, welche in ihrer Phase um 90° voneinander entfernt sind, so daß, wenn die Spulen der ersten Gruppe sich im positiven Maximum befinden, die Spulen der zweiten Gruppe stromlos bleiben. In demselben Maße nun, wie der Strom in der ersten Spulengruppe sinkt, steigt er in der zweiten Spulengruppe und umgekehrt. Dadurch entsteht ein rotierendes magnetisches Feld — ein Drehfeld.

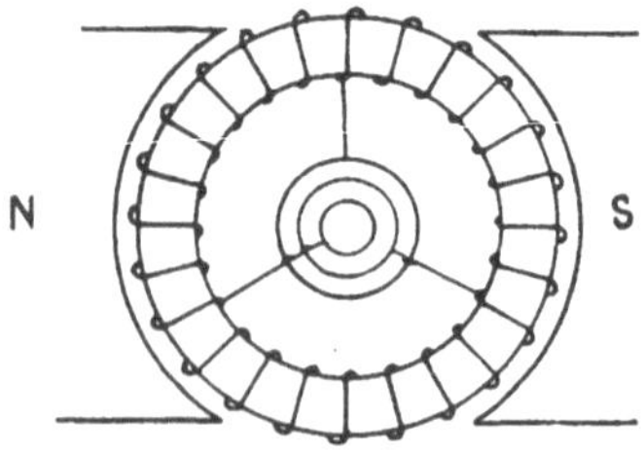

Fig. 168. Schaltung des Grammeringes behufs Erzielung von Dreiphasenstrom.

Schaltet man den Grammering in der Weise, wie es obenstehende Fig. 168 andeutet, indem man drei Punkte der Wickelung, welche um 120° zu einander versetzt sind, mit 3 auf der Ankerwelle isoliert sitzenden Schleifringen verbindet, so erhält man beim Rotieren dieser Anordnung im magnetischen Felde die in Fig. 169 dargestellten Stromkurven, die wir im nachstehenden etwas eingehender betrachten wollen.

Bezeichnen wir (Fig. 170) die drei Spulenabteilungen mit S, S' und S'', so sehen wir in der Figur die drei zugehörigen Kurven I, II und III und dann zu unterst die Zusammenstellung dieser Kurven. Dieselben beginnen beim Punkte 0° bezw. 120° bezw. 240°. Denken wir uns den Ring im magnetischen Felde um den Winkel α verschoben, so erhalten wir in jeder der drei Spulen einen Strom, dessen Stärken gleich sind:

$$J = C.\ \sin\ \alpha$$
$$J' = C.\ \sin\ (120 + \alpha)$$
$$J'' = C.\ \sin\ (240 + \alpha)$$

wobei $C =$ Konstante.

Addieren wir diese Gleichungen, so muß nach dem 2. KIRCHHOFF'schen Gesetz:

$$3\ C\ [\sin\ \alpha + \sin\ (120 + \alpha) + \sin\ (240^0 + \alpha)] = 0$$

sein.

Betrachten wir die unterste der Kurven in Fig. 170 zu einer bestimmten Zeit, z. B. im Moment t.

I und II haben die gleiche Intensität und zwar $J \sin 30 = \frac{1}{2}$, also:

$$\mathrm{I} + \mathrm{II} = J.$$

Zur selben Zeit t hat aber Strom III die volle Intensität $- J$ und wir erhalten daher:

$$\mathrm{I} + \mathrm{II} + \mathrm{III} = J - J = 0.$$

Der Drehstrom wird also durch die Vereinigung (Verkettung) mehrerer Wechselströme gebildet, deren Phasen in gewissen

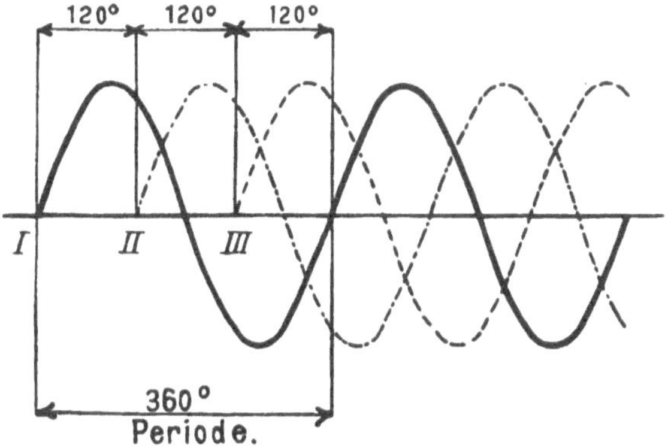

Fig. 169. Darstellung der Stromkurven beim Drehstrom.

Abständen (beim Dreiphasenstrom 120⁰) aufeinander folgen. Auf diese Weise ist die Eigenschaft der einphasigen Wechselstromdynamo, während einer Umdrehung zweimal stromlos zu werden, vermieden, da infolge der Phasenverschiebung die 3 verketteten Wechselströme nicht zu gleicher Zeit ihre Richtung wechseln — also gleich Null werden — sondern in Zeiträumen, die um je 120° auseinander liegen. Der einfache Wechselstrom erzeugt ein pulsierendes magnetisches Feld.

Diese Pulsationen stören den Gang der zugehörigen Wechselstrommotoren, wenn eine Veränderung der Tourenzahl infolge größerer Belastung eintritt.

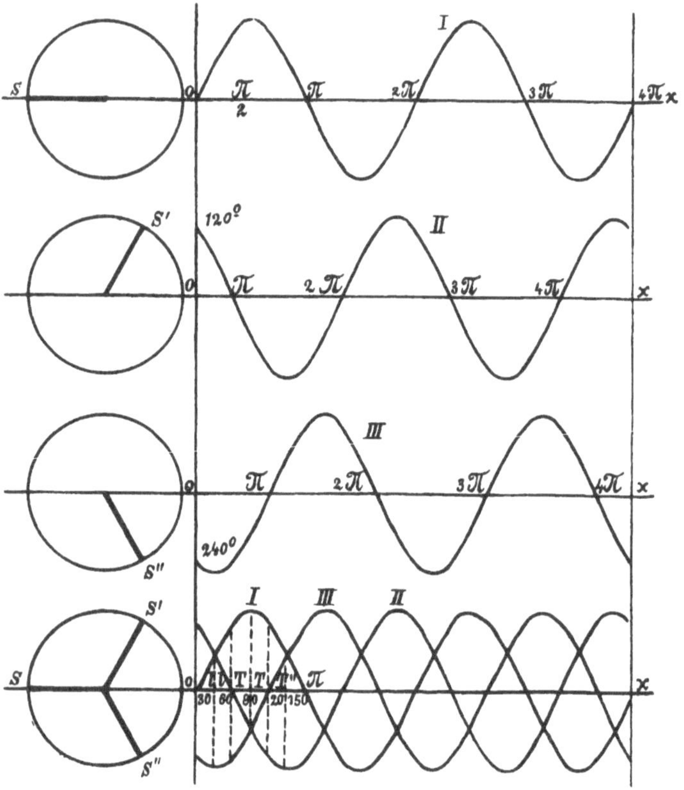

Fig. 170.

Nur bei vollkommen synchronem Gang des Motors mit der Wechselstrom erzeugenden Primärmaschine ist auf eine gleichbleibende Leistung des Wechselstrommotors zu rechnen. Es handelt sich also darum, diesen Pulsationen zu begegnen, und man kann dieselben thatsächlich mittels Einführung des Mehrphasenstromes und zwar teilweise ganz nach Belieben aufheben.

Betrachten wir in der 4. Kurve Fig. 170 die Ordinaten auf dem Abscissenpunkt 120, das ist T', also dort, wo die Kurve III wieder anläuft.

In diesem Momente ist die Summe der Ströme (vom Vorzeichen abgesehen) $= 0 + 2\ T' = 0 + i \sin 120^0 + i \sin 60^0 = 1{,}732\ i$, wobei i das Maximum der Stromstärke bedeutet.

Im Momente des Abscissenpunktes 90, also bei T, ist die Summe der Stromstärken (wieder vom Vorzeichen abgesehen) $= i + 2\ i \sin 30^0 = 2\ i$.

Die Schwankungsgrenzen liegen also jetzt schon zwischen $1{,}732\ i$ und $2\ i$, das heißt 15 % des niedrigsten Wertes.

Das Schema des Ankers einer Drehstromdynamo ist aus Fig. 171 ersichtlich.

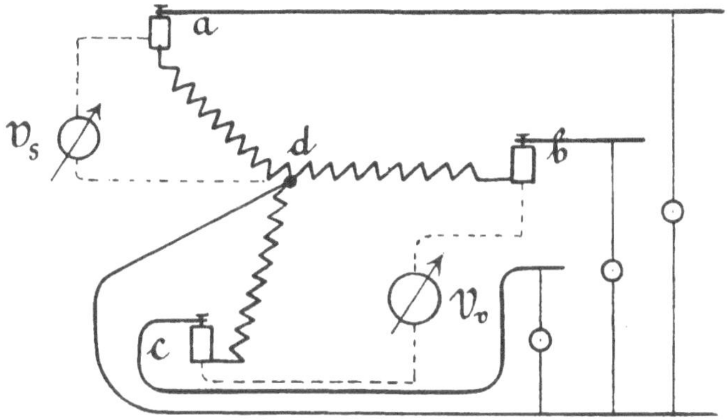

Fig. 171. Sternschaltung mit Nullleitung.

Man erkennt drei verschiedene Wickelungen, die von a, b, c ausgehen und in d miteinander verbunden sind. Jede dieser Wickelungen erzeugt einen Wechselstrom; diese letzteren werden abgenommen an den drei Armen der Maschine a, b und c.

Um Irrtümer zu vermeiden, möge darauf hingewiesen werden, daß man verschiedene Bezeichnungen bezüglich der Spannung einer Drehstrommaschine hat.

Man mißt die Spannung entweder zwischen einer der drei Klemmen einerseits und dem Punkte d andererseits und nennt dies Schenkelspannung der Maschine (auch Phasenspannung, das ist die Spannung zwischen einer Haupt- und der Nullleitung); bezeichnen wir diesen Wert mit V_s. Zur Ermittelung des Wertes V_s ist es ersichtlich gleichgültig, ob man ihn zwischen a und d

oder zwischen *b* und *d* oder schließlich zwischen *c* und *d* mißt, bei symmetrischer Bewickelung des Ankers werden die drei Messungen übereinstimmen.

Man kann nun aber auch — und thut es sehr häufig — den Wert der Spannung zwischen *a* und *b* oder zwischen b und *c* oder schließlich zwischen *a* und *c* messen.

Diesen Wert nennen wir die verkettete Spannung (auch Hauptspannung, das ist die Spannung zwischen zwei Hauptleitungen) des Systems und bezeichnen ihn mit V_v. Es ist zu bemerken, daß letzterer Wert nicht die Maschinenspannung darstellt, denn diese ist die Schenkelspannung V_s. — Die verkettete Spannung aber giebt uns an, welche Spannung zwischen zwei Leitern des Systems herrscht.

Es besteht nun die einfache Beziehung, daß

$$V_v = \sqrt{3} \,.\, V_s = 1{,}732 \,.\, V_s$$

die Spannungen *a* bis *b*
b „ *c*
c „ *a* sind 1,732 = $\sqrt{3}$ mal so hoch als
die Spannungen *d* „ *a*
d „ *b*
d „ *c*.

Wenn z. B. zwischen *d* bis *a* 110 Volt herrschen, dann erhalten wir zwischen

$$\left.\begin{array}{l} a \text{ bis } b \\ b \;\;„\;\; c \\ c \;\;„\;\; a \end{array}\right\} 1{,}732 \times 110 = 190 \text{ Volt.}$$

Heißt es z. B. „Drehstromdynamo $^{110}/_{190}$ Volt“, so ist gemeint,

daß zwischen der Nullleitung und einer Hauptleitung, z. B. also zwischen *d* und *a* 110 Volt,

zwischen zwei Hauptleitungen, z. B. also zwischen *a* und *b* 190 Volt Spannung bestehen.

Es ist daraus schon ersichtlich, daß die Drehstrommaschine gegenüber der Wechselstrommaschine den großen Vorzug besitzt, daß die verkettete Spannung im System einen bedeutend höheren Wert hat, als die Schenkelspannung innerhalb der Maschine. Nehmen wir beispielsweise eine Kraftübertragung auf weitere Entfernung mittels Drehstroms von 3000 Volt verketteter Spannung an, so hat die Primärmaschine nur ungefähr $\frac{3000}{\sqrt{3}} = 1732$ Volt Schenkelspannung zu liefern. Oder noch besser ausgedrückt, da es möglich ist einphasige Wechselstrommaschinen bis zu 3000

Volt zu bauen, muß es ebenso leicht angängig sein, Drehstrommaschinen zu konstruieren, welche in den Drähten der Fernleitung eine verkettete Spannung von 5000 Volt erzeugen.

Die vorbeschriebene Schaltung der Drehstrommaschine wird Sternschaltung mit Nullleitung genannt. Außer dieser Schaltung werden noch zwei Arten zur Ausführung gebracht und zwar:

Die Dreieckschaltung, auch geschlossene oder Parallelschaltung genannt. Dieselbe ist in Fig. 172 dargestellt. Die

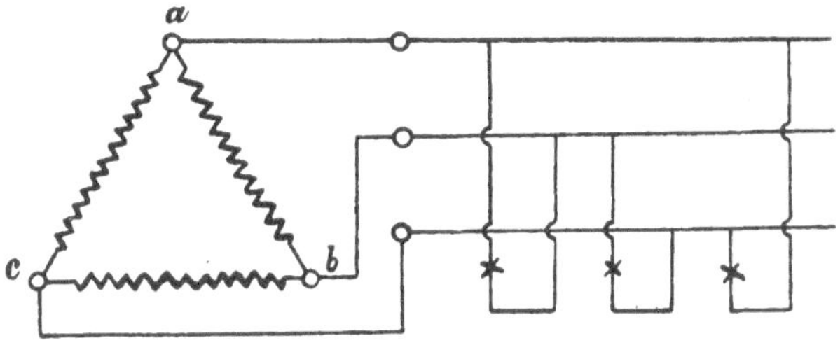

Fig. 172. Dreieckschaltung.

Spannungen zwischen *a* bis *b*, *b* bis *c* und *c* bis *a* sind gleichwertig.

Die Sternschaltung, auch offene oder Hintereinanderschaltung genannt, ist in Fig. 173 zur Abbildung gebracht und es

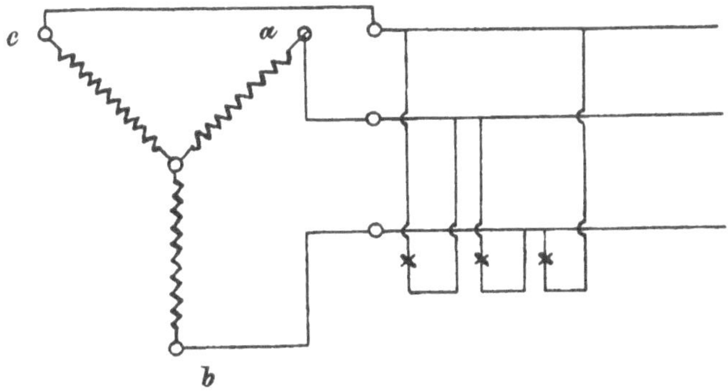

Fig. 173. Sternschaltung.

gelten bezüglich der Spannung die gleichen Verhältnisse wie bei der Dreieckschaltung.

Man hat auch versucht, zweiphasigen Wechselstrom, zu welchem man (Fig. 165 und 166, Seite 291) normal vier

Leitungen braucht, mit drei Leitungen auszunutzen und die Fig. 174 zeigt das gewählte Schaltungsschema; es ist aber dabei eine Kupferersparnis nicht erzielt worden.

Scott[1] hat den Versuch gemacht, das Zweiphasen-Wechselstromsystem mit dem dreiphasigen zu verbinden. Er verwendet

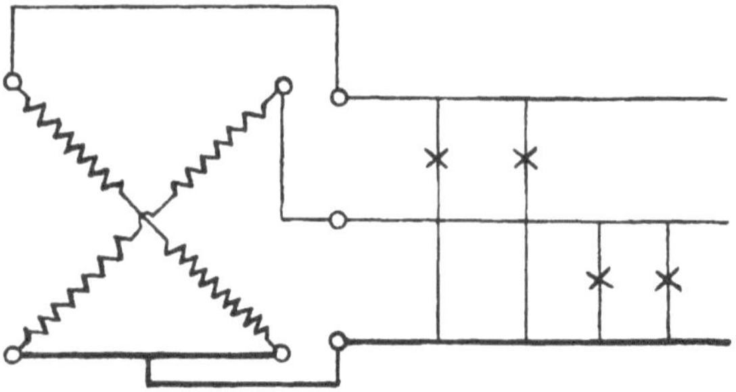

Fig. 174. **Schaltungsschema für zweiphasigen Wechselstrom.**

dabei Transformatoren in der Weise, wie es die untenstehenden zwei Figuren 175 und 176 deutlich zeigen.

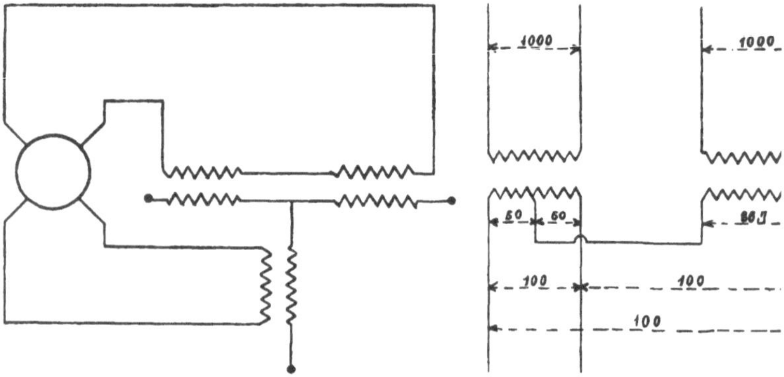

Fig. 175 u. 176. Schematische Darstellungen der Verbindung des Zweiphasenwechselstromsystems mit dem dreiphasigen.

Fig. 175 zeigt einen Generator, welcher zweiphasigen Wechselstrom liefert. Die Leitungen von demselben führen zu den Primärwindungen zweier Transformatoren. Die eine Sekundärspule ist zu 100 Windungen gewickelt (Fig. 176), und ein Draht ist so eingebunden, daß nach jeder Seite eine gleiche

[1] Vgl. The Electrician, 6. April 1894.

Windungszahl (50) abläuft. Die zweite Sekundärspule hat 87 Windungen, das heißt ungefähr

$$50 \,.\, \sqrt{3}.$$

Ein Ende des sekundären Stromkreises ist mit der Mitte der sekundären Spule des ersten Transformators verbunden, wie die Figuren zeigen, und die drei freien Klemmen geben Spannungen, die in der Phase um 120° differieren. Wenn die Spannungen an jeder primären Spule 1000 Volt und an einer sekundären 100 Volt und an der anderen 78 Volt beträgt, so wird die zwischen zwei beliebigen sekundären Klemmen gemessene Spannung 100 Volt sein.

Es wird die folgende Aufgabe gestellt:[1]

Eine Dynamomaschine erzeugt 73 600 Watt bei einer Spannung von 1000 Volt. Wie werden die Leitungen für Gleichstrom, einphasigen Wechselstrom (Zwei- und Dreileiter) und dreiphasigen Wechselstrom berechnet, wenn ein Kraftverlust von 10% gleich 7360 Watt in diesen gestattet ist?

I. Einphasiger Wechselstrom oder Gleichstrom (Zweileiter).

Die Stromstärke J in der Leitung wird nach der Gleichung berechnet: $V \,.\, A = E \,.\, J$, woraus

$$J = \frac{V \,.\, A}{E} = \frac{73\,600}{1000} = 73{,}6 \text{ Ampères.}$$

Bei einem Kraftverlust von 7360 Watt ist der Spannungsabfall in der Hin- und Rückleitung $V = \frac{V \,.\, A}{J} = \frac{7360}{73{,}6} = 100$ Volt, also in einer Leitung $= \frac{100}{2} = 50$ Volt, und der Widerstand der Leitung ergiebt sich aus der Formel: $e = J \,.\, W$, woraus $W = \frac{V}{J} = \frac{100}{73{,}6} = 1{,}36$ Ohm für die Hin- und Rückleitung, oder für eine Leitung ist der Widerstand $= \frac{1{,}36}{2} = 0{,}68$ Ohm.

Ist die Entfernung l des Verbrauchsortes vom Erzeugungsort bekannt und beträgt dieselbe z. B. 1000 m, so läßt sich der Querschnitt bestimmen.

Der Querschnitt $Q = \frac{2 \,.\, L}{60 \,.\, W} = \frac{2000}{60 \,.\, 1{,}36} = 24{,}5 \text{ mm}^2$, was einem Durchmesser von 5,6 mm entspricht. Die Gesamtlänge

[1] Vgl. L'Electricien Nr. 206. 1894.

(Hin- und Rückleitung) ist 2000 m und, da 1000 m Kupferdraht von diesem Querschnitt ca. 225 kg wiegen, das Kupfergewicht 2 . 225 = 450 kg.

II. Einphasiger Wechselstrom oder Gleichstrom (Dreileiter).

Die Werte können nach dem Zweileitersystem berechnet werden. Man erhält zwischen einem Außenleiter und dem Nullleiter als Rückleitung eine Spannung von $\frac{1000}{2} = 500$ Volt, eine Stromstärke von $\frac{73,6}{2} = 36,8$ Ampères und in jedem Außenleiter und dem Nullleiter einen Kraftverlust von $\frac{7360}{2} = 3680$ Watt.

In jedem Außenleiter und dem Nullleiter ist

der Spannungsverlust $V = \frac{3680}{36,8} = 100$ Volt

und der Widerstand $W = \frac{100}{36,8} = 2,72$ Ohm.

In jedem Außenleiter daher

der Spannungsverlust $= \frac{100}{2} = 50$ Volt,

der Widerstand $= \frac{2,72}{2} = 1,36$ Ohm.

Der Querschnitt eines Außenleiters

$$Q = \frac{1000}{60 \,.\, 1,36} = 12,2 \sim 12,5 \text{ mm}^2.$$

Die Gesamtlänge beider Außenleiter ist 2000 m, und da 1000 m Kupferdraht von diesem Querschnitt 113 kg wiegen, der Kupferdraht derselben 2 . 113 = 226 kg. Der Nullleiter kann bei Gleichstrom an Erde gelegt werden und etwa die Hälfte des Querschnittes des Außenleiters erhalten und hat dann bei 1000 m Länge einen Querschnitt von rund 6 mm² und ein Kupfergewicht von 54 kg.

Das gesamte Kupfergewicht von Außen- und Nullleiter beträgt hierbei 280 kg, bei Wechselstrom 339 kg.

III. Dreiphasiger Wechselstrom.

Nehmen wir an, daß sich die Gesamtstromstärke von 73,6 Ampères auf alle drei Leitungen gleichmäßig verteilt, so erhalten wir für jede einzelne Leitung eine Nutzstromstärke von:

$$\frac{J_1 + J_2 + J_3}{3} = \frac{J}{3} = \frac{73,6}{3} = 24,5 \text{ Ampères.}$$

Thatsächlich wird aber der Strom in einer Leitung $\sqrt{3} = 1{,}732$ mal größer und ist dann die Stromstärke in der Leitung mit $1{,}732 \,.\, 24{,}5 = 42{,}434$ Ampères in Rechnung zu ziehen.

Der Kraftverlust in jeder der drei Leitungen ist

$$\frac{7360}{3} = 2453 \text{ Watt,}$$

und aus der Gleichung $J^2 \,.\, W = 2453$ Watt ergiebt sich der Widerstand einer solchen Leitung $W = \frac{2453}{42{,}434^2} = 1{,}36$ Ohm, d. h. der Widerstand des Drahtes darf beim Dreiphasenstrom doppelt so groß sein als bei Gleich- oder einfachem Wechselstrom; es ist daher beim Dreiphasenstrom weniger Kupfer nötig, die Leitung wird bedeutend billiger.

Der Spannungsverlust berechnet sich nach der Formel:

$$V = J \,.\, W = 42{,}434 \,.\, 1{,}36 = 57{,}7 \text{ Volt,}$$

$$\text{der Querschnitt } Q = \frac{1000}{60 \,.\, 1{,}36} = \text{ca. } 12{,}5 \text{ mm}^2.$$

Die Gesamtlänge der drei Leiter ist 3000 m und da 1000 m Kupferdraht von diesem Querschnitt ca. 113 kg wiegen, das Kupfergewicht 3 . 113 = 339 kg (wie beim Dreileitersystem für Wechselstrom).

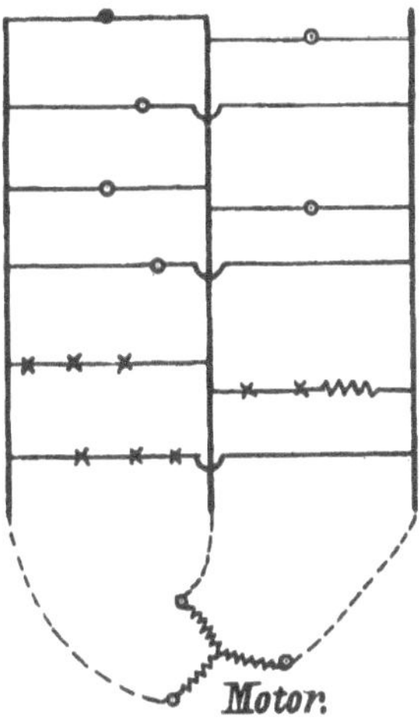

Fig. 177.

Vergleichen wir die Kupfergewichte der beiden Stromsysteme I und III, so werden wir finden, daß das Kupfergewicht der Leitungen für den dreiphasigen Wechselstrom um 25 % geringer als für den Einphasenstrom oder Gleichstrom (Zweileiter) ist. Man kann daher die Leitungen für den Dreiphasenstrom in der gleichen Weise wie für Wechselstrom (Zweileiter) berechnen und den vierten Teil ihres Querschnittes in Abzug bringen.

Es erübrigt noch, über die Schaltung der Glühlampen im Drehstromsystem einige Worte zu sagen. Fig. 177 zeigt die Anordnung der Lampen im Drehstromsystem; es ist ersichtlich, daß zwischen je zwei Leitungen eine Lampe geschaltet ist. Beträgt die verkettete Spannung V_v des Systems 110 Volt, so sind auch 110voltige Lampen zu verwenden. Es ist dabei in gleicher Weise wie beim

Gleichstrom-Dreileitersystem auf gleichmäßige Verteilung der Lampen große Aufmerksamkeit zu verwenden. Nach vorstehendem ist die Schaltung der Bogenlampen klar; es ist nur zu berücksichtigen, daß Wechselstrombogenlampen einer geringeren Spannung bedürfen als Gleichstrombogenlampen.

Die wichtigsten neueren Methoden zur Berechnung von Leitungsnetzen sind:

1. Die Gleichungsmethode von Herzog & Stark.[1]
2. Die graphische Methode von Carl Hochenegg.[2]
3. Die Verlegungsmethode.[3]
4. Die mechanische Methode von H. Hellberger.[3]

Elfter Abschnitt.

Ermittelung der erforderlichen Maschinenstärken und Zerlegung des ermittelten Gesamtbedarfes in eine Anzahl Einzelmaschinen.

a) Maschinenstärken und deren Zerlegung.

Große Centralen bedürfen einer großen Leistungsfähigkeit, aber auch gleichzeitig einer großen Anpassungsfähigkeit gegenüber dem bald steigenden, bald wieder sinkenden und schließlich verlöschenden Licht- und Kraftbedarf. Denn sie müssen selbstverständlich nicht nur allezeit gerüstet sein, selbst dem allerstärksten wie dem kleinsten Strombedarf zu genügen, sondern sie müssen auch aus Gründen der Ökonomie so viel als irgend möglich vermeiden, mehr Maschinenkraft in Betrieb zu setzen, als jeweilig nötig ist.

Die Gesamtsumme der erforderlichen Pferdekräfte ist sehr leicht zu berechnen, denn darüber ist kein Zweifel, daß pro 1 PS

---

[1] Vgl. J. Herzog & Cl. P. Feldmann, Die Berechnung elektrischer Leitungsnetze in Theorie und Praxis.

[2] Vgl. C. Hochenegg, Anordnung und Bemessung elektrischer Leitungen.

[3] Vgl. Zeitschrift für Elektrotechnik 1894, Seite 265.

bei kurzen Leitungswegen 10 Glühlampen à 16 NK. entfallen und daß man bei größeren Entfernungen Verluste abzurechnen hat, die sich je nach der Länge und je nach den beabsichtigten Transformierungen oder Umsetzungen auf 20 % und noch mehr der erzeugten Strommenge beziffern werden.

Will man Elektromotoren betreiben, so ist deren Bedarf in Pferdekräften einfach hinzuzurechnen.

Wäre es möglich dies praktisch auszuführen, so würde die vollkommenste Centralstation die sein, welche die Stromerzeugung in Portionen von etwa 8 zu 8 Lampen, oder was dasselbe besagt, von Pferdekraft zu Pferdekraft steigern und ebenso wieder reduzieren könnte. Dann würde so gut wie nichts an Strom und Maschinenkraft vergeudet werden.

Allein, wenn man auch von diesem Ideal absehen und nur eine Steigerung von 10 zu 10 oder auch nur von 20 zu 20 oder 50 zu 50 PS möglich machen wollte, so sind doch diesem aus Sparsamkeitsrücksichten an und für sich ganz gerechtfertigten Beginnen Schranken durch andere Umstände gezogen.

Dieselben beruhen darin, daß man alsdann bei größeren Centralen eine zu große Anzahl von einzelnen Dampf- bez. Gasmaschinen und Dynamos erhalten würde.

Angenommen die Centrale soll für 11000 gleichzeitig brennende Lampen Strom zu liefern imstande sein und entfernt liegen (d. h. also starke Stromverluste durch Transformierung oder Umsetzung und durch ein ausgedehntes Verteilungsnetz angenommen, pro 1 PS etwa nur 8 Glühlampen [gegen sonst 10] versorgen können), so würde man — von den bei Centralen in jedem Falle unentbehrlichen Reserven vorläufig abgesehen —

$$11000 : 8 = 1362 \text{ PS}$$

installieren müssen.

Wollte man diese in Maschinen und Dynamos zu je 50 PS zerlegen, so bekäme man

27 Dampfmaschinen
27 Dynamomaschinen,

eine Zahl, viel zu groß, als daß sie in Vorschlag gebracht werden könnte. Man muß daher größere Maschinen anwenden. Je größer dieselben sind, umso sparsamer ist ihr Betrieb an sich, aber umso größer auch wiederum die Vergeudung von Kraft und Strom, die dabei unvermeidlich mit zu Tage tritt, wie sich aus folgendem ergiebt:

Es werden z. B. die im vorliegenden Beispiel erforderlichen 1360 PS in 4 Dampfmaschinen à 350 PS zerlegt, so würde jede Maschine allein 350 . 8 = 2800 Glühlampen speisen können, auch wohl noch einige mehr. Werden aber, nachdem so viele Lampen brennen und für sie eine Maschine im Betriebe befindlich ist, nur ein paar hundert Lampen mehr entzündet, so kann man diesem gesteigerten Bedarf durch stärkere Anspannung der Maschine wohl im Anfange einer sich fortsetzenden Steigerung genügen. Wenn aber mehr und etwa im Ganzen 400 Lampen entzündet werden, so muß um dieser willen, die etwa 50 PS erheischen, eine ganze Maschine mit dem 7 fach größeren als für diese 400 Lampen nötigen Betriebsaufwande eingerückt werden, was einer großen Verschwendung gleichkommt, denn wenn auch nicht die 7 fache Dampfmenge zu diesem fast vollständigen Leerlauf der Maschine von 350 PS erforderlich sein wird, die 3 bis 5 fache des Nötigen ist es sicherlich.

Es sind zwar innerhalb der Maschinenleistungsfähigkeit selbst Steigerungen und Minderungen ohne Dampfverschwendung möglich, aber immerhin ist, weil diese Leistungsmehrungen und Minderungen sehr bald ihre Grenze erreichen, bei Verwendung großer Maschinen eine Verschwendung mindestens ähnlich der, wie eben bemerkt, nicht zu vermeiden.

Es ist daher eine wichtige Aufgabe, bei jeder Projektierung sorgfältig abzuwägen, welche Maschinengrößen zu wählen das vorteilhafteste ist.

Auf der einen Seite steht der billigere Betrieb der großen Dampfmaschinen und die etwas billigere Stromerzeugung in der großen Dynamomaschine. Auf der anderen Seite, wie das eben angeführte Beispiel zeigt, die unvermeidliche Fatalität, oft das 3-, 4-, 5 fache von dem, was man an Maschinenkraft braucht, als Dampf zuführen zu müssen.

Indessen darf gegenüber diesen bei Centralen unvermeidlichen Verschwendungen das eine nicht außer acht gelassen werden, daß ja in der Gesamtziffer, welche alle Kosten der Stromerzeugung umschließt — (Betriebskosten, Zinsen und Amortisation) die Betriebskosten nicht allzu hoch ins Gewicht fallen.

b) Erregermaschinen.

Daß Wechselstrom- und Mehrphasenmaschinen größeren Kalibers besondere Gleichstrommaschinen als Erregermaschinen nötig haben, um durch den Gleichstrom derselben die Elektromagnete der Wechselstrommaschinen zur Entwickelung von Magnetismus anzuregen, wurde bereits an den zugehörigen Stellen berührt. Entbehrlich sind dieselben nicht. Ihre Größe ist abhängig von der Strommenge, welche die große Wechselstrommaschine erzeugen soll, und macht sich eine bestimmte Angabe über die zu wählende Größe der Erregermaschine wohl kaum nötig.

Gegenstand besonderer Erwägung wird sein, ob man die Erregerdynamo durch besondere, jedenfalls kleine Dampfmaschinen, oder ob man sie von der großen Dampfmaschine mit betreiben läßt. Letzterenfalls kann man dieselbe auf die Welle der Dynamomaschine unmittelbar aufsetzen.

Bei dem Wiener Elektricitätswerk, welches Wechselstrom erzeugt, will man gefunden haben, daß der Betrieb durch eine besondere Dampfmaschine die Gesamtbetriebskosten erheblich verteuere, ohne einen ersichtlichen Vorteil zu bieten.

Bei jenen Elektrizitätswerken, welche durch Wasserkraft betrieben werden, liegen die Verhältnisse nun wieder anders; hier dürfte sichs als vorteilhaft erweisen, die Erregerdynamo durch eine separate Turbine betreiben zu lassen. Aber auch hier kann dieselbe direkt auf die Turbinenwelle (vorausgesetzt, daß die Tourenzahl derselben nicht zu gering ist) aufmontiert werden. Andernfalls baut man die Erregerdynamo an das Gestell der Dynamomaschine an und läßt die erstere durch Kegelräder von der Turbine aus betreiben.

Die Ausführung kann jedoch auch in der Art erfolgen, daß man die Pole der großen Dynamomaschine zuerst durch eine Akkumulatorenbatterie von genügender Größe erregt. Nachdem dies geschehen, läßt man von derselben einen Motor (Wechselstrom- oder Drehstrommotor) antreiben, welcher direkt mit der Erregermaschine gekuppelt ist. Liefert die Erregermaschine Strom von genügender Intensität, so schaltet man die Batterie aus und die Erregermaschine ein.

c) Reserven.

Daß eine große elektrische Centrale an Dampfmaschinen und Dynamos sehr starke Reserven braucht, ist ohne weiteres sofort klar. Denn nicht nur diese Maschinen können defekt werden, und die sofortige Einstellung der Reserven nötig machen, sondern es können auch bei dem weit ausgesponnenen gesamten Leitungsnetze einer Centrale an unendlich vielen Stellen Erdschlüsse stattfinden, welche notwendig machen, den damit verbundenen Abfluß nach der Erde hin durch stärkere Stromerzeugung auszugleichen und zwar auf längere Zeit.

Das Vorkommen solcher Erdschlüsse fällt umsomehr ins Gewicht,

als bei sehr langen Leitungen die Auffindung nicht so schnell erfolgen kann, wie bei kurzen Leitungen, und die Aufdeckung und Bloßlegung (unter Asphalt, Pflaster, Trottoirplatten u. s. w.) sowie die Beseitigung des Fehlers ebenfalls nicht so schnell erfolgen kann wie dort,

als ferner die starken und eventuell auch sehr hoch gespannten Ströme der Centrale mit weit größerer Energie beflissen sind, die Isolationen zu durchbrechen und Erdschlüsse herbeizuführen als dies bei kleinen Centralen mit kurzen Leitungen und niedrig gespannten Strömen der Fall sein kann,

und als weiter das Versagen einer großen Einzelmaschine sofort einen viel größeren Stromausfall und die Lichtentziehung auf einem nach Tausenden von Lampen zählenden Gebiete zur Folge haben wird.

Während hier also eine zum Teil allgemeine Kalamität entsteht, werden bei gleichem Vorkommen in der kleinen Centrale nicht so viel Konsumenten getroffen werden.

Man muß daher, will man ganz sicher gehen, Dampf- und Dynamomaschinen samt Zubehör doppelt beschaffen. Beschränkt man sich darauf, etwa nur die Hälfte des Erforderlichen in Reserve zu halten, so würde man damit schon auf eine knappe Ausstattung des Ganzen herabkommen.

Eine kleine Anlage braucht weniger Reserven.

Anzahl der Bedienungsmannschaften.

Kleine Anlagen, die mit 10, 20 PS arbeiten und demgemäß 100, 200 Glühlampen mit Strom versorgen, außerdem auch durch einen Gasmotor betrieben werden, können sehr leicht von einem einzigen Maschinisten (für Krankheitsfälle etc. muß sofortiger Ersatz erlangbar sein) bedient werden. Gasmotoren und ebenso Stromverbrauch auf einem geschlossenen Bezirke vorausgesetzt, wird sich mit diesem einen Mann auch noch bei Maschinen mit 50 PS auskommen lassen.

Dampfmaschinenbetrieb erfordert, es sei denn die Anlage eine ganz kleine, schon 2 Mann, einen Heizer und einen Maschinisten für die elektrischen Maschinen.

Dieser letztere hat während des Betriebes nicht viel zu thun. Der Lauf der Maschinen geht ohne sein Bemühen von statten.

Dagegen hat er namentlich den Voltmesser, den Spannungsmesser, sorgfältig im Auge zu behalten. Sinkt der Zeiger derselben, so ist dies ein Zeichen, daß die Spannung der Maschinen im Fallen begriffen ist und er muß dieselbe wieder steigern, indem er die Menge des Stromes, die Ampèrezahl, vermehrt durch entsprechende Bewegung der dazu dienenden Kurbeln am Schaltbrett.

Ist ein Akkumulator mit vorhanden, so wird beim stärksten Tagesbedarf die Maschine allein nicht mehr ausreichen, und nun ist sofort Strom von daher mit zu entnehmen, andernfalls ist wieder der Stromzufluß in die Leitung zu mindern.

So besteht bei großen wie bei kleinen Anlagen die Hauptarbeit im fortwährenden Beobachten der Meß- und Kontrollapparate und Regelung der Stromversendung nach Maßgabe dessen, was dieselben anzeigen.

Daß außer der Betriebszeit Putzen, Säubern, Pflegen und Warten der gesamten Maschinenanlagen und Apparate notwendig ist, bedarf kaum der Erwähnung.

Die allergrößte Sauberkeit und peinlichste Ordnung ist mehr wie irgendwo in diesem Betriebe ein Haupterfordernis.

Große Anlagen bedürfen selbstverständlich des im vorigen erwähnten Maschinisten und des Heizers in mehr als einer Person, und eines oder mehrerer höher gestellten aufsichtführenden Beamten.

Um wenigstens einigermaßen einen Anhalt für die Anzahl der erforderlichen Bedienungsmannschaften bei solchen Anlagen zu haben, diene folgendes:

Gleichstrom-Anlage in der Mitte der Stadt,
8000 gleichzeitig brennende } Lampen
11000 angeschlossene } Lampen

3 Dampfmaschinen à 300 PS = 900 PS.,
1 desgl. als Reserve,
5 große Dampfkessel à 175 m² Heizfläche,
8 Gleichstromdynamos, jede je 90000 Watt.

Das zu dieser Centrale erforderliche Personal ist:

Aufsichtsführung:

1	Ingenieur	ℳ	5000.—
1	Maschinenmeister	„	3500.—
2	Summa:	ℳ	8500.—

Maschinenbedienung:

3	Obermaschinisten à ℳ 3000.—	= ℳ	9000.—
7	Maschinisten à ℳ 2000.—	= „	14000.—
10	Summa:	ℳ	23000.—

Kesselbedienung und Allgemeines:

5	Heizer à ℳ 1500.—	= ℳ	7500.—
3	Putzer à ℳ 1000.—	= „	3000.—
8	Summa:	ℳ	10500.—

Aus dieser Veranschlagung vermag man wenigstens ungefähr zu beurteilen, wie viel Personal zu einer Centrale im Stadtinnern und von der vorliegenden Größe für erforderlich erachtet wird.

Nicht mit veranschlagt sind aber hierbei diejenigen Leute bezw. Arbeiter, welche die Aufsuchung von Störungen im Leitungsnetz, Isolationsfehlern und dgl. notwendig machen würde, das Aufbrechen der Straßen und Trottoirs, die Ausführung von Reparaturen und allem was damit zusammenhängt.

Welche Faktoren sind beim Entwurfe einer elektrischen Anlage zu berücksichtigen?

Um den Leser in die Lage zu versetzen, ein möglichst ausführliches und den örtlichen Verhältnissen möglichst genau entsprechendes Projekt ausarbeiten zu können, folgen hier drei Fragebogen: der eine für Einzelanlagen, der zweite für Block- oder Stadtcentralen und der dritte speziell für elektrische Kraftübertragung. Aus denselben ist dann leicht zu ersehen, welche Faktoren beim Entwurfe im allgemeinen zu berücksichtigen sind.

Es sei noch bemerkt, daß die Ausarbeitung eines Projektes dann wesentlich erleichtert wird, wenn über die zu beleuchtenden Räume maßstäblich gezeichnete Pläne oder Skizzen zur Verfügung stehen, aus denen die Größe dieser Räume und ihre Lage zu einander und zum Aufstellungsort für die Dynamomaschine hervorgeht. Wenn thunlich, so empfiehlt es sich, in diesen Plänen den Platz für die gewünschten oder seither verwendeten Lampen zu bezeichnen.

Ferner muß noch der Charakter des zu beleuchtenden Gebäudes (Brauerei, Maschinenfabrik, Wohnhaus, Weberei u. s. w.) und der Zustand der einzelnen Räume, ob trocken, feucht, mit säurehaltigen oder explosiblen Gasen gefüllt, berücksichtigt werden.

Fragebogen

zur Projektierung von Einzelanlagen.

1. Welchem Zwecke dienen die einzelnen zu beleuchtenden Räume?

   (In jedem Raume des Planes zu vermerken!) Also z. B. Wohnraum, Schlafzimmer, Kontor, Laden, Restauration, Websaal, Schlosserwerkstatt, Tischlerei, Sudhaus, Lagerkeller, Zuckerboden, Diffusionsraum, Getreidespeicher, Mehlmühle, Färberei, Brennerei, chemisches Laboratorium, Pulvermühle u. s. w.
2. Sind einzelne Räume feucht, mit Dampf oder Gas erfüllt, staubig oder sonst eigenartig beschaffen, und welche Räume sind dies?
3. Wie groß sind die zu beleuchtenden freien Plätze, und an welchen Stellen ist die Beleuchtung am wünschenswertesten?

4. Ist eine gleichmäßig laufende Dampfmaschine oder dgl. zum Antriebe der Dynamomaschine vorhanden, wie viel effektive Pferdestärken leistet dieselbe, und in welchem Maße wird dieselbe etwa gleichzeitig noch anderweitig beansprucht?
5. Soll eine Dampfmaschine, ein Gasmotor, ein Petroleummotor, eine Turbine oder dgl. zum Antriebe der Dynamomaschine veranschlagt werden?
6. Wo soll die Dynamomaschine Aufstellung finden? (Es ist hierfür ein trockener, möglichst staubfreier, nicht zu heißer und leicht zu beaufsichtigender Raum zu wählen).
7. An welchen Stellen wird die Aufstellung von Elektromotoren gewünscht?
8. Was sollen die Elektromotoren antreiben?
9. Wie viel Pferdestärken sind dazu erforderlich?
10. Soll eine Akkumulatorenbatterie Aufstellung finden?
11. Wie viel Lampen sollen von den Akkumulatoren höchstens, wieviel im Durchschnitt und — wie lange gespeist werden? (Diese Zahlen sind möglichst genau zu bestimmen, da hiervon der Preis der Batterie abhängig ist).
12. Welcher Raum ist für die Akkumulatorenbatterie verfügbar? (Es empfiehlt sich für die Batterie einen kühlen, gut zu lüftenden, möglichst nahe bei der Dynamomaschine gelegenen Raum zu wählen).

Fragebogen

zur Projektierung einer Block- oder Stadtcentrale.

1. Welcher Platz ist für die Centrale in Aussicht genommen? Der Platz ist auf einem Plane oder einer maßstäblichen Skizze anzugeben.
2. Ist ein Gebäude vorhanden, das für die Kessel, Maschinen, Akkumulatoren u. s. w. zur Verfügung steht. Die eventuell disponiblen Räume sind in Grundrißzeichnung unter Angabe der Höhe beizufügen.
3. Wo liegen die zu beleuchtenden Gebäude, Plätze u. s. w. und auf wie viel Glüh- und Bogenlampen ist in jedem einzelnen Falle zu rechnen?
4. Welcher Art sind die zu beleuchtenden Räume und in welche Zeit fällt der Stromkonsum? So sind z. B. für Bureaux, Amtslokale u. s. w. die Bureaustunden, für Restaurationen, Cafés, Theater u. s. w. die Zeit des Schlusses, und für industrielle Anlagen die Dauer des Betriebes anzugeben, oder es ist zu bemerken, von wann

an ein auf die Hälfte oder ein Drittel u. s. w. eingeschränkter Lichtbetrieb stattfindet.

5. An welchen Stellen wird Strom zu motorischen Zwecken gebraucht, wie viel PS werden gebraucht und zu welcher Zeit?
6. Dürfen die Leitungen oberirdisch geführt werden, und sind zur Führung der Drähte Konzessionen erforderlich und von wem sind diese einzuholen?
7. Befinden sich in dem von der Centrale zu speisenden Gebiete staatliche Telegraphen oder Fernsprechleitungen? Dieselben sind eventuell im Plan zu vermerken.
8. Welches sind die am Platz üblichen Heizmaterialien und was kosten sie?
9. Was kostet 1 m^3 Wasser aus der städtischen Wasserleitung?
10. Befindet sich in der Nähe der Centrale ein für diese disponibler Brunnen; wo liegt er, wie tief ist er und was leistet er?
11. Was kostet 1 m^3 Gas aus der öffentlichen Gasanstalt: a) zu Leuchtzwecken, b) zu motorischen Zwecken? Die Überlassung einer Statistik über den Gaskonsum des letzten Jahres ist erwünscht.
12. Befindet sich am Orte schon irgend eine elektrische Centrale, wo liegt sie, wer betreibt sie, wer erbaute sie und zu welchem Preise giebt dieselbe den Strom ab?
13. Soll eine Beleuchtung von Straßen und öffentlichen Plätzen stattfinden? Soll dieselbe durch Bogen- oder Glühlampen, bezw. in welcher Zahl und Kerzenstärke erfolgen? Sollen vorhandene Straßenlaternen hierzu benutzt werden? Die gewünschten Lampen sind auf dem Plane zu vermerken.
14. Wie viel giebt die Stadt gegenwärtig jährlich für Straßenbeleuchtung aus und aus welchen Posten setzt sich dieser Betrag zusammen?
15. Wie sind die Grundwasserverhältnisse an den für die elektrische Beleuchtung in Frage kommenden Stellen?

Fragebogen

zur Projektierung einer elektrischen Kraftübertragung.

1. Wie viel Elektromotoren sollen zur Aufstellung kommen und wie viel effektive Pferdestärken soll jeder einzelne leisten?
2. Wie viel Umdrehungen machen die anzutreibenden Wellen in der Minute?
3. Soll die Arbeitsübertragung vom Elektromotor auf die anzutreibende Welle (Transmission, Arbeitsmaschine) durch

direkte Kuppelung, durch Schnecke und Schneckenrad, durch Riemen oder wie sonst erfolgen?

4. Ist bereits eine elektrische Anlage vorhanden? Von wem und nach welchem System (Gleichstrom, Zweileiter-, Dreileitersystem, Wechselstrom, Drehstrom) ist sie gebaut und mit wie viel Volt wird sie betrieben? Oder soll eine Dynamomaschine zum Zwecke der Stromerzeugung veranschlagt werden?
5. Ist eine gleichmäßig laufende Dampfmaschine oder dgl. zum Antriebe der Dynamomaschine vorhanden, wie viel Umdrehungen macht sie, wie viel effektive Pferdestärken leistet sie und in welchem Maße wird sie etwa gleichzeitig noch anderweitig beansprucht?
6. Soll eine Dampfmaschine, ein Gasmotor, ein Petroleummotor, eine Turbine oder dgl. zum Antriebe der Dynamomaschine veranschlagt werden? (Bei Wahl einer Dampfmaschine ist der Dampfüberdruck im Kessel in Atm. und die Entfernung der Dampfmaschine von dem Kessel anzugeben. Bei Wahl von Turbinen ist die Angabe der größten, mittleren und kleinsten Wassermenge in m^3 pro Stunde des nutzbaren Gefälles in m erforderlich.
7. Wo soll die Dynamomaschine Aufstellung finden?
8. Wie groß ist die Entfernung zwischen den Elektromotoren und der Dynamomaschine oder der Anschlußstelle an eine etwa vorhandene elektrische Anlage?
9. Soll die Leitung zu den Elektromotoren veranschlagt werden? (Bejahenden Falles ist auf einer maßstäblichen Situationszeichnung der für die Leitungen disponible Weg nebst etwaigen Hindernissen [Bäume, Gewässer u. s. w.], sowie eine etwa vorhandene staatliche Telephon- oder Telegraphenleitung zu vermerken. Holzstangen zur Befestigung der Isolatoren werden nur auf besonderen Wunsch veranschlagt, da sie in der Regel am Platze billiger zu beschaffen sind).
10. Wie viel Elektromotoren und mit wie viel Pferdestärken werden höchstens gleichzeitig im Betriebe sein und wie sind die Betriebszeiten für die Elektromotoren und die zum Antrieb der Dynamomaschine dienenden Maschinen?
11. Wird noch zu anderen Zwecken Strom gebraucht, eventuell zu welchen und wie viel?
12. Soll eine Akkumulatorenbatterie Aufstellung finden und welchen Zwecken soll sie dienen?
13. Welche elektrische Arbeit, das heißt wie viel Voltampère

und wie viel Stunden lang, soll die Batterie leisten können? Oder wie viel Lampen soll sie speisen können und wie lange?

14. Welcher Raum ist für die Akkumulatorenbatterie verfügbar?

Berechnung der günstigsten Verlustziffer an Energie in Leitungen.

Die Verlustziffer an Energie soll so gering als möglich sein. Um dieselbe endgültig festzustellen, sollte man die Leiter vorerst auf einen Gesamtverlust von, sagen wir 5 % (z. B. 4 % in den Hauptleitungen und 1 % in den kleinen Abzweigungen) berechnen.

Man habe gefunden für eine Anlage, welche 50 PS erfordert und täglich 6 Stunden im Betriebe ist:

Elektrisches Material (Dynamos, Ausschalter, Sicherheitsvorrichtung, Lampenhalter etc.) . . . . ℳ 50000,—

Die Kosten des Kupfers des auf 5 % Verlust berechneten Leitungsnetzes betragen ausnahmsweise 30 % der Gesamtkosten = ℳ 15000,—

Nun entsteht die Frage: Könnten die Kosten dieses Leitungsnetzes nicht herabgemindert werden, indem wir eine größere Verlustziffer, z. B. 10 %, annehmen?

Die hierdurch erzielte Ersparnis würde sein:

Kosten des Leitungsnetzes zu 5 % Verlust . .	ℳ	15000,—
Kosten des Leitungsnetzes zu 10 % Verlust . .	„	7500,—
Ersparnis	ℳ	7500,—

Wir haben daher vom Anlagekapital 7500 ℳ erspart. Die jährlichen Zinsen hiervon betragen, zu 5 % angenommen, 375 ℳ.

Zu gleicher Zeit haben wir aber auch den Verlust an Energie $= K_e$ auf 10 % erhöht. Derselbe beträgt, wenn wir annehmen:

n = Anzahl der PS,
h = Stunden täglichen Betriebes,
t = Tage des Betriebes,
k = Kohle in kg per Stunde und PS.,
M = Preise in Mark per kg Kohle,
p = % Verlust an der produzierten mechanischen Arbeit

$$K_e = \frac{n \,.\, h \,.\, t \,.\, k \,.\, M}{p}$$

oder in unserem Falle

$$K_e = \frac{50 \,.\, 6 \,.\, 365 \,.\, 2 \,.\, 0{,}017}{10} = 372{,}3 \text{ Mark.}$$

Wir haben daher durch die Erhöhung der Verlustziffer in

den Leitern von 5% auf 10% gewonnen an Entfall vom Anlagekapital (7500 ℳ) mit 5% verzinst . . . ℳ 375,—

Hiervon ab der durch Verlust in den Leitern bedingte Kraftverlust in Kilogramm-Kohlepreis berechnet . . . . „ 372,30

bleibt Gewinn ℳ 2,70

Ganz anders aber stellt sich die Sache, wenn wir für dieselbe Installation anstatt eines täglich sechsstündigen Betriebes einen solchen von 12 Stunden annehmen. Während die durch die Herabminderung des Leiterquerschnittes erzielte jährliche Ersparnis von ℳ 375 konstant bleibt, haben wir für den Verlust an Brennmaterial

$$K_e = \frac{50 \,.\, 12 \,.\, 365 \,.\, 2 \,.\, 0{,}017}{10} = 744{,}6 \text{ ℳ zu setzen.}$$

Wir sehen daher, daß wir bei Installationen von kurzem täglichen Betriebe uns ganz gut erlauben können, den Querschnitt der Leiter auf das äußerste herabzusetzen und eine große Verlustziffer an Energie anzunehmen, während dies bei Anlagen von längerem Betriebe nicht angeht.

Wir dürfen ferner nicht vergessen, daß in diese Vergleichung außer der Ersparnis an Anlagekapital und der jährlichen Verlustziffer an Energie auch noch andere Faktoren einzustellen sind.

Der erste ist die durch die Anordnung der Stromkreise bedingte Höhe der Verlustziffer an elektromotorischer Kraft, welche man eben nicht nach Belieben erhöhen kann. Nehmen wir an, wir hätten folgende Kreise:

I.	Länge 200 m	Anzahl der Lampen	à 0,75 A.	10 =	7,5 Ampères,
II.	„ 16 „	„ „ „	„ 0,75 „	50 =	37,5 „
III.	„ 30 „	„ „ „	„ 0,75 „	8 =	6 „

Der Querschnitt der Kupferdrähte dieser Stromkreise würde sein für einen Verlust:

	1%	2%	5%	10%	15%	20%
I.	50 mm²	25 mm²	10 mm²	5 mm²	3,3 mm²	2,5 mm²
II.	20 „	10 „	4 „	2 „	1,3 „	1 „
III.	6 „	3 „	1,2 „	0,6 „	0,4 „	0,3 „

Nun ist uns aber bekannt, daß wir 2,5 Ampères pro Millimeter Querschnitt nicht überschreiten dürfen. Der erlaubte Querschnitt wäre daher für

$$\text{I. } Q = \frac{J}{2{,}5} = \frac{7{,}5}{2{,}5} = 3 \text{ mm}^2 = \text{ungefähr } 15\,\% \text{ Verlust}$$

II. $Q = \frac{J}{2,5} = \frac{37,5}{2,5} = 15 \text{ mm}^2$ = ungefähr $1\,^1/_2\,^0/_0$ Verlust

III. $Q = \frac{J}{2,5} = \frac{6}{2,5} = 2,4 \text{ mm}^2$ = „ $2\,^0/_0$ „

Wie wir sehen, ist die Differenz zwischen den Querschnitten der einzelnen Stromkreise eine große. Wir müssen daher suchen, sie zu equilibrieren, um eine gleichmäßige Verlustziffer für sämtliche Stromkreise heraus zu bekommen. Wie wir es auch anstellen mögen, in vorliegendem Falle werden wir kaum $3\,^0/_0$ Verlust überschreiten können, oder wir verzichten auf eine Equilibrierung des Stromnetzes.

Ein zweiter Faktor ist zu beachten in dem Falle, als wir ein vollständig equilibriertes Stromnetz mit einer hohen Verlustziffer, sagen wir $10\,^0/_0$, vor uns hätten. Nehmen wir einen der Stromkreise, welcher etwa 50 Ampères zu tragen hätte. Die Potentialdifferenz an der Dynamomaschine sei 100 Volt, von welcher wir 10 Volt in den Leitungen verlören. Der Widerstand der letzteren ist daher: $W = \frac{V}{J} = \frac{10}{50} = 0,2$ Ohm.

Nun verlöschen wir eine Lampengruppe dieses Stromkreises mit etwa 25 Ampères. Es wird daher der Verlust an Volt im selben Stromkreise nur mehr $V = 25 \,.\, 0,2 = 5$ Volt betragen, das heißt, die Lampen dieses Kreises, welche soeben mit 90 Volt Spannung brannten, werden auf einmal mit 95 Volt gespeist; selbstverständlich ist dies für die Lampen sehr von Nachteil, wenn sie nicht sofort abbrennen, so dauern sie doch nur sehr kurze Zeit.

Es geht daraus hervor, daß eine hohe Verlustziffer nur bei Anlagen mit äußerst konstantem Lichtverbrauch angenommen werden kann, andernfalls müßte in jeden Stromkreis entweder ein automatischer Regulator eingeschaltet werden oder anderweitig dafür gesorgt werden, daß die Variationen der Potentialdifferenz in den Stromkreisen durch Einschaltung variabler Widerstände ausgeglichen werde.

Methode zur Berechnung der Kosten von Kabelnetzen.

Hat man für eine gewisse Anordnung der Hauptpunkte des Leitungssystems die Netz- und Zuleitungen berechnet, so ist damit die Arbeit keineswegs beendet, sondern sie steht noch auf einer Stufe der Entwickelung, auf der man sich die beiden Fragen vorzulegen hat: 1. Ist diese oder etwa eine andere Anordnung der Hauptpunkte des Netzes die vorteilhaftere? 2. Wie viel kostet etwa das Netz bei Anwendung von Zwei-, Drei- oder Mehrleitersystemen?

Die Methode[1] basiert auf dem bekannten Ausdruck:[2] $a . Q + b$ für den Preis von 1 m Kabel vom Querschnitt Q mm², worin a und b für alle Querschnitte konstant sind, zeitlich sich aber mit den Schwankungen des Kupfermarktes verändern. Für L m Kabel wird dann der Preis P_r:

$$P_r = a . L . Q + b . L,$$

oder

$$P_r = a . V + b . L,$$

wenn V das Volumen des Kupfers in cm³ bedeutet. Der Preis des ganzen Netzes ist also bekannt, sobald das Gesamtkupfervolumen und die Gesamtkabellänge bekannt sind. Nachdem Längen- und Querschnitte der Leitungen in zwei Kolonnen eingetragen sind, lege man noch eine dritte Kolonne für die Volumina des Kupfers in den einzelnen Leitungen an. Ebenso gut könnte man statt dieser Volumina gleich die Preise der Leitungen eintragen. Es ist dies jedoch nur bei einer gewissen Übung empfehlenswert, da Irrtümer nicht ausgeschlossen sind, abgesehen davon, daß man eine Preisliste zur Hand haben muß. Aus dem Gesamtkupfervolumen kann man aber schon ersehen, ob die vorliegende, oder eine andere Anordnung des Netzes die richtigere ist. Da die Längen der Netzleitungen nicht von der Wahl der Hauptspeisepunkte abhängen, so ist das billigere Netz auf Seiten des geringeren Kupfervolumens. Bei den Zuleitungen sind jedoch auch die Längen in Betracht zu ziehen.

Eine ungleich höhere Bedeutung gewinnt aber diese Rechnungsweise, wenn man die zweite der oben angeregten Fragen beantworten will, nämlich die Frage: Wie viel kostet das ganze Netz, nach den verschiedenen Mehrleitersystemen berechnet?

Sobald man Gesamtkupfervolumen und Gesamtkabellänge für das Zweileitersystem kennt, kann man diese Größen sofort auch für die anderen Systeme berechnen; es treten dann zu V und L nur noch gewisse einmal zu berechnende Konstanten, deren Bewertung im folgenden hier Platz finden möge.

Um die Systeme miteinander vergleichen zu können, muß man sie natürlich auf gleichen Energieverlust berechnen, wenigstens gilt dies für die Zuleitungen. Da die Netzleitungen den

[1] Vgl. Elektrotechnische Zeitschrift, Berlin, 1890, Seite 658 u. f.

[2] Vgl. C. Hochenegg, Anordnung und Bemessung elektrischer Leitungen.

bekannten schon früher erwähnten Forderungen genügen müssen, so kann man sie nur auf gleichen Spannungsverlust berechnen. Es ergiebt sich hieraus eine getrennte Behandlung der Zuleitungen und Netzleitungen. Unter V und L seien im folgenden immer Gesamtvolumen und Gesamtlänge der nach dem Zweileitersystem berechneten Leitungen verstanden. Die Indices n und z beziehen sich auf Netz- und Zuleitungen.

Für die Mehrleitersysteme sei angenommen, daß der Querschnitt eines Innenleiters $^4/_{10}$ von dem eines Außenleiters betrage. Es wird dies etwa ein mittlerer Wert sein.

I. Dreileitersystem.

a) Netzleitungen. Da die Stromstärke die halbe des Zweileitersystems ist, so muß auch der Querschnitt der Außenleiter der halbe sein, um denselben Spannungsverlust herbeizuführen wie dort. Ist l die Länge einer Leitung, q_2 der Querschnitt nach dem Zweileitersystem berechnet, so haben die Außenleiter des Dreileitersystems den Querschnitt $0,5\,q_2$, der Innenleiter nach obiger Festsetzung $0,2\,q_2$. Das Kupfervolumen ist also:

$$V_n = l q_2 (0,5 + 0,5 + 0,2) = 1,2 \,.\, l \,.\, q_2.$$

Das Zweileitersystem würde für dieselbe Leitung das Kupfervolumen $2 \,.\, l \,.\, q_2$ erfordern, also wäre das Gesamtkupfervolumen beim Dreileitersystem $= 0,6 \,.\, V_n$, während die Gesamtlänge $1,5 \,.\, L_n$ beträgt.

Aus diesen Koëffizienten kann man schon ersehen, daß das Dreileiternetz unter Umständen teurer sein kann, als das Zweileiternetz, wenn nämlich das letztere bei großer Ausdehnung verhältnismäßig kleine Kupferquerschnitte erfordert.

b) Zuleitungen. Für die Berechnung der Zuleitungen sei also die Bedingung gegeben, daß beim Dreileitersystem der Energieverlust derselbe sei, wie beim Zweileitersystem; hiernach sind die Querschnitte zu ermitteln. Um diesen Energieverlust zu ermitteln, sei angenommen, es fließe im Mittelleiter $^1/_{10}$ des Stromes zurück, der in einem Außenleiter nach dem Hauptpunkte hingeflossen war. Durch den anderen Außenleiter fließen dann die übrigen $^9/_{10}$.

Der Widerstand eines Außenleiters sei W, der des Innenleiters demnach $\frac{W}{0,4}$ oder $2,5 \,.\, W$.

Dann ist der Energieverlust in der Zuleitung

$$W \,.\, J^2 + 2,5\, W \,.\, 0,1^2 \,.\, J^2 + W \,.\, 0,9^2 \,.\, J^2 = 1,835 \,.\, W \,.\, J^2.$$

Demgegenüber ergiebt das Zweileitersystem bei der doppelten Stromstärke und bei dem Widerstande W_2 der Hin- oder Rückleitung den Energieverlust

$$2 \,.\, W_2 \,.\, (2\,J)^2 = 8 \,.\, W_2 \,.\, J^2.$$

Es ist also der Widerstand eines Außenleiters beim Dreileitersystem

$$W = \frac{8}{1{,}825} \,.\, W_2 = 4{,}36 \,.\, W_2$$

und der Querschnitt

$$= \frac{1}{4{,}36} \,.\, q_2 = 0{,}23 \,.\, q_2,$$

also der eines Innenleiters $= 0{,}092 \,.\, q_2$. Das Kupfervolumen ist somit

$$l \,.\, q_2 \,.\, (0{,}23 + 0{,}092 + 0{,}23) = 0{,}552 \,.\, l \,.\, q_2,$$

während das Zweileitersystem $2 \,.\, l \,.\, q_2$ ergeben würde. Folglich ist das Gesamtkupfervolumen der Zuleitungen des Dreileitersystems:

$$= 0{,}276 \,.\, V_z,$$

die Gesamtlänge wieder

$$= 1{,}5 \,.\, L_z.$$

II. Vierleitersystem.

a) Netzleitungen. Nach derselben Methode wie oben berechnet, ergiebt sich für das Volumen der Netzleitungen: $0{,}466 \,.\, V_n$, für die Länge $2 \,.\, L_n$.

b) Zuleitungen. In einem der Innenleiter fließe $0{,}1 \,.\, J$ zurück, im anderen ein Strom von derselben Intensität wieder hin, so daß in beiden Außenleitern der Strom J fließt. Dann ist der Energieverlust in der Zuleitung

$$W \,.\, J^2 + 2{,}5\, W \,.\, (0{,}1 \,.\, J)^2 + 2{,}5 \,.\, W \,.\, (0{,}1 \,.\, J)^2 + W \,.\, J^2$$
$$= 2{,}05 \,.\, W \,.\, J^2.$$

Beim Zweileitersystem

$$2 \,.\, W_2 \,.\, (3 \,.\, J)^2 = 18 \,.\, W_2 \,.\, J^2.$$

Es ist also

$$W = \frac{18}{2{,}05} \,.\, W_2 = 8{,}78 \,.\, W_2$$

und

$$q = 0{,}114 \,.\, q_2,$$

für die Innenleiter also

$$= 0{,}0456 \,.\, q_2.$$

Das Gesamtkupfervolumen wird also

$$= 0{,}16 \,.\, V_z,$$

die Gesamtlänge

$$= 2 \,.\, L_z.$$

III. Fünfleitersystem.

a) Netzleitungen. Der Querschnitt ist $^1/_4$ des Querschnittes beim Zweileitersystem, also $0{,}25 \,.\, q_2$; für die Innenleiter: $0{,}10 \,.\, q_2$, das Kupfervolumen also

$$l \,.\, q_2\,(0{,}25 + 0{,}10 + 0{,}10 + 0{,}10 + 0.25) = 0{,}8 \,.\, l \,.\, q_2$$

und damit das Gesamtkupfervolumen

$$= 0{,}4 \,.\, V_n,$$

die Gesamtlänge

$$= 2{,}5\, L_n.$$

b) Zuleitungen. Hier möge die Stromverteilung wie in

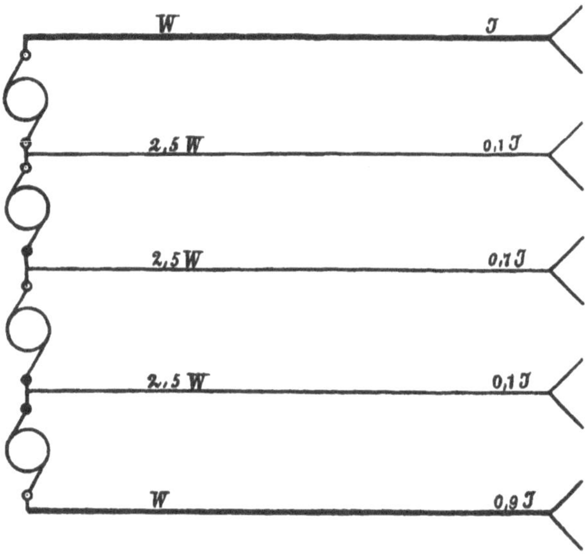

Fig. 178.

Skizze Fig. 178 angenommen werden. Der Energieverlust ist dann

$$W \,.\, J^2 \,.\, (1 + 2{,}5 \,.\, 0{,}1^2 + 2{,}5 \,.\, 0{,}1^2 + 2{,}5 \,.\, 0{,}1^2 + 0{,}9^2)$$
$$= 1{,}885 \,.\, W \,.\, J^2.$$

Beim Zweileitersystem ist er entsprechend

$$2 . W_2 . (4 . J)^2 = 32 . W . J^2,$$

also ist

$$W = \frac{32}{1,885} . W_2 = 17 . W_2$$

und

$$q = 0,059 . q_2.$$

Die Innenleiter erhalten den Querschnitt

$$= 0,0235 . q_2$$

und das Volumen wird

$$l . q_2 . (0,059 + 0,0235 + 0,0235 + 0,0235 + 0,059)$$
$$= l . q_2 . 0,1885.$$

Das Gesamtvolumen wird also

$$= 0,094 . V_z,$$

die Gesamtlänge wieder

$$= 2,5 . L_z.$$

Man könnte nun durch Einführung des mittleren Querschnittes, welcher als der Quotient

$$\frac{\text{Gesamtkupfervolumen}}{\text{Gesamtlänge}}$$

zu definieren wäre, diese Ausdrücke in graphische Form bringen, wobei sich herausstellen würde, daß jedes der betrachteten Systeme für ein gewisses Intervall des mittleren Querschnittes das Feld behauptet; diese Betrachtungen sollen jedoch nicht weiter verfolgt werden, sondern es soll durch ein praktisches Beispiel die Einfachheit der Methode dargelegt werden.

Es sei ermittelt, daß für das Zweileitersystem die Werte gelten:

$$V_n = 1500000 \text{ cm}^3; \quad L_n = 5000 \text{ m};$$
$$V_z = 1600000 \text{ cm}^3; \quad L_z = 10000 \text{ m}.$$

Der Einfachheit halber sei angenommen, es werde für Netz- und Zuleitungen dieselbe Sorte Kabel verwendet, welche pro 1 m $0,03 . Q + 1,5$ ℳ kostet, so daß man L_n und L_z von vornherein addieren und in eine Gesamtlänge von 15000 m zusammen ziehen kann. Dann ergiebt sich:

Zweileitersystem:

0,03	. 1 500 000 =	45 000 ℳ
0,03	. 1 600 000 =	48 000 „
1,5	. 15 000 =	22 500 „
		115 500 ℳ

Dreileitersystem:

0,6	. 45 000 =	27 000	*M*
0,276	. 48 000 =	13 200	„
1,5	. 22 500 =	33 700	„
		73 900	*M*

Vierleitersystem:

0,466	. 45 000 =	21 000	*M*
0,160	. 48 000 =	7 800	„
2,0	. 22 500 =	45 000	„
		73 700	*M*

Fünfleitersystem:

0,4	. 45 000 =	18 000	*M*
0,094	. 48 000 =	4 500	„
2,5	. 22 500 =	56 200	„
		78 700	*M*

Nachstehende Tabelle (Fig. 179) giebt die Leitungskosten bei mehreren Systemen in Gulden österr. Währung an.

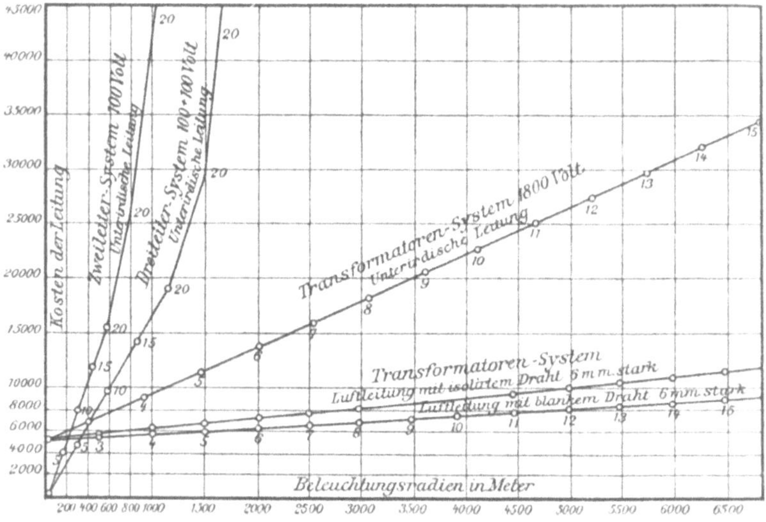

Fig. 179.

Wann ist die Anwendung von Gasmotoren für Elektricitätswerke vorteilhaft?

Der Gasmotorenbetrieb ist unter der Voraussetzung, daß das Gas nicht gekauft werden muß, sondern Gas- und elektrische Anlagen sich in einer Hand befinden, für mittelgroße und kleine Städte in vielen Fällen zu empfehlen.

Die Vorteile, welche solche Centralen bieten, sind:

1. geringer Raumbedarf, mithin kleines Grundstück;
2. geringer Wasserbedarf; 23—24 l die PS-Sd. oder noch weniger bei besseren Kühlanlagen;
3. Unabhängigkeit vom Transporte der Kohlen;
4. keine Rauchbelästigung;
5. keine Explosionsgefahr;
6. geringere Anlagekosten als bei gleich großen Dampfmaschinenanlagen, weil das Grundstück wesentlich kleiner, das Kabelnetz wesentlich billiger wird, sofern man mitten in der Stadt im Schwerpunkte des Strombedarfes eher ein Grundstück für Gasmotoren als für Dampfmotoren finden und benutzen kann, und weil die Kosten der Gasmotorenanlagen über 100 PS wesentlich billiger werden, als die gleich großer Dampfmaschinenanlagen inkl. Reservekessel, Kesselhaus und Schornstein etc.;
7. geringer Spannungsverlust im Leitungsnetz in Folge günstiger Lage der Centrale;
8. kleines Betriebspersonal;
9. leichte und genaue Kontrolle des Gasverbrauches für jede einzelne Maschine durch eine Gasuhr;
10. sicherer und bequemerer Betrieb für Anlagen mittlerer Größe, wo die Schwankungen im Gesamtverbrauch oft plötzlich bei nur kurzer Betriebszeit auftreten. Auch lassen sich die Gasmaschinen viel schneller als Dampfkessel in Betrieb setzen.

Die Selbstkosten werden so berechnet wie sie sich thatsächlich stellen und dürfen nicht mit Faktoren belastet werden, welche lediglich für die Aufspeicherung, Verteilung und den Absatz für Leuchtgas in der Stadt in Frage kommen.

Denn wenn eine Gasanstalt ein neues Quantum Gas an einen einzigen großen Konsumenten, also hier die Centrale, abgiebt, so erhöhen sich dadurch die allgemeinen Verwaltungskosten gar nicht und es kommen nur die bei der Produktion des Gases verausgabten Löhne, Reparaturen, Erneuerungen, also die eigentlichen Fabrikationskosten im engeren Sinne in Betracht.

Befindet sich das Elektricitätswerk auf der Gasanstalt selbst, so scheidet auch die Verzinsung des Anlagekapitals der Gasanstalt für das Straßenrohrnetz aus, oder es kann nur mit dem Mehrkapital in Berechnung gestellt werden, welches die elektrische Anlage thatsächlich veranlaßt. Auch der Wert der Gasbehälter darf hier nicht in Anrechnung kommen, da die Akkumulatoren bei Tage geladen werden und durch einen Betrieb von 20 Stunden in der Maximalkonsumzeit die Entnahme von Gas aus der Anstalt keine Mehrkosten in der Gasbehälteranlage verursacht werden. Mithin bleiben von den Selbstkosten des Gases für die elektrische Centrale nur noch übrig außer einer wesentlich geringeren Zinsbelastung in den meisten Fällen die Kosten des Roh- und Feuerungsmaterials, abzüglich der Nebenprodukte sowie die eigentlichen Fabrikationskosten inkl. Reparaturen und Erneuerungen.

Da die Ausnutzung des Heizwertes unserer Steinkohlen bei Dampfmaschinen nur 8—10 %, bei Gasmotoren jedoch 16—22 % beträgt, so ist es am vorteilhaftesten, Gas und Elektricität bei Gaswerken zu vereinigen.

Die Güteverhältnisse der verschiedenen Systeme der Energieverteilung.

Bei Anlagen mit verteilten Gasmotorstationen, wobei für die Hauptleitungen und das Netz ein Gesamtverlust von 10 % bei maximaler Belastung nicht überschritten wird, ist der Wirkungsgrad für die gleich belastet arbeitende Dynamomaschine 90 %, das Güteverhältnis zwischen der abgegebenen Energiemenge und der von den Maschinen erzeugten, wobei in 24 Stunden höchstens die Hälfte dieses erzeugten Stromes aufgespeichert wird, 87,5 %, die andere Hälfte des erzeugten Stromes fließt direkt von den Maschinen in das Leitungsnetz ab. Rechnet man den Verlust für Speiseleitungen und Netz durchschnittlich auf 2 %, ihren Wirkungsgrad also auf 98 % (der mittlere Verlust im Jahresdurchschnitt beträgt nach vielfach angestellten Ermittelungen den fünften Teil des maximalen Verlustes), so beträgt das gesamte Güteverhältnis einer solchen Anlage

$$0,9 \times 0,875 \,.\, 0,98 = 77,2\,\%$$

Bei einer Anlage mit nur einer Centralstation in der Stadt und einem mit ihr verbundenen einheitlichen Leitungsnetz mit einem Verlust von 20 % in den Hauptleitungen stellt sich das Gesamtgüteverhältnis auf 74,7 %.

Wirkungsgrad der Dynamomaschinen 90 %, Akkumulatoren 87,5 %, Speiseleitungen 96 %, ($^1/_5$ von 20 %), Netz 99 %, bei einer außerhalb der Stadt gelegenen Centralstation mit verteilten Akkumulatorenstationen innerhalb der Stadt mit einem maximalen Spannungsverlust von 25 % in der Primärleitung und von 20 % in den Hauptleitungen ist das Güteverhältnis der Anlage 68,85 %, nämlich: Wirkungsgrad der Dynamos 90 %, der Akkumulatoren 87,5 %, Primärleitungen 92 % (unter der Annahme, daß der Verlust im mittleren Jahresdurchschnitt sich auf $^1/_3$ des maximalen Jahresdurchschnittes rechnet), Speiseleitungen 96 %, Leitungsnetz 99 %.

Bei einer außerhalb der Stadt gelegenen Betriebsstation mit Wechselstrom von 2000 Volt Spannung und in der Stadt verteilten Akkumulatorenstationen mit Rotationstransformatoren, wobei im Maximum 12 % Verlust in der Wechselstrom-Primärleitung und ein Güteverhältnis von 82 % der Rotationstransformatoren vorausgesetzt ist, hat man: Wirkungsgrad der Dynamomaschinen 90 %, Rotationstransformatoren 82 %, Akkumulatoren 87,5 %, Primärleitungen 96 % ($^1/_3$ von 12 %), Speiseleitungen 96 % ($^1/_5$ von 20 %), Leitungsnetz 99 % und daraus das Gesamtgüteverhältnis der Anlage:

$$0{,}9 \,.\, 0{,}82 \,.\, 0{,}875 \,.\, 0{,}96 \,.\, 0{,}96 \,.\, 0{,}99 = 58{,}9\,\%.$$

Bei einer Betriebsstation für ein weit ausgedehntes Beleuchtungsgebiet und zweimalige Transformation auf sehr hohe Spannung herauf und wieder herunter, wobei ein Güteverhältnis der gleichbelasteten Transformatoren von 96 % angenommen ist, hat man: Wirkungsgrad der Dynamomaschinen 90 %, Rotationstransformatoren 82 %, des ersten Transformators 96 %, des zweiten Transformators 96 %, Akkumulatoren 87,5 %, Primärleitungen 96 % ($^1/_3$ von 12 %), Speiseleitungen 96 % ($^1/_5$ von 20 %), Leitungsnetz 99 %. Hieraus ergiebt sich ein Gesamt-Güteverhältnis der Anlage von

$$0{,}9 \,.\, 0{,}82 \,.\, 0{,}96 \,.\, 0{,}96 \,.\, 0{,}99 = 54{,}2\,\%.$$

Das Güteverhältnis von Anlagen mit Wechselstrom stellt sich bei 2000 Volt Primärspannung und kleinem Verteilungsnetz nach analoger Berechnung auf 34,83 % und bei zweimaliger Transformation für hohe Primärspannung auf 31,3 %.

Was nun den Wert einer Akkumulatorenbatterie in Bezug auf die Betriebskosten-Auslagen betrifft, so liegt derselbe nicht darin, daß die Anlagekosten für die Abgabe einer PS geringer sind, als bei dem direkten Betriebe, sondern daß die Möglichkeit der Gleichbelastung der Dynamomaschinen vorhanden ist und die Betriebskosten reduziert werden.

Die Vergleichung der Gleich- und Wechselstromsysteme.

I. Vorteile der Gleichstromsysteme.

1. Die Gleichstrommaschinen arbeiten äußerst wirtschaftlich und lassen sich beliebig schalten.

2. Die bei Gleichstrommaschinen verwendeten, niederen Spannungen bieten nur eine geringe Gefahr für Leben und Eigentum.

3. Die Gleichstromlampen haben ein ausgezeichnetes Güteverhältnis, sie brennen ruhig und geräuschlos.

4. Die Gleichstrommotoren haben ein sehr hohes Güteverhältnis, ihre Geschwindigkeit läßt sich ebenso leicht dauernd konstant halten, als auch beliebig ändern.

5. Die elektrische Energie kann akkumuliert und zu elektrochemischen Zwecken benützt werden.

II. Nachteile der Gleichstromsysteme.

1. Die Centrale muß inmitten der Anlage liegen. Daraus ergeben sich die Nachteile:

a) Das Grundstück ist sehr teuer.

b) Der laute Gang der Pumpen und Ventile entwertet die Nachbargrundstücke.

c) Die Kohlen müssen an- und die Asche abgefahren werden, wodurch der Straßenverkehr leidet und die Kosten zunehmen.

d) Es ist schwer, das genügende Kondensationswasser zu beschaffen, das verbrauchte hat keinen Abfluß.

e) Die Centrale belästigt die Nachbarschaft durch Rauch und Ruß.

f) Die Aufstellung einer Kesselanlage, mitten in der Stadt, ist gefährlich.

2. Der Verteilungsbezirk einer Gleichstromcentrale erscheint beschränkt, wenn man nicht ganz unverhältnismäßig teure Leitungen oder übergroße Verluste haben will.

3. Das Gleichstromsystem ist für wenig bebaute Bezirke zu kostspielig.

III. Vorteile der Wechselstromsysteme mit Anwendung von Transformatoren.

1. Das Wechselstromsystem gestattet die Anwendung dünner Hauptleitungen und kommt dies besonders bei oberirdisch gelegten Leitungen zur Geltung. Sind jedoch unterirdische Leitungen

unvermeidlich, so wird dieser Vorteil dadurch beeinflußt, daß das Kupfer der Leitungen nur einen geringen Teil der Gesamtkosten der Leitungen beansprucht, daß die Isolierung bei den Kabeln für Wechselstrom eine sehr sorgfältige und daher sehr teure sein muß und daß die Kosten der Ausrüstung und Verlegung der Kabel sich nicht porportional mit dem Kupferquerschnitte verändern.

2. Dieses System ermöglicht die Entfernung der Centrale aus dem Beleuchtungsgebiete in günstiger gelegene Orte. Ob diese Möglichkeit sich zweckmäßig zur Ausführung bringen läßt, das heißt ob die Vorzüge und wirtschaftlichen Vorteile der entfernten Lage die unzweifelhaft vorhandenen Mehrkosten in der Leitungsanlage und die größere Betriebsunsicherheit aufwiegen, bleibt zu erörtern.

3. Das Wechselstromsystem ermöglicht die Verteilung elektrischer Energie auf wenig bebaute Bezirke.

4. Die Größe des Verteilungsbezirkes ist nicht so enge beschränkt, wie bei Anwendung des Gleichstromes, da die Leitungen billiger sind. Berechnet man die Leitungsnetze für verschiedene Systeme und Entfernungen, so findet man, daß, selbst bei ziemlich großen Entfernungen, die Kosten des Kupfers, gegenüber den Ausgaben für Isolierung und Verlegung, viel weniger ins Gewicht fallen, als im allgemeinen angenommen zu werden pflegt, und daß infolgedessen die Kupferersparnis, welche bei hoher Verwendung hochgespannter Ströme erzielt wird, erst bei ziemlich großen Entfernungen wesentlich in Betracht kommt. Erst bei 2000 m Radius kommt hier eine Preisermäßigung der Leitung eines Transformatorensystems, gegenüber dem Fünfleitersysteme zur Geltung, wenn beide Mittelpunkte inmitten des Beleuchtungsgebietes liegen.

5. Das Wechselstromsystem ermöglicht zweckmäßiger die Benützung billiger Naturkräfte zu Beleuchtungszwecken, wenn diese in weiterer Entfernung von dem Beleuchtungsgebiet liegen.

6. Man kann auf Wunsch auch Glühlampen zu 50 Volt brennen lassen. Dieser Vorteil, niedrig gespannte Glühlampen mit starkem Kohlenfaden benützen zu können, ist besonders von Mordey erwähnt worden. Die Lampen geben ein sehr gutes Licht und die dickeren Fäden brechen weniger leicht ab. Bei Gleichstrom wäre die Benützung solcher Lampen nur zu zweien hintereinander oder mit einem, den Strom der zweiten verzehrenden, Widerstande möglich.

7. Wechselstrombogenlampen kann man auch einzeln, ohne

Energieverlust, brennen lassen, auch brauchen dieselben eine geringere Spannung als Gleichstrombogenlampen.

8. Die Regulierung der Spannung ist einfacher und ohne Verluste sicherer als bei Gleichstrom.

IV. Nachteile der Wechselstromsysteme mit Anwendung von Transformatoren.

1. Der Wechselstrom zwingt zur Benutzung hoher Spannungen in den Hauptleitungen.
2. Die Parallelschaltung von Wechselstromdynamo läßt sich nicht ohne weiteres ausführen.
3. Der Wechselstrom zerstört eher die Glühlampe als der Gleichstrom.
4. Die Wechselstrombogenlampen haben ein geringeres Güteverhältnis.
5. Der Wechselstrom läßt sich nicht so einfach messen, als der Gleichstrom.
6. Das fortgesetzte Umkehren der Stromrichtung zerstört die Isolation und verhindert eine vollständige Ausnützung des Kupferquerschnittes der Leitungen.

Welches Wechselstromsystem gewährt die meisten Vorteile?

Nachdem die Vorzüge des Wechselstromes für Übertragung elektrischer Energie auf weite Entfernungen allgemein anerkannt sind, taucht eine andere Frage auf, nämlich: welches Wechselstromsystem soll man wählen? Wir haben den Einphasenstrom und den Mehrphasenstrom, jedes System wieder mit mehreren Unterabteilungen, so daß man folgende Einteilungen vornehmen kann:

A. Einphasenstrom.
   I. Zweileitersystem.
   II. Dreileitersystem (Fig. 177).
   III. System der Einzeltransformatoren.

B. Mehrphasenstrom.
   I. Dreiphasenstrom (Drehstrom).
      a) Verteilung in Stern- und Dreieckschaltung (Fig. 171 und 172).
      b) Verteilung in Sternschaltung (mit viertem Leiter) (Fig. 170).

II. Zweiphasenstrom.

a) Mit vier Leitern (Fig. 165 und 166).

b) Mit drei Leitern (Fig. 174).

Es würde hier zu weit führen, sollten alle diese Arten gegeneinander abgewogen werden, die Hauptfrage bleibt, ob Ein- oder Mehrphasenstrom, sowie im letzteren Falle, ob Drehstrom oder Zweiphasenstrom zu wählen sei. Maßgebend für die Beurteilung sind einerseits die Kosten in Anlage und Betrieb, andererseits die Einfachheit und Verwendbarkeit des Systems.

Von rein theoretischem Standpunkte aus stellt sich nun überall der Mehrphasenstrom als vorteilhaft heraus. Der Hauptgrund hierfür liegt darin, daß durch die Verkettung die Stromstärke und dadurch die Stromwärme bei gleichem Drahtaufwand bedeutend verringert wird. Dies kann man am leichtesten erkennen, wenn man Zweiphasenstrom mit vier oder mit drei Leitern vergleicht. Durch die Vereinigung zweier Ströme wird die Stromstärke nicht verdoppelt, sondern wächst nur auf das $\sqrt{2}$ fache. Ist der Widerstand eines Drahtes bei vier Leitern gleich W, des Drahtes für den kombinierten Strom bei drei Leitern gleich W_1, so ist bei gleicher Stromwärme in diesen beiden Leitern zusammen und in dem kombinierten Leiter

$$2J^2 . W = (\sqrt{2} . J)^2 . W_1,$$
$$W = W_1.$$

Man kann also bei der Verkettung einfach einen Draht sparen, ohne die Stromwärme zu erhöhen. Mit Rücksicht auf Ersparnis von Drahtmaterial ist es daher geboten, von der Verkettung so viel wie möglich Gebrauch zu machen. Dies gestattet im weitesten Umfange nur der Drehstrom.

Für Maschinen und Motoren kann man einen zweiten allgemeinen Gesichtspunkt aufstellen. Unter sonst gleichen Umständen kann man nämlich die Ankerrückwirkung und die Streuung der Stromstärke proportional setzen. Für die Ankerrückwirkung ist dies wohl ohne weiteres einleuchtend. Die Streuung spielt besonders bei Motoren eine große Rolle. Verfolgt man die Kraftlinien von der Stelle, wo sie in den äußeren Ring eintreten, bis zu der Stelle, wo sie aus ihm austreten, so ist die Differenz der magnetischen Potentiale zwischen diesen beiden Punkten einfach den magnetisierenden Ampèrewindungen proportional, also der Stromstärke. Erhöht sich diese, ohne daß eine Vermehrung der Kraftlinien eintritt, so kann dies bei unverändertem magnetischen Widerstande nur daher kommen, daß eine magnetomotorische

Gegenkraft auftritt oder größer wird. Die durch Streuung verlorenen Kraftlinien wird man ziemlich genau der magnetischen Potentialdifferenz an den Austrittsstellen der Kraftlinien aus dem äußeren Ring proportional setzen dürfen. Bei gleicher Arbeitsleistung verhalten sich nun die Ströme für Ein-, Zwei- und Dreiphasenstrom wie

I	II	III
Wechselstrom	Zweiphasenstrom	Drehstrom
1	$\frac{1}{2}$	$\frac{1}{\sqrt{3}}$
= 100	= 50	= 57,8.

Ankerrückwirkung und Streuung sind daher bei Wechselstrom annähernd doppelt so groß, wie beim Mehrphasenstrom. Der Zweiphasenstrom ist dem Drehstrom etwas überlegen.

Es sollen nun die einzelnen Teile einer Anlage etwas näher betrachtet werden.

Für Maschinen, deren Anker aus einem Eisenring ohne Polansätze besteht, ist wiederholt nachgewiesen worden, daß der Mehrphasenstrom eine weit bessere Ausnutzung gestattet, als der Einphasenstrom. Ist die Wickelung gleichförmig auf dem ganzen Umfange verteilt, so verhalten sich die Leistungen bei gleicher magnetischer Beanspruchung des Materials wie

I	II	III
Wechselstrom	Zweiphasenstrom	Drehstrom
66,7	94,5	100

das heißt wie die Umfänge der demselben Kreise eingeschriebenen Polygone von 2, 4 und 6 Seiten. Für Wechselstrom ist es indessen nicht vorteilhaft, den ganzen Ring zu bewickeln, weil dann an den Enden der Spulen unmittelbar nebeneinander Windungen liegen, in denen der Strom entgegengesetzte Richtungen hat. Wie sich beim Motor die Wirkungen dieser Windungen für die Magnetisierung aufheben, so tragen bei Primärmaschinen diese Windungen sehr wenig zur elektromotorischen Kraft bei. Hat z. B. ein zweipoliger Ring 6 Spulen, so erhält man bei Benutzung von ein, zwei und drei Spulenpaaren die elektromotorischen Kräfte 1, 1,732 und 2. Das letzte Drittel bringt also nur eine Erhöhung der elektromotorischen Kraft um 15,5 %, vergrößert andererseits aber den inneren Widerstand und die Stromwärmen um 50 %. Dazu kommt endlich noch, daß dies letzte Drittel die Ankerreaktion vergrößert. Man läßt es daher besser weg. Es zeigt sich dann, daß bei Wechselstrom in zwei Spulenpaaren und Drehstrom in allen drei Spulenpaaren bei gleicher Stromstärke die Ankerrückwirkung dieselbe ist. Mit Rücksicht auf Ankerrückwirkung leistet daher die Maschine bei Drehstrom erheblich mehr. Unter Berücksichtigung, daß die elektromotorische Kraft in den beiden Spulenpaaren um 120^0 gegeneinander verschoben sind, während die Stromstärken bei Hintereinanderschaltung dieselbe Phase haben müssen, leistet die Maschine die Wechselstromarbeit

$$A_w = 2 \,.\, E \,.\, J \,.\, \cos\, 30^0 = \sqrt{3} \,.\, E \,.\, J,$$

wenn E die elektromotorische Kraft pro Spulenpaar ist. Andererseits leistet die Maschine bei derselben magnetischen Beanspruchung die Drehstromarbeit

$$A_d = 3 \,.\, E \,.\, J.$$

Es verhält sich also

$$\frac{A_w}{A_d} = \frac{\sqrt{3}}{3} = 0{,}578.$$

Erhöht man nun die Stromstärke soweit, daß bei Wechselstrom in zwei Spulenpaaren dieselbe Stromwärme auftritt, wie bei Drehstrom in allen drei Spulenpaaren, so verhält sich

$$\frac{A_w}{A_d} = \frac{\sqrt{2}}{2} = 0{,}707.$$

Dies kann man als das für den Wechselstrom günstigste Verhältnis der Arbeiten ansehen. Bei dieser Beanspruchung arbeitet aber die Wechselstrommaschine schon mit erheblich größerer Ankerreaktion, als die Drehstrommaschine. Die Zweiphasenmaschine arbeitet in dem Verhältnisse $\frac{94 \,.\, 3}{100}$, also um 5,7 $^0/_0$ ungünstiger als die Drehstrommaschine.

Ziehen wir nun auch die Wechselstrommaschinen anderer Konstruktion mit in Betracht, z. B. die mit Polansätzen, um die die Ankerwickelung gelegt ist, so unterscheiden sich diese Maschinen von den vorigen nur dadurch, daß zwischen den Spulen das Ankereisen fortgenommen ist. Ein wesentlicher Vorteil wird dadurch in magnetischer Beziehung nicht erreicht. Insbesondere bleibt dadurch die Ankerreaktion ungeändert, die schließlich bei großen Maschinen in erster Linie die maximale Leistung bestimmt. Die Mehrphasenmaschinen zeigen sich daher auch diesen Maschinen an Leistungsfähigkeit bedeutend überlegen.

An Schaltapparaten erfordert der Mehrphasenstrom insofern etwas mehr Aufwand, als z. B. bei Drehstrom dreipolige Ausschalter genommen werden müssen, wo bei Wechselstrom zweipolige genügen. An derartigen Apparaten ist in der Regel aber so wenig erforderlich, daß die Mehrausgaben hierfür kaum in Betracht kommen werden.

Wir wenden uns nun zum Leitungsnetz. Hier müssen wir zwischen dem Niedrigspannungsnetz unterscheiden, für das lediglich die Lampenspannung maßgebend ist und der Hochspannungsleitung, für die die Isolotion maßgebend ist. Man findet durch einfache Berechnungen, daß sich die Gewichte der Leitungen bei gleichen Leistungen, Verlusten und Betriebsspannungen verhalten wie

I		II		III	
Wechselstrom		Zweiphasenstrom		Drehstrom	
Zweileiter	Dreileiter	Vierleiter	Dreileiter	Dreileiter	Vierleiter
100	31,25[1]	100	72,8	75	29,2[1]

Beim Zweiphasensystem wird man wohl kaum kompliziertere Systeme, z. B. ein doppeltes Dreileitersystem anwenden. Man muß also bei Wechselstrom schon zum Dreileitersystem greifen, wenn man dem Mehrphasenstrom das Gleichgewicht halten will. Wendet man bei Drehstrom das in manchen Fällen vielleicht unbequeme Vierleitersystem an (unbequem besonders, wo Kabel in Betracht kommen), so ist dies den meisten anderen Systemen überlegen. Diese Zahlen gelten indessen nur für die Niedrigspannung, wo die Isolation nicht in Betracht kommt. Für die Hochspannung muß man nämlich die zwischen zwei Leitungen auftretende Spannung in Rücksicht ziehen. Beim Zweiphasenstrom mit drei Leitungen tritt aber zwischen den beiden nicht kombinierten Leitungen eine Spannung auf, die $\sqrt{2}$ mal so groß wie die Betriebsspannung ist. Bei diesem System ist daher durch 1000 Volt Betriebsspannung die Isolation der Hochspannungsmaschinen, der Kabel und Transformatoren ebenso beansprucht, wie bei Wechselstrom und Drehstrom durch 1400 Volt. Reduziert man daher für dies System die Spannung auf einen äquivalenten Wert, so verhalten sich die Gewichte der Leitung bei gleichen Leistungen und Verlusten wie

Wechselstrom	Drehstrom	Zweiphasenstrom	
Zweileiter	Dreileiter	Vierleiter	Dreileiter
100	75	100	145,5.

Der Drehstrom bewahrt also seine Überlegenheit über den

[1] Der Nullleiter ist halb so stark wie die übrigen angenommen.

Wechselstrom, der Zweiphasenstrom erfordert dagegen bei drei Leitern nahezu eine doppelt so große Kupfermenge wie der Drehstrom; bei vier Leitungen erfordert er wie bei Wechselstrom den dritten Teil mehr als der Drehstrom.

Was die Ausführung der Leitung anlangt, so ist diese offenbar beim Mehrphasenstrom teurer. Für Luftleitungen sind z. B. mehr Isolatoren erforderlich, wenn dieser Vorteil nicht durch Teilung der Leitungen in mehrere parallele Drähte der stärkeren Ströme wegen wieder fortfällt. Ebenso müssen Nebenapparate, wie Sicherungen, Ausschalter u. s. w. in größerer Zahl vorhanden sein, doch können diese bei gleicher Energieübertragung kleiner gehalten werden, da die Stromstärken viel geringer sind. Kabel haben aus demselben Grunde für gleiche Leistung und gleiche Spannung ungefähr denselben Preis. Was die Transformatoren anlangt, so werden beim Zweiphasenstrom in der Regel gewöhnliche Wechselstromtransformatoren verwendet, während man für den Drehstrom besondere aus drei Säulen und zwei Schlußstücken bestehende Typen baut, und Wechselstromformatoren nur für kleinere Leistungen verwendet. Bei kleinen Typen ist der Drehstrom gegenüber dem Wechselstrome im Nachteil, bei größeren, wie sie z. B. aufgestellt werden, wenn ein Sekundärnetz vorhanden ist, dürften die Kosten annähernd dieselben sein. Der Zweiphasenstrom dürfte am meisten im Nachteil sein, da bei jedem Verteilungspunkte zwei Transformatoren aufgestellt werden müssen, die jedenfalls teurer sind, als einer von doppelter Größe. Alles in Allem hat die Durchrechnung zahlreicher Projekte ergeben, daß bei Vorhandensein eines sekundären Verteilungsnetzes der Drehstrom mit drei Leitungen billiger ist, als der Wechselstrom bei Zweileitersystem und etwas teurer als der Wechselstrom mit Dreileitersystem.

Die Praxis hat gefunden, daß der Wechselstrommotor etwa 70 $^0/_0$ von der Leistung eines Mehrphasenmotors von demselben Preise und demselben Gewichte leistet, zugleich aber auch einen um etwa 6 bis 10 $^0/_0$ geringeren Wirkungsgrad hat, und daß der Bereich des hohen Wirkungsgrades nicht so ausgedehnt ist. Er stellt sich daher in Anschaffung und Betrieb wesentlich teurer als der Mehrphasenmotor.

Wir können das Ergebnis der bisherigen Betrachtung jetzt dahin zusammenfassen, daß der Mehrphasenstrom bezüglich der Kosten und ganz speziell hinsichtlich der kleineren Motoren, bei denen die Stromwärme eine besonders wichtige Rolle spielt, im Vorteil ist. Ferner ist in Hinsicht auf die Hochspannung der Drehstrom dem Zweiphasenstrom bedeutend überlegen, in den übrigen Punkten sind beide etwa gleichwertig.

Wir kommen nun zu der Frage, ob der Mehrphasenstrom in der Anlage oder im Betrieb wesentliche Nachteile besitzt. Wir wollen die Sache vom Standpunkte der Konsumenten aus betrachten. Vorausgesetzt, daß der Konsument gutes Licht erhält, kann es ihm ganz einerlei sein, ob das Netz zwei oder drei Leiter hat. Wer aber einen Motor braucht, ist bei Mehrphasenstrom bedeutend im Vorteil. Der dritte Draht ersetzt ihm die Anlaßvorrichtung, die bei Wechselstrommotoren außer den bei Mehrphasenstrom üblichen Vorrichtungen nötig ist. Der Drehstrommotor ist viel einfacher in Gang zu setzen. Dies kommt besonders für intermittierende Betriebe in Betracht. Es ist einleuchtend, daß Umsteuerungen für Aufzüge u. dgl. komplizierter und teurer werden müssen.

Die Überlegenheit des Mehrphasenmotors ist daher auch nirgends bestritten worden, und überall wird der Mehrphasenstrom empfohlen und angewendet, wo Gewicht auf Kraftverteilung gelegt wird.

Was nun die Güte des Lichtes anlangt, so sind speziell dem Drehstrom bis in die neueste Zeit hinein schwere Vorwürfe gemacht, die durch die Praxis längst widerlegt worden sind. Man behauptet, es sei nicht möglich, die drei Spannungen bei ungleicher Belastung der drei Zweige gleich zu erhalten, man brauche komplizierte Apparate für die Regulierung und was dergleichen mehr ist. Dies ist nur eine Frage der Maschinenkonstruktion. Man braucht nur die Maschine so einzurichten, daß sie mit geringer Ankerreaktion arbeitet, und alle Schwierigkeiten sind mit einem Schlage verschwunden. Man wird einwenden, dies mache die Maschinen teurer. Dagegen ist zu bemerken, daß die Maschinen immer noch nicht so teuer werden, wie gleich leistungsfähige Wechselstrommaschinen; ferner daß man, falls Motoren in Betracht kommen, überhaupt mit kleiner Ankerreaktion arbeiten muß. Anderenfalls wird man immer beim Einschalten von Motoren, einerlei ob man mit Wechselstrom oder mit Mehrphasenstrom arbeitet, Störungen im Licht erhalten. Die Ankerreaktion ist nämlich bei gleicher Stromentnahme umso größer, je mehr die Phase des Stromes gegen die Phase der im Anker vorhandenen elektromotorischen Kraft verschoben ist. 100 Ampère Motorenstrom erzeugen bei konstanter Erregung einen viel größeren Spannungsabfall als 100 Ampère Glühlampenstrom. Schaltet man einen Mehrphasenmotor ein, so wird außerdem die Energie mehreren Zweigen entnommen, beim Wechselstrommotor nur dem einen vorhandenen Zweige. Der Spannungsverlust durch den Widerstand im Netz reicht daher beim Mehrphasenstrommotor wohl weiter, ist aber nicht so intensiv wie beim Einphasenmotor. Die Motoren haben zugleich eine stark ausgleichende Wirkung. Wenn nämlich die Spannung eines Zweiges niedriger ist, so wird aus diesem weniger Arbeit aufgenommen, ja es kann bei großer Verschiedenheit in den Spannungen von dem Motor sogar elektrische Energie von einem Zweige auf einen anderen übertragen werden. Die Motoren wirken außerdem noch dadurch ausgleichend, daß sie im allgemeinen alle drei Zweige belasten und daher die prozentualen Belastungsunterschiede verringern.

Die Bedienung einer Drehstromcentrale ist demnach die denkbar einfachste. In der Centrale Chemnitz sind für jede Maschinengruppe (Drehstrommaschine mit direkt gekuppeltem Erreger) ein Stromzeiger und ein Arbeitszeiger im Hauptkreise, ein Stromzeiger im Erregerkreise und ein Regulierwiderstand im Nebenschluß des Erregers vorhanden. Dazu kommen noch die Vorrichtung für das Parallelschalten und drei Spannungsanzeiger, die an die Sekundärwickelung einer der in der Stadt aufgestellten Transformatoren angeschlossen sind. Nach den von diesen Spannungszeigern gemachten Angaben wird nur mit den erwähnten Nebenschlußregulierwiderständen die Maschinenspannung reguliert. Von einer getrennten Regulierung der drei Zweige ist keine Rede.

Der Zweiphasenstrom bietet nur dann die Möglichkeit einer rationellen getrennten Regulierung der beiden Spannungen, wenn jede Maschine zwei getrennte Anker besitzt, die beide einfachen Wechselstrom erzeugen. Solche Maschinen müssen aber weit teurer werden, weil einerseits die Zerlegung einer Maschine in zwei halb so große schon eine Vermehrung der Kosten bedingt, andererseits die beiden Hälften jetzt nur als Wechselstrommaschinen arbeiten und daher weniger leisten. Ferner wird die ganze Anlage komplizierter, man braucht die doppelte Anzahl Regulierwiderstände, mehr Ausschalter, Meßinstrumente u. s. w.

Man hat noch einige andere Systeme vorgeschlagen, die in der Mitte zwischen Einphasen- und Mehrphasenstrom stehen. In der Anlage der Dresdener Bahnhöfe ist nach der Anordnung des Herrn Baurat Ulbricht folgende Schaltung gewählt worden. Die Maschinen sind als Drehstrommaschinen mit Sternschaltung ausgeführt worden, die Lampen sind aber sämtlich in eine Gruppe geschaltet, der dritte Draht dient nur zum Motorenbetrieb. Die Maschinen arbeiten also als Wechselstrommaschinen für die Lampen, als Drehstrommaschinen für die Motoren.

Durch Zusammenfassung der erörterten Ergebnisse kommt man nun zu folgenden Sätzen:

1. Das Dreiphasenstromsystem ist den übrigen Systemen an Wirtschaftlichkeit überlegen, besonders wenn weite Entfernungen zu überwinden sind.
2. Die Regulierung des Drehstromes bietet keine Schwierigkeiten.
3. Die Mehrphasenmotoren sind zur Zeit billiger in der Anschaffung, ökonomischer im Betriebe, bequemer in der Handhabung und geben zu Störungen im Licht weniger Veranlassung als die Wechselstrommotoren.

Wie hoch sollen bei Elektricitätswerken die Abschreibungen bemessen sein?

Ganz allgemein gebräuchlich ist es, die Höhe der für ein industrielles Etablissement, speziell auch ein Elektricitätswerk, erforderlichen Abschreibungen in der Weise zu bestimmen, daß für die einzelnen Teile desselben, wie Grundstücke, Gebäude, Kabelnetz etc. ein usancemäßiger Procentsatz angenommen wird, ohne daß man hierbei berücksichtigt, ob den thatsächlichen Verhältnissen damit Genüge geleistet ist. Auf solche Weise festgesetzte Abschreibungen können natürlich einer sachlichen Kritik nicht Stand halten und führen schließlich zu ganz falschen Vorstellungen über die Rentabilität solcher Unternehmungen.

In welcher Weise die Abschreibungen zweckmäßig bestimmt werden, läßt sich am besten mit Durchrechnung eines Zahlenbeispiels darthun.

Angenommen, daß dem Unternehmen eine städtischerseits erteilte 40-jährige Konzession zu Grunde liegt, so muß bei Berechnung der Abschreibungen berücksichtigt werden, daß

1. nach Ablauf der Konzession anständig liquidiert werden kann, d. h. die Aktien mit ihrem Nominalwerte eingelöst werden können,
2. die im Laufe der Konzessionsdauer erforderlichen Erneuerungen aus dem angesammelten Fond zu beschaffen sind.

Aus dieser Bedingung ergiebt sich die Notwendigkeit, die festgelegten Werte zu teilen in solche, welche eine Erneuerung nicht erfordern, solche, welche während der Konzessionsdauer einmal, zweimal, dreimal oder viermal zu erneuern sind. Es soll hier gleich bemerkt werden, daß bei der Berechnung auf den Altmaterialwert, d. h. auf den Gesamtwert der Anlage einschließlich Grundstück keine Rücksicht genommen wird, da vorauszusetzen ist, daß der Konzessionsvertrag die Übereignung des Werkes an die Konzessionerteilerin — die Stadt — nach Ablauf der Konzession, ohne Entschädigung bedingt.

Der Berechnung sollen folgende Zahlen zu Grunde gelegt werden:

1.	Grundstück-Konto	ℳ 120000.—
2.	Gebäude-Konto	„ 300000.—
3.	Kabelnetz-Konto	„ 850000.—
4.	Dampfmaschinen-Konto	„ 150000.—
5.	Dampfkessel-Konto	„ 50000.—
6.	Dynamomaschinen und Schaltbrett-Konto	„ 210000.—
7.	Akkumulatoren-Konto	„ 160000.—
8.	Elektricitätszähler-Konto	„ 80000.—
9.	Utensilien- und Werkzeug-Konto	„ 20000.—
10.	Konto der Vorarbeiten, hierher gehören: Die Kosten der Expertise und Bauleitung, die Zinsverluste während der Bauzeit etc.	„ 100000.—
		ℳ 2040000.—

Zu denjenigen Teilen des Elektricitätswerkes, welche in den 40 Jahren eine Erneuerung nicht erfordern, gehört vor allem das Grundstück. Das Gebäude wird, wenn einigermaßen solide gebaut, auch 40 Jahre halten. Reparaturen, die zeitweise erforderlich werden, fallen den Betriebskosten direkt zur Last.

Es giebt wohl noch kein Starkstromkabelnetz, das länger als etwa 14 Jahre in der Erde liegt. Bei dem Mangel jeder Erfahrung bei den neuerdings vielfach angewandten hohen Spannungen, sowie mit Rücksicht auf die aus Betriebsstörungen und reichlichen Neuanschlüssen vorübergehend eintretenden Überanstrengungen der Kabel, ist es angezeigt, eine Lebensdauer des Netzes von höchstens 30 Jahren anzunehmen. Ein weiteres Konto, welches eine Erneuerung nicht erheischt, ist das der Vorarbeiten. Das Utensilien- und Werkzeug-Konto, welches wegen des verhältnismäßig kleinen Betrages überhaupt nicht schwer ins Gewicht fällt, soll der Einfachheit wegen auch in gleicher Weise behandelt werden. Die Erneuerungskosten derjenigen Utensilien und Werkzeuge, welche häufig erneuert werden müssen, sind geringfügig und werden daher zweckmäßig den Betriebskosten direkt zur Last gelegt.

Diejenigen Konten, für welche ein Liquidationsfond, aber kein Erneuerungsfond anzusammeln ist, sind also:

1.	Grundstück-Konto	*M*	120000.—
2.	Gebäude-Konto	„	300000.—
3.	Utensilien- und Werkzeug-Konto	„	20000.—
4.	Konto der Vorarbeiten	„	100000.—
	zusammen	*M*	540000.—

Zur Verzinsung des Erneuerungs- bezw. Liquidationsfonds kann man zweckmäßigerweise einen Zinsfuß von 3 % annehmen. Man wird die Fonds in sicheren Staatspapieren zu niederen Prozentsätzen anlegen müssen. Diese Objekte sind aber Wertschwankungen unterworfen und da sie niemand auf 40 Jahre voraussehen kann, so ist es kaufmännisch, den eventuellen Kursverlust bei Veranschlagung der Zinsen mit zu verrechnen; da ferner heutzutage der Zinsfuß fallende Tendenz zeigt, so erscheint es aus allen diesen Gründen richtiger, den Prozentsatz so niedrig bezw. noch niedriger anzusetzen.

Die Berechnung der jährlichen Abschreibungsquote kann nun nach der bekannten Formel:

$$A = \frac{K}{1 + (1 + p) + (1 + p)^2 + \ldots . + (1 + p)^{n-1}}$$

erfolgen. Hierbei ist:

K das Kapital, welches anzusammeln ist, also in diesem Falle 540000 *M*,

A die jährliche Abschreibungsquote, welche hier berechnet werden soll,

p der Zinsfuß, mit welchem das zurückgelegte Geld verzinst wird, im vorliegenden Falle also 0,03 und

n die Anzahl der Jahre, in welchen das Kapital K angesammelt werden soll.

Mit Benutzung obiger Formel ergiebt sich:

$$A_1 = \frac{540000}{1 + 1{,}03 + 1{,}03^2 + \ldots . + 1{,}03^{39}}.$$

$$A_1 = \frac{540000}{95} = \sim 5684 \text{ M}.$$

Für die Dampfmaschinen wird zweckmäßig eine Erneuerung nach 20 Jahren vorgesehen. Das in den Dampfmaschinen festgelegte Kapital muß also im Laufe der 40-jährigen Konzession zweimal angesammelt werden. Das erste Mal — nach 20 Jahren — dient der angesammelte Fond für den Ankauf neuer Dampfmaschinen, das zweite Mal für die Liquidation.

Für die Dampfkessel kann eine Dauer von 20 Jahren angenommen werden. Die Haltbarkeit der neuen langsam laufenden Dynamos läßt sich nur abschätzen, da über dieselben noch keine Erfahrungen vorliegen, die ein abschließendes Urteil gestatten. Nach dem, was man bisher von solchen Maschinen weiß, kann man annehmen, daß sie wie gute Dampfmaschinen eine Haltbarkeit von 30 Jahren haben werden. Es wird also keinesfalls früher als nach 20 Jahren wünschenswert sein, dieselben zu erneuern. Die gleiche Vorausstetzung soll für die gesamte Schaltbrett-Anlage gemacht werden.

Wir berechnen nun die Abschreibungsquoten für nachstehende Konti, indem wir behufs Vereinfachung der Berechnung auch für das Kabelnetz eine 20-jährige Dauer annehmen.

Wir bekommen also:

1. Kabelnetz-Konto	ℳ	850000.—
2. Dampfmaschinenkonto	„	150000.—
3. Dynamomaschinen- und Schaltbrett-Konto	„	210000.—
zusammen	ℳ	1210000.—

Somit

$$A_2 = \frac{1210000}{1 + 1{,}03 + 1{,}03^2 + \ldots. + 1{,}03^{19}}.$$

$$A_2 = \frac{1210000}{29} = \sim 41724\ ℳ$$

Nach 20 Jahren ist das Kapital von 1210000 ℳ angesammelt und wird für Erneuerungen verwendet; das Ansammeln beginnt dann neuerdings, und nach 40 Jahren steht die ursprüngliche Aufwendung zur Liquidation zur Verfügung.

Es bleiben noch die Konten:

Dampfkessel-Konto	ℳ	50000.—
Akkumulatoren-Konto	„	160000.—
Elektricitätszähler-Konto	„	80000.—
zusammen	ℳ	290000.—

Der Einfachheit halber nehmen wir für die Dauer der Dampfkessel einen Zeitraum von 10 Jahren an.

Da für die Akkumulatoren seitens des Lieferanten eine 10-jährige Garantie geleistet wird, so kann angenommen werden, daß die Erneuerung derselben alle 10 Jahre zu erfolgen hat. Auch für die Zähler kann die Annahme einer 10-jährigen Brauchbarkeit gerechtfertigt erscheinen.

Für diese 290000 ℳ Kapital wäre also die jährliche Abschreibung zu berechnen nach der Formel:

$$A_3 = \frac{290000}{1 + 1{,}03 + 1{,}03^2 + \ldots + 1{,}03^9}.$$

$$A_3 = \frac{290000}{12} = \sim 24166 \text{ ℳ}.$$

Die jährliche Gesamtabschreibung summiert sich aus den vorstehend ausgerechneten Beträgen:

$$\begin{aligned} A_1 &= 5684 \text{ ℳ} \\ A_2 &= 41724 \text{ „} \\ A_3 &= 24166 \text{ „} \\ \hline \text{zusammen } A &= 71574 \text{ ℳ} \end{aligned}$$

Da das Gesamtkapital 2040000 beträgt, so genügt nach der vorstehenden — im Interesse der Einfachheit allerdings nur annäherungsweise richtigen — Berechnung eine jährliche Abschreibung von ℳ 71574.— Gesamtanlagekapital.

Bei der Berechnung der Amortisationsquote hat man die Neuanschaffungen, welche durch die Gewinnung neuer Konsumenten notwendig werden, zu berücksichtigen. Das Kabelnetz bedarf in fast allen Fällen eines Ausbaues. Verträge verpflichten vielfach den Unternehmer, ein Kabel zu legen, wenn ein gewisser Konsum in einem bestimmten Radius zu erwarten ist. Die Neuanschaffung und die Verstärkung vorhandener Kabel muß vielleicht noch wenige Jahre vor der Übergabe an die Stadt erfolgen. Die Liquidationsquoten sind daher so beträchtlich, daß die Betriebseinnahmen kaum ausreichen werden, um sie zu decken.

Die Zunahme der Konsumenten erheischt außer der Erweiterung des Kabelnetzes noch die Aufstellung von weiteren Kesseln und Maschinenaggregaten. Schließlich ist es in manchen Fällen wegen der Vergrößerung des Werkes notwendig, ganze Maschinensätze nach verhältnismäßig kurzer Arbeitszeit gegen neue größere Typen auszutauschen.

Wenn bei derartigen Vorkommnissen die Maschinen nicht hinreichend getilgt sind, dann erwächst für das Elektricitätswerk trotz des Altmaterialwertes der auszutauschenden Maschinen ein empfindlicher Schaden. Sind die Maschinen aber zum größten Teile oder ganz abgeschrieben, so macht das Werk mit dem Verkauf der für dieses unbrauchbaren Maschinen ein gutes Geschäft.

Es ist daher immer besser durch große Abschreibungen einen Reservefond (Erneuerungsfond) zu schaffen, aus dem die Erweiterungen, die mehr oder minder zum „Unvorhergesehenen“ gehören, gedeckt werden können.

Für den Besitzer eines Elektricitätswerkes ist es auf keinen Fall vorteilhaft, wenn die Abschreibung zu niedrigen Sätzen erfolgt. Dagegen kann derjenige, der sein Werk nach wenigen Jahren vielleicht auf Kosten der Dividende der Anfangszeit abgeschrieben hat, getrost allen Eventualitäten ins Auge schauen; er arbeitet mit Betriebsmitteln, die sich bezahlt gemacht haben; die Erzeugung des Stromes erfordert nur direkte Betriebskosten, wie Gehälter, Löhne, Kohle etc. Der Gewinn ist ein bedeutender, der Ausfall der ersten Jahre wird mehr als gedeckt. Das ganze Werk ruht auf gesicherter finanzieller Basis und sein Kurswert steigt.

Das elektrische Licht der Centralen ist nicht billig. Die Konsumenten verlangen nach Herabsetzung des Tarifes.

Hat das Werk gehörig abgeschrieben, so kann es diesem Drängen nachgeben.

Im nachstehenden sollen noch einige Daten gegeben werden, wie hoch man einige bei Centralen vorkommende Objekte in ihrer Lebensdauer bewerten kann.

Wechselstromtransformatoren	30	Jahre
Pumpen	30	„
Rohrleitungen aus Kupfer in Gebäuden (für Dampf und Wasser)	50	„
Rohrleitungen aus Eisen, Wasserabscheider, Automaten etc.	30	„
Luftleitungsnetze aus blanken Kupferdrähten .	10	„
Riemen und Seile	4	„
Transmissionen	30	„
Turbinen	30	„
Vorwärmer und Reservoire (mit Kupferbestandteilen) . . . . , ...	20	„

Für Unterhaltung und Reparatur können für die verschiedenen Teile einer Anlage die folgenden Beträge, in Prozenten des Anschaffungswertes, eingesetzt werden:

Kessel sowie alle anderen Maschinen	1—2 %
Leitungen im Freien und Bogenlampen . . .	4 %
Leitungen in Innenräumen, Schalt-, Meß- und Regulierapparate	1—2 %
Gebäude	1 %

Zwölfter Abschnitt.

Zusammenfassung der beim Entwurfe elektrischer Anlagen massgebenden Gesichtspunkte.

Beim Entwurfe elektrischer Centralen sind vor allem zwei Forderungen zu erfüllen:

Der Konsument verlangt gleichmäßiges Licht zu möglichst niedrigem Preise und möglichst zu jeder Tageszeit, der Unternehmer andererseits hat das gleiche Interesse wie der Konsument an der absoluten Betriebssicherheit, doch muß er vom wirtschaftlichen Standpunkte aus möglichst große Einnahmen aus seinem Werke zu erzielen suchen. Die Berücksichtigung beider Forderungen gewährleistet die beste elektrische Centralanlage.

Welche Anlage wird die betriebssicherste sein?

Zweifellos diejenige, welche bei weitgehendster, gleich technischer Vollkommenheit die einfachste ist. Man ist daher allgemein bestrebt, elektrische Anlagen nach diesem Gesichtspunkte zu bauen. Diese Einfachheit besteht aber bei kleinen Anlagen ebenso in der Hinweglassung alles Überflüssigen, wie sie bei großen in der Anwendung aller der Einrichtungen besteht, welche eine Vereinfachung des Betriebes ermöglichen und das für die Anschaffung aufgewendete Kapitel mehr als verzinsen.

Im engen Zusammenhang mit der Betriebssicherheit steht die Systemfrage. Der jahrelange Streit über den Vorzug von Gleich- und Wechselstrom legte sich, nachdem im Jahre 1891 anläßlich der Frankfurter Ausstellung der mehrphasige Wechselstrom seine vorzüglichen Eigenschaften zur Kraftübertragung auf weite Entfernungen bewiesen hatte. Seit dieser Zeit werden Gleich- und Wechselstromanlagen von allen großen Firmen nebeneinander ausgeführt.

Eine der sch ierigsten Fragen beim Bau elektrischer Centralen ist die nach der Wahl des Maschinenaggregats, da hier eine große Mannigfaltigkeit möglich ist.

Große Gleichstromanlagen werden in letzter Zeit fast immer in Verbindung mit Akkumulatoren ausgeführt, deren Größe dann so gewählt wird, daß sie allein im stande sind, den Nachtbedarf zu liefern, während die Maschine am Tage die Ladung der Batterie besorgt und am Abend den gesamten Strombedarf deckt.

Während sich so bei Gleichstromanlagen eine große Maschine als sehr vorteilhaft erweist, liegen die Verhältnisse bei Anwendung von Wechselstrom wesentlich anders. Hier würde die große Maschine nur wenige Stunden voll belastet laufen, andererseits ist es schwierig, bei Wahl einer kleinen Tagesmaschine deren Größe von vornherein festzustellen.

Die Frage, ob für Wechselstromanlagen einzelne Transformatoren oder Transformatorenunterstationen vorzuziehen seien, muß vom rein wirtschaftlichen Standpunkte aus betrachtet werden. Für weitausgedehnte kostspielige Kabelnetze kann in einzelnen Fällen das Einzeltransformatorensystem empfehlenswert sein, bei oberirdischer Zuleitung des Stromes wird man sich wohl meistens für Transformatorenunterstationen entscheiden.

Wir wenden uns nun zu der zweiten der im Anfange aufgestellten Bedingungen für die vorteilhafteste Anlage einer Centrale, eine möglichst große Rentabilität des Werkes zu erzielen.

Vielfach ist die Meinung verbreitet, daß die Rentabilität einer Centrale sehr gesteigert werden kann, wenn Motoren zum Anschluß zugelassen werden. Wollte man für die Preise des Stromes dieselben Einheitssätze wie für Licht anwenden, so käme man zu Zahlen die überhaupt nicht genannt werden dürfen. Begnügt man sich aber damit, daß ein Motor dieselben Einnahmen bringt, wie das Äquivalent seiner Größe an Lampen, so leuchtet ein, daß bei dem Verhältnis der Betriebsdauer des Motors zu der der Lampe von etwa 1 : 2 bis 1 : 3 der Nutzen aus der Installation von Motoren ein sehr geringer sein würde. Eine unbeschränkte Zulassung von Motoren würde eine Vergrößerung der ganzen Anlage bedingen und dadurch Kosten entstehen, die durch die Einnahmen nicht gedeckt würden. Günstiger gestalten sich die Verhältnisse, wenn Motoren nur am Tage zum Anschluß kommen, da dann eine Vergrößerung der Maschinenanlage nicht erforderlich ist und die Anlage in diesem Falle besser ausgenutzt wird. Vom technischen Standpunkte erheben sich aber noch begründete Bedenken gegen den Anschluß von Motoren an Lichtleitungen. Die Ruhe des Lichtes und die Konstanz der Spannung leidet beim Ein- und Ausschalten von Motoren.

Auch ist eine Trennung der Leitungen deshalb von Vorteil, weil für beide ganz andere Gesichtspunkte bei der Projektierung in Frage kommen. Bei Lichtleitungen ist eine Annahme wirtschaftlicher Querschnitte wegen des oft dadurch bedingten Spannungsabfalles meist ausgeschlossen, während bei Motorenleitungen dieser Umstand nicht so schwerwiegend ist.

Aufstellung und Ausführung der Projekte.

Hat man die Art, Zahl und Lichtstärke der Lampen, Verteilung, Art der Anbringung und Aufhängehöhe derselben für alle Teile des Beleuchtungsobjektes festgestellt, bezw. mit dem Besteller der Anlage eine Einigung darüber und über den vorgelegten Kostenanschlag erzielt, so schreitet man zur Anfertigung der bei der Installation zu benutzenden definitiven Zeichnungen. Erforderlich ist zunächst ein genauer Plan des Leitungsnetzes.

Man muß hier unterscheiden ob es sich um eine elektrische Centralanlage oder nur um eine Einzelanlage handelt.

Der Plan des Leitungsnetzes einer großen Centralanlage enthält die Situation der Kabel, wie sie in den Straßen verlegt werden.

Bei Einzelanlagen, z. B. bei mehrstöckigen Gebäuden, müssen die Leitungen jedes Stockwerkes für sich gezeichnet werden unter geeigneter Andeutung der Stellen, an welchen die Leitung in benachbarte Stockwerke auf- bezw. absteigt. In dieser Zeichnung ist an jedes unverzweigte Leitungsstück angeschrieben: Länge, Kupferquerschnitt, bezw. Nummer der Drahtsorte, Art der Isolierung und Art der Verlegung. Ferner sind eingetragen sämtliche Lampen unter schematischer Bezeichnung der Art, der Form der Anbringung, sowie einer Andeutung, ob die Lampe mit Ausschalter versehen ist oder nicht; endlich wird die Lichtstärke bezw. Stromstärke beigeschrieben.

Außerdem werden eingetragen die Vorschaltwiderstände für Bogenlampen unter Angabe der Stromstärke der letzteren. Auch ist die Bestimmung jedes zu beleuchtenden Raumes anzugeben und sind feuchte Räume u. dgl. besonders hervorzuheben.

Zur Erzielung einer einheitlichen Darstellung der Projektzeichnungen sind folgende Bezeichnungen anzuwenden:

a) die Bezeichnungen werden rot angegeben:

× = Glühlampe bis zu 32 NK. mit Fassung ohne Hahn.

$\times_{50}$ = Glühlampe für 50 NK. mit Fassung ohne Hahn.

×̂ = Glühlampe bis zu 32 NK. mit Fassung mit Hahn.

Vorstehende Zeichen bedeuten zugleich hängende Lampen.

—×, —×̂ = Glühlampen (bis zu 32 NK.) auf Wandarmen.

⊥×, ⊥×̂ = Glühlampen (bis zu 32 NK.) auf Ständern (Stehlampen).

∿∿×, ∿∿×̂ tragbare Glühlampen (bis zu 32 NK.) bezw. Glühlampen mit beweglicher Leitungsschnur.

$\otimes_5$, $\oslash_5$ = Krone mit 5 Glühlampen (bis zu 32 NK.).

$\otimes_5 + {}_3H$ = Krone mit 5 Glühlampen ohne und 3 Glühlampen mit Hahn.

⑥ = Bogenlampe mit Angabe der Stromstärke (6) Ampère.

$\varnothing$ = Elektromotor.

b) Die Bezeichnungen werden schwarz angegeben:

$\supset\!\!-$ = Wandfassung, Anschlußstöpsel.

σ_6, σ_6 = Einpoliger bezw. zweipoliger Ausschalter mit Angabe der höchst zulässigen Stromstärke (6) in Ampère.

$\square_6$ = Bleisicherung mit Angabe des zu sichernden Kupferquerschnittes in mm² (6).

$\boxed{u}_6$ = Widerstand und dergl.

$\boxtimes$ = Umschaltesicherung desgl.

M = Elektricitätsmesser.

c) Die Leitungen in auszuführenden bezw. ausgeführten Anlagen werden blau eingezeichnet, die vorgenommenen Änderungen grün:

———————— = Doppelleitung, zwei parallel laufende zusammengehörige Leitungen von gleichem Querschnitt.

– – – – – – – = Einzelleitung.

Senkrecht nach oben oder unten führende Steigleitungen werden durch entsprechende Pfeile angedeutet.

Die Querschnitte der Leitungen werden in mm² ausgedrückt neben die Leitungslinien gesetzt.

Die Bezeichnung des Leitungsmateriales bezw. die Art der Isolierung erfolgt durch die nachstehenden, neben die Leitungslinien gesetzten Buchstaben; isolierte Leitungen bleiben ohne Zeichen:

B = blanker Draht.
G_i = Gummidraht.
G_a = Guttaperchadraht.
K = blankes Bleikabel.
AK = Bleikabel mit asphaltierter Juteumspinnung.
EK = eisenbandumwickeltes Bleikabel.

Das Isolierungs- und Befestigungsmaterial wird in ähnlicher Weise, jedoch durch zwischen Klammern geschriebene Buchstaben bezeichnet:

(J) = Doppelglocken-Isolatoren.
(PR) = Porzellan-Rollen.

(PK) = Porzellan-Klemmen.
(HK) = Holz-Klemmen.
(MK) = Metall-Klemmen.
(H) = Holzleisten.
(R) = Metallrohr.
(K) = Drahtkrampen.
(M) = Verlegung der Leitung in der Mauer.
(D) = Verlegung der Leitung in der Decke.
(F) = Verlegung der Leitung unter dem Fußboden.

Es wird hiernach bedeuten:

$\frac{10}{(H)}$ = Doppelleitung aus isoliertem Draht von 100 mm² Querschnitt in Holzleisten verlegt.

$\frac{2,5\ B}{(J)}$ (gestrichelt) = Einzelne blanke Leitung von 2,5 mm² Querschnitt auf Porzellan-Isolatoren verlegt.

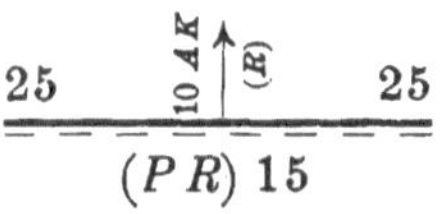

= Dreileiter aus zwei isolierten Drähten von 25 mm² und einem Draht von 15 mm² Querschnitt verlegt auf Porzellan-Rollen, nebst einer Steigleitung nach oben aus zwei parallelen asphaltierten Bleikabeln von 10 mm² Querschnitt verlegt in Metallrohr.

Weiter ist erforderlich ein Plan der Maschinenanlage im Grundriß und Aufriß. In demselben müssen alle für die Aufstellung und Verbindung der Maschinen erforderlichen Angaben enthalten sein. Die Einzelheiten der Konstruktion der Maschinen brauchen in dem Plane nicht gezeichnet zu sein. Der Plan soll demnach Auskunft geben über Lage und Dimensionen der Fundamente, Lage der Wellen, Abstände der Lager, Lage, Dimensionen und Tourenzahl der Riemenscheiben, Abstände zwischen den Wellen der Betriebsmaschine, des Vorgeleges, falls solches vorhanden, und der Dynamomaschinen, überhaupt alle wesentlichen Teile der maschinellen Anlage. Erfolgt der Betrieb durch eine Dampfmaschine, so wird für die Kesselanlage, Schornstein und die neu zu errichtenden Baulichkeiten ein besonderer Bauplan angefertigt. Umfaßt die Anlage Akkumulatoren, so ist auch für den Batterienraum eine einfache Grundriß- und Aufrißzeichnung erforderlich. Endlich wird für jede größere Anlage noch ein Plan des Schaltbrettes angefertigt. Derselbe enthält zunächst eine Ansichtzeichnung, welche die Anordnung der verschiedenen Apparate auf der Tafel erkennen läßt, und außerdem eine mehr schematische Zeichnung, auf welcher die Verbindungsleitungen zwischen den einzelnen Apparaten, sowie diejenigen mit den Maschinen, Akkumulatoren und Verbrauchsstromkreisen, insbesondere auch soweit sie auf der Hinterseite der Schaltwand laufen, deutlich hervortreten.

Bemerkungen über die maschinelle Anlage.

Dieselbe kann sein entweder eine Dampfmaschinen-, eine Gasmotoren- oder eine Turbinenanlage.

Die Dampfmaschinenanlage.

Die Hauptbestandteile einer Dampfmaschinenanlage sind:
die Dampfkessel,
die Pumpen und Injektoren zum Speisen der Kessel mit Wasser,
die Vorwärmer zum Vorwärmen des Speisewassers,
die Dampfentwässerer (Kondensationstöpfe),
die Dampfmaschinen und
die sämtliche Apparate verbindenden Rohrleitungen.

Dampfkessel.

Die Dampfkessel, welche für elektrische Anlagen in Betracht kommen, lassen sich ihrer Bauart zufolge einteilen in:

1. Flammrohrkessel, (Gallowaykessel, Rauchrohrkessel),
2. Feuerrohrkessel, (Heizrohrkessel) und
3. Wasserrohrkessel.

Zu 1. Man hat zwischen Einflammrohr- oder Cornwallkessel und Zweiflammrohr- oder Lancashirekessel zu unterscheiden. Diese Kessel werden meist für 6—7 Atm. Dampfdruck und bis zu 90 m^2 Heizfläche gebaut.

Sie besitzen eine sehr wirksame Heizfläche im Flammrohre. Die Strahlungsverluste sind geringer, weil das Mauerwerk weniger als bei Unter- oder Vorfeuerung erwärmt wird. Dieselben eignen sich besonders für wechselnden Betrieb, weil ein sehr reichlicher Wasserraum vorhanden ist. Da sie eine große Wasseroberfläche haben, liefern sie auch trockenen Dampf. Sie lassen sich leicht anheizen und erleiden durch Abkühlung keine zu großen Verluste.

Dagegen ist der Raumbedarf dieser Kessel verhältnismäßig groß. Durch Ablagern der Flugasche wird ein großer Teil der Heizfläche unwirksam gemacht. Die Reinigung kann unter Umständen schwierig sein und etwaige Reparaturen sind kostspielig.

Bei stark Kesselstein absetzendem Wasser ist der Flammrohrkessel weniger zu empfehlen.

Zu 2. Hierunter versteht man Kessel mit einer größeren Anzahl kleiner Rauchröhren. Der Zweck der letzteren ist die Erzielung einer größeren Heizfläche bei möglichst geringem Kesselvolumen. Diese Kessel werden gebaut bis zu 15 Atm. Dampfdruck und 60—130 m² Heizfläche. Sie werden für Lokomobilen verwendet.

Die Vorteile derselben sind: Große Heizfläche, rasche Dampfentwickelung, geringe Verluste beim Unterbrechen des Betriebes und geringer Raumbedarf.

Die Nachteile setzen sich zusammen: Sehr empfindlich gegen Kesselstein, daher nur bei weichem Wasser verwendbar. Kleine Wasseroberfläche, folglich nasser Dampf. Undichtwerden des Ablaßrohres. Besonders schwierige Reinigung der Rohre. Letzteren Übelstand vermeiden die ausziehbaren Röhrenkessel.

Die Feuerung der Kessel geschieht durch Holz, Sägespäne, Stroh, Lohe, Torf, Koks, Braunkohlen, Steinkohlen, Anthracit (rauchlos), Petroleumrückständen (rauchlos) und durch Hochofengase. Hierzu erhalten die Kessel besondere Einrichtungen.

Kohlenstaubfeuerungen bilden fast keinen Rauch und arbeiten sehr ökonomisch, sind aber noch verhältnismäßig wenig verbreitet.

Hauptbedingung für sämtliche Kessel ist reines bezw. durch Zusatzmittel gereinigtes Speisewasser. Um das Ansetzen von Kesselstein zu vermeiden, wird das Innere des Kessels mit Graphit abgerieben und außerdem der Kessel periodisch gründlich gereinigt.

Man nimmt im allgemeinen an, daß 1 kg Steinkohle 6,5 kg Wasser auf 0,38 m² Heizfläche verdampft.

An Heizfläche rechnet man auf eine effektive Pferdestärke für gewöhnliche Kessel und Maschinen 1,5 m², für Lokomobilkessel 0,8—1,2 m² und an **totaler Rostfläche** bei Steinkohlenfeuerung für gewöhnliche Kessel 0,03—0,065 m², bei Lokomobilkesseln $^1/_{40}$ der Rostfläche.

Das Verhältnis der Rostfläche zur Heizfläche muß möglichst groß und mindestens 1 : 30 sein.

Der Sicherheit halber muß jede Dampfanlage mit zwei Speisevorrichtungen, Dampfpumpe und Injektor versehen werden.

Durch Vorwärmen des Speisewassers wird eine bedeutende Ersparnis an Brennmaterial erzielt.

Da auch in den mit Wärmeschutzmasse gut bekleideten Dampfzuleitungen stets Wasser kondensiert, müssen dieselben Kondensationstöpfe erhalten.

Raumbedarf der Dampfkessel inkl. Bedienungsraum.

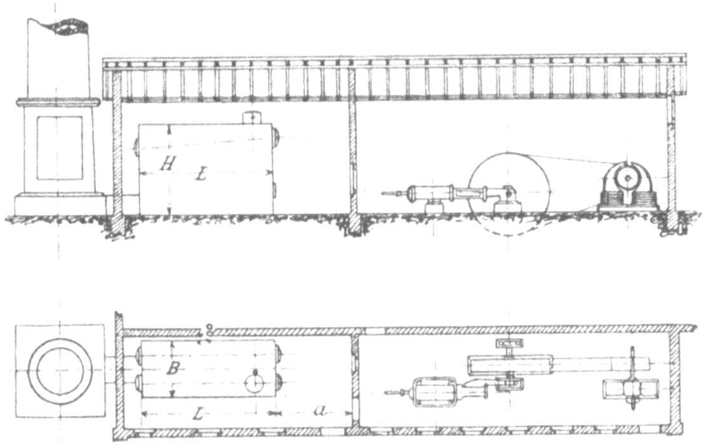

Figg. 180 u. 181. Raumbedarf der Dampfkessel inkl. Bedienungsraum.

Flammrohrkessel, Wasserröhrenkessel.

Heiz-fläche m²	a	b	c	Flammrohrkessel L	Flammrohrkessel B	Flammrohrkessel H	Wasserröhrenkessel L	Wasserröhrenkessel B	Wasserröhrenkessel H
10	2,8	0,9	0,4	3,8	2,0	1,9	—	—	—
15	2,9	0,9	0,4	4,4	2,1	1,9	—	—	—
20	3,0	0,9	0,4	5,7	2,2	1,9	—	—	—
25	3,1	1,0	0,5	6,5	2,3	2,0	—	—	—
30	3,2	1,0	0,5	7,0	2,4	2,0	5,0	2,1	4,0
35	3,3	1,1	0,6	7,5	2,5	2,1	5,2	2,2	4,1
40	3,4	1,2	0,6	7,8	2,6	2,1	5,4	2,3	4,2
45	3,5	1,3	0,7	—	—	—	5,6	2,4	4,3
50	3,6	1,4	0,7	8,1	2,7	2,2	5,8	2,5	4,4
60	3,7	1,5	0,7	8,6	2,8	2,3	6,0	2,6	4,5
70	3,8	1,6	0,8	—	—	—	6,1	2,7	4,6
80	3,9	1,7	0,9	10,1	3,0	2,4	6,2	2,8	4,7
90	4,0	1,8	1,0	—	—	—	6,3	2,9	4,8
100	4,1	1,9	1,1	—	—	—	6,4	3,0	4,9
125	4,2	2,0	1,2	—	—	—	6,5	3,2	5,0
150	4,3	2,1	1,3	—	—	—	6,6	3,5	5,2
175	4,4	2,2	1,4	—	—	—	6,7	3,7	5,4
200	4,5	2,3	1,5	—	—	—	6,8	3,9	5,6

Kesselhaus für Anlagen von 15—600 m² Heizfläche.

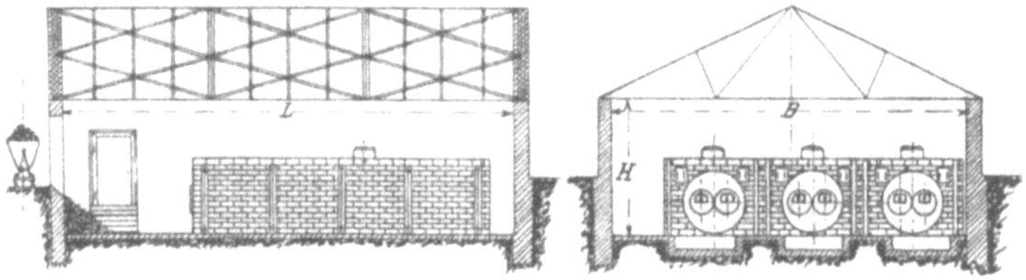

Figg. 182 u. 183. Kesselhaus für Anlagen von 15 bis 600 m² Heizfläche.

Flammrohrkessel, Wasserröhrenkessel.

Heizfläche m²	Anzahl der Kessel	Flammrohrkessel			Wasserröhrenkessel		
		L	B	H	L	B	H
15	1	7,7	3,1	3,5	—	—	—
20	1	9,1	3,2	3,5	—	—	—
30	1	10,7	3,5	3,6	8,6	3,2	5,2
40	1	11,8	3,9	3,7	9,4	3,6	5,4
50	1	12,4	4,2	3,8	10,0	4,0	5,6
60	1	13,0	4,4	3,9	10,4	4,2	5,7
80	1	14,8	4,8	4,0	11,0	4,6	5,9
100	2 u. 1[1]	12,4	6,9	3,8	11,6	5,0	6,1
150	2 u. 1	14,2	7,5	3,9	12,2	5,7	6,5
200	3 u. 1	13,3	10,3	3,9	12,8	6,3	6,9
300	4 u. 2	14,6	13,3	3,9	12,2	9,2	6,5
400	5 u. 2	14,9	16,8	4,0	12,8	10,2	6,9
500	7 u. 3	13,9	22,0	4,0	12,5	13,4	6,7
600	8 u. 3	14,2	25,0	4,0	12,8	14,1	6,9

[1] Die erste Zahl bezieht sich immer auf den Flammrohrkessel und die zweite Zahl auf den Wasserröhrenkessel.

Gewichte von Flammrohr- und Wasserrohrkesseln.

Heizfläche m²	15	20	30	50	75	100	130	160	200
Flammrohrkessel	4100	5500	7000	12400	16300	22000			
Wasserrohrkessel	4000	4900	6200	8600	10600	13700	17000	20000	25000

Preise der Kessel komplett mit Armaturen und Einmauerung.

Heizfläche m²	15	20	30	50	75	100	130	160	200
Kessel	2000	2800	3200	4200	5800	7200	9400	11000	13500
Armaturen	700	800	900	1200	1400	1600	1800	2000	2200
Einmauerung	400	500	700	1000	1200	1500	1800	2000	2300
Summa Mark	3100	4100	4800	6400	8400	10300	13000	15000	18000

Schornsteine für normale Verhältnisse.

In der auf S. 350 stehenden Tabelle ist Steinkohlenfeuerung angenommen. Bei Anwendung von gelochten Radialsteinen kann die Wandstärke verkleinert werden, etwa auf $0{,}8a$ und $0{,}8b$.

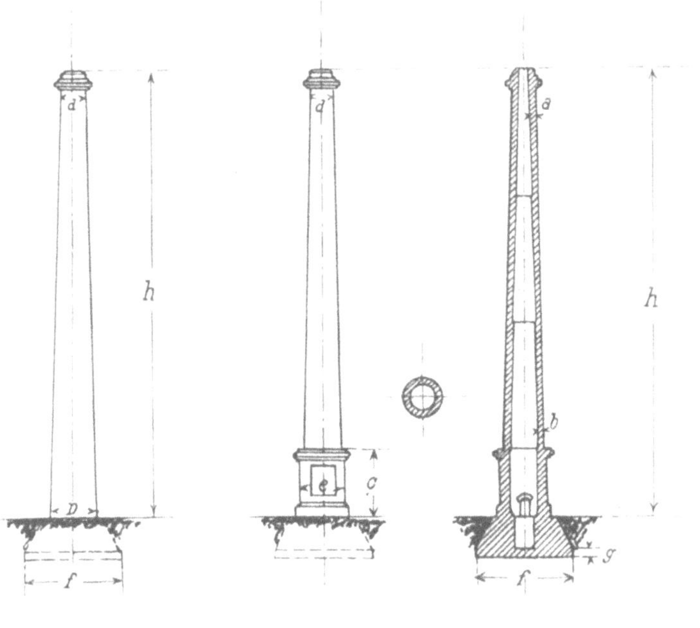

Figg. 184, 185 u. 186. Dimensionen der Schornsteine.

Maße in m.

Heiz-fläche m²	Höhe *h*	Lichter Durchmesser		Äußerer Durchmesser		Wandstärke volle Radialst.		Sockel		Fundament		Preis mille Mark
		oben	unten	*d*	*D*	*a*	*b*	*c*	*e*	*f*	*g*	
30	16	0,6	1,0	0,9	1,6	0,15	0,30	3,0	2,1	2,2	0,6	0,5
40	18	0,6	1,0	0,9	1,7	0,15	0,35	3,2	2,3	2,4	0,6	0,6
50	20	0,65	1,1	1,05	1,8	0,2	0,35	3,4	2,5	2,7	0,6	0,9
60	22	0,7	1,2	1,1	2,0	0,2	0,4	3,6	2,6	3,0	0,7	1,3
80	24	0,8	1,3	1,2	2,2	0,2	0,4	3,8	3,0	3,3	0,7	1,8
105	26	0,9	1,5	1,3	2,4	0,2	0,45	4,1	3,2	3,6	0,7	2,0
130	28	1,0	1,7	1,4	2,7	0,2	0,5	4,4	3,4	4,0	0,7	2,6
170	30	1,1	1,9	1,5	3,0	0,2	0,55	4,7	3,9	4,4	0,7	3,3
200	32	1,2	2,0	1,7	3,2	0,25	0,6	5,0	4,1	4,8	0,8	4,1
250	34	1,3	2,2	1,8	3,5	0,25	0,65	5,3	4,5	5,2	0,8	5,0
290	36	1,4	2,4	1,9	3,8	0,25	0,7	5,6	4,8	5,6	0,8	6,0
350	40	1,5	2,6	2,1	4,1	0,3	0,75	6,0	5,1	6,0	0,8	7,3
400	43	1,6	2,8	2,2	4,4	0,3	0,8	6,4	5,4	6,4	0,8	9,0
500	46	1,8	3,2	2,4	4,9	0,3	0,85	6,8	5,9	6,8	0,9	11,0
650	50	2,0	3,5	2,7	5,3	0,35	0,9	7,2	6,3	7,2	0,9	14,0

Herstellungskosten des Kesselhauses.

Komplett inkl. Dach per m² Grundfläche ca. 60 Mark.

Erstellungskosten des Dampfes.

Die Kosten des Dampfes richten sich nach den örtlichen Verhältnissen, den Kohlenpreisen etc.

Als Überschlagswerte mögen folgende dienen:

Verzinsung	4 %	vom Anlagekapital	per 100 kg Dampf 2—4 Pfennige
Amortisation	6 %		
Instandhaltung	3 %		
Arbeitslöhne	3—8 Pfg.	per 100 kg 16—35 Pfg.	
Speisewasser	0,5—1 „		
Brennmaterial	12—26 „		

Summa per 100 kg Dampf 18—39 Pfg.

Auf die Kohlenpreise bezogen kann etwa angenommen werden:

Erstellungskosten für 100 kg Dampf:

Kleine Anlagen der 30 fache Preis von 1 kg Kohlen

Große „ „ 20 „ „ „ 1 „ „

Lieferungsbedingungen.

Aus der Offerte auf Lieferung eines Dampfkessels müssen folgende Daten ersichtlich sein:

System des Kessels,
Art der Feuerung,
Wasserbespülte Heizfläche in m^2,
Größe der Rostfläche,
Hauptdimensionen des Kessels,
Konzessionierter Betriebsdruck,
Preis, komplett, mit grober und feiner Armatur,
Verzeichnis der groben und feinen Armatur,
Ungefähres Gesamtgewicht des Kessels,
Zahlungsbedingungen,
Lieferzeit.

Eventuell noch: Wie viel der Kessel pro m^2 Heizfläche und Stunde bei normaler Wartung und Verwendung einer gewissen Sorte Kohlen . . . kg trockenen Dampf von einer gewissen Spannung zu erzeugen im stande ist (pro 1 m^2 Heizfläche 12—15 kg Dampf), Verdampfungsziffer d. h. wie viel kg Dampf von 1 Atmosphäre absoluter Spannung durch 1 kg einer bestimmten Sorte Kohle erzeugt werden. Speisewasser ist hier zu 0^0 C. angesetzt.

Kürzung der Kaufsumme um 1 bis 2 % für jede Woche verspätete Lieferung.

Daß sämtliche mit der Stichflamme in Berührung kommende Bleche aus I a Feuerblechqualität hergestellt, die übrigen Bleche den Würzburger Normen entsprechen müssen. Vor dem Beschneiden sämtlicher Bleche ist einem Sachverständigen (z. B. Kesselrevisor) behufs Abnahme rechtzeitig Mitteilung zu machen.

Eine Speisevorrichtung, bestehend aus einem Injekteur mit Dampf- und Druckleitung (ohne Saugleitung) inkl. Montage, wird gewöhnlich vom Fabrikanten mit offeriert.

Die Einmauerung des Dampfkessels exkl. Material wird auch häufig vom Fabrikanten des Kessels übernommen und von dazu geschulten Leuten ausgeführt.

Garantie ein Jahr, während welcher Zeit diejenigen Fehler, die durch fehlerhafte Konstruktion oder mangelhafte Ausführung entstehen, vom Lieferanten zu beseitigen sind.

Dampfmaschinen.

Die für elektrische Anlagen in Betracht kommenden Dampfmaschinen sind:

I. Eincylindermaschinen.
II. Zwillingsmaschinen,
III. Mehrfach-Expansionsmaschinen,
IV. Corlissmaschinen,
V. Schnelllaufende Maschinen (Schnellläufer).

Zu I. Die Eincylindermaschine wird mit und ohne Kondensation mit horizontaler oder vertikaler Cylinderachse ausgeführt.

Die horizontale Anordnung hat den Vorzug der Billigkeit und leichten Zugänglichkeit, während die vertikale Anordnung weniger Grundfläche beansprucht und den Cylinder nicht einseitig ausschleißt.

Die Nachteile der Eincylindermaschinen sind der größere Dampfverbrauch bei größeren Anlagen und die Schwierigkeit, sie in allen Stellungen anlaufen zu lassen. Sie ist daher nur dort zu empfehlen, wo:

1. auf große Ökonomie verzichtet wird, wie bei kleineren und mittleren Anlagen;
2. wenige Stillstände vorkommen und ein Wechsel in der Bewegungsrichtung nicht bedingt ist;
3. der Dampfbetrieb nur als Aushilfe verwendet wird (wie bei Wasserkraftanlagen) oder das Brennmaterial billig ist.

Hauptmaße der Eincylinder-Dampfmaschinen mit und ohne Kondensation.

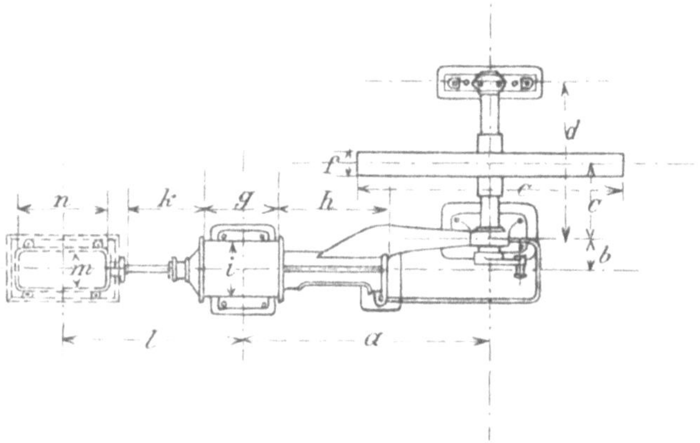

Fig. 187. Hauptmaße der Eincylindermaschine mit und ohne Kondensation.

Hauptmaße in mm.

Hub H	a	b	c	d	e	f	g	h	i	k	l	m	n
400	1910	230	700	1300	2200	200	560	900	400	—	—	—	—
500	2295	270	750	1450	2700	250	680	1067	470	770	1800	450	850
600	2685	310	800	1600	3200	300	800	1217	540	901	1950	480	1000
700	3090	350	850	1750	3700	370	922	1383	600	1026	2100	510	1200
800	3450	390	900	1900	4200	430	1038	1531	660	1146	2500	600	1250
900	3840	430	1000	2100	4600	500	1154	1683	720	1271	2750	700	1650
1000	4265	470	1100	2300	5200	550	1270	1870	780	1406	3000	900	1650
1100	4675	515	1200	2500	5800	600	1450	2040	800	1500	3250	1000	1800
1200	5142	560	1300	2700	6500	650	1580	2220	850	1600	3550	1100	2000
1400	5800	675	1500	3100	7250	750	1850	2450	950	1850	4200	1300	2300
1600	6550	750	1700	3500	8000	850	2100	2750	1025	2000	4750	1450	2600
1800	7300	850	1950	3900	8750	1000	2400	3070	1100	2300	5300	1650	2900

Die obige Tabelle hat den Zweck, das Projektieren der Dampfmaschinen zu erleichtern.

Raumbedarf der Eincylindermaschinen mit und ohne Kondensation.

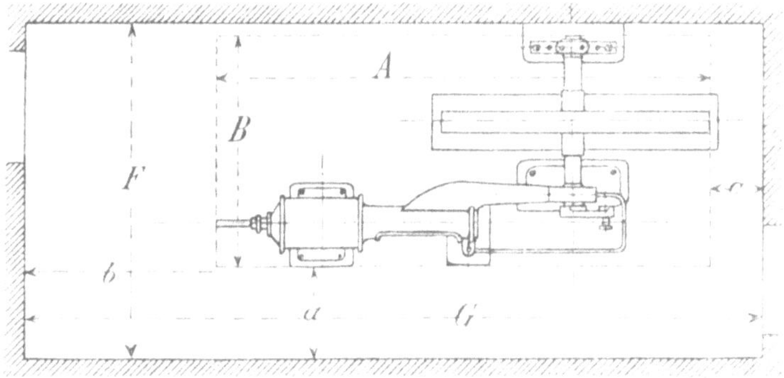

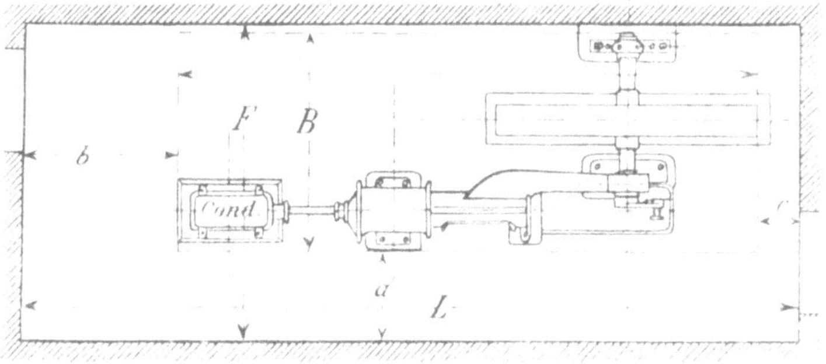

Figg. 188 u. 189. Raumbedarf der Eincylindermaschinen mit und ohne Kondensation.

Hub	Ohne Kondensation Fig. 188								Mit Kondensat. Fig. 189.	
H	A	B	a	b	c	d	F	G	l	L
400	3350	2015	800	1600	500	600	2800	5450	—	—
500	4755	2252	900	1700	500	700	3300	6955	6025	8225
600	5586	2505	1000	1800	600	800	3650	7986	6900	9300
700	6427	2757	1100	1900	600	900	4050	8927	7830	10330
800	7215	3010	1200	2000	700	1000	4400	9915	8890	11590
900	7988	3312	1300	2100	700	1100	4800	10788	9940	12740
1000	8906	3615	1400	2200	700	1200	5200	11806	10950	13850
1100	9050	3950	1500	2300	800	1300	5550	12150	11950	15050
1200	10782	4200	1600	2400	800	1400	6000	13982	13100	16300

Hauptdimensionen, Leistung, Gewichte und Preise von Dampfmaschinen gebräuchlicher Ausführung.

Dampfdruck 7 Atm. abs.

Hub	Durchmesser	Umdrehungen pro Minute	Leistung[1] indizierte PS.		Gewicht mit Schwungrad ohne Kondensation in kg	Preis[2] ohne Kondensation in Mark	Preis der Kondensation in Mark
H	D	n	normal N_i	maxim. N_i			
200	150	200	6	9	900	1100	—
300	200	150	18	25	1600	1700	—
400	250	120	32	45	3000	3000	—
500	300	106	50	70	5000	5000	1200
600	350	95	70	95	7000	7000	1600
700	400	85	85	120	9000	9000	2000
800	450	77	120	170	12000	10800	2400
900	500	70	160	220	15000	12000	3000
1000	550	65	190	260	19000	13300	3500
1100	600	60	230	340	24000	14500	4200
1200	700	57	310	430	35000	20000	5000
1400	800	53	430	600	48000	26000	6000
1600	900	50	570	800	62000	33000	7300
1800	1000	47	780	1000	80000	40000	9000

[1] Bei der Maximalleistung ist der Dampfverbrauch pro 1 N_i und Stunde ca. 13 % größer, als bei der Normalleistung.

[2] Schwankt je nach der Ausführung und Marktlage um 20 % nach oben und unten. Das Schwungrad ist hier mit 30 % des Gesamtgewichtes inbegriffen.

Zu II. Die indizierte Leistung der Zwillingsmaschine ist die doppelte der Eincylindermaschine mit demselben Cylinderdurchmesser und Hub. Eine Eincylindermaschine hat weniger

Reibungswiderstände als eine Zwillingsmaschine von denselben Abmessungen. Dagegen hat eine Zwillingsmaschine weniger Reibungswiderstände als zwei Eincylindermaschinen; demnach ist die effektive Leistung einer Zwillingsmaschine ca. 2,1 mal so groß, als die einer Eincylindermaschine mit denselben Verhältnissen.

Zwillings- und Drillingsmaschinen finden am meisten da Anwendung, wo ein entsprechendes Schwungrad nicht angewendet werden kann und die Maschinen ohne großen Zeitverlust umgesteuert werden müssen.

Zu III. Dieselben lassen sich gruppieren in:

a) Die Woolf'sche Maschine,
b) Die Tandemmaschine,
c) Die Kompoundmaschine (Verbundmaschine),
d) Die Dreifach-Expansionsmaschine.

a) Die Woolf'sche Maschine.

Dieselbe besitzt keinen Receiver (Zwischenbehälter).

Die Ausführung der Maschine kann entweder in der Weise beschaffen sein, daß beide Cylinder auf eine Kurbel wirken, oder aber, daß jeder Kolben auf je eine Kurbel wirkt, welch letztere um 180° versetzt sind. Bei der ersteren Ausführungsart sind die Kolbenwege gleich gerichtet. Der Cylinder besitzt einen großen schädlichen Raum. Bei der letzteren Ausführungsart sind die Kolbenwege entgegengesetzt gerichtet. Die Expansion ist ununterbrochen. Der schädliche Raum fällt hier kleiner aus.

Die Woolf'sche Maschine wird als Betriebsmaschine heute nie angewandt, weil dieselbe in der Herstellung nicht billiger als die Kompound- und Tandemmaschine ist, dagegen einen größeren Dampfverbrauch aufweist.

b) Die Tandemmaschine.

Dieselbe hat einen Receiver, arbeitet also mit ununterbrochener Expansion. Die beiden Dampfcylinder liegen nicht wie bei der Kompoundmaschine nebeneinander, sondern hintereinander.

Der Dampfverbrauch der Maschine ist gleich dem der Kompoundmaschine, ebenso die Hauptdimensionen.

Die Leistung ist gleich der der Kompoundmaschine.

Die Tandemmaschine benötigt einen weniger breiten Maschinenraum und wird aus diesem Grunde unter Umständen der Kompoundmaschine vorgezogen.

Die Preise der Tandemmaschine stellen sich etwa 6% billiger als die der Kompoundmaschine (vgl. die untenstehende Tabelle).

c) Die Kompoundmaschine.

Mit der Anwendung der mehrstufigen Expansion sucht man den Dampfverbrauch herabzumindern durch Anwendung hoher Expansionsgrade. Die wirksame Druckdifferenz auf den Dampfkolben ist bei der Mehrfach-Expansionsdampfmaschine nicht so starken Schwankungen unterworfen als bei der Eincylinderdampfmaschine.

Ein weiterer Vorteil ist der geringere Druckunterschied in den Cylindern, hierdurch kleineres Temperaturgefälle (weniger Dampfverluste durch Niederschlagen an den Cylinderwandungen), bequemeres Dichthalten der Stopfbüchse u. s. w.

Die Kompoundmaschine unterscheidet sich von der vorher besprochenen Tandemmaschine dadurch, daß Hoch- und Niederdruckcylinder nicht hintereinander, sondern nebeneinander liegen und auf zwei Kurbeln wirken, welche um 90° versetzt sind.

Hauptdimensionen, Leistung, Gewichte und Preise horizontaler Kompoundmaschinen gebräuchlicher Ausführung.

Mit Kondensation. Betriebsüberdruck 6 Atm.

Kolbenhub H	Hochdruckcylinder d	Niederdruckcylinder D	Umdrehungen pro Minute n	Leistung [1] normal N_i	Leistung [1] maxim. N_i	Einspritz-Wassermenge in m³ pro Stunde	Gewicht [2] mit Schwungrad und Kondensation in kg.	Preis mit Kondensation in Mark
400	200	315	100	30	50	6,0	4500	7000
500	300	450	90	50	70	8,4	9500	13000
600	350	530	80	80	112	13,0	14000	16500
700	400	610	75	110	154	18,0	19500	21000
800	450	690	70	150	210	24,0	26000	26000
900	500	770	67	200	280	30,0	34000	31000
1000	550	850	65	250	350	36,0	43000	37000
1100	600	950	60	330	462	45,0	57000	45000
1200	700	1100	57	450	630	60,0	82000	59000
1400	800	1250	53	600	840	85,0	110000	73000
1600	900	1400	50	800	1120	110,0	150000	92000
1800	1000	1550	47	1000	1400	150,0	200000	100000

[1] Bei der Maximalleistung ist der Dampfverbrauch pro indizierte PS. und Stunde 12% größer als bei der Normalleistung.

[2] Das Gewicht des Schwungrades ist hier mit ca. 25%, das der Kondensation mit 10% des Gesamtgewichtes inbegriffen.

Raumbedarf der Zweicylindermaschinen mit und ohne Kondensation.

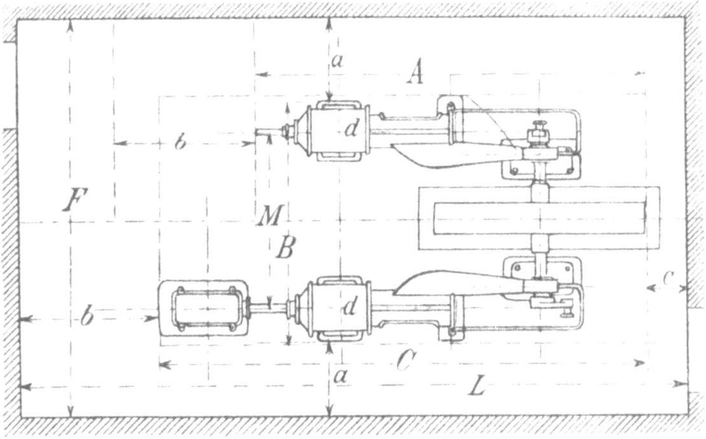

Fig. 190. Raumbedarf der Zweicylindermaschinen mit und ohne Kondensation.

Hub	Ohne Kondensation								Mit Kondensation	
H	A	B	M	a	b	c	d	F	C	L
400	—	2700	2100	800	1600	500	600	4300	—	—
500	4755	3000	2300	900	1700	500	700	4800	6025	8225
600	5586	3300	2500	1000	1800	600	800	5300	6900	9300
700	6427	3600	2700	1100	1900	600	900	5800	7830	10330
800	7215	3850	2850	1200	2000	700	1000	6250	8900	11590
900	7988	4100	3000	1300	2100	700	1100	6700	9940	12740
1000	8966	4400	3200	1400	2200	700	1200	7200	10950	13850
1100	9050	4700	3400	1500	2300	800	1300	7700	11950	15050
1200	10782	5000	3600	1600	2400	800	1400	8200	13100	16300

Das Maß *c* kann auch = 0 oder negativ genommen werden, in letzterem Falle ist die Mauer für das Schwungrad ausgesparrt.

d) Die Dreifach-Expansionsmaschine.

Der Bau dieser Maschine hat besonders in den letzten Jahren sehr zugenommen. Zu Gunsten der Dreifach-Expansionsmaschine spricht die bessere Ausnützung des hochgespannten Dampfes (10 Atm.) und der daraus sich ergebende geringere Dampfverbrauch.

Als Nachteil muß angesehen werden, daß die Anzahl der (sich teils bewegenden) Maschinenteile um ca. $^1/_3$ vergrößert wird und dadurch Wartung und Reparaturkosten sich ungünstiger gestalten. Das Dichthalten der Rohrleitung ist dem hohen Dampfdruck entsprechend ebenfalls schwieriger.

Hauptdimensionen, Leistung, Gewichte, Preise der Dreifach-Expansionsmaschinen mit Kondensation.

10 Atm. Überdruck.

Hub	Hochdruck	Mitteldruck	Niederdruck	Umdrehungen pro Minute	Leistung[1]		Einspritz-Wassermenge in m³ pro Stunde	Gewicht[2] mit Schwungrad und Kondensation in kg	Preis in Mark
	Cylinderdurchmesser			n	normal N_i	maxim. N_i			
				Horizontale Anordnung.					
700	240	370	560	85	150	200	17	12500	23000
800	270	420	640	82	200	270	24	16500	28000
900	300	465	720	80	270	380	32	21000	34000
1000	340	525	800	78	335	470	40	27000	39500
1100	375	580	880	76	430	600	50	36000	45000
1200	400	620	960	73	530	750	60	47000	52000
1400	440	680	1120	65	830	1170	90	73000	69000
1600	550	850	1280	60	1050	1500	110	104000	88000
				Vertikale Anordnung.					
400	290	440	650	120	160	200	20	23000	25000
500	360	580	870	110	300	450	35	34000	30000
600	450	630	1040	100	420	630	50	42000	36000
700	500	800	1220	90	700	1050	80	68000	50000
800	565	910	1390	80	850	1260	95	100000	72000
900	650	1050	1570	70	1100	1600	120	140000	86000

[1] Bei der Maximalleistung ist der Dampfverbrauch 15 % größer als bei der Normalleistung.

[2] Das Gewicht des Schwungrades ist hier mit ca. 25 %, das der Kondensation mit 10 % des Gesamtgewichtes inbegriffen.

Zu IV. Die Vorzüge der Corlißmaschinen liegen in den kleinen schädlichen Räumen bei reichlichen Kanalquerschnitten, der verhältnismäßig einfachen Konstruktion mit einer geringen Anzahl von Gelenken in den großen Wegen, die die Gelenke machen, daher von Abnützungen weniger beeinflußt werden wie jene Steuerungen mit kleinen Hüben. Ferner die leichte Regulierfähigkeit, die durch die kleine Dampfmenge im schädlichen Raum bedingt ist. Außerdem wird bei Corlißmaschinen die Kompressionsarbeit bedeutend geringer wie bei anderen Maschinen mit größeren schädlichen Räumen, wodurch die Abmessungen bei gleichen Füllungen kleiner werden. Die Gleichsetzung des Expansions- und Kompressionsanfanges auf beiden Cylinderseiten läßt sich für die meist gebrauchten Füllungen ziemlich leicht erreichen und etwaige Ungleichheiten durch einseitige Ausnützung der Gelenke leicht berichtigen.

Die Beeinflussung vom Regulator ist bei Corlißmaschinen am leichtesten durchzuführen.

Als Nachteil (der jedoch auch von den Ventilmaschinen geteilt wird) betrachtet man die Beschränkung der Tourenzahl, die bei etwa 100 Umdrehungen ihre Grenze findet. Ferner die Beschränkung der Füllung trotz Drosseln des Luftpuffers bei etwa 60%, die aber bei den neueren Konstruktionen von Dörfel, Wheelack, Frickart, Farkot etc. auf Kosten der Einfachheit behoben wurde. Der Vorwurf, daß die Hähne nicht gut nachzudichten seien, ist belanglos, da eine solche Notwendigkeit selten vorkommt.

Wegen ihrer Einfachheit und billigen Herstellung sind die Corlißmaschinen in Amerika, sowie in England herrschend, und trotz Konkurrenz und Mode behauptet sie am Festlande bei größeren Anlagen gegen die Ventilmaschine das Feld und werden gewiß noch mehr in Gebrauch kommen, wenn sich die Werkstättentechnik besser ausbildet, wozu die Anwendung von Bohrbänken, auf welchen sich die Hahnachsen und die Cylinder zugleich genau ausbohren lassen, den Weg ebnet. Naturgemäß kann die Corlißsteuerung an Eincylinder-, Zwillings-, Kompound- und Dreifach-Expansionsmaschinen angebracht werden.

Zu V. Diese Maschinen werden meistens direkt mit den Dynamomaschinen gekuppelt.

Gute schnelllaufende Dampfmaschinen sind die Kapselkompoundmaschine von Heinzmann, die Zwillingskolbenmaschine von Brown und die Dampfmaschine der Westinghouse Machine Co., Pittsburgh.

Als einer der besten Schnellläufer muß die Ausführung der Maschinenfabrik Oerlikon gelten, die durch das geringe Gewicht an allen bewegten Teilen, besonders Kolben und Kolbenschieber, Excenter und Kolbenstangen, sich vor allen anderen auszeichnet.

Die Schmierung der Maschinenteile der einfach wirkenden Maschinen erfolgt meist im Wasser- und Ölbade, besonders bei der Westinghousemaschine und deren Abarten. Diese Schmierung hat aber den großen Nachteil, daß sie die Cylinder abkühlt und so zu Dampfverlusten Anlaß giebt. Bei den doppeltwirkenden Maschinen werden die einzelnen Teile durch sichtbar schmierende Schmierapparate geölt.

Maximalleistung.

In den Offerten auf Lieferung einer Dampfmaschine ist meistens von einer Normalleistung die Rede. Die Bezeichnung Normalleistung in PS giebt uns aber noch keinen Anhalt über die Größe der Maschine. So bezeichnet zum Beispiel eine Firma eine Dampfmaschine von 400 mm Cylinderdurchmesser, 700 mm Hub, 75 Touren pro Minute mit normal 75 pferdig, ein anderer Lieferant mit 90 pferdig. Man muß also unter allen Umständen auch die Größenverhältnisse der Maschine bei der Vergleichung der Preise berücksichtigen.

Lieferungsbedingungen.

Aus der Offerte auf Lieferung einer Dampfmaschine müssen folgende Daten ersichtlich sein:

Bauart und System der Maschine,
Ob mit oder ohne Kondensation,
Cylinderdurchmesser, Kolbenhub, Tourenzahl,
Normalleistung der Maschine bei . . . Atmosphären Überdruck,
Maximalleistung der Maschine (mit dieser muß die Maschine ohne Anstand dauernd arbeiten können),
Art der Steuerung,
Durchmesser und Breite des Schwungrades,
Ungefähres Gesamtgewicht der Maschine,
Gewicht,
Preis der Maschine kompl. inkl. Absperrventil, Fundamentankern, Schmiergefäßen etc. franko Waggon . . .
Preis der Maschinenspeisepumpe,
Zahlungsbedingungen:
$^1/_3$ bei Bestellung,
$^1/_3$ bei Ablieferung,
den Rest drei Monate später oder nach Vereinbarung,
Reisekosten und Tagegelder für den Monteur,
Lieferzeit.

Eventuell noch: Dampfverbrauch pro indizierte oder effektive PS. für die Normalleistung und für die Maximalleistung der Maschine.

Tourenschwankung bei plötzlicher Belastungsänderung von 25 % der vorherigen Leistung nicht mehr als $1^1/_2$ %, zwischen Leerlauf und voller Belastung nicht mehr als 6 %.

Vorrichtungen zum bequemen Anbringen des Indikators sind bei der Maschine vorzusehen.

Kürzung der Kaufsumme um 1 bis 2 % für jede Woche verspäteter Lieferung.

Garantie: Alle durch fehlerhafte Konstruktion oder mangelhafte Ausführung sich zeigenden Mängel, welche innerhalb eines Jahres vorkommen sollten, werden kostenfrei ab Fabrik nachgeliefert (für die durch Auswechslung fehlerhafter oder zerbrochener Stücke etwa herbeigeführte Betriebsstörung oder sonstigen Schaden ist der Fabrikant nicht haftbar).

Die Kosten des Dampfmaschinenbetriebes.[1]

Für die Kosten des Dampfes sind als Mittelwert 25 Pf. pro 100 kg zu Grunde gelegt.

Maschine		Für 1 PS. und Stunde				
Art	Preis in Mark	Zinsen, Abschreib. Reparat. Pf.	Dampf- kg	Dampf- Pf.	Wartung, Schmierung Pf.	Gesamtkosten des Betriebes Pf.
Eincylindrige Auspuffmaschine						
bis 5 PS.	1500	0,5	28	7,0	0,7	8,2
5— 10 „	2700	0,5	26	6,5	0,7	7,6
10— 20 „	4200	0,4	24	6,0	0,6	6,9
20— 40 „	6000	0,3	22	5,5	0,6	6,3
40— 70 „	8500	0,2	20	5,0	0,5	5,7
70—110 „	12000	0,2	18	4,5	0,5	5,1
110—150 „	15000	0,2	16	4,0	0,4	4,6
Eincylindrige Kondensationsmaschine						
bis 30 PS.	5200	0,3	15	3,8	0,37	4,4
30— 60 „	10000	0,3	14	3,5	0,33	4,1
60—100 „	14000	0,2	13	3,2	0,32	3,8
100—150 „	18000	0,2	12	3,0	0,3	3,5
150—200 „	23000	0,2	11	2,8	0,27	3,2
Verbundmaschine mit Kondensation						
bis 50 PS.	12000	0,4	10	2,5	0,25	3,2
50—100 „	18000	0,3	9½	2,4	0,23	2,9
100—200 „	27000	0,2	9	2,3	0,22	2,7
200—300 „	36000	0,2	8½	2,1	0,21	2,5
300—400 „	44000	0,2	8	2,0	0,20	2,4
400—500 „	50000	0,2	7½	1,9	0,18	2,2

Beispiel für die Anwendung vorstehender Tabelle:

Welche Betriebskosten erwachsen durch Anlage einer neuen Kompoundmaschine von 200 PS.?

Nach Tabelle, letzte Rubrik, betragen die Betriebskosten pro 1 PS. und Std. 2,7 Pf,, also im ganzen pro Std. 200 . 2,7 = 540 Pf. Die Betriebskosten einer Eincylinder-Kondensationsmaschine von derselben Stärke würden sich auf 200 . 3,2 = 640 Pf. pro Std. stellen.

[1] Diese Tabelle wurde vom „Magdeburger Verein für Dampfkesselbetrieb“ aufgestellt.

Kostenüberschlag in Mark von Kessel- und Maschinenanlagen für 10—150 PS.
(Auspuffmaschinen 6 Atm. Überdruck, ohne Kondensation.)

PS.-effekt.	10	15	25	40	60	80	100	150
Dampfmaschine	2000	3100	4000	5500	7500	10000	13000	16000
Fundament der Maschine	90	150	250	400	500	700	900	1400
Montage der Maschine	50	75	100	130	160	200	250	400
Dampfkessel	2000	3000	4500	6000	7500	10000	13000	16000
Fundament des Kessels	50	80	120	160	200	250	300	450
Einmauerung des Kessels	250	400	600	800	1000	1200	1500	2000
Dampfleitung	150	300	500	700	1000	1300	1550	1900
Wasserabscheidung	60	90	120	150	180	210	250	320
Umhüllung der Leitung	15	30	45	60	80	100	130	180
Speiseleitung	40	80	120	160	200	250	300	400
Pumpe, Injektoren	300	400	500	650	800	900	1000	1200
Vorwärmer	200	300	400	500	600	750	950	1200
Kessel- und Maschinenhaus	2000	3000	4000	5000	6000	7000	8000	9000
Schornstein	800	1000	1350	1800	2500	3500	5000	7000
Div. kleinere Arbeiten	115	125	145	190	180	240	270	350
Summa in Mark	8120	12400	16750	22200	28400	36600	46400	57800
Kohlenverbrauch in 10 Stunden Ctr.	5,5	8	12	20	25	32	40	50

Kondensation erhöht den Gesamtanlagepreis um 10% und vermindert den Kohlenverbrauch um 20%.
Kompound-System mit Kondensation erhöht den Gesamtanlagepreis um 15% und vermindert den Kohlenverbrauch um 30%.

Die Gasmotorenanlage.

Allgemeines.

Wie schon in der Einleitung auf Seite 8 erwähnt worden ist, kann das zum Betriebe der Gasmotoren verwendete Gas entweder Leuchtgas oder Dowsongas sein.

Der Gasverbrauch beträgt pro Pferdekraftstunde bei kleinen Maschinen ca. 0,9 m^3, bei größeren ca. 0,7 m^3; Ölverbrauch pro Pferdekraftstunde bei kleinen Maschinen inkl. demjenigen für die Zündung 0,8 l und mehr, bei größeren 0,5 l und mehr. Kühlwasserverbrauch 40 ÷ 100 l pro 1 m^3 Leuchtgasverbrauch.

Gebr. Körting in Hannover kuppeln vorteilhaft Gasmotoren direkt mit Dynamos und sind derartige Maschinen auf Seite 38 bis 40 besprochen worden.

Wie bei den Dampfmaschinen ist auch bei den Gasmaschinen der Materialverbrauch bedeutend höher, wenn die Maschinen nicht voll belastet sind.

Die Gasmaschinen müssen von Hand angedreht werden. Bei Akkumulatorenanlagen kann man durch den verfügbaren Strom die Dynamomaschine als Elektromotor anlaufen und mit dessen Hilfe die Gasmaschine angehen lassen.

Einteilung der Gasmaschinen.

Die Gasmaschinen kann man nach den ihnen unterliegenden Prinzipien in folgende Gruppen teilen:

1. Maschinen ohne Kompression der Gase.
2. Maschinen mit gemeinschaftlicher Kompression der Gase und der Luft.
3. Maschinen mit gesonderter Kompression von Gas und Luft.

Zu 1. Bei diesen Maschinen wird Gas und Luft auf eine bestimmte Länge des Hinganges angesaugt und durch geeignete Vorrichtungen entzündet. Infolge der Verbrennung erwärmt sich das Gemenge und treibt den Kolben vorwärts, beim Rückgange werden die Verbrennungsprodukte ausgestoßen. Dieses System ist gegenwärtig nicht mehr im Gebrauche.

Zu 2. Hier wird von einer Pumpe oder auch den Arbeitskolben Luft und Gas vor der Verbrennung komprimiert, zum Entflammen gebracht und durch Expansion des erwärmten Gemisches der Kolben vorgeschoben. Durch die Verbrennung wird der Arbeitscylinder soweit erwärmt, daß ohne Kühlung desselben das Schmieröl zersetzt und so der Bestand der Maschine in Frage gestellt würde; diese Kühlung bedingt gewisse Verluste, die durch die Maschinen der folgenden Gruppe vermieden werden sollen.

Zu 3. Werden Gas und Luft gesondert komprimiert und dem Arbeitscylinder zugeführt, so kann durch Regelung des Verhältnisses zwischen Gas- und Luftmenge die Temperatursteigung dermaßen beschränkt werden, daß eine Kühlung überflüssig wird und die Verlustquelle eliminiert. Doch sind solche Motoren noch nicht im Gebrauche.

Die wichtigsten Maschinen der zweiten Gruppe sind die Viertaktgasmotoren, wie sie von Otto besonders durchgebildet wurden. Bei den Viertaktmotoren ist der Arbeitscylinder zu gleicher Zeit Kompressor, dessen Wände durch Wasser gekühlt sind. Beim Hingange wird zuerst Luft, dann Gas angesaugt, beim Rückgange des Kolbens die schichtenweise gelagerte Arbeitsfüllung komprimiert und beim nächsten Vorwärtsgange entzündet, die Wärme durch Expansion der Verbrennungsprodukte ausgenützt und endlich beim Rückgange ausgestoßen. Manchmal ist die Kompression auch von einer gesonderten Pumpe durchgeführt, es leiden aber diese Maschinen an einem geringen Nutzeffekt, da mehr Reibung verursachende Teile existieren.

Preise von Gasmotoren.

Leistung PS.	1	2	3	4	6	10	16	20	30
Preis Mk.	700	900	1400	2000	2700	3500	5500	6500	8500

Die Turbinenanlage.

Einteilung der Turbinen.

Die Turbinen unterscheidet man nach der Richtung, in welcher das Wasser auf sie einwirkt, in Radial- und Achsialturbinen und beide Gruppen in vollbeaufschlagte (Vollturbinen) und partiell beaufschlagte (Partialturbinen), je nachdem das Aufschlagwasser am ganzen Turbinenrad oder nur an einer oder zwei Stellen desselben zuströmt. Oder man teilt sie nach der Wirkungsweise des Wassers in Aktionsturbinen (Druckturbinen), welche die mechanische Arbeit ausschließlich aus der lebendigen Kraft des Wassers (dessen Geschwindigkeit allein verwertet wird) gewinnen und in Reaktionsturbinen, bei welchen außer durch die Wirkung der lebendigen Kraft hauptsächlich durch die bloße Pressung des Wassers die mechanische Arbeit erzeugt wird.

Radialturbinen sind: Fourneyronturbine, Cadiatturbine (gleich der von Fourneyron, jedoch ohne Leitapparat), Francisturbine und schottische Turbine; ferner Zuppinger's Tangentialrad, Causonturbine (eine Umkehrung der vorigen), Schwammkrugturbine; auch das Ponceletrad kann hierher gerechnet werden.

Achsialturbinen sind: Henschel-Jonvalturbine, Fontaineturbine, Girardturbine und Hänel'sche Turbine.

Anordnung der Turbinen.

Die Turbinen werden horizontal oder vertikal gestellt. Die horizontalen sind entweder von oben oder von unten beaufschlagt. Die Vollturbinen laufen häufig unter Wasser, zuweilen auch in freier Luft; die Partialturbinen sind stets in freier Luft anzuordnen und jedes Eintauchen in das Unterwasser sorgfältig zu verhüten. Die Regulierung der Turbinen für wechselnde Wassermengen und variable Leistungen geschieht bei den Etagen-Turbinen, d. h. denjenigen, welche in zwei oder mehreren ringförmigen Abteilungen ausgeführt sind, durch Verschluß einer oder zweier dieser Abteilungen mittels Ringschütze, sowie durch teilweise gleichzeitige Verminderung von Rad- und Leitapparathöhe bei den Radialvollturbinen. Bei Achsialvollturbinen und Partialturbinen dagegen durch Deckel oder Klappen, welche eine entsprechende Anzahl Leitkanäle verschließen. Endlich durch verstellbare, um Charniere drehbare Leitschaufeln und durch einschiebbare Becken (Girard).

Wahl der Turbinen.

1. In allen Fällen, wo konstant Wasser für volle Beaufschlagung zur Verfügung steht, sind Überdruckturbinen mit volllaufenden Kanälen anzuwenden (Jonvalturbine).

2. Sind bei mittlerem Gefälle Wassermenge und Unterwasserspiegel veränderlich, so sind Turbinen mit kleinem Überdruck zu wählen, mit vollaufenden Laufradkanälen (Hänelturbinen, Grenzturbinen, Girardturbinen mit geformtem Strahl).

Der Vorteil dieser Turbine gegenüber der reinen Druckturbine ist besonders folgender:

Sie erfordert kein Freihängen, da sie im Wasser tauchend nur wenig an Wirkungsgrad einbüßt. Somit kann das Gefälle bei Kleinwasserstand auf das äußerste ausgenützt werden.

Wegen des minimalen Überdruckes ist sie so gut regulierbar wie die reine Girardturbine.

3. Für sehr hohe Gefälle und kleine Wassermengen können sowohl Turbinen mit kleinem Überdruck, als auch reine Druckturbinen gebaut werden.

Für große Druckhöhen von 20—300 m eignen sich die amerikanischen Peltonräder. Dieselben lassen sich der Tourenzahl der Dynamomaschine direkt anpassen. Dem einen oder dem anderen möge noch folgende auf die Aufstellung bezogene Einteilung dienen:

I. Mittlere Gefälle: Von 2—5 m offener Wasserkasten, eventuell mit kurzer Rohrleitung. Von 5—10 m geschlossener Wasserkasten (Reservoir).

II. Höhere Gefälle. Von 10—12 m Rohrleitung. Vertikale Axe. Von 20—200 m Rohrleitung. Horizontale Axe.

Bei sehr großen Wassermengen werden mit Vorteil mehrkränzige Turbinen angewendet. Dabei kann der eine Kranz mit sehr kleinem Überdruck, also regulierbar gemacht werden.

Der Wirkungsgrad der Turbinen ist zwischen 75—70 %, bestenfalls 80 %.

Zu berücksichtigen ist bei den Turbinenanlagen die Menge des Wasserzuflusses (besonders in der trockenen Jahreszeit) und das Gefälle, in wirtschaftlicher Beziehung, ob nicht kostspielige Bauten zur Korrektion der Flüsse, Bäche etc. nötig sind und Gerechtsame anderer verletzt werden können.

Neuerdings werden Turbinen mit Dynamos und Dampfmaschinen in der Weise durch Kuppelungen verbunden, daß eine Maschine als Reserve für die andere dient, oder auch beide gleichzeitig die Dynamo antreiben können.

Im kalten Klima sollten Turbinenanlagen stets Dampfmaschinen, Lokomobilen (Akkumulatoren) etc. als Reserve erhalten, da durch Eisgang Störungen des Betriebes der Turbinen eintreten können.

Dreizehnter Abschnitt.

Die Kosten der elektrischen Licht- und Kraftanlagen.

Da die besonderen örtlichen Verhältnisse jeder Anlage für die Kosten der Einrichtungen maßgebend sind, sollen hier nur allgemeine Angaben und praktische Regeln Erwähnung finden, welche es jedermann gestatten, sich in jedem besonderen Falle ein übersichtliches Bild der Kosten einer elektrischen Anlage zu entwerfen.

Die bei der Einrichtung einer elektrischen Beleuchtungsanlage erwachsenden Kosten sind zu trennen in Kosten der ersten Anlage und Kosten des Betriebes.

Die Anlagekosten setzen sich zusammen:

a) Kosten für das Grundstück, Gebäude, Maschinen, Apparate, Leitungen etc.
b) Kosten der Montage.

Die Betriebskosten umfassen:

a) Verzinsung und Amortisation des Anlagekapitals; Kosten für Unterhaltung und Reparatur aller Teile der Anlage; Salair des Betriebspersonales.
b) Verbrauch an Wasser, Kohlen, Gas, Petroleum etc., an Wasser zum Speisen, Kühlen oder Kondensieren, an Schmieröl und Putzmaterial, Verbrauch an Glühlampen, Kohlen für Bogenlampen und Reparatur und Ersatz einzelner Einrichtungsstücke.

Durchschnittspreise der elektrischen Einrichtung.

Die einzelnen Preise, welche in den nachstehenden Tabellen gegeben sind, stellen Durchschnittspreise der betreffenden Artikel dar; es ist nicht möglich ganz bestimmte Angaben hierüber zu machen, da die Preise der Fabrikate von den Marktverhältnissen abhängen und daher fortwährenden Veränderungen unterworfen sind. (Wer sich über die Preise genau orientieren will, der lasse sich von den einzelnen Firmen die Preislisten zusenden). Die hier angegebenen Preise sollen dem Leser daher nur ein Bild geben über den ungefähren Wert der elektrotechnischen Artikel. Über die Preise der motorischen Einrichtung wurden schon im XII. Abschnitte Angaben gemacht.

Preise von Dynamomaschinen und Elektromotoren.

Einen nicht unwesentlichen Einfluß auf den Preis einer Dynamomaschine übt die Tourenzahl aus, für welche dieselbe gebaut ist. Denn eine Maschine, welche eine bestimmte elektrische Leistung geben soll, läßt sich sowohl für höhere als auch für geringere Tourenzahl ausführen. Für den letzteren Fall muß, damit die gleiche Geschwindigkeit der Ankerdrähte erreicht wird, wie im ersteren, das Maschinenmodell beträchtlich größer sein, die Zahl der Magnetpole und der Spulen des Motors steigt. Die Maschine wird also teuerer. Derartige langsam laufende Dynamomaschinen sind meist für direkte Kuppelung mit der Betriebsmaschine bestimmt und erhalten dann die Bezeichnung Dampfdynamos.

Wechselstrommaschinen und Motoren stellen sich im Preise höher als Gleichstrommaschinen und Motoren.

Gleichstromdynamos (Manchester-Type).

Größe . . . . No.	00	0	1	2	3	4	5	6	7	8	9	10
Watts	500	1000	1500	3000	5000	7500	10000	15000	20000	30000	40000	50000
Touren ca. per Minute	2500	2300	2000	1700	1400	1200	1000	900	800	700	600	500
Nötige Kraft bei voller Belastung HP	1	1,75	2,5	5	8	12	16	23	30	45	60	75
Maschinendimensionen Länge ca. mm	380	460	570	700	830	945	1125	1310	1465	1655	1855	2160
Maschinendimensionen Breite „ „	330	400	500	660	790	820	940	1035	1180	1310	1420	1620
Maschinendimensionen Höhe „ „	200	240	300	380	465	520	590	665	750	845	940	1020
Riemenscheiben- Durchmesser . mm	80	100	120	150	100	220	250	300	350	400	450	550
Riemenscheiben- Breite . . . „	50	60	75	90	190	120	150	200	250	300	350	400
Kompl. Gewicht der Maschine ca. kg	50	80	140	270	440	620	830	1180	1700	2300	3200	4300
Preis einer Nebenschlußmaschine M.	320	440	560	720	960	1280	1600	2080	2640	3520	4300	5280
„ „ Compoundmaschine	—	—	—	—	—	—	—	—	—	—	—	—
„ „ Riemenspannvorrichtung „	48	48	60	60	60	80	96	96	140	140	140	160
„ eines Nebenschlußwiderstandes	—	—	—	—	—	—	—	—	—	—	—	—

Diese Dynamos werden nach Wunsch für beliebige Stromspannungen geliefert; für Beleuchtungszwecke werden dieselben in der Regel für eine Spannung von 110 Volts ausgeführt.

Leistungen, Abmessungen und Preise von Gleichstrom-Elektromotoren.

No.	1[1]	2[1]	3	4	5	6	7	8	9	10	11	12	13
Leistung in Pferdestärken ca.	0,1	0,25	0,25	1	2	3,5	7	10	13	20	26	41,5	53
Stromverbrauch in Watt ca.	120	300	500	950	1800	3300	6600	8250	11000	16500	22000	33000	44000
„ in Ampère bei 65 Volt	1,8	4,6	7,7	14,6	27,7	50	100	125	170	265	350	530	680
„ „ „ „ 110 „	—	2,7	4,5	8,6	16,4	30	60	75	100	150	200	300	400
„ „ „ „ 220 „	—	—	—	—	—	15	30	38	50	75	100	150	200
Umdrehungszahl in der Minute	2500	2200	1700	1600	1500	1100	950	850	750	700	600	550	500
Gewicht der Maschine kg	10	24,6	56	101	188	372	670	820	1080	1450	2000	2400	2910
Abmessungen der Riemenscheibe { Durchmesser mm	60	80	100	120	120	220	250	280	350	450	500	600	600
{ Breite „	8[2]	30	40	50	60	70	100	140	165	180	230	300	350
Preis des Motors M.	200	250	300	400	500	750	1150	1500	1800	2500	2900	3800	4400
„ der Riemenspannvorrichtung „	—	—	—	—	—	40	50	50	65	65	80	80	80
„ der Verpackung „	—	—	—	—	—	11	15	25	25	30	36	50	75

[1] 1 und 2 werden nur als Hauptstrommotoren geliefert, die übrigen Motoren erhalten nach Wunsch Hauptstrom- oder Nebenschlußwickelung.

[2] Der Motor Nr. 1 erhält eine Schnurscheibe für 8 mm Schnur.

Gleichstrom-Elektromotoren mit geringer Umdrehungszahl.

Umdrehungen in der Minute ca.	Stromverbrauch bei 110 Volt in Ampère	Kraftleistung in PS. ca.	Gewicht des Motors		Gewicht des Ankers ohne Welle	Preis des Motors		Preis der Verpackung
			mit Lagern	ohne Lager		mit Lagern	ohne Lager	
230	10	1,1	410	317	75	1000	900	12
380	16	1,75						
230	20	2,3	570	470	113	1250	1100	15
380	35	3,9						
210	30	3,5	780	690	156	1400	1200	20
360	50	6						
180	40	5	1040	910	231	1700	1500	25
300	70	8,5						
180	65	8	1370	1221	330	1850	1600	25
300	110	14						
540	195	24	1450	1300	400	2900	2600	30
170	110	14	1700	1490	365	2300	2000	30
340	220	28	1900	1560	420	2900	2700	35
150	170	22	2430	2135	550	3100	2800	40
300	340	44	2750	2360	600	3800	3500	50
140	250	30	3100	2800	800	4000	3600	60
280	500	60	3400	3100	900	4600	4200	75

Preise von Wechselstromdynamos für Riemenantrieb.

Größe . . . . No.	1	2	3	4	5	6	7	8
Watts	13000	20000	30000	40000	50000	66000	100000	135000
Touren ca. per Minute	800	800	800	600	480	400	340	300
Nötige Kraft bei Vollbelastung . HP	20	30	45	60	75	100	150	200
Maximale Spannung . . . . . Volts	2000	2000	3000	3000	4000	4000	5000	5000
Maschinendimensionen { Länge ca. mm	1135	1260	1390	1525	1705	1940	2150	2350
Maschinendimensionen { Breite „ „	870	940	1100	1280	1520	1720	1920	2120
Maschinendimensionen { Höhe „ „	930	1050	1160	1340	1630	1850	2050	2250
Riemenscheiben- { Durchmesser . „	300	350	400	450	550	650	800	900
Riemenscheiben- { Breite . . . „	200	250	300	350	400	500	550	650
Kompl. Gewicht der Maschine ca. kg	1000	1300	2000	2700	3500	4500	6700	8000
Preis ohne Erregermaschine . . M.	2000	2640	3520	4400	5280	6400	8800	11200
„ der separaten Erregermaschine „	440	440	560	560	720	720	960	960
„ mit direkt gekupp. Erreger „	2720	3440	4320	5280	6240	5520	10400	13200

Dieselben können in verschiedenen Größen und ohne Anwendung eines Belastungswiderstandes parallel geschaltet werden. Die Polwechselzahl der Wechselstrommaschinen beträgt ca. 5000 per Minute.

Die Maschinen mit Riemenantrieb stellen sich etwa 10 % teurer als die Maschinen mit direktem Antrieb (Dampfdynamo).

Preise von Einphasen-Wechselstrommotoren.

Type No.		1	2	3	4	5	6	7	8	9	10	11	12	13
HP bei 100 Volt		0,1	0,3	0,9	2	3,5	6	9	13	20	35	45	65	90
Nutzeffekt	%	55	60	65	70	73	76	80	84	88	90	90	90	91
Touren bei 4800 Polwechsel		1200	1200	1200	1200	1200	1200	800	800	800	800	600	600	600
„ „ 7200 „		1800	1800	1800	1800	1200	1200	1200	1200	900	900	720	720	600
Maschinen-dimensionen: Länge	mm	240	300	390	460	530	700	900	1050	1150	1300	1410	1550	1680
Maschinen-dimensionen: Breite und Höhe	„	180	250	320	380	440	515	600	620	710	810	1030	1130	1200
Riemenscheiben-dimensionen: Durchmesser	„	60	80	120	150	190	220	300	350	400	450	550	650	800
Riemenscheiben-dimensionen: Breite	„	30	50	80	90	100	120	210	250	300	350	400	500	500
Approximatives Gewicht	kg	20	35	70	120	200	300	500	600	850	1200	1700	2300	3000
Preis mit Kurzschlußanker	M.	160	240	400	500	800	1040	—	—	—	—	—	—	—
„ mit gewickeltem Anker	„	—	—	—	800	1040	1200	1600	2080	2800	3760	4760	6160	7600
„ eines Anlaufapparates	„	—	—	—	80	120	160	200	240	280	320	360	400	440

NB. Sämtliche Motoren erhalten doppeltbreite Riemenscheiben.

Preise von Zwei- und Dreiphasen-Wechselstrommotoren.

Type . . . . No.		1	2	3	4	5	6	7	8	9	10	11	12	13
HP bei 100 Volt		0,25	0,75	1,5	3	5	9	13	20	30	45	65	90	120
Nutzeffekt	%	62	70	75	79	83	86	88	90	90	91	91	92	92
Touren bei 4800 Polwechsel . . .		1200	1200	1200	1200	1200	1200	800	800	800	600	600	600	600
„ „ 7200 „		1800	1800	1800	1800	1800	1200	1200	900	900	720	720	720	600
Maschinen-dimensionen { Länge	mm	240	320	400	470	540	740	860	1010	1110	1270	1370	1500	1730
Maschinen-dimensionen { Breite und Höhe	„	180	250	320	380	440	515	600	620	710	810	1030	1130	1200
Riemenscheiben-dimensionen { Durchmesser .	„	60	100	150	190	220	250	250	300	350	400	450	550	650
Riemenscheiben-dimensionen { Breite	„	40	80	90	100	120	150	150	210	250	300	350	400	500
Approximatives Gewicht . . .	kg	20	35	70	120	200	300	500	600	850	1200	1700	2300	3000
Preis mit Kurzschlußanker . .	M.	160	240	400	560	800	1040	—	—	—	—	—	—	—
„ mit gewickeltem Anker. .	„	—	—	—	800	1040	1200	1600	2080	2800	3760	4960	6160	7600
„ eines Anlaufapparates . .	„	—	—	—	80	120	160	200	240	280	320	360	400	440

NB. Die Motoren mit Kurzschlußanker erhalten doppeltbreite Riemenscheiben, während diejenigen mit gewickeltem Anker einfache Riemenscheiben haben.

Preise von Wechselstromtransformatoren.

Größe . . No.	1	2	3	4	5	6	7	8	9	10
Watts.	750	1500	3000	5000	7500	10000	15000	20000	30000	40000
Nutzeffekte %	91	92	93	94	94,5	95	95,5	96	96	96,5
Dimensionen:										
Länge ca. mm	570	650	730	860	920	990	1120	1150	1110	1110
Breite ca. mm	230	260	310	330	360	390	420	480	790	860
Höhe ca. mm	290	320	380	410	460	480	520	600	530	540
Gewicht . . kg	70	105	170	240	320	400	530	680	970	1130
Preis . . . M.	176	208	320	440	600	720	960	1200	1600	1920

Preise von Akkumulatoren.

In der folgenden Tabelle sind Mittelwerte der in Deutschland zumeist in Gebrauch stehenden Akkumulatoren angegeben.

Kapacität in Ampère-Stunden	30	60	90	120	160	250	350	550	700	900
Preis 1 Zelle für 1 Ampère-Std. in Pf.	60	55	45	40	40	39	37	37	37	37

Preise von Bogenlampen.

Die Preise der Bogenlampen ändern sich hauptsächlich, außer mit der verschiedenen Ausstattung, mit der Schaltung derselben.

Serien- und Nebenschlußlampen stellen sich zumeist niedriger im Preise als Differentiallampen. Die Preise der Differentialbogenlampen stellen sich etwa um 50 % höher, als die Preise der Serien- und Nebenschlußbogenlampen.

Lampen mit festem Lichtbogen sind teurer als solche mit veränderlichem.

Preise von vollständigen Nebenschlußbogenlampen für Gleich- und Wechselstrom.

Stromstärke in Amp.	Brenndauer	Preis in Mark
2 bis 5	6	100
5 „ 10	8	130
10 „ 15	10	150
15 „ 20	12	165

Preise von Glühlampen.

Die Preise der Glühlampen samt Zubehör hängen insbesondere von der Betriebspannung ab. Eine hochwattige Lampe zu 100 Volt, 0,5 Ampère und 800 Brennstunden kostet etwa 0,80 Mark, eine niederwattige Lampe zu 100 Volt, 0,388 Ampère und 250 Brennstunden dagegen ca. 1,75 Mark. Die Glühlampen zu 150 Volt sind beiläufig doppelt so teuer als jene zu 100 Volt und gleicher Normalkerzenzahl. Lampen für höhere Normalkerzenzahlen sowie Lampen für Hintereinanderschaltung haben höhere Preise als Lampen für niedrigere Normalkerzenzahlen oder Lampen für Nebeneinanderschaltung.

Eine Glühlampenfassung ohne Ausschalter stellt sich auf ca. 1 Mark, eine solche mit Ausschalter auf ca. 2 Mark.

Preise von Rheostaten.

Die in der Starkstromelektrotechnik zumeist in Gebrauch stehenden Rheostate sind die Hauptstrom- und Nebenschlußwiderstände in Licht- und Kraftanlagen und die Vorschaltwiderstände für Bogenlampen. Die Nebenschlußwiderstände dienen zur Regulierung des magnetischen Feldes der Nebenschluß- und Compoundmaschinen.

Preise der Nebenschlußwiderstände.

Leistung der Dynamo in PS	Preis des Nebenschlußwiderstandes in ℳ
1 bis 2	45
3 „ 20	80
20 „ 40	100
60	150
90	200

Ein Vorschaltwiderstand aus Neusilberspiralen auf einem Eisenrahmen oder einer Porzellanrolle etc. für 10 Ampères kostet etwa 20 Mark. Vorschaltwiderstände, welche mit Einrichtungen zur Einstellung verschiedener Widerstände von Hand oder mit Ausschaltern oder Sicherungen versehen sind, stellen sich entsprechend höher im Preise.

Preise von Meßinstrumenten.

Von den Meßinstrumenten sollen hier hauptsächlich die Ampère- und Voltmesser sowie die Elektricitätszähler Berücksichtigung finden. Die Kosten der Ampèremesser steigen mit der Ampèrezahl, die Kosten der Voltmesser und Elektricitätszähler mit der Voltzahl. Hohe Spannungen bedingen einen hohen Widerstand der Instrumente, also viel Draht von geringer Stärke und eine besondere Isolation. Hohe Widerstände verursachen, infolge des hohen Preises dünner isolierter Drähte, verhältnismäßig große Herstellungskosten. Nachstehende Tabelle bringt Durchschnittspreise obiger Instrumente.

Meßinstrument	Preis in ℳ
Voltmeter bis 100 Volt	60
„ „ 200 „	80
Zusatzwiderstand für 1 Voltmeter von 200—500 Volt	60
Ampèremeter bis 80 Ampères	60
„ „ 300 „	80
„ „ 600 „	100
Elektricitätszähler System Aron bis 12 Ampères	140
„ „ „ „ 25 „	150
„ „ „ „ 50 „	165
„ „ „ „ 75 „	175
„ „ „ „ 100 „	200
„ „ „ „ 150 „	225
„ „ „ „ 200 „	250
„ „ „ „ 300 „	300
„ „ „ „ 400 „	350
„ „ „ „ 500 „	400

Die Preise der Elektricitätszähler von H. Aron gelten ab Berlin ohne Verpackung für Spannungen bis etwa 125 Volt; für je 25 Volt höherer Spannung kosten die Apparate 15 Mark mehr.

Preise von Schaltapparaten.

Je nach der Konstruktion, mechanischen Ausführung und der Ampèrezahl stellen sich die Preise der Ausschalter sehr verschieden. Durchschnittspreise bestimmter Ausschalter giebt die folgende Tabelle an.

Schaltvorrichtungen	Preis in ℳ
Ausschalter bis 1,5 Ampères	1,7
„ „ 3 „	2,6
„ „ 6 „	3,4
„ „ 9 „	4,3
„ „ 15 „	6,0
Hebelausschalter von 15 bis 30 Ampères . . .	21,0
„ „ 30 „ 60 „	25,0
„ „ 60 „ 120 „	34,0
„ „ 120 „ 210 „	50,0
„ „ 210 „ 300 „	67,0
Messerausschalter bis 30 Ampères	25,0
„ „ 60 „	30,0
Bipolare Ausschalter bis 30 Ampères	25,0
„ „ „ 60 „	34,0
„ „ „ 120 „	42,0

Schaltvorrichtungen	Preis in ℳ
Voltmeterumschalter für 1 Leitung	25,0
„ „ 2 Leitungen	30,0
Ausschalter in Schieferdose mit Sicherung bis 3 Ampères	3,0
Ausschalter in Schieferdose mit Sicherung bis 10 Ampères	5,0
Steckkontakt mit Glühlampenfassung	9,0

Preise von Sicherungen.

Die in der folgenden Tabelle angegebenen Sicherungen für kleinere Lampengruppen sind bipolar, auf Schiefer, Porzellan, Marmor, Glas oder Serpentin montiert, vollständig feuersicher und leicht und gefahrlos auswechselbar. Für größere Stromstärken finden Bleistreifen mit Metallenden-Fassung Verwendung; dieselben sind durch massive Metallklötze mit den Leitungen verbunden. Die Auswechselung dieser Sicherungen ist bequem, der Kontakt vollkommen.

Sicherung	Preis in ℳ
Bleisicherung, bipolar	3,4—6,0
Bleistöpsel hierzu	0,5
Stanniolsicherung, unipolar, in Glashülse . . .	0,6
„ mit Patrone in Dosenform . .	0,6
„ bipolar, mit Patrone	1,8
Porzellanbleisicherung	1,1
Bleistreifen mit Metallendenfassung, groß . . .	1,8
„ „ „ mittel. . .	1,5
„ „ „ klein . . .	1,3
Anschlußklötze hierzu für 50 Ampères	1,0
„ „ „ 500 „	2,8
Bleibügel	2,0
Blitzschutzvorrichtung mit 2 Anschlüssen . . .	5,0

Preise des Isolationsmateriales.

In der nächsten Tabelle sind die Preise verschiedener, bestimmter Isolationsmateriale enthalten. Der Tabelle wurde das Porzellan als Isolationsmaterial zu Grunde gelegt; an dessen Stelle treten auch Glas, Steingut etc.

Isolationsmaterial	Preis in ℳ
Pfeifeneinführung aus Porzellan	0,75
Muscheleinführung	0,75
Porzellanklemmen mit Schrauben	0,09—0,67

Isolationsmaterial	Preis in ℳ
Porzellaneinführungsrohr	0,15—1,00
Porzellanisolationsrolle	0,05—0,20
Porzellanisolator mit Stütze	0,67—2,10
" " " und Sicherung . . .	3,40
Zweinutige, imprägn. Holzleisten mit gehobeltem Deckel für 1 m	0,30—1,40
Kautschukisolierleinwand für 1 m	5,00
Kautschukschläuche 3 mm lichte Weite . . .	0,24
" 6 " " " . . .	0,56
" 10 " " " . . .	0,92
Hartgummirohre 8 mm lichte Weite	0,30
" 12 " " "	0,60
Isolierband (Manson Tape) 1 Stück	8,30

Preise von Leitungsmaterial.

Der Preis eines Leiters hängt von der Art des Leiters, der Art der Isolation desselben und von dem Preise des Rohkupfers ab; ein massiver Leiter ist billiger als ein litzenförmiger.

Ein litzenförmiger, blanker Leiter aus 7 Kupferdrähten zu je 1,3 mm Durchmesser kostet für je 100 m 32 Mark.

Ein litzenförmiger, blanker Leiter aus 19 Kupferdrähten zu je 1,3 mm Durchmesser kostet für je 100 m 70 Mark.

Ein litzenförmiger, blanker Leiter aus 37 Kupferdrähten zu je 1,3 mm Durchmesser kostet für je 100 m 200 Mark.

Ein blanker Leiter von 1,3 mm Durchmesser kostet für je 100 m 2 Mark.

Der Preis einer Leitung steigt mit der Zahl der Isolierhüllen derselben und mit der Art des für dieselbe verwendeten Materiales. In der folgenden Tabelle sind die Leiter bis zu dem Querschnitte von 10 mm² blank, dann litzenförmig; aufgenommen erscheinen:

1. Blanke Leitungen.
2. Isolierte Leitungen für trockene Räume. Das Kupfer ist mit Baumwolle umsponnen, mit Leinengarn umflochten und asphaltiert.
3. Feuersicher imprägnierte Leitungen.
   Über dem Leiter befindet sich eine doppelte Umspinnung mit Baumwolle, eine Asphaltierung, eine Umflechtung mit Leinengarn und eine feuersichere Imprägnierung. Diese Leitungen sind für trockene Räume bestimmt.
4. Leitungen für feuchte, warme Räume. Verzinkter Kupferdraht erscheint mit einem Gummiband umwickelt, doppelt

mit Baumwolle umsponnen, mit Leinengarn umflochten und geteert.

5. Leitungen für feuchte, kalte Räume. Ein mit Guttapercha umpreßter Kupferleiter, über welchem sich eine Baumwollumspinnung befindet, ist mit Leinengarn umflochten, geteert und asphaltiert.
6. Bleikabel für oberirdische Leitungen. Mit Baumwolle umsponnene Kupferleiter sind mit einem Bleimantel umpreßt.

Die Preise der Leitungen in nachstehender Tabelle verstehen sich in Mark für je 100 m.

Kupferquerschnitt	Zu 1	Zu 2	Zu 3	Zu 4	Zu 5	Zu 6
1,0	1,94	5,46	5,25	11,24	16,49	26,25
1,5	2,89	7,14	7,04	14,18	20,48	29,40
2,5	4,73	9,87	10,08	18,17	28,25	34,65
4,0	6,56	14,07	14,28	24,15	37,80	44,10
6,0	11,34	19,64	19,64	31,50	46,20	52,50
10,0	18,90	29,40	30,45	46,20	71,40	70,35
16,0	30,45	45,15	48,30	96,30	121,80	99,75
25,0	47,25	69,30	72,45	97,65	164,85	136,50
35,0	76,65	95,55	96,60	133,35	202,65	178,50
50,0	108,15	136,50	136,50	180,60	265,65	231,00
70,0	151,20	185,85	186,90	238,35	346,50	325,00
95,0	201,60	244,15	141,50	306,60	451,50	399,00

Vierzehnter Abschnitt.

Beispiele zur Projektierung elektrischer Anlagen.

Berechnung einer Beleuchtungsanlage für eine Fabrik.

Für die elektrische Beleuchtung einer Fabrik mit 12stündiger Arbeitszeit und Beleuchtung von morgens 6 bis 8 und von abends 4 bis 7 insgesamt täglich im Maximum 5 Stunden, stellt sich die gesamte Stromlieferung, wenn 120 Glühlampen zu 16 NK. à 0,5 A. erforderlich sind, auf $120 \cdot 0{,}5 = 60$ A. und für 5 Stunden auf $60 \cdot 5 = 300$ A.-Stunden.

Für diese Strommenge wählen wir eine Dynamo von 110 V. Spannung; demnach stellt sich die Gesamtleistung auf 60 . 5 . 110 = 33000 V.-A.-Std.

Die Stromlieferung wird zur Hälfte auf die Dynamo, zur Hälfte auf einen Akkumulator verteilt. Da 25 % Verlust an hineingeladenen Watt gerechnet werden, so sind für den Akkumulator mit Rücksicht auf die halbe Stromlieferung $\frac{25}{2} = 12{,}5\,\%$ in Rechnung zu stellen. Die Dynamo muß aber diesen Verlust decken, somit entfällt auf dieselbe eine Leistung von

$$3300 \,.\, \frac{100}{100-12{,}5} = 33000 \,.\, 1{,}143 = 37719 \text{ V.-A.-Std.}$$

oder bei dem 12 stündigen Betrieb eine Leistung von 3143 V.-A. pro Stunde.

Bei 110 Volt Spannung muß somit eine Nebenschlußdynamo beschafft werden, welche $\frac{3143}{110} = 28{,}6$ A. giebt, so daß von dem Akkumulator noch 31,4 A. herzugeben sind. Es wird nun, um beiderseits 30 A. zu liefern, die Dynamo etwas größer gewählt, so daß sie bei 110 V. 30 A. zu geben vermag. Demgemäß wird ebenfalls der Akkumulator auf 30 A. Entladestrom eingerichtet.

Für den Akkumulator ist noch der Verlust an Stromstärke, welchen der Ladestrom bei der Entladung erleidet und welcher auf 10 % angenommen wird, in Rechnung zu stellen, infolgedessen, um die Hälfte der verlangten Ampèrestunden mit 150 zu erhalten $\frac{100}{100-10} = 1{,}111 \,.\, 150 = 166{,}5$ A.-Std. in den Akkumulator geladen werden müssen.

Für den Akkumulator ist eine Batterie zu wählen, welche unter Berücksichtigung, daß während der Ladung Lampen nicht brennen, daß somit die mittlere Spannung auf $\frac{2{,}70 + 1{,}90}{2} = 2{,}3$ V. angesetzt werden muß, sowie unter Anrechnung der Verluste 60 Elemente umfaßt. Dieselben ergeben eine Gesamtspannung von 133,8 V., so daß unter der Bedingung, daß die Dynamo beständig mit 110 . 30 = 3300 V. A. belastet sein soll, ganz gleich, ob beleuchtet oder nur geladen wird, ein mittlerer Ladestrom von $\frac{3300}{133{,}8} = \sim 25$ A. erforderlich ist.

Die Ladung von 166,5 A.-Std. kann demnach in $\frac{166{,}5}{25} = 66{,}6$ Std. erfolgen, sofern der Ladestrom in seiner Stärke stets der zur Zeit vorhandenen und nach und nach steigenden Ladespannung entsprechend geregelt wird und das Produkt aus Stromstärke und

Spannung stets die Zahl 3300 giebt. Zur Vermeidung einer beständigen Regulierung zieht man es gewöhnlich vor, mit gleicher Stromstärke die Ladung auf die zur Verfügung stehenden 7 Std. zu verteilen, so daß der Ladestrom von 25 auf 23,8, rund auf 24 A. ermäßigt wird.

Die Ladung beginnt mit einer Spannung von 2,05 V. und endigt mit hochgerechnet 2,75 V.; die mittlere Spannung beträgt daher 2,4 V. pro Element, also 60 . 2,4 = 144, rund 145 Volt. Die Maschine muß bei dieser Durchschnittsspannung von 2,4 V. den vorberechneten Ladestrom von 24 A. noch liefern; sie muß aber auch derartig eingerichtet sein, daß sie 2,75 V., oder für die ganze Batterie 165 V. zuläßt, bei welcher Spannung indessen die Ladestromstärke auf 12 A. herabgehen kann. Für die erste Ladung sind jedoch 20 A. empfehlenswert, so daß beständig das Produkt auf 3300 erhalten wird.

Für den Anbetrieb der Dynamo ist eine Betriebsmaschine von $5^1/_2$ PS. Leistungsfähigkeit erforderlich. Dies ergiebt sich durch Division der Belastung von 3300 V. A. mit 600 V. A. gleich $5^1/_2$.

Demnach beansprucht die Anlage der elektrischen Beleuchtung einer Fabrik mit einer Beleuchtungszeit von 6 bis 8 und 4 bis 7 = 5 Std. und unter Verwendung von 120 Glühlampen zu 16 NK.

1. eine Akkumulatorenbatterie von 60 Elementen geeigneter Größe für 150 A. St. Kapazität, 25 A. Lade- und 30 A. Entladestrom;
2. eine Nebenschlußdynamomaschine von 110 bis 165 V. und einer Stromstärke von 30 A.;
3. eine Antriebsmaschine von 5,5 PS.

Aufstellung des Kostenvoranschlages.

Eine komplette Gasdynamomaschine von ca. 6 PS., Tourenzahl 220	ℳ	4150.—
Gußeiserner Sockel für die Dynamo . . .	„	180.—
1 Schaltbrett, enthaltend: 1 Spannungsmesser, 1 Strommesser, 1 Nebenschlußregulierwiderstand, 1 einpoliger Hauptausschalter für die Dynamomaschine u. s. w.	„	500.—
120 Glühlampen nebst 120 Fassungen, sämtlich mit Ausschalter versehen à 1,20 . .	„	144.—
Für Leitungsmaterial: isolierte Drähte und Kabel, Dübel, Holzleisten, Durchführungsrohre, Bleisicherungen, Ausschalter u. s. w.	„	800.—
Eine Akkumulatorenbatterie bestehend aus 60 Elementen à ℳ 57	„	3420.—

Für das Balkengestell der Batterie, Isolatorfüße, Verbindungsleisten mit dem Schaltbrett, Säurebottich, 2 Aräometer, Schwefelsäure, Verpackung und Fracht. Zusammen	*M*	800.—
Montage der ganzen Anlage	„	600.—
Für Verpackung, Frachten, Unvorhergesehenes und zur Abrundung	„	850.—
Summa	*M*	11444.—

Verzichtet man jedoch auf die Benutzung von Akkumulatoren und begnügt man sich mit einem direkten Maschinenbetrieb, so ist bei alleiniger Übernahme der Gesamtleistung eine Dynamo von 110 V. und 60 A. = 6600 V. A. und zu deren Antrieb ein Motor von $\frac{6600}{600} = 11$ PS erforderlich.

Die Anlagekosten für diesen Fall ergeben sich dann wie folgt:

Eine komplette Gasdynamomaschine von ca. 12 PS, Tourenzahl 200	*M*	5850.—
1 Schaltbrett mit Spannungsmesser, Ampèremesser, Nebenschlußregulator, Ausschalter, Sicherungen u. s. w.	„	300.—
120 Glühlampen nebst 120 Fassungen, sämtlich mit Ausschalter versehen à *M* 1,20 .	„	144.—
Für Leitungsmaterial	„	600.—
Montage der ganzen Anlage	„	500.—
Für Verpackung, Frachten, Unvorhergesehenes und zur Abrundung	„	600.—
Summa	*M*	7994.—

Muster zur Durchführung eines Projektes einer Centralstation mit Gasdynamo.

Die Station soll genügen für die Versorgung mit Strom von im ganzen 1200 Glühlampen bei ausreichender Reserve. Der Gaspreis beträgt 0,12 *M* pr. m^3.

Zur Aufstellung gelangen im Erdgeschoß 2 Gasdynamos von normal 165 A. bei 115 V., maximal 210 A. bei 115 V.; dieselben dienen auch zum Laden einer Akkumulatorenbatterie. Zur Aufnahme der Auspuffrohre sind zwei Schornsteine vorgesehen, welche die Lüftung des unteren Raumes und des im ersten Stock befindlichen Akkumulatorenraumes übernehmen. Die Verbindung beider Stockwerke miteinander geschieht durch eine eiserne Wendeltreppe.

Vorgesehen ist eine Akkumulatorenbatterie von 62 Zellen

mit einer Ladestromstärke von 147 Ampères, einer Kapacität von 572 Ampèrestunden bei einer größten Entladung von 190 Ampères.

Das Schaltbrett ist an einer Stelle angebracht, von welcher aus sich die ganze Anlage mit Leichtigkeit übersehen läßt, und ist mit allen erforderlichen Apparaten reichlich ausgestattet.

Die Verteilung des Stromes geschieht nach dem einfachen Zweileitersystem mit einer Lampenspannung von 110 V. Mit diesem System kann ein Beleuchtungsgebiet von etwa 600—700 m

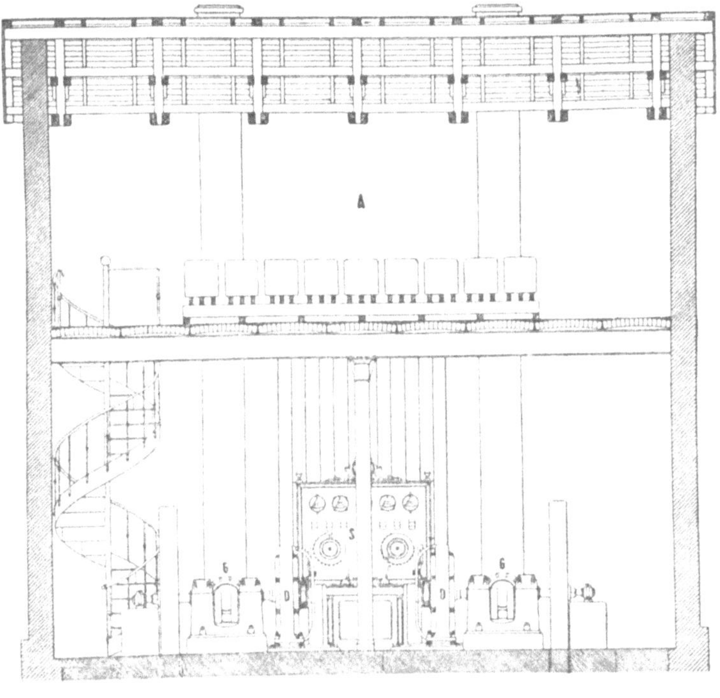

Fig. 191. Vorderansicht.

Durchmesser noch bequem versorgt werden. Im Leitungsnetz sollen bei höchster Beanspruchung desselben nicht mehr wie 7 V., das heißt 6 % der Energie verloren gehen.

Erfahrungsgemäß brennen unter normalen Verhältnissen von der Gesamtzahl der angeschlossenen Lampen nicht mehr als 65—70 % gleichzeitig; im vorliegenden Falle würden das bei 1200 Glühlampen 750 gleichzeitig brennende sein, und diese können von nur einer Maschine und der Akkumulatorenbatterie versorgt werden, so daß die zweite Maschine als Reserve dient.

Um möglichst sparsam zu arbeiten, würde man in den Zeiten geringsten Lichtbedarfs, in welchem die Gasmaschine noch ungünstig belastet arbeiten würde, die Akkumulatoren allein benutzen. In den übrigen Zeiten würde die Batterie eine stets bereite Reserve bilden.

Es lassen sich die Betriebszeiten der Gasmotoren dann so

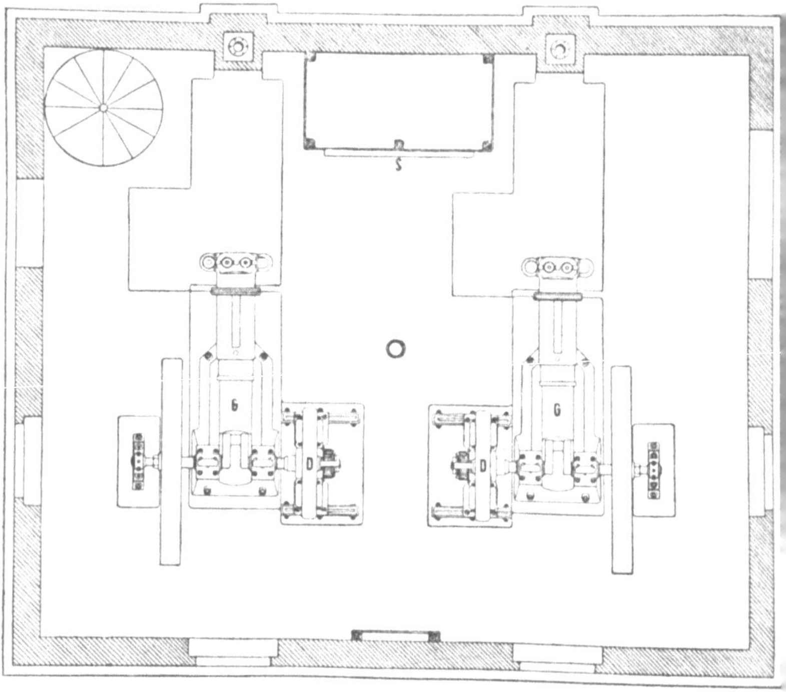

Fig. 192. Grundriß.

einrichten, daß die Batterie in den späten Vormittagsstunden geladen wird und der Motor nur während des Hauptlichtbedarfs, also des Abends nicht länger als bis etwa 11 Uhr läuft, so daß man mit einfacher Betriebsmannschaft auskommt.

Aus den Figuren 191 und 192 ist die Disposition der Maschinen in der Centrale zu ersehen.

Aufstellung des Kostenvoranschlages.

A. Baukosten.

Ein einfaches Haus von 100 m² bebauter Grundfläche, 2 stöckig; einschließlich Erwerb des Grund und Bodens dafür, nebst den Fundamenten für die Gasdynamos und einem Brunnen zur Kühlwasserleitung	*M*	9700.—
B. Maschinenanlage.		
2 Präzisionsgasdynamos für normal 165 A. bei 115 V. und maximal 210 A. bei 115 V., vollständig betriebsfertig aufgestellt, mit den Nebenschlußregulatoren, vollständiger Rohrleitung, einer Elektromotorpumpe mit Anlaßwiderstand nebst Rohrleitung für das Kühlwasser, den zwei Gasuhren, dem Gasdruckregulator, dem nötigen Schutzgeländer und den Abdeckplatten im Maschinenraum	„	30000.—
C. Akkumulatoren.		
1 Akkumulatorenbatterie, bestehend aus 62 Zellen, betriebsfertig aufgestellt, nebst der Schwefelsäure, dem Untergestell, Säuremesser, Glasfüßen, Polschuhen, Isolatorenverbindung mit dem Schaltbrett bezw. Doppelzellenschalter	„	16000.—
D. Schaltbrett, Leitungen, Apparate und Zubehör	„	3000.—
E. Beleuchtung der Station mittels 12 Glühlampen	„	500.—
F. 1 Aufzug, 1 komplette Winde .	„	500.—
G. Werkstatteinrichtung	„	300.—
Summa	*M*	60000.—

Um die Betriebskostenberechnung aufzustellen, nehmen wir an, daß jede der als gleichzeitig brennend angenommenen 750 Lampen, à $^1/_2$ A., 900 Std. im Jahre brennt, eine Annahme, die weit unter den Ergebnissen städtischer Centralen liegt.

Wir erhalten so die Zahl von jährlich $900 \cdot \frac{750}{2} = 337500$ Ampèrebrennstunden. Die Dynamos geben bei voller Belastung 90 % der von den Motoren abgegebenen Kraft als Elektrizität wieder, bei einer mittleren Belastung von nur $^3/_4$, wie sie durchschnittlich im Jahresbetriebe auftreten dürfte, eine Nutzleistung von 87 %; d. h. also, man würde mit jeder von der Gasmaschine geleisteten PS im Jahresdurchschnitt 0,87 . 736 = 640 Watt oder bei einer Spannung von 115 V. $\frac{640}{115} = 5{,}56$ A. leisten.

Teilt man mit dieser Zahl in die oben angegebenen 337500 Ampèrebrennstunden, so erhält man jährlich 60600 PS Std.

Der Gasverbrauch der Motoren ist 0,55 m^3 bei voller Belastung, bei halber Belastung 0,63 m^3. Da wir mit $^3/_4$ Belastung zu rechnen haben, setzen wir den Gasverbrauch mit 0,6 m^3 pro PS und Std. ein und erhalten einen Gasverbrauch von jährlich 0,6 . 60600 = 36360 m^3.

Diese Zahl würde richtig sein, wenn die gesamte Energie von den Gasmaschinen direkt gedeckt würde; die aus der Akkumulatorenbatterie entnommene Energie ist aber nur ca. 75 % der eingeladenen, und wenn wir annehmen, daß etwa 40 % der Gesamtenergie den Akkumulatoren entnommen werden, so haben wir nach den obigen Angaben des Gasverbrauches noch ca. 15 % aufzuschlagen; dann ergiebt sich ein jährlicher Gasverbrauch von rund 42000 m^3, welche ℳ 5040 bei einem Gaspreise von ℳ 0,12 kosten.

Das Kühlwasser für die Station kann einem besonders für diesen Zweck angelegten Brunnen entnommen werden, aus welchem es zweckmäßig durch eine kleine Elektromotorpumpe geholt wird.

Der Schmierölverbrauch beträgt etwa $^1/_{100}$ Ltr. pro 1 PS Std., bei 60600 . 1,15 = 70000 PS Std., also 700 Ltr. à 0,70 ℳ = 490 ℳ

Für Putzmaterial soll rund ein Betrag von 300 ℳ ausgeworfen werden.

Die Instandhaltung der Akkumulatorenbatterie wird von der Lieferantin gegen eine Vergütung von 5 % des Kostenpreises derselben übernommen. Die Batterie wird nach 10 Jahren mit ihrer vollen Leistung übergeben.

Für den Ersatz an Schwefelsäure bei derselben werden noch ℳ 200 angenommen.

Für die Bedienung der Anlage genügen 2 Mann vollständig, für welche wir ℳ 3000 Entlohnung ansetzen.

Außerdem nehmen wir noch ℳ 500 an für die Verwaltung der Centrale, welche von einem Beamten der Gasanstalt im Nebendienst versehen werden kann, sofern es sich um eine städtische Anlage handelt.

Darnach sind, abgesehen von dem Gasverbrauche, folgende Betriebskosten aufzuwenden:

Schmierölverbrauch	ℳ	490.—
Putzmaterial	„	300.—
Akkumulatorenversicherung 5 % von 16000 ℳ	„	800.—
Schwefelsäureersatz	„	200.—
Bedienung der Anlage	„	3000.—
Verwaltung	„	500.—
Reparaturen . , ...	„	1000.—
Abschreibung 7,5 % von 60000 ℳ . . .	„	4500.—
Summa	ℳ	10790.—

Hierzu würde bei einem Gaspreise von 0,12 ℳ der Gasverbrauchbetrag von ℳ 5040 kommen, so daß die Gesamtbetriebskosten 10790 . 5040 = 15830 ℳ betragen.

Die Einnahmen würden betragen bei dem Satze von 3,5 ₰ für die Glühlampenstunde, welcher dem Gaspreise gleichkommen würde, 2 . 0,035 . 337500 = 23625 ℳ, wobei sich das Kapital mit 12,9 % verzinsen würde.

Muster zur Durchführung des Projektes eines Elektrizitätswerkes in einem Kurorte.

Von der Stadtverwaltung eines größeren Kurortes wird an verschiedene elektrotechnische Firmen nachstehendes Einladungsschreiben zur Einreichung von Offerten versandt:

An die Firma N. N.

in Z.

Das Elektrizitätswerk soll auf Rechnung der Stadt erbaut und betrieben werden; nach Fertigstellung der Anlage wird der Unternehmer einen Probebetrieb zu leiten haben, der sich voraussichtlich und vorbehaltlich späterer genauerer Vereinbarung auf mindestens $^1/_4$ Jahr erstrecken wird.

Bezüglich der gleichzeitig brennenden Hektowatt kann noch bemerkt werden, daß, wenn im Konversationshaus volle festliche Beleuchtung ist, gleichzeitig im Theater keine und in den größeren Hotels entsprechend ermäßigte Beleuchtung sein wird. Das im Grundriß gezeichnete Maschinenhaus für das Elektricitätswerk (Fig. 193) bezeichnet so ziemlich das Maximum des verfügbaren Platzes; seine zur Zeit noch unbestimmten Größenverhältnisse werden sich nach dem beanspruchten Platze für Maschinenstation und ev. für Magazin, Laboratorium oder Werkstätte richten (ev. sind Magazine, Werkstätten u. s. w. anderwärts zu beschaffen und wollen Sie alsdann die erforderliche Größe angeben). Ein Kohlenschuppen für das Elektrizitätswerk könnte vor oder hinter das Kesselhaus projektiert werden. Um einen möglichst genauen Vergleich der Angebote zu ermöglichen, sollen die Leistungen mit allem Zubehör genau beschrieben und, soweit thunlich, die Preise pro Einheit mit angegeben werden.

Alles weitere ist aus mitfolgenden Plänen und Bedingungen zu entnehmen.

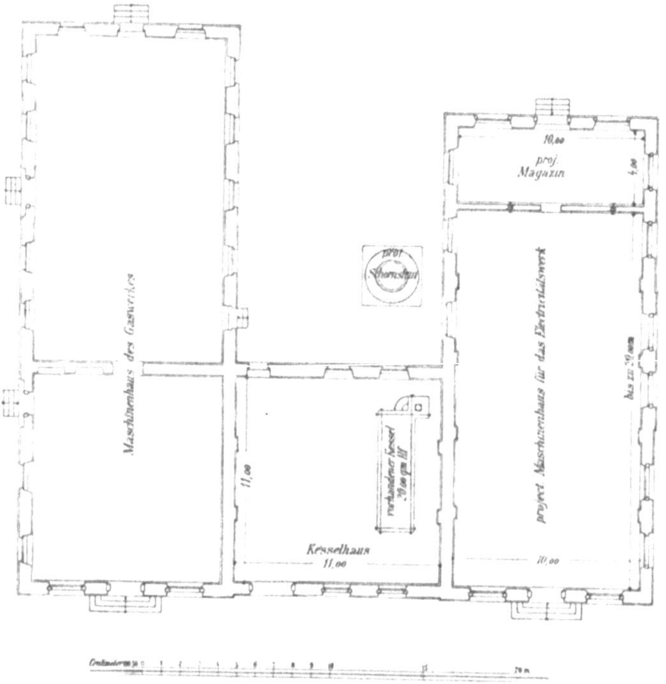

Fig. 193. Grundriß über das Gaswerks-Maschinenhaus, das gemeinschaftliche Kesselhaus und das prokektierte Elektrizitätswerks-Maschinenhaus.

Anbei: 1 Exemplar Bedingungen für die Errichtung einer elektrischen Centrale.
1 Grundriß des Kessel- und Maschinenhauses (Fig. 193).

Bedingungen für die Errichtung eines Elektrizitätswerkes.

§ 1.

Als Unterlage dient neben den folgenden Bestimmungen: Ein Situationsplan des städtischen Gaswerkes mit Angabe des Platzes für die Maschinenstation des Elektrizitätswerkes.

§ 2.
Umfang der Anlage.

Die Kapazität der Centrale (bezw. mit Einschluß der Unterstationen) soll 3000 Hektowatt (d. i. normale Beanspruchung) betragen und zwar muß diese Leistung ohne Forcierung der Kessel, Maschinen oder Akkumulatoren und ohne Heranziehung der Reserven möglich sein. Das Leitungsnetz ist auf Grund einer Gesamtkapazität von rund 5000 Hektowatt zu projektieren.

§ 3.
Stromverteilungssystem.

Dasselbe bleibt dem Ermessen der offerierenden Firma überlassen. Gleichstromverteilung ist zwar erwünscht, jedoch ist eine andere Stromart nicht ausgeschlossen, wenn sie wesentliche wirtschaftliche Vorteile bietet. Die Einführung von Spannungen über 300 V. in die Häuser ist unzulässig.

§ 4.
Maschinenanlage.

Das bereits bestehende Kesselhaus soll für Gas- und Elektrizitätswerk gemeinschaftlich sein. In demselben steht ein neuer Vorwärmerkessel von 20 m^2 Heizfläche mit 10 Atm. Überdruck. Gemeinsame Dampferzeugung für Gas- und Elektrizitätswerk ist erwünscht.

Zur Kesselspeisung genügt das Wasser des das Grundstück des Gaswerkes begrenzenden Kanales, erforderlichen Falles unter Zuziehung der städtischen Wasserleitung; zur Kondensation jedoch müßte ein Gradierwerk bezw. Verdunstungskühler mit veranschlagt werden. Gute Saarflammkohlen von ca. 7800 Kalorien Heizwert kosten loco Gaswerk pro 10000 kg zur Zeit ℳ 180.

Die Wahl des Systems und der Größe der Dampf- und Dynamomaschinen bleibt dem Ermessen der offerierenden Firma überlassen. Außer der Stammanlage, welche die oben angegebene

Kapazität von 3000 Hektowatt haben muß, ist noch ein vollständiges Reserveaggregat vorzusehen, welches jedes ausfallende Aggregat ohne Forcierung ersetzen kann.

Baulichkeiten sollen nicht mit veranschlagt werden, dagegen gehört die komplete Einrichtung der Centralstation, sowie die Ausrüstung eines Laboratoriums, einer Werkstätte, eines Magazins und eines Kohlenvorratsraumes zum Anschlag.

Dasselbe gilt von den Unterstationen; in diesen sind außer den Akkumulatoren nur elektrisch angetriebene Maschinen zulässig. Es ist ein Plan der gesamten Maschinenanlage in einem Maßstabe von etwa 1 . 150 beizulegen. Die gewählten Kessel und Maschinen sind durch Zeichnungen und eventuell Quellenangabe und genaue Beschreibung zu erläutern.

§ 5.
Leitungsnetz.

Dasselbe ist nach dem Stadtplane zu entwerfen. Die Querschnitte sind einzuschreiben und so zu bemessen, daß, wenn alle Hektowatt gleichzeitig gebraucht werden,

a) in den Verteilungsleitungen höchstens $2^1/_2$ %,

b) in den Leitungen von der Centrale bezw. den Unterstationen nach den Hauptverteilungspunkten, ebenso wie in den Leitungen von der Centrale zu den Unterstationen höchstens 10 % Verlust entstehen.

Die Grenzen der einzelnen Speisebezirke sind kenntlich zu machen.

Auf die im Plan gemessenen Kabellängen ist, der bedeutenden Steigung wegen, ein Aufschlag von $3^1/_2$ % zuzurechnen.

Bei Anwendung von Dreileitersystem ist der Nullleiterquerschnitt einer zweiseitig gespeisten Verteilungsleitung mit mindestens 35 % des Außenleiterquerschnittes anzusetzen. Bei einseitig gespeisten Leitungen (toten Enden) ist er dagegen mit mindestens 60 % des Außenleiterquerschnittes zu bemessen.

Der Veranschlagung des Leitungsnetzes ist ein Rohkupferpreis von £ 40 pro 1000 kg zu Grunde zu legen und anzugeben, um wie viel sich die Einheitspreise erhöhen oder ermäßigen, wenn der Rohkupferpreis um 1 £ schwankt.

§ 6.
Hausanschlüsse.

Die Hausanschlüsse gehören nicht zum Leitungsnetz. Es ist jedoch gesondert zu veranschlagen:

a) ein Hausanschluß für 5 Hektowatt bei 5 m einfacher Kabellänge nebst Angabe der Mehrkosten pro Meter Kabellänge.

b) ein Hausanschluß für 50 Hektowatt und 5 m einfache Kabellänge nebst Angabe der Mehrkosten pro Meter Kabellänge.

c u. d) dieselben Fälle für Luftleitung.

Unter Hausanschluß sind dabei alle Leitungen, Schaltapparate, Sicherungen, Verbindungsteile u. s. w. zwischen Verteilungsleitung und Elektrizitätszähler (diese ausgeschlossen) zu verstehen.

§ 7.

Garantien.

Es ist anzugeben, welche Garantien und wie lange (vom Tage der Inbetriebsetzung ab) gewährleistet werden. Insbesondere ist der Dampf- und Kohlenverbrauch pro nutzbar abgegebene Hektowattstunde, sowie bei Kabeln und Luftleitungen die Isolations- und Leitungsfähigkeit anzugeben.

§ 8.

Bauzeit.

Es ist anzugeben, welche Zeit für komplete, betriebsfertige Herstellung der Anlage beansprucht wird.

Auf Grund der vorstehenden Daten wird nun von der offerierenden Firma das Projekt nebst dem Kostenvoranschlag in nachstehender Art und Weise ausgearbeitet und dasselbe an die betreffende Stadtverwaltung eingesandt.

Projekt über Errichtung des Elektrizitätswerkes.

Beschreibung.

I. Wahl des Systems.

Die vorgesehene Lage der Centralstation ziemlich weit außerhalb des eigentlichen Konsumgebietes, die bedeutende Fläche, über welche sich die Beleuchtung erstrecken soll, und hauptsächlich die geringe Dichte derselben in den äußeren Teilen des Beleuchtungsrayons lassen eine Ausführung der Anlage mit Gleichstrom wenig rationell erscheinen. Die Mehrkosten der größeren

Maschinenanlage bei Wahl des Wechselstromsystems gegenüber dem Gleichstromsystem mit Akkumulatoren und die Kosten der Transformatoren werden jedenfalls mindestens aufgewogen durch die Ersparnisse, die sich durch Wegfall der Akkumulatoren und durch das billige Leitungsnetz ergeben. Aber abgesehen davon bietet das Wechselstromsystem auch in Bezug auf Einfachheit und Billigkeit des Betriebes und besonders des Unterhaltes wesentliche Vorteile vor dem Gleichstromsystem mit Unterstationen, Akkumulatoren, Dreileiter- oder gar Fünfleiternetz für die Verteilung.

Beim Wechselstromsystem ist es möglich, in einer Centrale die Energie zu erzeugen und dieselbe von dieser einen Centrale aus zu verteilen und zwar in Form hochgespannten Stromes in dünnen, leicht zu verlegenden Leitungen an eine verhältnismäßig große Anzahl Transformatorenstationen. Letztere sind als Unterstationen zu betrachten, bedürfen auch keiner ständigen Bedienung, Wartung und Beaufsichtigung, da die Umwandlung hochgespannten Weshselstromes in solchen von Gebrauchsspannung in Apparaten erfolgt, die ihrer ganzen Konstruktion nach keiner Bedienung bedürfen; es sind keine beweglichen Teile an denselben, sondern nur ruhende Eisenmassen und Drahtspulen, während Unterstationen und Akkumulatorenstationen beim Gleichstromsystem fortwährende Beaufsichtigung erfordern und also nur in ganz geringer Zahl, etwa eine oder höchstens zwei angenommen werden können. Der Hauptvorteil, der sich daraus zu Gunsten des Wechselstromsystems ergiebt, ist der, daß das Verteilungnetz an einer großen Zahl von Stellen mit Strom versorgt wird; es kann also bei Annahme geringer Spannungsverluste dennoch leicht gehalten werden und muß nicht ein kompliziertes, in der Überwachung schwieriges und dennoch nicht so sicheres Mehrleitersystem gewählt werden, sondern es genügt das gewöhnliche einfache Zweileitersystem vollkommen. Auch können normale Lampen angenommen werden statt der teueren und noch nicht so vielfach bewährten 150- oder 200-Voltlampen. Aber auch die Zuleitungen zu den einzelnen Transformatorenstationen können leicht für geringe Verluste angelegt werden und werden auf diese Weise die Verluste für eine Wechselstromanlage jedenfalls geringere sein als bei einer Gleichstromanlage mit Unterstationen. — Im vorliegenden Falle ist also die Wahl des Wechselstromsystems zu empfehlen und ist das vorliegende Projekt unter Zugrundelegung des Einphasenwechselstromes ausgearbeitet.

II. Umfang der Anlage.

Gemäß den Bedingungen für die Errichtung eines Elektrizitätswerkes ist die Kapazität der Centrale für 3000 gleichzeitig abzugebende Hektowatts zu bemessen und zwar soll diese Leistung ohne Forcierung der Kessel und Maschinen und ohne Heranziehung der Reserven zu bewältigen sein. Unter Annahme des zulässigen $2^1/_2$ $^0/_0$ igen Verlustes in den Verteilungsleitungen, eines Nutzeffektes der Transformatoren von durchschnittlich 95 $^0/_0$ und eines Verlustes in den Primärleitungen von 5 $^0/_0$ ergiebt sich für die Centrale eine Leistungsfähigkeit von 3410 Hektowatts an den Klemmen der Maschinen. — Wir legen in unserem Projekte 3 Maschineneinheiten zu Grunde, von denen zwei den obigen Bedarf zu decken im stande sind, und kommen auf diese Weise auf Maschinen, welche zur Abgabe von 1750 Hektowatts berechnet sind.

III. Beschreibung der Centrale.

1. Kesselanlage.

Da der im vorgesehenen Kesselhaus schon bestehende Kessel des großen Raumbedarfes wegen beseitigt werden muß, so sind die neuen Kessel für gleichen Überdruck konstruiert, so daß also die bis jetzt von dem bestehenden Kessel versorgten Maschinen ohne weiteres auch an die neue Kesselanlage angeschlossen werden können. Aus den verschiedenen Kesselofferten welche zur Einsendung gelangt sind, geht hervor, daß die Kesselanlage nach dem System der Firma *** die rationellste wäre, daher auch dieses System von uns zur Ausführung gewählt worden ist.

Die Firma *** hat eine Doppelofferte eingereicht: 1) unter Zugrundelegung von 4 Kesseln von je 133,4 m² Heizfläche, von denen also drei ausreichen, um den erforderlichen Dampf zu liefern. Die Bemessung dieser Kessel ist eine sehr reichliche, indem jeder für Lieferung von 2000 kg trockenen Dampfes ausreicht, während die Dampfmaschinen höchstens 9—10 kg Dampf pro HP absorbieren; es können also von der Kesselanlage leicht bis zu 600 HP Maschinen betrieben werden ohne den Reservekessel in Anspruch zu nehmen. Es werden gewöhnlich also 2 Kessel in Reserve sein. 2) unter Zugrundelegung von 3 Kesseln von je 258,5 m² Heizfläche, von denen jeder für ca. 4300 kg trockenen Dampfes pro Stunde ausreicht. Es ist also auch in diesem Falle die Bemessung der Kesselanlage als eine sehr reichliche zu bezeichnen und würden bei Wahl dieser letzteren Anordnung, nämlich der Aufstellung von 3 Kesseln von je 4300 kg Leistungsfähigkeit, 2 Kessel sogar zur Speisung von 3 Dampfmaschinen von 250 HP effektive Leistung vollkommen genügen. Die Wahl dieser größeren Kesselanlage hätte nur dann Berechtigung, wenn Aussicht besteht, daß sich die Anlage in kurzer Zeit über den im Programm angegebenen Rahmen erweitert und also die Aufstellung mindestens einer weiteren Maschineneinheit sehr bald nach Inbetriebsetzung zu gewärtigen ist. Ist eine rasche und wesentliche Vergrößerung nicht zu erwarten, so würden wir auch nicht empfehlen, die größeren Kessel aufzustellen.

Die Kessel können in dem gegebenen Raume untergebracht werden, und zwar sollen nach Angabe der Firma auch die 3 Kessel von je 258,5 m² Heizfläche keinen größeren Raum beanspruchen. In dem für die Kessel bestimmten Raume ist jedoch für eine weitere Vergrößerung kein Platz mehr vorhanden. Wenn also Aussicht besteht, daß sich das Elektrizitätswerk über den im Programm angegebenen Rahmen von 3000 gleichzeitig benötigten Hektowatts ausdehnt, so wäre die Wahl der größeren Kessel geboten, da dann ohne Erweiterung des Kesselhauses einem bis auf 4500 Hektowatt gesteigerten Bedürfnisse entsprochen werden könnte, ohne daß der Reservekessel mit in Anspruch genommen würde.

Die Kessel der Firma *** weisen pro m² Heizfläche einen Preis von ℳ 57,01 für die komplet gelieferte und montierte Kesselanlage einschließlich der Speisevorrichtungen aber ausschließlich der Rohrleitungen — für die Anlage mit 4 Kesseln von je 133,4 m² Heizfläche — und sogar nur ℳ 49,20 für die 3 Kessel von je 258,5 m² Heizfläche. In dieser Hinsicht wäre also die Anlage mit den 3 Kesseln von je 258,5 m² Heizfläche recht empfehlenswert, wenn anzunehmen ist, daß in kurzem der Konsum noch mehr steigt und also ein Bedürfnis für so große Kessel auch vorhanden ist.

2. Dampfmaschinen.

Wir stellten an 2 bedeutende Dampfmaschinenfabriken Anfrage über die für die vorliegende Anlage erforderlichen Maschinen und erhielten von beiden Seiten Offerten.

Bezüglich der beiden eingegangenen Offerten können wir auf die Angaben der Kostenvoranschläge verweisen, indem sich in denselben alle Anhaltspunkte zur Beurteilung der Offerten finden. Erwähnen möchten wir nur noch, daß gemäß den Angaben über die Füllungsgrade bei den verschiedenen Leistungen die von der Firma × offerierten Maschinen die reichlicher dimensionierten sind. Um direkte Kupplung der Dynamos mit den Dampfmaschinen zu ermöglichen und dennoch nicht zu hohe Preise für Dampfmaschinen und Dynamos zu erhalten, wählten wir schnelllaufende Maschinen. Es offerierten beide Firmen vertikale Maschinen mit obenliegenden Cylindern, von denen ähnliche Typen gleicher Leistungsfähigkeit und Tourenzahl schon vielfach in Verwendung sind. Langsam laufende Maschinen werden erheblich teuerer und haben wir von der Offertstellung solcher für den vorliegenden Fall ganz abgesehen.

Da für die Kondensation nicht genügend Wasser vorhanden ist, so haben wir den Dampfmaschinenofferten Kühlanlagen beigeben lassen und zwar sind bei beiden Offerten Kühlanlagen nach Patent Zschokke angenommen worden. Die Pumpen für diese Kühlanlagen werden von Elektromotoren betrieben.

3. Elektrische Einrichtung der Centralstation.

Entsprechend den drei Dampfmaschinen werden auch drei Einphasen-Wechselstrom-Generatoren vorgesehen, von denen jeder mit einer Dampfmaschine gekuppelt wird. Die Generatoren, nach System X. gebaut, erhalten eine feststehende Armatur und ein rotierendes Magnetfeld, welches gleichzeitig als Schwungrad der Dampfmaschine ausgebaut wird. Der Generator erhält zwei Lager mit automatisch wirkender Ringschmierung, und es trägt der eine der beiden Lagersupports das Stahlmagnetfeld der Erregermaschine, deren Armatur auf die verlängerte Generatorwelle aufgekeilt wird. Die Generatoren zeichnen sich durch ihre Einfachheit und Solidität aus und haben einen sehr hohen Nutzeffekt, den die Firma X. zu 93 % bei Belastung auf induktionslosen Widerstand einschließlich Erregung garantiert. Die feststehenden Armaturwickelungen sind in Löcher des Armatureisens gelagert, von dem sie durch nahtlos erstellte Röhren aus einem vorzüglich isolierenden Materiale isoliert sind. Es wird auf diese Weise größte Gewähr für eine sicher funktionierende Maschine geboten und sind bei richtiger Unterhaltung und normalen Betriebsverhältnissen Störungen so gut wie ausgeschlossen. Ein Hauptvorteil der Maschinen ist auch noch der äußerst geringe Spannungsabfall zwischen Leerlauf und Vollbelastung bei konstant bleibender Erregung und Tourenzahl. Es erleichtert diese Eigenschaft, die eine Folge der zweckmäßigen Konstruktion ist, die Spannungsregulierung ganz wesentlich und ermöglicht eine einfache, billige Apparatenanordnung ohne automatische Regulatoren etc.

Von den Generatoren aus führen Kupferleitungen, die in Kanälen im Maschinenhausboden auf Isolatoren untergebracht sind, nach der Schalttafel, die aus einzelnen Marmortafeln zusammengesetzt ist. Die Marmortafeln, auf welchen sich die einzelnen Apparate und Instrumente befinden, werden von einem gemeinsamen eisernen Gerüste getragen. Auf dieser Schalttafel ist für jeden Generator ein doppelpoliger Ausschalter, ein Ampèremeter und ein Hitzdrahtvoltmeter mit Stationstransformator vorgesehen; ferner für die Parallelschaltung ein Phasenindikator, und für die abgehenden Leitungen sind hinter der Schalttafel ausschaltbare Sicherungen und Blitzschutzapparate angenommen.

Die Apparate sind alle der Spannung entsprechend speziell konstruiert und ist hauptsächlich darauf Rücksicht genommen, daß alle stromführenden Teile hinter den Marmorplatten liegen, so daß für die Sicherheit des Personals größte Gewähr geboten ist.

Die Kosten für die Ausstattung eines der Ausdehnung der Centrale angemessenen Laboratoriums sowie für eine kleine Reparaturwerkstätte sind speziell angegeben.

IV. Leitungsanlage.

Den Angaben im Programme gemäß ist die Leitung teils oberirdisch, teils unterirdisch projektiert. Aus beigefügten beiden Leitungsschemata (Fig. 194 und 195) ist die Dimensionierung ersichtlich. Von der Centrale gehen zwei Hauptleitungen aus, die nach dem Konsumgebiet führen und ist möglichst Rücksicht darauf genommen, daß jede Transformatorenstation von 2 Seiten Strom erhält. Diese beiden Hauptzuleitungen sind so dimensioniert, daß bei Produktion von 3000 Hektowatt in der Centralstation bis zu den ersten Transformatorenstationen 4—5 % Verlust eintritt. In der Leitung, welche die Transformatorenstationen unter sich verbindet, treten höchstens 2—3 % Verlust auf. Die sekundären Leitungen sind nach Vorschrift für $2\frac{1}{2}$ % Verlust berechnet und zwar unter Annahme eines Gesamtkonsums von 5000 Hektowatt. Ein etwas größerer Verlust tritt nur bei einigen wenigen ganz weit außen liegenden Konsumenten, die an das Lichtnetz angeschlossen sind, ein. Soll auch für diese der Verlust nicht über $2\frac{1}{2}$ % steigen, so müßten noch einige weitere Transformatorenstationen eingeführt werden, was ohne große Kosten ausführbar ist, sofern diese Transformatorenstationen nicht in separat stehenden Transformatorenhäuschen untergebracht werden müssen, sondern bei den entfernteren Abonnenten in geeigneten Räumlichkeiten des Hauses aufgestellt werden.

Es ist speziell zu erwähnen, daß, wie aus den beiliegenden Leitungsplänen ersichtlich ist, das von uns projektierte Kabelnetz alle die Straßen umfaßt, welche in dem dem Programme beigegebenen Plane markiert sind, obschon in einem Teile dieser Straßenzüge der Konsum so gering angegeben ist, daß Kabelleitungen sich kaum rechtfertigen lassen. Wir haben aus diesem Grunde auch die Straßenzüge durch Punktieren der Kabelleitungen kenntlich gemacht, in welchen wir die Verlegung für den ersten Ausbau des geringen Konsums wegen noch nicht empfehlen. Die Straßenzüge sind großenteils in nicht stark bebauten Quartieren und ließen sich eventuell an Stelle der Kabelleitungen vor der Hand Luftleitungen ausführen. Es kann auf diese Weise eine erhebliche Reduktion der Kabelleitungen eintreten. Doch ist der Kostenvoranschlag für das vollständige Kabelnetz gemäß dem dem Plane beigegebenen Plane ausgearbeitet.

Für die Kabel haben wir Offerten der Herren Felten & Guilleaume und von Franz Clouth in Köln-Nippes eingefordert. Es unterscheiden sich die beiden Offerten bezüglich des Preises nur unwesentlich voneinander. Über das Kabel selbst haben wir nichts Spezielles beizufügen.

Kabelkasten, Verteilungspunkte etc. sind bei dem von uns vorgeschlagenen System nicht erforderlich, da die Transformatorenstationen derart gewählt werden, daß zwischen denselben keine Abzweigungen liegen. Es ermöglicht dies die einfachste und sicherste Kontrolle über das ganze Kabelnetz. Speziell das Primärnetz ist außerordentlich einfach und leicht übersichtlich. Die Kabelleitungen sind derart angenommen, daß für das Primärnetz nur 25 mm^2 und 50 mm^2 Querschnitte und für das Sekundärnetz nur 50 mm^2 und 100 mm^2 Querschnitt erforderlich ist.

Besonders zu beachten ist, wie bei dem von uns vorgeschlagenen System selbst mit geringen Querschnitten und bei Annahme des einfachsten Verteilungsystemes mit 2 Leitungen und 120 Volt sekundärer Spannung die Verteilung leicht durchgeführt werden kann und wie hauptsächlich ohne große Kosten bei eintretendem Mehrkonsum von irgend einer Stelle des Versorgungsgebietes diesem Mehrbedarf entsprochen werden kann, ohne Änderung des schon verlegten Sekundärnetzes, indem an entsprechender Stelle eine neue Transformatorenstation eingefügt wird. Bei Wahl eines Systems, das von nur einer oder zwei Unterstationen aus das ganze Sekundärnetz speist, ist eine derartige leichte Akkommodation

Fig. 194. Primärnetz. 2000 Volt. Maßstab 1 : 3000.
1080 m konzentrisches Kabel 2×25 mm².
2230 „ „ „ 2×50 „
∘ Transformatoren.

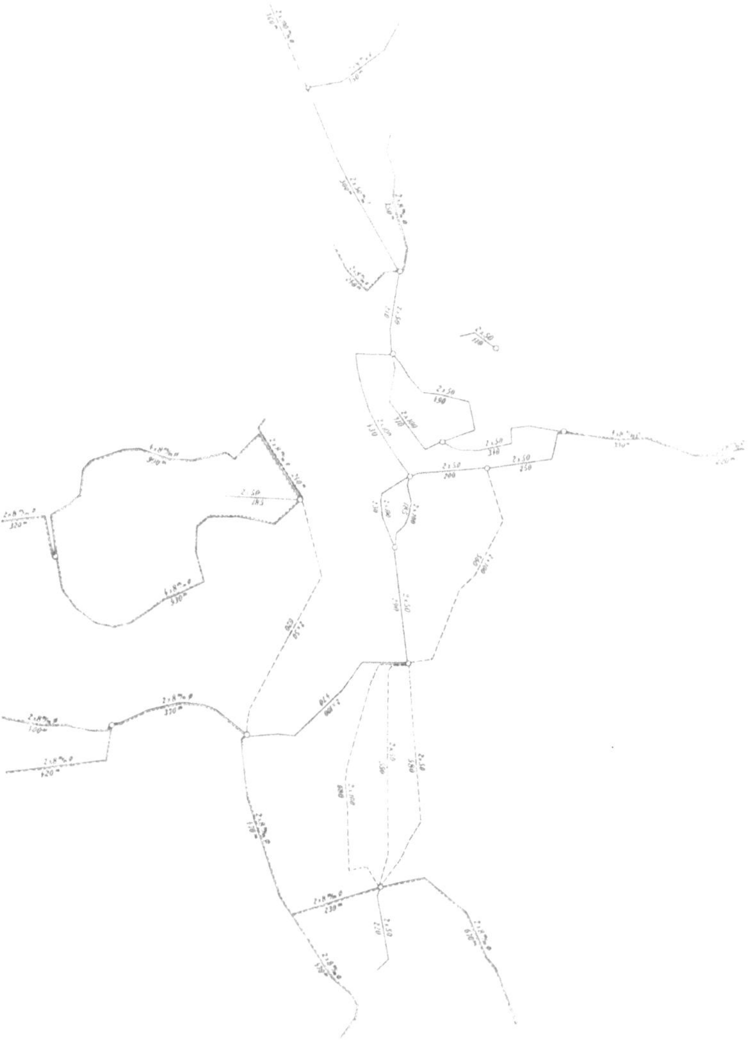

Fig. 195. Sekundärnetz. 120 Volt. Maßstab 1 : 3000.
4585 m konzentrisches Kabel 2 × 50 mm².
3525 „ „ „ 2 × 100 „
— — — Ev. später zu verlegende Kabel.
○ Transformatoren.

an die sich bei der Ausdehnung der Anlage ergebenden Verhältnisse, selbst wenn dieselben der bei der Projektierung der Anlage zu Grunde gelegten Konsumverteilung gar nicht entsprechen sollten, nicht denkbar ohne bedeutende Kosten.

V. Transformatorenstationen.

Wie schon eingangs erwähnt, dienen die Transformatorenstationen bei dem von uns vorgeschlagenen Wechselstromsystem als Unterstationen, und wird von diesen aus das sekundäre Verteilungsnetz gespeist. Je größer die Zahl dieser Verteilungsstationen gewählt wird, mit desto leichteren sekundären Verteilungsleitungen kann bei vorgeschriebenem Verlust dem Konsumbedürfnis entsprochen werden. Es ist jedoch natürlich mit Erhöhung der Zahl der Transformatorenstationen auch eine Vergrößerung der Anlagekosten verbunden, da die kleinen Transformatoren nicht so billig erstellt werden können wie größere. Im weiteren nehmen die Kosten der Verteilungsleitungen auch lange nicht proportional mit der Verringerung der Querschnitte ab.

Es ist also die Zahl der Transformatorenstationen in Anlagen, bei welchen der Verhältnisse halber nicht jedem Abonnenten ein eigener Transformator gegeben werden kann, nicht beliebig groß zu wählen, sondern es muß zwischen den Kosten der Sekundärleitungen und denen der Transformatorenstationen ein richtiges Verhältnis eingehalten werden. Bei vorliegendem Projekte wurden für alle Transformatorenstationen separate Häuschen oder Schächte vorgesehen, die auf öffentlichem Grund und Boden erstellt werden und sich in keiner Weise an schon bestehende Gebäude anlehnen; es sind auch nicht Räumlichkeiten schon bestehender Gebäude für Unterbringung von Transformatoren in Aussicht genommen. Allerdings bedingt die Erstellung solcher unabhängiger Transformatorenstationen immerhin nicht unerhebliche Kosten, welche je nach den Verhältnissen ziemlich verschieden sein können. Wo breite Straßen und große Plätze zur Verfügung stehen, werden die Transformatorenstationen oberirdisch in Form von Litfasssäulen ausgeführt; wo hingegen eine derartige Ausführung nicht möglich ist, können die Transformatorenstationen auch unterirdisch, in Schächten, die im Straßenboden ausgebaut werden, Unterbringung finden. Für letztere Anordnung ist erforderlich, daß Grundwasser und sonstige Bodenverhältnisse keine zu großen Schwierigkeiten bieten. — An anderen Stellen, besonders bei weit außerhalb liegenden Transformatorenstationen, die in Gärten oder Parkanlagen untergebracht werden können, ist häufig eine wesentlich einfachere und billigere Anlage möglich, indem zwischen einem Doppelgestänge das Transformatorenhäuschen aus Holz mit einer Blechverschalung Platz findet. Für ganz große Konsumstellen hingegen wird sich die Aufstellung separater Transformatoren am besten empfehlen und werden an solchen Stellen die Transformatorenstationen gewöhnlich auf Grund und Boden des betreffenden Großkonsumenten gelegt. Es kann natürlich in solchen Fällen auch empfehlenswert sein, vorhandene geeignete Räumlichkeiten als Unterbringungsort der Transformatoren zu wählen und fällt dann die Erstellung separater Transformatorenstationen ganz fort.

Um ein Bild der Totalkosten der Anlage geben zu können, wurde für die Erstellung der Transformatorenstationen ein Durchschnittspreis angenommen, für den sich diese Stationen werden ausführen lassen, wobei die einen etwas billiger, andere dafür etwas teuerer zu stehen kommen.

Was die Transformatoren selbst anlangt, so kommen nur zwei Größen zur Aufstellung und zwar solche von 200 und 300 Hektowatt. Es ermöglicht dies die billigste Beschaffung einer Reserve und lassen sich die einzelnen Stationen auch so wählen, daß diese beiden Typen der programmäßigen Konsumverteilung entsprechen, ohne daß die Gesamtkapazität aller zur Aufstellung gelangenden Transformatoren eine zu große würde.

Die Konstruktion der Transformatoren ist eine derartige, daß bei hohem Nutzeffekt der Spannungsabfall zwischen Vollbelastung und Leerlauf nur ein sehr geringer ist und sind die Spulen, sowohl die primären als auch die sekundären, einzeln auf Röhren aufgewickelt aus vorzüglich isolierendem Materiale. Die Montage und Demontage ist eine äußerst einfache, indem durch Lösen von nur zwei Schrauben der Eisenkern mit den Spulen abgehoben und darauf die einzelnen Spulen vom Eisenkern abgenommen werden können. Der Nutzeffekt der Transformatoren beträgt bei Vollbelastung 96 %.

Kostenvoranschlag.

I. Kesselanlage.

A. Offerte der Firma ***.

a) bei Annahme von 4 Kesseln von je 133,4 m² Heizfläche.

4 Röhrendampfkessel, System Y., bestehend aus je 80 Röhren von 95 mm äußerem Durchmesser, 5500 mm Länge, je mit einem

Oberkessel von 1000 mm Durchmesser, 6300 mm Länge; inklusive vollständiger Armatur und Garnitur, sowie der nötigen Reinigungswerkzeuge und Reserveteile, konstruiert für einen Konzessionsdruck von 10 Atm. . . . . ℳ 28000.—

Jeder Kessel erhält einen Planrost von 2,9 m^2 Fläche und ist unter normalen Betriebs- und Zugsverhältnissen, eine 8 bis 9 fache Verdampfung pro kg Kohle vorausgesetzt, für eine stündliche Leistung von ca. 2000 kg trockenen Dampfes konstruiert.

4 Injektoren mit je einem Dampf- und Speisestutzen nebst gußeisernem Gegenflansch und Innengewinde, jeder konstruiert für eine stündliche Leistung von 4000 Liter Wasser „ 600.—

Fracht für Kessel und Injektoren . . . „ 1100.—

Montage ausschließlich Hilfsarbeiter, Gerüste u. s. w. . . . . „ 750.—

Total ℳ 30450.—

b) Bei Annahme von 3 Kesseln von je 258,5 m^2 Heizfläche.

3 Röhrendampfkessel, System Y., von je 258,5 m^2 Heizfläche, bestehend aus je 160 Röhren von 95 mm äußerem Durchmesser und 5000 mm Länge, je mit einem Oberkessel von 1350 mm Durchmesser und 6500 mm Länge; inklusive vollständiger Armatur und Garnitur, sowie der nötigen Reinigungswerkzeuge und Reserveteile, konstruiert für einen Konzessionsdruck von 10 Atm. . . . . ℳ 34800.—

Jeder Kessel erhält einen Planrost von 6,14 m^2 Fläche und ist unter normalen Betriebs- und guten Zugsverhältnissen, eine 8—9 fache Verdampfung pro kg Steinkohle vorausgesetzt, für eine stündliche Leistung von ca. 4300 kg trockenen Dampfes konstruiert.

3 Injektoren mit je einem Dampf- und Speisestutzen nebst gußeisernem Flansch und Innengewinde, jeder konstruiert für eine stündliche Leistung von 8000 Liter Wasser „ 1200.—

Fracht für Kessel und Injektoren . . .	„	1500.—
Montage ausschließlich Hilfsarbeiter, Gerüste u. s. w.	„	700.—
Total	ℳ	38200.—

II. Dampfmaschinenanlage.

A. Offerte der Firma X.

3 stehende Verbunddampfmaschinen mit Kondensation, mit Ridersteuerung am Hochdruckcylinder, Trickschiebersteuerung am Niederdruckcylinder, 400 mm Durchmesser des Hochdruckcylinders, 610 mm Durchmesser des Niederdruckcylinders, 400 mm Hub, 200 Umdrehungen in der Minute, Leistung bei $9^1/_2$ dAtm. Anfangsspannung,

9 %	12 %	Füllung
200	250	effektive Pferdekräfte

Dampfverbrauch bei 9 % Füllung $8^1/_2$ kg pro indizierte Pferdekraft und Stunde. Maschinen komplett mit Dampfeinlaßventilen, Ablaßhähnen, sämtlichen Schmiervorrichtungen, Ölpumpen für die Cylinder, Fundamentanker und Schraubenschlüssel, ohne Schwungrad, jedoch mit verlängerter Achse zum Kuppeln mit einer Dynamomaschine, komplete Schutzgeländer. Sämtliche Rohrleitungen: Frischdampfleitungen, Abdampfleitungen, Einspritzleitungen, Überlaufleitungen, Leitung nach dem Gradierwerk, Schlammrohrleitungen. Sämtliche Abdeckplatten, Isolierung.

Total ℳ 67600.—

Kühlanlagen.

1 Kühlwerk Patent Zschocke für eine stündliche Leistung von 180 m³ komplet, jedoch ohne Fundament, Träger, Anker und Rohrleitungen.

1 Centrifugalpumpe für direkte Kuppelung mit einem Elektromotor.

Total ℳ 8000.—

Die Preise verstehen sich ferner franko Baustelle, einschließlich Stellung der Monteure, der Hilfsarbeiter und der Gerüste.

III. Elektrische Einrichtung der Centralanlage.

3	Einphasenwechselstrom-Generatoren, System X., für Aufnahme von je 250 HP bei 200 Touren in der Minute eine Spannung von 2100 Volts erzeugend. Die Maschinen sind für direkte Kuppelung mit entsprechenden Dampfmaschinen eingerichtet, erhalten 2 Lager mit automatisch wirkender Ringschmierung, eine feststehende Armatur und rotierendes Magnetfeld, das gleichzeitig als Schwungrad der Dampfmaschine dient. Die Erregermaschinen sind direkt an die Generatoren angebaut. Preis eines kompletten Generators mit Erregermaschine ℳ 14000	ℳ 42000.—
1	Schalttafel aus Marmorplatten, auf welchen die Instrumente und Apparate montiert sind und die in einem Eisengerüste gehalten werden, mit der erforderlichen Holzverschalung. Auf der Schalttafel sind folgende Apparate und Instrumente vorgesehen: 3 doppelpolige Hochspannungsausschalter mit vollständiger Porzellanisolation und hinter der Tafel liegenden Kontaktmessern, 3 Ampèremeter für Wechselstrom, 3 Hitzdrahtvoltmeter mit Stationstransformatoren, 1 Phasenindikator für die Parallelschaltung, ausschaltbare Bleisicherungen und Blitzschutzapparate für die abgehenden Leitungen. Verbindungen zwischen den Instrumenten und Apparaten. Montage derselben auf den Marmorplatten . . .	„ 2800.—
3	Nebenschlußhandregulatoren für die Erregermaschinen	„ 360.—
	Leitungen im Maschinenlokal zwischen Generatoren, Erregermaschinen, der Schalttafel und Anschluß an die abgehenden Leitungen	„ 1400.—
	Transport und Montage	„ 4500.—
	Total	ℳ 51060.—

Ausrüstung eines Laboratoriums.

1 Spiegelgalvanometer mit Stativ, Laterne, Skala u. s. w.,
1 Reostat 10000 bis 100000 Ohm,
1 Wheatstone-Brücke,
1 Ohmmeter,
1 Batterie,
Federkontakt und Kabelschlüssel.

Total ℳ 1375.—

Ausrüstung einer kleinen Reparaturwerkstatt.

1 Ständerbohrmaschine,
1 Drehbank,
1 Schraubstock,
1 Schrank mit vollständigem Werkzeug für Montage,
1 Feldschmiede.

Total ℳ 1215.—

IV. Leitungsanlage.

Hochspannungs-Freileitungen.

ca. 4800 m hartgezogener unisolierter Kupferdraht von 8 mm Durchmesser,

ca. 3200 m hartgezogener unisolierter Kupferdraht von 6 mm Durchmesser,

ca. 1400 m hartgezogener unisolierter Kupferdraht von 4 mm Durchmesser,

Total ca. kg 3150 Kupferdraht ℳ 1,40 pro kg.	ℳ	4410.—
ca. 250 Isolatoren mit eisernen Stützen ℳ 1,60 pro Stk.	„	400.—
Binde- und Lötmaterial	„	100.—
Blitzschutzapparate für die Freileitung, Einführungen in die Übergangsstationen . . .	„	1400.—

Niederspannungs-Freileitungen.

ca. 15800 m hartgezogener unisolierter Kupferdraht von 8 mm Durchmesser ca. kg 7100, ℳ 1,40 pro 1 kg	„	9940.—
ca. 400 Isolatoren mit eisernen Stützen 1,30 pro Stück	„	640.—
Binde- und Lötmaterial	„	160.—

Blitzschutzapparate für die Freileitung, Einführung in die Transformatorenstationen . „ 1800.—

Montage für die Freileitungen, nicht inbegriffen das Stellen der Stangen . . . . „ 1560.—

Total *M* 20410.—

Nicht inbegriffen sind ca. 250 imprägnierte Holzstangen zum Tragen der Freileitungen, welche für ca. *M* 12—13 erhältlich sein werden.

Kabelleitungen nach Offerte der Herren Felten & Guilleaume in Mühlheim am Rhein.

Primärnetz, bestehend aus eisenbandarmierten, konzentrischen Elektrisch-Licht-Bleikabeln und zwar

1134 m 2 × 25 mm^2
2342 „ 2 × 50 „

2 Stück Verbindungsmuffen für 2 × 25 mm^2 Kabel, 3 Stück Verbindungsmuffen für 2 × 50 mm^2 Kabel, 6 Endverschlüsse für Transformatorenstationen 2 × 25 mm^2 Kabel, 16 Endverschlüsse für Transformatorenstationen für 2 × 50 mm^2 Kabel.

Sekundärnetz, bestehend aus eisenbandarmierten, konzentrischen Elektrisch-Licht-Bleikabeln und zwar

4820 m 2 × 50 mm^2
3710 „ 2 × 100 „

7 Verbindungsmuffen für 2 × 50 mm^2 Kabel, 7 Verbindungsmuffen für 2 × 100 mm^2 Kabel, 23 Endverschlüsse für Transformatorenstationen für 2 × 50 mm^2 Kabel, 16 Endverschlüsse für Tranzformatorenstationen für 2 × 100 mm^2 Kabel, Gesamtpreis beider Netze zusammen . . . . *M* 69500.—

Dieser Preis schließt ein: Die Lieferung der Kabel und Zubehörstücke gemäß vorstehender Spezifikation, die Fracht bis Z. und den Transport bis zur Verbindungsstelle, den Rücktransport und die Rückfracht der leeren Haspel und Emballage, die Beaufsichtigung der Verlegung, die Gestellung von Ingenieuren und Monteuren und deren Reisen, die Gestellung der für die Monteure benötigten Hilfsarbeiter, den Transport und die Gestellung sämtlicher Legungsapparate und Meßgerätschaften, die

Vornahme von Messungen, sowie Lagerplatzmiete und die Montage sämtlicher Verbindungsmuffen und Endverschlüsse in vorstehend aufgeführter Anzahl inklusive Lieferung des benötigten Isoliermaterials. Ausgeschlossen von der Offerte sind sämtliche Erdarbeiten, also das Auswerfen und Zufüllen der Gräben, das Einziehen und Einlegen der Kabel in die Gräben, die Wiederherstellung der Oberfläche u. s. w., da sich diese Arbeiten nach den örtlichen Verhältnissen richten, welche uns nicht bekannt sind, so daß dafür keine Preise angegeben werden können.

Die Preise der Kabel sind auf einer Chilibarsnotierung von 40 £ 0 s. 0 d. basiert und erhöhen bezw. ermäßigen sich um ℳ 0,20 pro mm^2 und km für jedes £ Sterling, welcher Chilibars zur Zeit der definitiven Auftragserteilung höher bezw. niedriger notiert stehen.

Hausanschlüsse.

Anschluß an die Luftleitung bestehend aus 10 m isoliertem Kupferdraht, Einführungsisolatoren einer Hauptsicherung und Leitung von 2 m Länge zum Elektrizitätszähler einschließlich Montage:

a) für 5 Hektowatt ℳ 25.—

b) „ 50 „ „ „ 35.—

Bei größerer Entfernung je nach Anzahl Stangen und Isolatoren, die erforderlich werden. Ein Preis pro Meter kann hierfür nicht angegeben werden.

Hausanschluß an die Kabelleitung nach Felten & Guilleaume in Mühlheim am Rhein:

a) Hausanschluß für 5 Hektowatt zum Preise von ℳ 115.—

b) „ „ „ 50 „ „ „ „ „ „ 125.—

Dieser Preis schließt ein eine Abzweigmuffe, 5 m Anschlußkabel, einen Hausanschlußkasten, sowie die Montage dieser Teile, einschließlich Befestigung des Anschlußkabels im Hause. Ausgeschlossen sind die Erdarbeiten, die Herstellung der Oberfläche, das Einlegen des Kabels, der Keller- bezw. Hausmauerdurchbruch, das Liefern und Einlegen des Rohres, sowie das Durchziehen des Kabels und das Dichten desselben.

Für jedes Meter Kabel, welches bei den Hausanschlüssen mehr verbraucht wird, wird berechnet,

bei 5 Hektowatt	bei 50 Hektowatt
ℳ 1,50	ℳ 3.—

V. Transformatorenstationen.

15 Transformatorenstationen entweder als Transformatorenhäuschen ausgeführt oder Transformatorenschächte komplett erstellt in Beton und Eisenkonstruktion. Pro Station ℳ 1200	ℳ 18000.—
Ausschaltbare primär und sekundär Bleisicherungen mit Anschlußstellen für Kontrollinstrumente, Leitungen in den Stationen und Montage	„ 5250.—
Transformatoren für eine Gesamtkapazität von 5000 Hektowatt in Größen von 200 und 300 Hoktowatt franko Y. geliefert und in die Transformatorenstation einmontiert pro Hektowatt ℳ 5,50	„ 27500.—
Total	ℳ 50750.—

Zusammenstellung.

I.	Kesselanlage nach Offerte von *** . .	ℳ 30450.—
II.	Dampfmaschinenanlage nach Offerte der Firma X.	„ 67600.—
	Kühlanlage	„ 8000.—
III.	Elektrische Einrichtungen der Centralanlage	„ 51060.—
	Ausrüstung eines Laboratoriums . .	„ 1375.—
	Ausrüstung einer Reparaturwerkstätte .	„ 1215.—
IV.	Leitungsanlage: a) Freileitungen . .	„ 20410.—
	b) Kabelleitungen nach Felten & Guilleaume	„ 69500.—
V.	Transformatorenstationen für 5000 Hektowatt	„ 50750.—
	Total	ℳ 300360.—

Muster zur Ausarbeitung eines Kostenvoranschlags.

Kostenvoranschlag für Herrn N. N. in Y. über eine elektrische Beleuchtungsanlage.

Bedingungen:

Die Preise verstehen sich für die Lieferung der Ware franko Bahnhof Y.

Verpackung, Zoll und Montage sind ausgeschlossen, zahlbar

$^1/_3$ bei Bestellung, $^1/_3$ bei Ablieferung und der Rest 3 Monate später in Bar oder kurzen Rimessen auf Bankplätze, ohne Abzug von Spesen oder Skonto. Verzugszinsen 5 % p. a.

Der Transport erfolgt stets auf Gefahr des Bestellers.

Die Montage wird entweder im Accord oder zu folgenden Bedingungen ausgeführt: Auf Ihre Anzeige vom Eintreffen der Bestandteile am Bestimmungsort senden wir unseren Monteur, für welchen wir ℳ .... per Arbeitstag von 10 Stunden (mit 25 % Zuschlag für Überstunden), sowie die Spesen der Hin- und Rückreise berechnen.

Zu Lasten des Bestellers fallen immer: Sämtliche Maurer-, Zimmer-, Schreiner- und Schmiedearbeiten, sowie die zur Montierung nötigen Hilfsarbeiter, die Stellung des erforderlichen Rüstzeuges, die Lieferung und Aufstellung der erforderlichen Leitungsmasten.

Garantie.

Vom Tage der Inbetriebsetzung an garantieren wir auf die Dauer von .... für Zweckmäßigkeit der Konstruktion, sowie für Güte des Materials und der Arbeit, und verpflichten uns, alle Fehler, welche sich während dieses Termins infolge schlechten Materials oder mangelhafter Ausführung geltend machen sollten, so rasch als möglich auf unsere Kosten zu beseitigen.

Jede weitere Verantwortlichkeit für direkten oder indirekten Schaden, sowie für Beschädigungen in Folge mangelhafter Bewachung, fehlerhafter Bedienung oder höherer Gewalt müssen wir ausdrücklich ablehnen.

Lieferzeit ab X nach Übereinkunft nach Erteilung der Bestellung.

I. Generatorenstation.

1	Einphasen-Wechselstrom-Generator, System X., zur Aufnahme von 60 HP., bei 600 Touren per Minute eine Spannung von 2000 Volt erzeugend, mit direkt angebauter Erregermaschine	ℳ	5280.—
1	Riemenspannvorrichtung kostet ℳ 140.—		
1	Regulator für den Magnetstrom	„	96.—
1	Schalttafel enthaltend:		
	Transport	ℳ	5376.—

Transport	*M*	5376.—
1 Ampèremeter für Hochspannung 1 Ausschalter „ „ 2 Sicherungen „ „ 1 Voltmeter mit Meßtransformator und die nötigen Verbindungen . . .	„	760.—
2 Blitzschutz-Vorrichtungen *M* 26.— . .	„	52.—
Leitungen zwischen dem Generator und der Schalttafel, sowie zwischen der letzteren und der Fernleitung Beleuchtung des Maschinenhauses mit 6 Glühlampen, komplette Installation *M* 20.—	„	120.—
	M	6420.—

II. Fernleitungen.

berechnet mit 3,0 resp. 0,1 Verlust an Spannung.

Leitung nach Dorf I	5000 m blanker Kupferdraht 5 mm Durchmesser, ca. 880 kg, à *M* 1.60	*M*	1408. —
	120 Isolatoren mit eisernen Stützen à *M* 1.60	„	192.—
	Klein- und Bindematerial . . .	„	32.—
Leitung nach Dorf II	700 m blankem Kupferdraht 3,5 mm	„	96.—
	Durchm., ca. 60 kg. 20 Isolatoren	„	32.—
	mit eisernen Stützen Klein- und Bindematerial	„	8.—
		M	1768.—

Notwendig sind ca. 55 + 10 = 65 Leitungsmasten.

III. Transformatorenstationen.

Für Dorf I	2 Transformatoren, System X., mit je 15 Kilowatt Kapazität, mit den nötigen Schutz- und Sicherheitsapparaten à *M* 1300.— . . .	*M*	2080.—
	Verbindungsleitungen zwischen den Transformatoren und der Fernleitung à *M* 40.—	„	64.—
Für Dorf II	1 Transformator von 7,5 Kilowatt Kapazität mit den nötigen Schutz- und Sicherheitsapparaten . .	„	680.—
	Verbindungsleitungen wie vorher	„	32.—
		M	2856.—
	exklusive Transformatorhäuschen.		

Installation

einer Glühlampe von 10, 16 oder 25 NK. bestehend aus: Fassung, Halter, Glas oder Schirm, 1 m Doppelkabel, Deckenrosette, Leitungs-Drähte, Isolier- und Leitungsmaterial, Sicherungen, Ausschalter und Montage dieser, pro Lampe bei einer Installation in einem Hause

von 1—6 Lampen	ℳ	17.60
7—12 „	„	17.20
13 und mehr	„	16.80

In diese Preise ist die Lieferung einer ersten Glühlampe mit eingeschlossen für jede Lampen-Installation.

Zusammenstellung.

I.	Generator-Station	ℳ	6420.—
II.	Fernleitungen	„	1768.—
III.	Transformatoren-Station	„	2856.—
	Total	ℳ	11044.—

Muster zur Projektierung einer Drehstromanlage.

In A Fig. 196 befindet sich das Maschinenhaus, in welchem die Kessel, Dampf- und Dynamomaschinen unterzubringen sind. Zur Beleuchtung desselben dienen 20 Glühlampen und 2 Bogenlampen à 4 Ampères. In B befindet sich eine Fabrik, welche zum Antrieb zweier Haupttransmissionen je einen 60 pferdigen, für einen Laufkrahn einen 5 pferdigen und für zwei Ventilatoren je einen 3 pferdigen Motor gebraucht. Die Beleuchtung wird durch 150 Glühlampen bewirkt. In C befindet sich eine zweite Fabrik, welche einen 60 pferdigen, einen 40 pferdigen und einen 10 pferdigen Motor, sowie 100 Glühlampen gebraucht. Endlich in D ist die Villa des Besitzers gedacht; zur Beleuchtung derselben sind 75 Lampen vorgesehen. Die Entfernungen gehen aus der beigedruckten Skizze hervor.

Es werden nun zunächst die für jedes Gebäude nötigen Watt berechnet.

Station A.

20 Glühlampen à 55 Watt = 1100 Watt.

Die Bogenlampen kommen zunächst nicht in Betracht, da wir ihren Wattbedarf erst nach Wahl der Spannung feststellen können.

Station B.

2 Motoren à 60 PS. mit	
91 % Nutzeffekt $= \frac{120 . 736}{0,91} =$	97200 Watt.
1 Motor à 5 PS. mit	
80 % Nutzeffekt $= \frac{5 . 736}{0,80} =$	4600 „
1 Motor à 3 PS. mit	
75 % Nutzeffekt $= \frac{3 . 736}{0,75} =$	2950 „
150 Glühlampen à 55 Watt = 55 . 150 =	8250 „
Summa	113000 Watt.

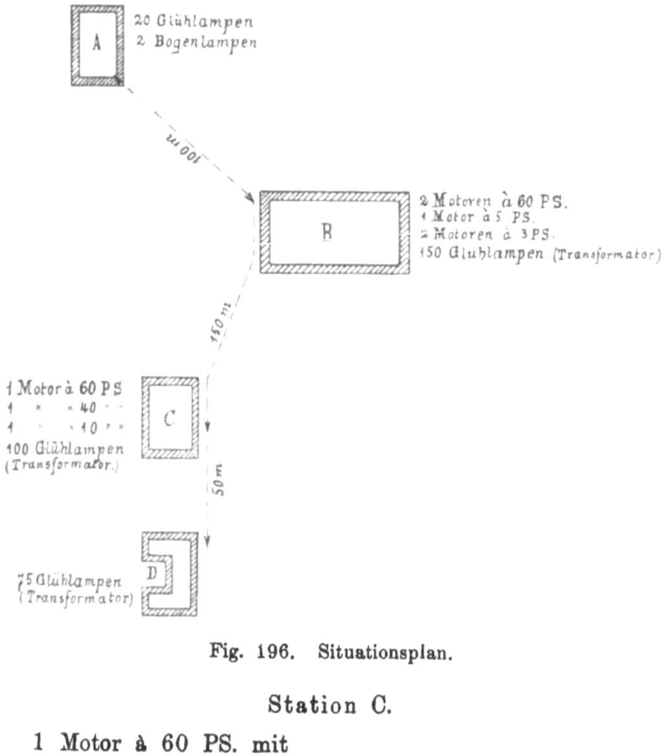

Fig. 196. Situationsplan.

Station C.

1 Motor à 60 PS. mit	
91 % Nutzeffekt $= \frac{60 . 736}{0,91} =$	48600 Watt.

1 Motor à 40 PS. mit	
$90\,\%$ Nutzeffekt $= \frac{40\,.\,736}{0,90} =$	32750 Watt
1 Motor à 10 PS. mit	
$85\,\%$ Nutzeffekt $= \frac{10\,.\,736}{0,85} =$	8670 „
100 Glühlampen à 55 Watt =	5500 „
Summa	95520 Watt.

Station D.

75 Lampen à 55 Watt = 4125 Watt.

Es ist ohne weiteres ersichtlich, daß für diese Anlage bei Anwendung eines Gleichstrom-Dreileiter-Systems mit 220 Volt die Kosten der Leitungen zu große würden. Höher als 220 Volt mit Gleichstrom zu gehen, gestatten weder die Glühlampen noch die in Frage kommenden kleineren Motoren von 3 und 5 PS. Kraft und Licht getrennt zu behandeln, und die kleinen Motore an das Lichtnetz anzuschließen, oder mittels rotierender Gleichstromtransformatoren ein ökonomisches Leitungsnetz zu schaffen, würde eine komplizierte, decentralisierte und teure Anlage ergeben, die obendrein noch starke Verluste bei der Umformung der hohen Kraftspannung auf Lichtspannung haben würde. Dies alles weist auf die Anwendung von Drehstrom hin.

Bestimmung der Größe der Dynamos.

Wir nehmen zunächst eine verkettete Spannung von $V_v = 850$ Volt an und rechnen mit $5\,\%$ Leitungsverlust; da nun die in einem Leiter zwischen den beiden Endpunkten wirksame Spannung V_s nicht 850, sondern $\frac{850}{\sqrt{3}} = \frac{850}{1,73} = \backsim 500$ Volt ist, so würden wir mit $500\,.\,0,05 = 25$ Volt Spannungsverlust in einem Leiter zu rechnen haben.

Ein weiterer Verlust besteht in den Drehstromtransformatoren, welche in B, C und D nötig sind, um auf 110 Volt verkettete Spannung zum Betriebe der 3-, 5- und 10 PS.-Motore und zur Beleuchtung herab zu transformieren.

Es ist dies in B ein Transformator für

$$\begin{array}{r} 4600 \\ +\ 2950 \\ +\ 8250 \\ \hline 15800 \end{array} \text{ Watt.}$$

derselbe hat etwa 97 % Nutzeffekt und erhöht also die Wattzahl der Station B auf

$$97200 + \left(15800 + \frac{15800 \cdot 3}{100}\right) = 113500 \text{ Watt.}$$

Ebenso wird in C ein Drehstromtransformator nötig für die Beleuchtung und den 10 PS.-Motor, also für

$$\begin{array}{r} 8670 \\ +\ 5500 \\ \hline 14170 \end{array} \text{ Watt,}$$

welcher 97 % Nutzeffekt hat, also 14600 Watt braucht und dadurch die Gesamtwatts der Station C auf

$$14170 + \frac{3 \cdot 14170}{100} = \begin{array}{r} 48600 \\ 32750 \\ 14600 \\ \hline 95950 \end{array} \text{ Watt erhöht.}$$

In D steht ein Drehstromtransformator für 75 Lampen, der 4125 Watt giebt und dafür bei 94 % Nutzeffekt 4400 Watt braucht.

Die Primärstation hat also zu leisten:

$$113500 + 95950 + 4400 = 213850 \text{ Watt,}$$

mit 5 % Leitungsverlust, also ca. 220000 Watt.

Die Beleuchtung der Station A wird am zweckmäßigsten durch Gleichstrom von den Erreger-Dynamos bewirkt.

Es ist nun erlaubt — sogar im Interesse des Wirkungsgrades erwünscht — da bei einer solchen Anlage niemals alle Motoren gleichzeitig voll belastet und sämtliche Lampen zusammen zu brennen pflegen, die Dynamos 10 % kleiner zu wählen, als der vollen Belastung entspricht.

Wir würden demnach

2 Drehstrom-Dynamos à 100000 Watt,
1 „ „ Dynamo als Reserve und
2 Erreger-Dynamos mit Compoundwickelung von solcher Größe aufstellen, daß eine allein die Erregung von 2 Dynamos und die Beleuchtung übernehmen kann.

Zur Erregung der beiden Drehstromdynamos genügen	3000 Watt
zur Glühlichtbeleuchtung	1100 „
„ Bogenlichtbeleuchtung 65 Volt 8 Ampères	520 „
Daher genügt eine Dynamo von	4620 Watt.

An Schaltbrett-Apparaten werden benötigt:

Je ein Regulator für jede Drehstrommaschine, zus. 3 Stück.
„ „ „ „ „ Erreger-Maschine, „ 2 „

3 Voltmeter für bis ca. 1000 Volt (als verkettete Spannung gemessen).

2 Voltmeter für bis ca. 70 Volt Gleichstrom,

2 Ampèremeter für 70 Ampère Gleichstrom,

9 Ampèremeter, für jede Phase jeder Drehstrom-Dynamo eins.

Die Stromstärke der Ampèremeter ergiebt sich folgendermaßen:

Die Leistung einer Drehstrom-Maschine ist $= V_s \cdot A \cdot 3$ oder $V_v \cdot A \cdot \sqrt{3}$, da $V_v = V_s \cdot \sqrt{3}$ ist. Wir hätten also bei 525 Volt Schenkelspannung für die Stromstärke eines Ampèremeters Ampères $= \frac{100000}{525 \cdot 3} = 63$ Ampères.

Wir nehmen demnach:

9 Ampèremeter zu 75 Ampères.

Ferner für die Stromstärke im äußeren Stromkreise:

3 Ampèremeter bis 150 Ampères;

3 dreipolige Ausschalter mit Bleisicherungen, 75 Ampères Drehstrom-Dynamo;

2 doppelpolige Ausschalter mit Bleisicherungen, 75 Ampères Erreger-Dynamo;

1 doppelpoliger Ausschalter mit Bleisicherungen, 25 Ampères Beleuchtung;

1 dreipoliger Hauptausschalter mit Bleisicherungen, 150 Ampères äußerer Stromkreis;

1 Voltmeterumschalter;

1 Phasenindikator zum Parallelschalten der Maschinen.

Berechnung der Leitungen.

Wie aus dem Anlageschema hervorgeht, übertragen bei voller Belastung der Anlage die Leitungen bis *B* 220000 Watt, also jede Leitung $\frac{213850}{500 \cdot 3} = 142$ Ampères, von B nach C $\frac{213850 - 113500}{500 \cdot 3} = 67$ Ampères, von C nach D $\frac{4120}{500 \cdot 3} = 27$ Ampères.

Demgemäß sind die Produkte Ampère × Meter

$$142 \cdot 200 = 28400$$
$$67 \cdot 300 = 20100$$
$$27 \cdot 100 = 2700$$

Summa 51200 Ampèremeter.

Bei 25 Volt Spannungsverlust in einem Leiter bis zur Station D ergiebt sich mithin der Querschnitt der Hauptleitung

$$q = \frac{0{,}02 \,.\, J \,.\, L}{V} = \frac{0{,}02 \,.\, 51200}{25} = 41 \text{ mm}^2.$$

Wegen der bei fast ausschließlichem Motorenbetriebe auftretenden Phasenverschiebung zwischen Spannung und Stromstärke ist es ratsam, diesen Querschnitt um 20 %, also etwa 50 mm² (also 8,0 mm Durchmesser), zu erhöhen.

Die Installation innerhalb der Gebäude wird in derselben Weise mit 3 Leitern ausgeführt.

Muster zu einem Kosten-Voranschlag

über eine elektrische Kraftübertragungsanlage von 50 HP primär auf eine Entfernung von 4 km zum Betriebe eines einzigen Motors.

1	Gleichstrom-Generator, System X., zur Aufnahme von 50 HP bei ca. 800 Touren in der Minute, eine Spannung von 200 Volts erzeugend	*M*	3520.—
1	Schalttafel aus Marmor, enthaltend: automatischen Kurzschließer gleichzeitig als Ausschalter dienend und Ampèremeter	„	304.—
	Fernleitung 4000 m bei ca. 10 % Verlust. 8000 m unisolierter Kupferdraht von 4 mm Durchmesser ca. 900 kg à 1.90 frs.	„	1368.—
	ca. 200 Isolatoren mit eisernen Trägern à frs. 2.—	„	320.—
	Bindedraht, Lötmaterial etc.	„	96.—
	(Nicht inbegriffen die erforderlichen ca. 100 Stangen zum Tragen der Leitung		
1	Gleichstrommotor, System X., zur Abgabe von ca. 40 HP bei ca. 680 Touren in der Minute, 1800 Volts, gleiches Modell wie Generator	„	3520.—
1	Schalttafel aus Marmor, enthaltend: Ausschalter und Ampermeter	„	256.—
	Verbindungsleitungen in den Maschinenlokalen zwischen Generator und dessen Apparaten sowie zwischen Motor und Apparaten . . . . ca.	„	200.—
	Total	*M*	9584.—

Gesamtnutzeffekt ca. 75 %

Muster zu einem Kosten-Voranschlag

über eine Einphasen-Wechselstrom-Motoren Anlage.

1	Einphasenmotor, System X., Type Y., von einer Leistung von 10 HP für eine Betriebsspannung von 200 Volt, ca. 800 Touren in der Minute machend, mit gewickeltem Anker und Schleifringen, Riemenscheibe 300/210 mm inkl. Anlaß-Kapazität	ℳ	1600.—
1	Anlaß-Widerstand	„	200.—
1	Schaltbrett aus Marmor, enthaltend: Ampèremeter, Ausschalter und Sicherungen, inkl. Verbindungsleitungen auf der Rückseite	„	200.—
	Total	ℳ	2000.—

Praktische Gesichtspunkte, welche bei Einführung der Elektrizität in industrielle Etablissements zu berücksichtigen sind.

Auch für Hüttenwerke oder andere industrielle Betriebe von räumlich nicht sehr großer Ausdehnung eignet sich die Elektrizität in hervorragender Weise als Kraftverteilungsmittel, selbst da, wo nicht etwa natürliches Wassergefälle, sondern wo Dampf zur Hervorbringung der zur Elektrizitätserzeugung notwendigen mechanischen Arbeit zu Gebote steht.

Bei elektrischer Kraftverteilung wird der große Vorteil erreicht, daß von einer einzigen centralen Krafterzeugungsstation aus auf einfachste Weise auch die weit entlegenen Betriebsstellen mit Kraft versorgt werden können.

Durch Anwendung der Elektrizität als bewegende Kraft im Betriebe von Hütten- und Bergwerken können nach verschiedenen Richtungen hin nennenswerte Ersparnisse erzielt werden, die im folgenden zusammengefaßt sein mögen:

1. Durch Centralisierung der Krafterzeugung wird eine leichtere Überwachung der Kessel- und Maschinenanlagen, sowie des Betriebsmaterials ermöglicht und die Bedienung verbilligt.

2. Größere Wärme- und Spannungsverluste durch lange Rohrleitungen und durch mehrere getrennt aufgestellte Dampfkessel werden vermieden.

3. Durch Anwendung von großen Dampfmaschinen mit mehrfacher Expansion und Kondensation gegenüber den meist ge-

bräuchlichen Auspuffmaschinen können wesentliche Ersparnisse an Brennmaterial und Öl erzielt werden.

4. Elektrische Kraftübertragungen mit allem Zugehör haben einen um 16 % besseren mittleren Wirkungsgrad als mechanische Transmissionen.

5. Die Kosten für die laufende Unterhaltung der elektrischen Maschinen, Leitungen und Motoren sind erheblich geringer als diejenigen für mechanische Transmissionen.

Die Betriebsausgaben für die Krafterzeugung auf großen Werken werden also bei Centralisierung und durch Anwendung von Elektrizität als Kraftverteilung, wie aus dem Gesagten hervorgeht, ganz erheblich verringert werden können.

Bei der Wahl des zu verwendenden Stromsystemes, der Größe der Stromerzeugungsstation und der Stromspannung kommen verschiedene Gesichtspunkte für jeden einzelnen Fall in Frage. Zunächst wird sich der Übergang aus bisherigen Verhältnissen in den meisten Fällen sehr allmählich vollziehen und es wird mit denjenigen Betrieben ein Anfang gemacht werden, welche am kostspieligsten sind und bei denen die Vorteile des elektrischen Betriebes wohl am meisten in die Augen springen. Dieses sind:

1. Aufzüge, Krane etc., Schiebebühnen, Drehscheiben, welche entweder durch besondere Dampfmaschinen, oder durch lange Wellenleitungen, oder durch Seiltransmissionen bisher ihren Antrieb erhalten haben.

2. Pumpenanlagen, welche zur Wasserversorgung von Hüttenwerken einige Kilometer von diesen entfernt aufgestellt sind, oder unterirdische Wasserhaltungen im Bergwerksbetrieb.

3. Bergwerke, welche zum gleichen Geschäftsbetriebe gehören und einige Kilometer vom Hüttenwerk oder einem anderen Bergwerk gelegen, mit Kraft versorgt werden sollen.

Im Falle 1 wird es sich meist um keine zu großen Entfernungen handeln, und man wird mit Gleichstrom von 240 Volt Spannung auskommen und dabei nicht sehr große Querschnitte für die Übertragsleitungen erhalten. Die Bemessung der Stromspannung und der Größe der Stromerzeugungsanlage wird dann noch davon abhängen, ob eine Verwendung der Elektrizität zu anderen, als zu Aufzug- und Kranbetrieben in absehbarer Zeit zu erwarten ist.

Nehmen wir den Fall 2 (Pumpen- und Wasserhaltungsanlagen), so werden wir mit höherer Spannung arbeiten müssen, und zwar wählen wir, wenn es sich um Entfernungen von nicht über 2 km, und um zu übertragende Kräfte von nicht über

50 PS. handelt, Gleichstrom bis 1000 Volt Spannung, handelt es sich indessen um größere Kräfte, welche übertragen werden sollen, oder um größere Entfernungen als 2 km, oder um beides, so wählen wir Drehstrom bei Spannungen bis 10000 Volt. Bei Drehstrom sind wir dann in der Lage, die hohe Spannung an der sekundären Stelle in einfacher Weise und ohne nennenswerte Verluste in niedrige Gebrauchsspannung transformieren zu können, wenn wir nicht vorziehen sollten, die höhere Spannung in den größeren Motoren unmittelbar zu verwenden, was bei Wechselstrom und Spannungen bis 2000 Volt immerhin noch zulässig und gebräuchlich ist. Die Primärdynamomaschine wird in solchen Fällen lediglich zur Stromerzeugung für diesen Pumpbetrieb bemessen und von einer Dampfmaschine entsprechender Größe angetrieben. Um alle verwickelten elektrischen Anlaßvorrichtungen auf der sekundären Arbeitsstelle zu vermeiden und die Bedienung möglichst zu vereinfachen, wird der Pumpenmotor von der Primärstelle aus, und zwar durch langsames Anlassen der Dampfmaschine unter Stromschluß in Gang gesetzt. Auf diese Weise beschränkt sich die ganze Wartung und Bedienung an der sekundären Arbeitsstelle lediglich auf das erforderliche Reinigen und Schmieren der Pumpe und der Motorlager.

Kommt der Fall 3 in Betracht, wo es gilt, beispielsweise ein Kohlenbergwerk von einem Hüttenwerk aus mit elektrischer Energie zu versorgen, so wird man je nach Umständen entweder mit Gleichstrom oder mit Drehstrom, vielleicht aber auch mit beiden Stromarten zugleich, auf oder in der Grube arbeiten. Handelt es sich dabei wiederum um größere Kräfte und größere Entfernungen, so wird man hochgespannten Drehstrom auf der Primärstelle erzeugen, solchen in die Übertragsleitung schicken und auf der sekundären Stelle teils unmittelbar verwenden, teils durch Transformierung in niedrig gespannten Drehstrom oder aber in Gleichstrom umwandeln.

Nur selten wird man dazu übergehen, die bestehenden älteren Kraftanlagen auf Hüttenwerken durch ökonomischere elektrische Centralen auf einmal zu ersetzen; in solchen Fällen aber und selbst dann, wenn man auch den Umbau nur ganz allmählich vorzunehmen sich entschlossen hat, wird man gut thun, die Centralen für ausgedehntere Anlagen nach dem Drehstromsystem zu bauen und eine Stromspannung von 500—1000 Volt auf der Primärstelle zu verwenden, um auf diese Weise die Übertragungs- und Verteilungsleitungen mit ihren Traggerüsten und Isolatoren bei gleicher Sicherheit bedeutend billiger herstellen zu können als bei Verwendung von niedriger Spannung. Da, wo der Gebrauch der hohen Spannung auf den sekundären Arbeitsstellen etwa zu Bedenken Anlaß giebt, oder bei Motoren, welche öfter mit Last angelassen und stillgesetzt werden, oder die in beiden Richtungen umlaufen sollen, oder bei Kranbetrieb, wo blanke Kontaktleitungen den Strom zu den Motoren und Anlaßapparaten überführen sollen, sind wir in der Lage, die hohe Spannung in Transformatoren, welche keinerlei Wartung bedürfen und kaum nennenswerte Kraftverluste aufweisen, in die uns praktisch und betriebsicher erscheinende niedrige Stromspannung umzuwandeln.

Die Größe der Stromerzeugungsanlage wird man mit Rücksicht auf etwaige spätere Erweiterungen von vornherein reichlich bemessen müssen, ohne indessen die einzelnen Maschinentypen selbst zu groß zu wählen. Nehmen wir z. B. kleinere Betriebe an, deren mittlere Kraftbeanspruchung für die elektrische Centrale zwischen 150 und 200 PS. liegt, so wählen wir zweckmäßig 3 Maschinensätze von je 100 PS.; für größere Betriebe, welche im Mittel 500—600 PS. für die Primäranlage erfordern, werden am besten 3 Maschinensätze von je 300 PS. angeordnet, und für noch größere Betriebe von 1200—1500 PS. mittlerer Beanspruchung wählt man 4 Maschinensätze von je 500 PS. Durch solche Unterteilung ist man in der Lage, in jedem der angeführten Fälle meist mit 2 oder 3 Maschinen den Betrieb zu bewältigen und die dritte bezw. vierte Maschine nur bei forciertem Betrieb zu Hilfe zu nehmen, im übrigen aber in Reserve zu behalten. Die gleichzeitig in Betrieb befindlichen Dampfmaschinen können bei solcher Anordnung mit günstiger Belastung und Ausnutzung des Dampfes arbeiten. Die auf einer Schalttafel in übersichtlicher Weise angeordneten Strommesser geben dem Maschinenwärter die jeweilige Belastung der einzelnen Maschinen und des Verteilungsnetzes an, und so kann er je nach Bedarf einen oder mehrere Maschinensätze zu- oder abschalten.

In vielen Fällen wird man vorteilhaft mit der elektrischen Kraftcentrale noch die gesamte Lichtversorgung des Werkes verbinden können und zu diesem Zweck eine größere Akkumulatorenbatterie aufstellen.

Beschreibung der elektrischen Anlage in einem Eisenhüttenwerke.

Vor einigen Jahren (im Jahre 1892) begann ein bekanntes Hüttenwerk in Deutschland in der damals neuerbauten Brückenbauanstalt den elektrischsn Antrieb von Laufkranen und Transmissionen einzuführen, und es wurden zu diesem Zwecke 6 Elektromotoren von je 10 PSe Leistung aufgestellt. Die Primäranlage, welche neben der Energie für diese Motoren auch Strom für die ausgedehnte Beleuchtungsanlage des großen Werkes lieferte, verfügte damals über eine Gesamtleistung von 220 PSe.

Heute, nach einer Betriebszeit von stark 3 Jahren, versorgt diese elektrische Centrale im ganzen 32 Elektromotoren mit einer Gesamtleistung von 505 PSe, sowie die rund 200 PSe erfordernde elektrische Beleuchtung des Werkes. Die normale Leistungsfähigkeit der Centrale ist inzwischen auf 500 PSe erweitert worden.

Im Laufe dieses Jahres noch wird die Leistungsfähigkeit der Centrale um weitere 400 PSe vergrößert werden, so daß danach die Gesamtleistung auf 900 PSe angewachsen sein wird.

Das hier zur Anwendung gekommene System ist Gleichstrom mit einer Spannung von 240 Volt für die Motoren und von 120 Volt für die Beleuchtung. In der Centralstation, welche in unmittelbarer Nähe der Centralkesselanlage errichtet ist, werden 6 Dynamomaschinen von je 55 Kilowatt Leistung durch 3 stehende Verbundmaschinen mit Kondensation mittels Riemen angetrieben. Die Vergrößerung der Anlage wird durch zwei mit je einer Dampfmaschine gekuppelte Dynamomaschinen von je 137,5 Kilowatt Leistung ausgeführt. Um die einzelnen jeweilig im Betrieb befindlichen Maschinengruppen immer mit ihrer vollen Leistung beanspruchen zu können und hierdurch einen ökonomischen Betrieb zu erzielen, ist eine größere Akkumulatorenbatterie aufgestellt worden, welche, tagsüber geladen, abends bei eintretendem Lichtbedarf die durch wechselnde Belastung der Motoren hervorgerufenen kleinen Spannungsschwankungen in wirksamer Weise aufhebt. Von den Sammelschienen einer Centralschalttafel aus, auf welcher alle zur Regulierung, Kontrolle und Messung erforderlichen Apparate und Instrumente untergebracht sind, wird der Strom durch Kupferleitungen den in Fig. 197 mit den Zahlen I bis X bezeichneten Speisepunkten einer über das ganze Werk ausgedehnten Ringleitung zugeführt. Von dieser Ringleitung aus werden die Elektromotoren und Unterschalttafeln für die Beleuchtung mit Strom versehen. Die Unterschalttafeln fassen jedesmal die Beleuchtung in den einzelnen Werkstätten, Bureaugebäuden oder Wohnhäusern zusammen und tragen die Ausschalter und Sicherungen für die verschiedenen Lampenstromkreise. Die Beleuchtung des ganzen Werkes wird durch 134 Bogenlampen mit einer mittleren Leuchtkraft von

1000 NK und 725 Glühlampen von 16 und 25 NK Leuchtkraft vermittelt.

Das in einer Entfernung von rund 700 m von der Centrale gelegene Johanniter Hospital entnimmt tagsüber Strom aus der Ringleitung zum Laden einer Akkumulatorenbatterie, welche abends, vom Ring abgeschaltet, Strom für die Beleuchtung des Hospitals liefert.

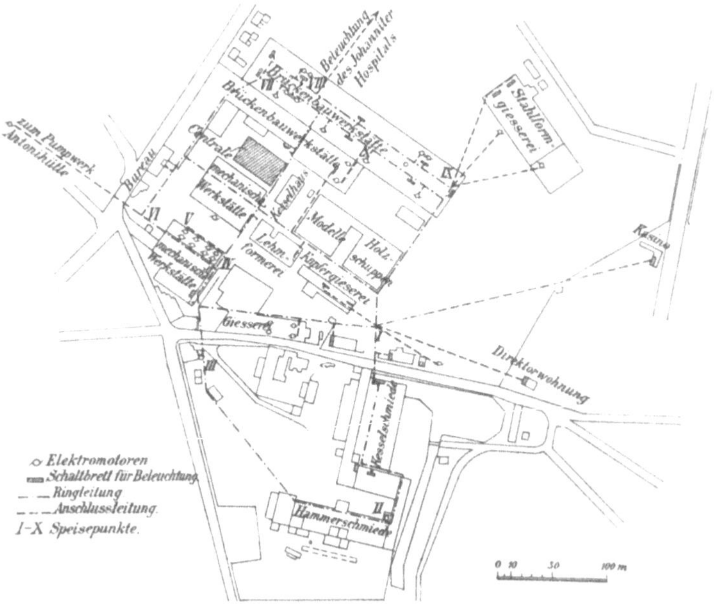

Fig. 197.

Die angeschlossenen 32 Elektromotoren in Stärken von 2—40 PS. dienen zum Antrieb von Laufkranen, Werkzeugmaschinen, Pumpen und Transmissionen, und es sind hierbei die verschiedensten Arten des Antriebes, direkte Kuppelung, Zahnrad oder Schnecke und Schneckenrad, sowie Riemenübertragung zur Anwendung gekommen. In der Brückenbauwerkstätte treiben 11 auf schmiedeeisernen Wandkonsolen aufgestellte Motoren (6 zu 10 PS und 5 zu 12 PS Leistung) mittels Riemenübertragung Transmissionsstränge an, an welche jedesmal eine Gruppe von Bohrmaschinen, Richtmaschinen, Scheeren, Hobelmaschinen etc. angeschlossen ist. Der mit einem 10 pferdigen Elektromotor ausgerüstete Laufkran befährt die 140 m lange Werkstatt und dient zum Transport und zur Verladung der fertigen Arbeitsstücke. Zwei fahrbare Bohrkrane werden durch je einen 2pferdigen, von unten zu bedienenden Motor angetrieben.

Im Stahlwerk sind zwei Elektromotoren zu je 20 PS. aufgestellt als Reserve für eine Dampfmaschine, welche außer für eine Gruppe von Arbeitsmaschinen vornehmlich zum Betriebe zweier mittels Vierkantwellen bethätigter Laufkrane dient. Nach Erweiterung der Centralstation werden diese Krane sofort mit direktem elektrischen Antrieb versehen werden. Zur Bearbeitung der Gußstücke liegt unmittelbar neben dem Stahlwerk eine Werkstatt, in welcher Kaltsägen, Hobelmaschinen und Drehbänke in Gruppen durch 2 Stück 12pferdige Motoren mittels Riemenübertragung und Transmission angetrieben werden. Ein Laufkran, mit einem 7pferdigen Elektromotor ausgerüstet, bedient diese Arbeitsmaschinen, während vor der Gießerei ein Portalkran mit einem ebenso starken Motor den Transport und die Verladung der fertigen Gußstücke besorgt. In der Eisengießerei dienen vier Laufkrane, jeder durch einen 12pferdigen Motor angetrieben, zum Transport der Formen und Gießpfannen, sowie zur Verladung der fertigen Teile.

Die neu erbaute mechanische Werkstätte wird ebenso wie die Brückenbauwerkstätte ausschließlich durch Elektromotoren betrieben, und zwar kommen zur Aufstellung ein 7pferdiger, ein 10pferdiger, ein 12pferdiger, drei 20pferdige und ein 40pferdiger Motor. Die kleineren Arbeitsmaschinen werden wieder, wie oben beschrieben, in Gruppen durch Transmissionen angetrieben, wohingegen bei größeren Werkzeugmaschinen, bei denen für verschiedene Bewegungen auch getrennte Antriebe vorgesehen sind, die eine Bewegung mittels Riemens und Vorgeleges von einem gesondert stehenden Motor und die andere Bewegung von einem auf der Maschine montierten Motor durch Zahnradübersetzung erteilt wird. 4 Laufkrane, von denen 3 mittels 12pferdiger und der vierte durch einen 10pferdigen Motor betrieben wird, bedienen die Arbeitsmaschinen. Auf dem Hofe vor der Werkstatt besorgt ein Laufkran mit einem 12pferdigen Motor den Transport und die Verladung der Arbeitsstücke.

In der Kettenschmiede treibt ein 20pferdiger Motor mittels direkter Kuppelung einen Ventilator für die Schmiedefeuer.

Ein ebenso starker Motor treibt mittels Schnecke und Schneckenrades eine Fallbärwinde; dabei wird die leere Kette durch Reversieren des Motors abgelassen. Der Reversierapparat wird durch einen einzigen Hebel bethätigt, der je nach der beabsichtigten Drehrichtung des Motors vorwärts oder rückwärts auszulegen ist. Eine selbsthätig wirkende elektromagnetische Bremse verhindert in wirksamer Weise, daß der ausgeschaltete Motor nachläuft. Vor dem Fallwerk besorgt ein Portalkran, von einem 10pferdigen Motor in Verbindung mit einem Reversierapparat angetrieben, den Transport der für das Fallwerk bestimmten Stücke.

Noch zu erwähnen ist eine Pumpenanlage, welche in einer Entfernung von ca. 1400 m von der Centrale gelegen, durch einen 7pferdigen Motor angetrieben wird. Bemerkenswert ist dabei der Umstand, daß die Pumpe selbstthätig, und zwar mit Hilfe des elektrischen Stromes, angelassen und abgestellt wird. In dem ca. 600 m von der Pumpstation entfernten Hochbehälter wird durch den niedrigsten und höchsten Wasserstand eine Kontaktvorrichtung bethätigt, wodurch in der Pumpstation der Motor zum Betrieb der Pumpe ein- oder ausgeschaltet wird. Dieser Betrieb erfordert so gut wie gar keine Überwachung und erweist sich als durchaus zuverlässig.

Da bei dieser Anlage insbesondere der Gruppenbetrieb vielfach zur Anwendung gekommen ist, so dürfte es nicht uninteressant sein, eine solche Gruppe näher zu betrachten und die hiermit gemachten Erfahrungen eingehend zu beleuchten. In der Brückenbauwerkstatt wird eine 29 m lange Wellenleitung, mit 14 Riemenscheiben besetzt, von einem Motor angetrieben, welcher normal 12 PS. zu leisten vermag. An dieser Welle hängen 10 Bohrmaschinen und 3 Blechhobelmaschinen. Nach vorgenommenen Messungen beansprucht der Leerlauf der Transmission mit den auf Leerscheiben laufenden 14 Riemen 3,85 PS., eine arbeitende Bohrmaschine 1 PSe und eine im Schnitt befindliche Blechhobelmaschine 2 PSe. Bei gleichzeitigem Betriebe sämtlicher 13 Arbeitsmaschinen wäre demnach eine Leistung erforderlich von $3{,}85 + 10 \,.\, 1 + 3 \,.\, 2 = 19{,}85$ PS.; es erweist sich aber der 12pferdige Elektromotor als vollständig ausreichend. Dieser ist unter normalen Verhältnissen mit ungefähr 10 PSe. belastet und es ergiebt sich aus diesen Feststellungen, daß man wohl in Fällen, wo es sich um den Antrieb ähnlicher Arbeitsmaschinen handelt, den Elektromotor nur etwa halb so groß zu wählen hat, wie bei gleichzeitiger voller Belastung durch die Arbeitmaschinen erforderlich sein würde.

Ein ähnliches Verhältnis ergiebt sich, wenn man die Gesamtleistung der angeschlossenen Elektromotoren mit der mittleren Belastung der Centralstation vergleicht. Aus einer Reihe von Betriebsdiagrammen wurde festgestellt, daß die Centrale zu einer Zeit, in welcher die Primärmaschinen nur Strom für Motorenbetrieb abgeben, mit rund 250 PSe beansprucht wird. Da die Gesamtleistung der angeschlossenen Motoren rund 505 PSe beträgt, so erhellt daraus, daß noch nicht einmal die Hälfte der an das Netz angeschlossenen Motoren gleichzeitig mit ihren vollen Leistungen beansprucht wird.

Elektrische Anlage in einer Zuckerraffinerie.

Mit Rücksicht darauf, daß ein großer Teil der zur Verwendung kommenden Elektromotoren zum Betriebe von Centrifugen dienen sollte, wurde dreiphasiger Wechselstrom gewählt. Infolge der fortwährenden Vibrationen der Centrifugenwelle und der Anordnung des Motors unterhalb der Trommel an einer schlecht zugänglichen Stelle, konnte nur der Drehstrommotor in Frage kommen, da er bei großer Anlaufkraft weder Kommutator noch Schleifringe und Bürsten besitzt, also fast gar keiner Bedienung bedarf. Zudem würden Gleichstrommotoren in einem Betriebe, bei dem nicht zu vermeiden ist, daß sich die Motoren vollständig mit Zuckerstaub überziehen, besonders an Kommutator und Bürsten sehr stark zu leiden haben. Des weiteren ist aber der Drehstrommotor, wie schon bemerkt, vermöge seiner ungleich größeren Anlaufkraft gerade für den Centrifugenbetrieb, in welchem sehr große Massen in Bewegung zu setzen sind, dem Gleichstrommotor vorzuziehen. Auch fällt der Umstand, daß der Drehstrommotor viel bequemer anzulassen ist, für dessen Verwendung beim Centrifugenbetrieb ins Gewicht, da jeder Motor sehr häufig stillsteht und wieder angelassen werden muß. Während zum Anlassen selbst kleinerer Gleichstrommotoren ein Anlaßregulator erforderlich ist, wird ein solcher beim kleineren Drehstrommotor vollkommen entbehrlich; dieser kann vielmehr durch einen dreipoligen Schalthebel angelassen werden. Infolge der beim Ein- und Ausschalten kaum nennenswerten Funkenbildung sind diese Schalthebel jetzt nach $1^1/_2$jähriger Benutzung noch in vollkommen gutem Zustande.

Die Kraftstation, welche, wie aus Fig. 198 ersichtlich, ziemlich im Mittelpunkt der Fabrikgebäude errichtet ist, vermag 700 PSe zu leisten. Zum Antrieb der Primärmaschinen, die, da große Entfernungen nicht in Betracht kamen und man sich einen möglichst gesicherten Betrieb schaffen wollte, einen dreiphasigen Wechselstrom von 200 Volt verketteter Stromspannung erzeugen, dienen zwei Zwillingsmaschinen mit Ventilsteuerung. Von Verbundmaschinen mit Kondensation wurde abgesehen, da der Abdampf zu Heiz- und Kochzwecken Verwendung findet. Eine der beiden 350pferdigen Dampfmaschinen treibt eine Drehstrommaschine von 240 Kilowattleistung mittels Seilen an, während eine zweite gleich große Dampfmaschine ihre Kraft ebenfalls durch Seile auf eine Welle überträgt, auf der die Anker zweier Drehstrommaschinen von je 100 Kilowatt Leistung sitzen. Von dieser Welle aus wird auch eine zur Beleuchtung dienende Gleichstrommaschine von 34 Kilowatt Leistung durch Riemen angetrieben. Eine dritte kleine Dampfmaschine steht in Reserve für die Beleuchtung und dient zum Antrieb einer zweiten Gleichstrommaschine von rund 20 Kilowatt Leistung. Die Beleuchtung

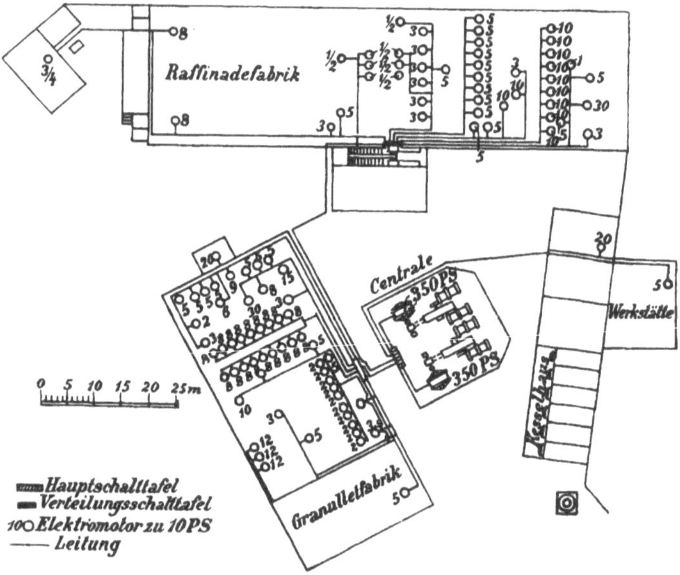

Fig. 198.

wird nur deshalb durch Gleichstrom vermittelt, weil die Lichtmaschinen aus der früheren Fabrik stammen, welche durch ein verheerendes Schadenfeuer vollständig zerstört worden ist.

Nur eine geringe Anzahl Glühlampen, welche tagsüber brennen müssen, sind an das Drehstromnetz angeschlossen.

Die von den Drehstrommaschinen erzeugten Ströme gehen durch oberirdisch verlegte blanke Kupferschienen, nachdem sie die nötigen Kontrollinstrumente, Ausschalter und Sicherungen passiert haben, zu den Sammelschienen der in einem Schaltschrank untergebrachten Tafel aus Schiefer. Die drei Maschinen sind so geschaltet, daß sie auf ein gemeinsames Netz arbeiten; das Zusammenschalten der Maschinen, das jeden Mittag zwischen 12 und 1 Uhr vorgenommen wird, da abwechselnd jede der beiden Dampfmaschinen zum Schmieren — der Betrieb ist ein ununterbrochener — stillgesetzt werden muß, macht nicht die geringsten Schwierigkeiten.

Von der Hauptverteilungstafel im Maschinenhaus führen getrennte Leitungen zur Reparaturwerkstätte, zur Raffinade und zur Granulation. Da die Leitungen zu den beiden letzteren Gebäuden große Stromintensitäten zu führen haben, wodurch große Kupferquerschnitte erforderlich wurden, sind sie aus blanken Flachkupferschienen hergestellt, welche durch Porzellanisolatoren getragen werden; die Zuleitung zu den beiden Motoren in der Werkstätte ist aus blankem Kupferdraht hergestellt. Die Leitungen zu den beiden Fabrikgebäuden endigen wiederum in Unterschalttafeln, von welchen aus die Motoren vermittelst in den Gebäuden isoliert verlegter Kupferleitungen Strom erhalten.

Es sind im ganzen 106 Elektromotoren von $^1/_2$ bis 30 PSe und mit einer normalen Gesamtleistung von 660 PSe aufgestellt. Von diesen 106 Motoren dienen 50 zum Betrieb von Centrifugen. Weitere Motoren treiben Luft-, Wasser-, Saft- und Ölpumpen durch Zahnradübersetzungen. Außerdem werden Rührwerke, Maischen, Mühlen, Ventilatoren, Trockenapparate, Knipsen für die Würfelherstellung, Abdrehmaschinen, Ausdrückmaschinen, Lastaufzüge zum teil direkt und zum teil unter Zwischenschaltung von Übersetzungsgliedern angetrieben.

Die mittlere Belastung der Centrale unter normalen Betriebsverhältnissen ist aus einer Reihe von Diagrammen auf 350 PSe festgestellt gegenüber der Gesamtleistung der im Betriebe angeschlossenen Motoren von 660 PSe.

Anhang.

Tabelle I
für Kupferleitungsdrähte.

Spec. Gew. = 8,9.

1 m mit 1 mm² Querschnitt hat bei 15° C. 0,01745 Ohm.

$$V = \frac{0{,}0175 \,.\, 2L \,.\, J}{q}.$$

Durchmesser in mm	Querschnitt in mm²	Spannungsverlust in Volt pro 100 m und 1 Amp.	Gewicht pro m in g pro km in kg	Meterzahl pro kg	Widerstand pro 100 m in Ohm	Länge pro Ohm in m
0,5	0,1964	8,915	1,748	572	8,887	11,25
1	0,7854	2,228	6,991	143,04	2,222	45,01
1,1	0,9503	1,842	8,459	117,94	1,836	54,46
1.2	1,1310	1,548	10,07	99,34	1,543	64,81
1,3	1,3273	1,32	11,81	84,64	1,315	76,06
1,4	1,5394	1,136	13,70	72,98	1,134	82,22
1,5	1,7671	0,991	15,73	63,57	0,9875	101,3
1,6	2,0106	0,875	17,90	55,88	0,8679	115,2
1,7	2,2698	0,772	20.20	49,50	0,7688	130,1
1,8	2,5447	0,687	22,65	44,15	0,6857	145,8
1,9	2,8353	0,61	25,24	39,62	0,6155	162,5
2	3,1416	0,557	27,96	35,76	0,5555	180,0
2,1	3,4636	0,505	30,83	32,44	0,5040	198,4
2,2	3,8013	0,461	33,83	29,56	0,4591	217,8
2,3	4,1548	0,421	36,98	27,04	0,4200	238,1
2,4	4,5239	0,3871	40,27	24,83	0,3857	259,3
2,5	4,9087	0,3568	43,69	22,89	0,3555	281,3
2,6	5,3093	0,33	47,26	21,16	0,3287	304,3
2,7	5,7256	0,3054	50,96	19,62	0,3048	328,1
2,8	6.1575	0,2842	54,81	18,25	0,2834	352,9
2,9	6,6052	0,265	59,79	17,01	0,2642	378,6
3	7,0686	0,2496	62,92	15,89	0,2469	405,1
3,1	7,5477	0,2319	67,18	14,89	0,2312	432,5
3,2	8,0425	0,2187	71,59	13,97	0,2170	460,9
3,3	8,5530	0,2046	76,13	13,14	0,2040	490,2
3,4	9,0792	0,1944	80,80	12,37	0,1922	520,3
3,5	9,6211	0,1821	85,64	11,68	0,1814	551,4
3,6	10,1790	0,1716	90,60	11,02	0,1714	583,3
3,7	10,752	0,1628	95,71	10.45	0,1623	616,2
3,8	11,341	0,1542	101,00	9,906	0,1538	650,1
3,9	11,964	0,1466	106,3	9,405	0,1461	684,6

Tabelle I. (Fortsetzung.)

Durchmesser in mm	Querschnitt in mm²	Spannungsverlust in Volt pro 100 m und 1 Amp.	Gewicht pro m in g pro km in kg	Meterzahl pro kg	Widerstand pro 100 m in Ohm	Länge pro Ohm in m
4	12,566	0,1393	111,8	8,940	0,1389	720,1
4,1	13,203	0,1325	117,5	8,509	0,1322	756,6
4,2	13,854	0,1263	123,3	8,109	0,1260	794,0
4,3	14,522	0,1205	129,3	7,736	0,1202	832,2
4,4	15,205	0,1151	135,3	7,388	0,1148	871,4
4,5	15,904	0,1101	141,6	7,064	0,1097	911,4
4,6	16,619	0,1053	147,9	6,760	0,1050	952,4
4,7	17,349	0,1008	154,4	6,475	0,1006	994,2
4,8	18,096	0,0969	161,1	6,209	0,09643	1037,0
4,9	18,857	0,0928	167,9	5,958	0,09254	1081,0
5	19,635	0,0892	174,8	5,722	0,08887	1125
5,2	21,237	0,0823	189,0	5,29	0,08216	1218
5,4	22,902	0,0764	203,8	4,91	0,07620	1314
5,5	23,758	0,0737	211,5	4,729	0,07345	1362
5,6	24,630	0,0711	219,2	4,562	0,07036	1422
5,8	26,421	0,0662	235,1	4,26	0,06609	1514
6	28,274	0,0618	251,6	3,972	0,06173	1620
6,2	30,191	0,0583	268,7	3,721	0,05780	1729
6,5	33,183	0,0527	295,4	3,386	0,05259	1902
6,7	35,257	0,0497	313,8	3,187	0,04977	2010
7	38,485	0,0455	342,6	2,920	0,04538	2205
7,5	44,179	0,0396	393,2	2,543	0,03950	2532
8	50,265	0,0348	447,4	2,235	0,03473	2881
8,5	56,745	0,0308	505,1	1,980	0,03075	3252
9	63,617	0,0276	566,3	1,766	0,02743	3646
9,5	70,882	0,0245	630,9	1,585	0,02462	4052
10	78,540	0,0223	699,1	1,430	0,02222	4501
10,5	86,590	0,0202	770,7	1,298	0,02015	4960
11	95,033	0,0184	845,8	1,182	0,01837	5440
11,5	103,869	0,0168	924,1	1,082	0,01678	5960
12	113,097	0,0155	1006,6	0,994	0,01544	6476
13	132,73	0,0132	1181,3	0,839	0,01312	7625
14	153,94	0,0114	1370,2	0,730	0,01133	8825
15	176,61	0,0099	1571,8	0,637	0,00986	10140

Tabelle II.

Widerstandskoëffizient und -Zunahme einiger Metalle und Legierungen.[1]

	Leitungsfähigkeit bei 0° C. bezogen auf Hg bei 0° C.	Widerstandskoëffizient bei 0° in Mikr-ohm-cm	Widerstand von 1 m bei 1 mm² 15°	Widerstandszunahme in % pro 1° C.
Aluminium, geglüht . . .	32,35	2,907	0,0308	0,388
Blei, gepreßt	4,80	19,58	0,2076	0,387
Eisen, rein	9,67	9,725	0,1042	0,48
Eisendraht, schwedisch. .	9,75	9,166	0,0982	0,48
„ gewöhnlich .	—	—	0,1324	0,48
Gold, geglüht	45,8	2,06	0,0216	0,365
„ hart	45,0	2,09	0,0220	0,365
Kruppin	1,12	83,95	0,8483	0,07
Kupfer, rein	61,8	1,533	0,01635	0,445
„ käuflich	57,0	1,652	0,01740	0,38
Neusilber (60,16 Cu + 25,37 Zn + 14,03 Ni + 0,30 Fe) . .	3,14	30,0	0,301	0,036
Nickel, geglüht	7,58	12,40	0,1306	0,365
Nickelin von Dr. Geitner .	2,2—1,8	43,0—51,0	—	0,028—0,019
Patentnickel von Basse & Selve (74,41 Cu + 0,23 Zn + 25,1 Ni + 0,42 Fe + 0,13 Mn)	2,75	34,2	0,342	0,019
Platin, geglüht	14,4	9,03	0,0937	0,243
Platinsilber (33,4 % Platin)	3,83	24,59	0,247	0,032
Quecksilber	1,0	94,073	—	0,0907
Silber, geglüht.	62,6	1,499	0,0159	0,377
„ hart	57,8	1,626	0,0172	0,377
Stahldraht, hart	—	—	0,1843	—
Wismut, gepreßt	0,72	31,25	0,329	0,354
Zink, gepreßt	16,7	5,61	0,059	0,365
Zinn	7,14	13,18	0,142	0,365

[1] Uppenborn, Kalender für Elektrotechniker.

Tabelle III.

Tabelle zur Anfertigung von Stromregulatoren aus Nickelindraht.[1]

Spec. W. = 0,45 Ohm. F. A. Lange.

Durchmesser	Widerstand in Ohm per m	Länge per 1 Ohm mm	Zulässige Beanspruchung in Ampère	Durchmesser	Widerstand in Ohm per m	Länge per 1 Ohm mm	Zulässige Beanspruchung in Ampère
0,1	57	17,5	0,1	0,90	0,71	1410	3,0
0,15	25,5	39	0,2	0,95	0,63	1590	3,25
0,20	14,3	70	0,3	1,00	0,57	1750	3,5
0,25	9,3	108	0,45	1,1	0,47	2110	4,0
0,30	6,3	159	0,6	1,4	0,29	3420	5,8
0,35	4,7	213	0,75	1,6	0,22	4500	7,0
0,40	3,3	300	0,9	1,7	0,20	5000	7,8
0,45	2,8	360	1,05	1,8	0,18	5700	8,5
0,50	2,3	440	1,2	1,9	0,16	6300	9,2
0,55	1,9	520	1,4	2,0	0,14	7000	10,0
0,60	1,6	630	1,6	2,2	0,12	8400	11,5
0,65	1,36	740	1,8	2,4	0,10	10100	13,2
0,70	1,17	860	2,0	2,6	0,085	11800	14,8
0,75	0,02	930	2,25	2,8	0,073	13700	16,6
0,80	0,89	1120	2,5	3,0	0,064	15700	18,4
0,85	0,80	1250	2,75				

Die zulässige Stromstärke wird für beliebige Stärken gefunden nach der Formel $i = \sqrt{r^3}$, wobei r den Radius des Drahtes in Millimetern bedeutet. Der Radius für eine Stromstärke berechnet sich nach der Formel

$$r = \sqrt[3]{\frac{i^2}{100}}.$$

[1] Uppenborn, Kalender für Elektrotechniker.

Tabelle IV.

Gangbare Querschnitte, Gewichte, Widerstände von blanken Kupferdrähten etc.

Querschnitt in No.	Querschnitt in mm²	Anzahl der Drähte	Durchmesser der einzelnen Drähte	Nettogewicht per 1000 m ca. kg	Leitungswiderstand bei 0° C. in Ohm
5	0,5	1	0,798	4,5	34
10	1	1	1,128	9	17
15	1,5	1	1,382	13,5	11,333
20	2	1	1,596	18	8,500
25	2,5	1	1,783	22,5	6,800
30	3	1	1,955	27	5,666
40	4	1	2,258	36	4,250
50	5	1	2,522	45	3,400
60	6	1	2,762	54	2,833
70	7	1	2,986	63	2,428
100	10	1	3,565	90	1,700
125	12,5	1	3,990	113	1,360
160	16	1	4,520	144	1,062
200	20	1	5,048	180	0,850
250	25	1	5,640	225	0,680
350	35	7	2,522	315	0,486
500	50	19	1,831	450	0,340
700	70	19	2,163	630	0,243
950	95	19	2,522	855	0,178
1150	115	19	2,780	1035	0,148
1250	125	19	2,900	1125	0,136
1300	130	19	2,960	1170	0,130
1400	140	19	3,070	1260	0,121
1500	150	19	3,180	1350	0,113
1600	160	19	3,280	1440	0,106
1700	170	19	3,380	1530	0,100
1800	180	19	3,480	1620	0,094
2000	200	19	3,670	1800	0,085
2500	250	19	4,100	2250	0,068
3600	360	37	3,520	3240	0,047
4000	400	37	3,710	3600	0,042

Der Einfachheit halber bezeichnet man die verschiedenen Drahtdimensionen nach Nummern, welche man dadurch erhält, daß man den Querschnitt mit 10 multipliziert.

Tabelle V.

Gangbare Querschnitte, Gewichte und Widerstände von Eisendraht.

Der Eisendraht wird als Einzeldraht in folgenden Größen ausgeführt:

Querschnitt in No.	Querschnitt in mm²	Durchmesser in mm	Nettogewicht pro 1000 m ca. kg	Leitungswiderstand pro 1000 m bei 0° C. in Ohm
5	0,5	0,8	4	250
10	1	1,2	8	123
15	1,5	1,4	12	93
25	2,5	1,8	20	55
40	4	2,3	32	35
60	6	2,8	48	23
100	10	3,6	80	14
160	16	4,5	120	8,5

Benutzte Litteratur.

Elektrotechnische Zeitschrift, Berlin.
Elektrotechnischer Anzeiger, Berlin.
Elektrotechnisches Echo, Leipzig.
Elektrotechnische Rundschau, Frankfurt a/M.
Zeitschrift für Elektrotechnik, Wien.
Elektrotechniker, Wien.
Fortschritte der Elektrotechnik, Berlin.
Wiedemann's Annalen, Leipzig.
Glaser's Annalen, Berlin.
Zeitschrift d. Vereins Deutscher Ingenieure, Berlin.
La Lumière électrique, Paris.
Electrical Review, London.
The Electrician, London.
Electric Power, London.
The Engineer, London.
Electrical World, New York.
Electrical Review, New York.

Register.

O

P

R

S

T

Druck von Metzger & Wittig in Leipzig.